Stefan Merath

Die Kunst seine Kunden zu lieben

Stefan Merath

Die Kunst seine Kunden zu lieben

Neurostrategie© für Unternehmer

GABAL

Gewidmet Anja Frey

Bibliografische Information der Deutschen Nationalbibliothek

Die Deutsche Nationalbibliothek verzeichnet diese Publikation in der Deutschen Nationalbibliografie; detaillierte bibliografische Daten sind im Internet über http://dnb.d-nb.de abrufbar.

ISBN 978-3-86936-176-5

Lektorat: Claudia Lange, Renningen | www.bookpartner.de
Umschlaggestaltung: Martin Zech Design, Bremen | www.martinzech.de
Umschlagfoto: Valua Vitaly/shutterstock images
Satz und Layout: Das Herstellungsbüro, Hamburg | www.buch-herstellungsbuero.de
Druck und Bindung: Salzland Druck, Staßfurt

www.gabal-verlag.de
www.twitter.com/gabalbuecher
www.facebook.com/Gabalbuecher

Inhalt

1. Die alte Welt

1.1 Der Ausbruchsversuch

»Du hast dich wirklich sehr verändert«, stellte Sofia fasziniert fest.

Wir saßen den zweiten Abend am Strand von Nusa Dua Beach. Nach knapp 20 Jahren waren wir uns ausgerechnet auf Bali wieder begegnet. Ganz zufällig. Die Welt wurde klein. Sofia war Italienerin, wir hatten uns vor 20 Jahren in Kalifornien kennengelernt und ein paar wunderschöne Wochen gemeinsam beim Surfen in San Diego verbracht. Nach einem nächtlichen Streit war Sofia am nächsten Morgen urplötzlich weg gewesen. Und nun saß ich mit ihr in Bali am Strand, wir tauschten Erinnerungen aus und erzählten uns, was in der Zwischenzeit in unseren Leben passiert war.

»Als ich dich damals kennengelernt habe, warst du völlig planlos«, fügte sie ihrer Feststellung lächelnd hinzu.

»Nein, das ist dir nur so vorgekommen, weil du so fokussiert warst«, konterte ich beinahe reflexartig.

»Versteh mich nicht falsch«, sagte sie und hob abwehrend die Hand, »das war nicht als Kritik gemeint. Du wirkst heute so klar und so, als ob du genau wüsstest, was du willst. Das war damals ganz anders.«

»Okay, das stimmt«, musste ich lachend zugeben. »Aber das ist noch nicht sehr lange so.«

»Dann erzähl mal.«

»Das kann aber länger dauern«, entgegnete ich zögernd.

»Wir haben doch Zeit, oder nicht?«

»Ich bin noch drei Tage hier«, schränkte ich ein.

»Also bitte! In drei Tagen lässt sich doch eine ganze Menge erzählen. Und wenn ich keine Lust mehr habe, dann sage ich schon Bescheid.«

»Also gut«, freute ich mich. Ich hatte diese Geschichte bislang noch niemandem erzählt und so war es auch für mich eine Gelegenheit, mir die Ereignisse der letzten Monate nochmals zu vergegenwärtigen. »Bis vor ungefähr einem viertel Jahr war ich ähnlich planlos wie damals, als wir uns kennengelernt haben. Ich glaube, ich habe Dinge gemacht und mitgemacht, für die ich mich heute lieber verstecken würde. Aber auf einmal sind ein paar Sachen passiert, deren Bedeutung ich erst dann verstanden habe, als alles ins Wanken geraten war ...«

Meine Gedanken schweiften zurück: Angefangen hat alles im letzten Herbst, am 4. November, an das Datum erinnere ich mich genau. Ich saß mit Alexa, meiner Projektleiterin, im Büro meiner Eventagentur OS Event GmbH.

Ich hatte gerade eben den Hörer aufgelegt, fühlte mich aufgeregt und damit zum ersten Mal seit über einem Jahr wieder richtig gut und lebendig. Wenn ich zu diesem Zeitpunkt allerdings gewusst hätte, was alles durch dieses eine Telefonat in Gang gesetzt wurde, dann hätte ich es wohl nicht geführt. Oder vielleicht doch? Vielleicht gerade deshalb?

In diesem Telefonat hatte ich unserem bislang wichtigsten Kunden, Herrn Bäumler, dem für Inhouse-Messen zuständigen Manager eines DAX30-Konzerns, erklärt, dass wir nicht mehr für ihn arbeiten würden. Und dass er sich sein Event gerne sonstwohin klemmen könne. Das wollte ich ihm eigentlich schon lange mal sagen, aber ich hatte mich nie getraut: Die Hand, die einen füttert, beißt man nicht.

In derselben Sekunde, als ich grinsend auflegte, konnte sich Alexa, die das ganze Gespräch mit verfolgt hatte, nicht mehr halten: »Oliver, spinnst du? Das ist unser wichtigster Kunde! Ich hätte das Problem bestimmt lösen können! Du kannst doch nicht einfach die Geschäftsbeziehung zu unserem wichtigsten Kunden beenden! Wozu habe ich mir mit diesem Kunden in den letzten zwei Jahren die Nächte um die Ohren geschlagen?«

Schon während des Gesprächs war Alexa die Kinnlade immer weiter heruntergeklappt. Mehrfach hatte sie versucht, mit Handzeichen auf sich aufmerksam zu machen und mich zu beschwichtigen. Aber mit ihrer weißen, gestärkten Bluse, ihrer dunklen, strengen Brille und ihrem geraden Rücken war sie mir gar zu pedantisch und kleingeistig erschienen.

Sie war eben kein Chef und verstand nicht, dass man manchmal Entscheidungen treffen musste. Und ich hatte eben die Entscheidung getroffen, mich nicht mehr von meinen Kunden gängeln und niedermachen zu lassen. So einfach war das!

Bevor ich noch antworten konnte, kam Dago zur Tür herein und blickte zwischen Alexa und mir hin und her. Dago Gerburg war mein Verkäufer. Er ist 1,93 m groß, 27 Jahre jung und dynamisch, hat straffe Schultern und stechende, willensstarke Augen. Vielleicht sind seine Designerklamotten und seine italienischen Schuhe etwas übertrieben, aber als Verkäufer ist er exzellent. Und so übersah ich diese Übertreibungen einfach.

Sofort bemerkte er, dass die Stimmung zwischen Alexa und mir nicht die beste war. Für eine halbe Sekunde erschien ein feines Lächeln auf seinem Gesicht, bevor er mich fragend anblickte: »Hier ist doch etwas passiert, oder?«

Langsam nickte ich: »Ja, Alexa war heute Morgen bei Herrn Bäumler, um dessen Kundenkonferenz Anfang Dezember vorzubereiten.«

»Ja, cool, dass ich dieses Projekt geholt habe, nicht?«, brüstete sich Dago. »Ist irgendwas nicht in Ordnung damit?«

»Der ganze Auftrag war zeitlich viel zu knapp kalkuliert, Dago«, erwiderte Alexa ziemlich kühl.

»Und?«, fragte Dago.

»Du hast dem Kunden in Aussicht gestellt, dass alles machbar sei, nur kamen heute Morgen noch weitere Anforderungen dazu, die vorher gar nicht besprochen worden waren«, ergänzte Alexa. »Auf einmal wollten sie diese neuen Leuchttische, weil Bäumler die irgendwo gesehen hatte. Die können wir aber in dem Hotel nicht einsetzen, weil das mit der Stromversorgung nicht funktioniert. Ich hab ihm zwei Alternativen vorgeschlagen, was mich dreieinhalb Extrastunden gekostet hat, aber er wollte nicht darauf eingehen.«

»Und dann ist Herr Bäumler unverschämt und ausfallend geworden«, erzählte ich weiter. »Er hat gerade bei mir angerufen, um sich über Alexa und unsere mangelnde Flexibilität zu beschweren.«

»Das glaube ich jetzt nicht«, schaltete sich Dago entrüstet ein. »Ich ziehe dieses geile Projekt an Land und dann soll es an ein paar Details scheitern, Alexa?«

»Gar nicht!«, verteidigte sich Alexa. »Aber so war es einfach nicht umzusetzen. Allerdings konnte ich nicht ahnen, dass Olli den Kunden deswegen gleich in die Wüste schickt.«

Dago blickte entgeistert zwischen uns hin und her.

So erklärte ich: »Ich habe keine Lust mehr, mit Kunden zu tun zu haben, die permanent meckern und glauben, sie seien die Götter, und uns das spüren lassen! Übel an dem Bäumler fand ich, dass er so tut, als wären wir ohne sein Unternehmen überhaupt nicht überlebensfähig. *Wir wären nur eine von tausend anderen Firmen*, hat er gesagt. Das möchte ich sehen, wie er das zeitlich noch hinkriegen will, dass jemand anders dieses Projekt übernimmt. Mit den Kunden ist es immer dasselbe, sie sind einfach lästig, wie mein Vater sagt. Ich musste einfach ein Exempel statuieren, und jetzt geht's mir besser.«

Dago fand langsam seine Sprache wieder: »Kein Wunder, dass wir permanent Stress mit unseren Kunden haben, wenn Alexa dauernd alles versiebt. Voll krass!«

»Dago, wer hat denn bei der Projektakquise vergessen, die Details zu besprechen? Wer akquiriert denn Aufträge, die unter normalen Bedingungen gar nicht umzusetzen sind? Und was ist mit einem Puffer für Sonderwünsche der Kunden?«

»Du hast ja keine Ahnung vom Markt«, fauchte Dago sie wütend an. »Da draußen herrscht Krieg!«

»Dago hat recht, Alexa«, versuchte ich den Schlagabtausch zu beenden. »Und im Falle von Bäumler musst du dir den Schuh schon anziehen, dass das in die Hose gegangen ist! Außerdem hast du Bäumler so die Gelegenheit gegeben, mir richtig einen reinzuwürgen. Der behauptet jetzt, dass wir ohne seine Aufträge nicht mehr lange am Markt sein werden. Wie findest du das?«

Alexa biss sich auf die Lippen.

»Und was machen wir jetzt?«, fragte Dago.

»Ich kümmere mich erst einmal um meine laufenden Projekte«, sagte Alexa frostig, drehte sich auf dem Absatz um und verließ mein Büro.

Vermutlich würde ich sie durch eine bessere und engagiertere Mitarbeiterin ersetzen müssen. Dago war eben ein Adler und Alexa eine Ente.*

Als Alexa draußen war, blickte Dago zu mir: »Hast du schon mal daran gedacht, Alexa zu feuern? Ich habe schließlich keine Lust, hier meine ganze Energie reinzustecken, nur damit Alexa das gegen die Wand fährt, was ich angeschoben habe. Ich will Performance! Und eine Company, die Profit macht.«

Nachdenklich nickte ich: »Ja, daran habe ich schon gedacht. Aber Alexa ist schon so lange bei uns und war immer loyal. Ich möchte ihr gerne noch eine Chance geben.«

---

* Das Bild von Ente und Adler geht auf einen angeblich indischen Schöpfungsmythos zurück, der durch die Erfolgsliteratur irrlichtert – sich aber sonst nirgendwo im Internet findet. Demnach schuf Gott zuerst die Muschel. Diese lag auf dem Meeresgrund, machte die Klappe auf – das Wasser mit den Nährstoffen strömte hindurch, dann machte sie die Klappe zu. Klappe auf, Klappe zu. Tagein, tagaus. Als Nächstes schuf Gott den Adler. Dieser konnte überall hinfliegen, wo er hin wollte – auch in die höchsten Höhen. Aber er musste jeden Tag um seine Nahrung kämpfen. Schließlich schuf Gott den Menschen. Zuerst führte er ihn zur Muschel, dann zum Adler, damit er wählen könne. Da geschah das Merkwürdige: Der Mensch entschied sich nicht für den Adler, sondern wollte eine Ente sein. Eine Ente sieht zwar oberflächlich aus wie ein Adler, fliegt aber nur ganz niedrig. Sie jagt ihr Essen nicht gern, sondern quakt, wenn sie Hunger hat. Und wenn ihr etwas nicht gefällt, quakt sie auch. Und wenn ein anderer mehr hat, quakt sie. Und wenn sie nicht gestorben ist, dann quakt sie immer noch …

Dago schüttelte den Kopf: »Solche Sentimentalitäten können wir uns in der jetzigen Situation nicht leisten. Aber«, fuhr er dann, weil er merkte, dass ich mich nicht umstimmen lassen würde, versöhnlicher fort, »du bist der Boss. Und ich denke, wir müssen nach vorne schauen: Ich habe übrigens schon einen anderen Interessenten an der Angel.«

»Klasse, Dago«, erwiderte ich erfreut.

»Außerdem sollten wir mal grundsätzlich über die Strategie der Firma diskutieren. Jetzt, wo Bäumler weg ist, sollten wir uns schon ein paar längerfristige Gedanken machen, um den Umsatzausfall aufzufangen.«

»Gute Idee. Wir setzen uns gleich morgen früh zusammen«, stimmte ich zu.

»Du weißt ja, dass Strategie eines meiner Hauptthemen im BWL-Studium war. Da fällt mir schon etwas ein«, sagte Dago und verließ mit einem selbstbewussten Lächeln mein Büro.

Da ich das Gefühl hatte, für heute genug getan zu haben, zog ich meinen Mantel an und fuhr nach Hause. Als ich dort allein herumsaß – meine Freundin hatte sich schon vor einem halben Jahr von mir getrennt –, wurde mir nach und nach meine Situation bewusst.

Vier Jahre zuvor hatte ich genug davon gehabt, als Freelancer von einer Eventagentur zur nächsten zu tingeln. Ich wusste auch, dass ich besser war als die meisten meiner Arbeitgeber. Immer wenn es irgendwo brannte, fand ich die Lösung. Ich war *der* Troubleshooter.

Zudem hatte ich einige gute Kontakte zu den Kunden meiner ehemaligen Arbeitgeber. Diese hatten ja mitbekommen, dass ich in einigen wirklich kritischen Situationen die Kohlen aus dem Feuer geholt hatte. So beschloss ich, mich selbstständig zu machen – nach einem völlig missglückten Versuch Anfang der 1990er-Jahre zum zweiten Mal.

Eventmanagement fand ich klasse und ich wollte besser sein als all die anderen tausend Anbieter. Außerdem wollte ich Kohle machen. Möglichst schnell und möglichst viel, was mir auch gelang. Ich konnte einige Kunden meiner ehemaligen Arbeitgeber überzeugen zu wechseln. Bald waren wir – je nach Projektauslastung – vier bis zehn Mitarbeiter. Ich konnte mir ein Gehalt von 12000 Euro im Monat auszahlen, endlich meine heiß ersehnte Bang & Olufsen-Anlage kaufen. Und ich konnte, auch wenn ich dazu manchmal zu Auktionen um die Welt jetten musste, meine Sammlung von Drumsticks berühmter Schlagzeuger aufbauen und erweitern.

Das ging die ersten zwei oder drei Jahre gut. Dann begann mich die Lust an meiner Firma zu verlassen. Meine alte Krankheit flackerte wieder auf: Alles in meinem Leben hatte ich voller Elan begonnen, ein bis drei Jahre gemacht und dann gelangweilt beendet. Aber dieses Mal hatte ich das Gefühl, nicht einfach gehen zu können. Zwar war der finanzielle Puffer da und die Firma schuldenfrei, aber ich fühlte mich gegenüber meinen Mitarbeitern verantwortlich. Und: Mir selbst wäre es wie ein weiteres Scheitern vorgekommen, wie eine Flucht. Das wollte ich mir nicht eingestehen. Und mein Vater und meine Schwester hätten wohl auch wieder nur Hohn und Spott über mir ausgeschüttet – wenn auch aus völlig unterschiedlichen Gründen.

Während des letzten Jahres verlor ich zunehmend meine Motivation. Mal hatte ich eine neue Idee und verfolgte sie zwei oder drei Wochen lang voller Elan. Mal hatte ich nicht die geringste Lust und stierte zum Fenster hinaus, spielte während der Arbeit irgendwelche Netzwerk-Games, blätterte die Online-Kataloge von Auktionshäusern durch oder ging manchmal sogar einfach früher nach Hause. Manchmal ging ich erst gar nicht ins Büro.

Meine Mitarbeiter und vor allem meine Kunden gingen mir zunehmend auf die Nerven. Dauernd wollten sie was von mir. Die meisten Kunden behandelten uns wie Lakaien und wurden zunehmend meine Feinde.

Nur Dago brachte weitgehend selbstständig neue Aufträge herein. Er war wirklich ein Glücksgriff. Da mir aber nicht wirklich klar war, warum so ein erfolgshungriger Senkrechtstarter nun ausgerechnet in meiner Firma arbeitete, hatte ich auch permanent Angst, ihn zu verlieren. Um dem entgegenzuwirken, hatte ich ihm schon einen Audi TT als Dienstwagen gegeben. Und sein iPhone samt seiner aberwitzigen Telefonrechnung zahlte ich auch. Aber ob das auf Dauer reichen würde?

Die Firma machte zwar noch keine Verluste, aber um das positive Vorzeichen beim Ergebnis zu behalten, hatte ich vor drei Monaten mein Gehalt schon auf 9000 Euro reduzieren müssen. Und wenn ich ehrlich zu mir war, dann wusste ich, dass das noch nicht das untere Ende war. Vor allem jetzt, nachdem ich Herrn Bäumler abgeschossen hatte.

Weitermachen oder die Tür abschließen? Das war die entscheidende Frage!

* * *

»Und, wie hast du dich entschieden?«, fragte Sofia, während ich langsam wieder aus der Erinnerung auftauchte.

Ich blickte auf die Wellen und schwieg eine ganze Zeit lang. Dann sinnierte ich: »Ich glaube, das beherrschende Gefühl war die Angst vor der Leere, vor dem Versagen. Mir wurde klar, dass das Gespräch mit Herrn Bäumler Fakten geschaffen hatte, die eine Entscheidung von mir erzwangen. Das gab mir Energie und ich beschloss, meine Firma auf den Erfolgsweg zurückzubringen.«

»Das scheint dir geglückt zu sein«, forderte sie mich zum Weiterreden auf.

»Ja«, nickte ich. »Allerdings nicht so, wie ich es mir an diesem Spätnachmittag vorgestellt hatte.«

»Wie denn dann?«, fragte Sofia neugierig.

Ich nahm meine Erzählung wieder auf.

1.2 Der Absturz

Zwei Wochen später fand ich mich in ziemlich desolater Stimmung in meiner Lieblingsbar wieder. Ich wartete auf Thomas, einen Unternehmer, den ich vor zweieinhalb Jahren auf einem Kongress kennengelernt hatte. Wir hatten uns danach ein paarmal getroffen und er schien zu der kleinen Gruppe zu gehören, die es geschafft hatte.

Ich war viel zu früh dran gewesen, und als Thomas schließlich pünktlich eintraf, hatte ich schon einen Vorsprung von drei Kölsch, den ich im Verlauf des Abends noch deutlich ausbaute. Thomas kapierte wohl sofort, wie es um mich stand, bestellte auch und forderte mich auf zu erzählen.

Zuerst erzählte ich ihm von meinem Telefonat mit Herrn Bäumler. Und wie dieser zwei Tage nach jenem Gespräch doch wieder angekrochen gekommen war und allen unseren Vorschlägen zugestimmt hatte. Vermutlich war seinem Chef aufgegangen, dass sie ihren Event ohne uns unmöglich in der kurzen Zeit organisiert bekämen und so hatte er Bäumler gehörig den Kopf gewaschen. Geschah ihm recht!

Ich erzählte ihm auch vom Strategie-Meeting mit Dago und meiner Hoffnung, dass danach alles anders werden würde. Aber so war es nicht gekommen: »Ich weiß nicht so recht. Vor zwei Wochen hatte ich noch geglaubt, ich hätte eine neue, durchschlagende Strategie für mein Unternehmen gefunden, aber heute hat sich alles wieder zerschlagen.«

»Was war das denn für eine Strategie?«, wollte Thomas wissen.

»Ich habe mit Dago eine SWOT- und eine Portfolio-Analyse gemacht. Wir wollten uns für die nächsten Wochen auf die Veranstalter von Weihnachtsfeiern und Neujahrsempfängen konzentrieren – vor allem, weil die unter Termindruck stehen und deshalb der Vertriebsprozess hoffentlich schneller vorangehen würde.

Dann schlug Dago vor, drei unserer Bestandskunden, die dieses Jahr aufgrund der Krise und interner Sparmaßnahmen ein jährliches Event ausfallen lassen wollten, mit einem kleinen Trick doch zu einem Event zu überreden.«

»Was für ein Trick?«

»Wir hatten ja immer alles für diese Kunden organisiert, also auch die Einladungen verschickt. Dago wollte nun einfach wieder Einladungen verschicken, obwohl gar kein Event geplant war. Unmittelbar darauf sollten wir unseren Kunden anrufen und uns für unseren Fehler entschuldigen; für das Mailing, das aus Versehen rausgegangen sei. Und unser Kunde, so Dago, müsste dann zwingend das Event doch machen, da ihm ja keiner glauben würde, dass es ein Fehler der Eventagentur gewesen sei.«

»Dein Dago scheint ein bisschen übermotiviert zu sein«, schüttelte Thomas den Kopf. »Ich würde mich von so jemandem sofort trennen.«

»Ich habe seinen Vorschlag ja auch nicht akzeptiert.«

»Gut, und was ist dann heute passiert? Warum meinst du, dass eure Strategie nicht funktioniert?«, wandte sich Thomas wieder dem Kern meines Berichts zu.

»Dago hat einen Kunden angeschleppt, einen großen, nicht börsennotierten Konzern. Der Verantwortliche, Herr Kronau, wollte nur noch kurz mit mir sprechen. Reine Formsache, wie es hieß.«

»Und dann?«

»Dann wollte der noch zusätzliche Leistungen und zehn Prozent Nachlass. Als ich mich wehrte, sagte er, dass wir nur *eine von vielen anderen Firmen wären*. Da warf ich ihn aus der Leitung und verzichtete auf den Auftrag. Wie bei Bäumler zwei Wochen zuvor. Dann forderte ich Dago auf, mir endlich vernünftige Kunden zu bringen.«

»Und Dago?«

»Verlangte trotzdem seine Provision und warf mir vor, viel zu klein zu denken. Zitierte irgendwas von diesem Opa mit der Tolle und den Mädels.«

»Von Donald Trump?«

»Ja. ›Groß denken ist genauso kompliziert wie klein denken. Also kann ich auch gleich groß denken‹, oder so ähnlich. Dago behauptet, große Kunden seien eben so.

Am liebsten würde ich meine Firma schließen«, beendete ich meine Ausführung und Thomas und ich überließen uns unseren Gedanken.

Weitere zwei Kölsch später fragte ich ihn: »Du machst den Eindruck, als ob dir alles gelingen würde. Wie schaffst du das?«

Nachdenklich erwiderte Thomas: »Ja, seit etwa drei Jahren gelingt mir ziemlich viel. Zumindest, wenn ich es an deinen Maßstäben messe. Oder an meinen Maßstäben vor fast vier Jahren.«

»Was ist damals passiert?«, wollte ich wissen.

»Ich hatte mich krankenhausreif gearbeitet, meine Partnerschaft ging in die Brüche und meine damalige Firma stand kurz vor dem Ende. Es funktionierte gar nichts mehr. Ich glaube, es war sogar noch schlimmer als bei dir jetzt. Du bist wenigstens gesund.«

»Und dann?«, fragte ich neugierig. Vermutlich erwartete ich in meinem schon ziemlich angetrunkenen Zustand ein Patentrezept, das ich einfach übernehmen könnte.

»Dann lernte ich einen Unternehmercoach kennen«, erwiderte Thomas.

»Na toll!«, sagte ich enttäuscht. »Einen Berater! Was soll ich denn damit? Dago hat auch BWL studiert und mir die letzten Wochen geholfen. Oder zumindest erschien es mir so. Da brauche ich nicht noch einen Berater!«

»Hat Dago ein eigenes Unternehmen?«, fragte Thomas.

»Nein«, erwiderte ich. »Ich sagte doch eben, er hat BWL studiert. Und er ist erst 27 Jahre alt. Wie soll er da ein eigenes Unternehmen gehabt haben?«

»Würdest du von jemandem schwimmen lernen wollen, der noch nie geschwommen ist, aber behauptet, er wüsste zumindest theoretisch, wie das gehen müsste?«

»Nein, sicher nicht!«

»Genau! Und dieser Unternehmercoach hat zwar nie BWL studiert, aber dafür mehr als 25 Jahre eigene Unternehmen geführt. Glaubst du nicht auch, dass der ein bisschen mehr wissen müsste als dein Jüngelchen Dago?«

»Du meinst so wie mein Vater? Der ist Bauunternehmer und führt auch seit 35 Jahren sein eigenes Unternehmen. Im Wesentlichen bekommt er seine öffentlichen Bauaufträge durch nichtöffentliches Bakschisch«, schüttelte ich meinen Kopf. »Darauf kann ich verzichten.«

»Olli, du machst es mir heute aber schwer!«, erwiderte Thomas ungeduldig. »Hat dir dein Vater etwa geholfen? Und selbst wenn er es versucht hätte, hättest du es angenommen?«

»Okay, schon gut«, lenkte ich ein und bestellte mein siebtes Kölsch. »Und was hat dieser Berater so Tolles gesagt?«

»Er hat meine Sicht auf mich und mein Unternehmen verändert«, erwiderte Thomas langsam.

»Na und?«, fragte ich. »Vor drei Jahren fand ich mein Unternehmen toll. Und jetzt kann ich damit nichts mehr anfangen. Jetzt habe ich eine andere Sicht. Was soll mir das bringen?«

Kopfschüttelnd grinste Thomas mich an: »Vielleicht hast du noch nicht die richtige Sichtweise. Aber trotzdem ist das ein gutes Beispiel. Mit einer anderen Sicht auf die Dinge handelst du *automatisch* anders: Vor drei Jahren, als du dein Unternehmen toll fandest, hast du um diese Uhrzeit mit Sicherheit gearbeitet und es hat dir vermutlich Spaß gemacht. Heute hast du eine andere Sicht auf dein Unternehmen. Deshalb handelst du *automatisch* anders: Du sitzt hier in einer Bar und betrinkst dich.

Die Emotionen, die sich aus unseren Sichtweisen ergeben, bestimmen unsere Handlungen.«

Langsam verstand ich durch meinen Bier-Nebel hindurch, was er mir sagen wollte. »Ich muss mein Unternehmen also nur richtig sehen, dann wird alles gut? Meinst du das?«

»Zwar nicht unmittelbar und sofort«, nickte Thomas. »Aber mittelfristig wird es besser, ja!«

»Und wie muss ich mein Unternehmen dann sehen?«

»Zuerst musst du dich anders sehen«, erklärte Thomas.* »Herr Ra-

---

* Ausführlich dazu in meinem Buch *Der Weg zum erfolgreichen Unternehmer*

dies, so heißt der Unternehmercoach, erklärte mir damals den Unterschied zwischen den drei Rollen einer Fachkraft, eines Managers und eines Unternehmers. Die Fachkraft ist die Person im Unternehmen, die die Dinge macht – im Falle einer guten Fachkraft so schnell und so gut wie möglich. Der Manager ist derjenige im Unternehmen, der Strukturen schafft und dafür sorgt, dass das Unternehmen auch bei unterschiedlichen Fachkräften Leistungen gleichbleibender Qualität hervorbringt. Und der Unternehmer ist die Idee, die treibende Kraft hinter allem.«

»Verstehe ich nicht«, erwiderte ich. »Ich selbst mache alles. Ich arbeite, ich versuche meinen Hühnerhaufen zusammenzuhalten und ich bin die treibende Kraft. Wozu brauche ich die drei Rollen?«

»Ganz einfach: Die meisten Selbstständigen haben, wie Michael Gerber sich ausdrückt, zu Beginn einen unternehmerischen Anfall, also eine Idee. Aber dann beginnen sie als Fachkraft. Und wenn sie erfolgreich werden, bleiben sie Fachkraft. Die Aufgaben des Managers und Unternehmers übernehmen sie fast nie oder doch nur zu einem winzig kleinen Teil. Meist sehen sie diese Aufgaben noch nicht einmal.«

»Betrifft mich nicht«, schüttelte ich den Kopf. »Ich bin ja die treibende Kraft. Ich kümmere mich um meine Mitarbeiter, ich verkaufe, ich bin in der Umsetzung drin, mache die Abrechnung und noch ein paar Dinge mehr. Ich verstehe nicht ganz, worauf du hinauswillst. Ich mache das doch alles.«

»Genau darin lag mein Problem damals auch«, erwiderte Thomas. »Ich habe alles gemacht. Leider kann man nicht alle drei Rollen gleichzeitig gut ausführen. Sie unterscheiden sich im Mindset, im Blick auf die Welt.«

»Wie meinst du das?«

»Herr Radies hat mir das damals an einem Bild erklärt. Stell dir vor, du bist in einem Dschungel. Da gibt es Leute, die hauen mit ihren Macheten den Weg frei. Das sind die Fachkräfte. Dann gibt es solche, die sorgen dafür, dass alle in dieselbe Richtung hacken und bei Müdigkeit ausgetauscht werden. Das sind die Manager. Und schließlich gibt es einen, der oben im Baum sitzt und – wie Herr Radies es so schön ausgedrückt hatte – herunterruft: ›Hey, Jungs und Mädels, wir sind im falschen Wald!‹. Das ist der Unternehmer.

Nun unterscheiden sich die Rollen nach Anlass, nach Wahrnehmung, nach dem, was eigentlich als Arbeit angesehen wird usw. Die Fachkräfte müssen den Busch direkt vor ihnen im Blick haben, damit sie die Machete richtig ansetzen und die Schlangen rechtzeitig sehen können. Der auf dem Baum hingegen muss einige Kilometer weit sehen können – wie will er sonst herausfinden, ob er im richtigen Wald ist? Die beiden Rollen erfordern also eine unterschiedliche Wahrnehmung.

Und diese Rollen widersprechen sich. Schauen die mit den Macheten nach oben, dann denken sie: Was für ein Faulenzer, der hockt da oben nur rum! Schaut der vom Baum nach unten, denkt er sich: Was für ein beschränkter Horizont! Die Konsequenz ist: Wenn du alles machst, dann musst du permanent dein Mindset wechseln. Das kannst du aber nicht.«

Langsam verstand ich, worauf Thomas hinauswollte. »Du meinst, wenn ich gleichzeitig verkaufe, manage und noch in den Projekten drin bin, dann kann ich kein guter Unternehmer sein?«

Thomas nickte: »Ja, so ungefähr kann man das sagen. Und es kommt noch etwas dazu. Die anderen Bereiche, also die Fachkraft- und die Manager-Rolle, fressen so viel Kraft, dass dir diese Kraft nicht mehr für die Unternehmerrolle zur Verfügung steht. Und wie willst du dann die Energie und die treibende Kraft hinter allem sein, wenn du nur noch müde und ausgelaugt bist?«

»Die ersten Jahre ging das ganz gut«, erwiderte ich.

»Die ersten Jahre geht das immer ganz gut. Und dann kommt der Punkt, an dem die Energie aufgebraucht ist.«

»Du meinst, dass ich seit einem guten Jahr nicht mehr die Energie von früher habe, liegt daran, dass ich alles mache?«, fragte ich nachdenklich.

»Zumindest daran, dass du alle Rollen wahrnimmst. Weil du eigentlich nicht das machst, was ein Unternehmer tun sollte. Du machst zu viel des Falschen und zu wenig des Richtigen.«

»Und was wäre das Richtige?«

»Weißt du, was dir wichtig im Leben ist? Wo du hinwillst? Warum du das machst, was du machst?«

Diese Fragen hätten auf mich bestimmt nicht so intensiv gewirkt, wenn ich nüchtern gewesen wäre. Aber so schlugen sie voll ein. Nach einer längeren Denkpause schüttelte ich den Kopf. »Nein, ich habe keine Ahnung! Ich habe immer irgendwelche Dinge begonnen und dann nach einiger Zeit abgebrochen und etwas Neues gemacht. Und ich fürchte, jetzt ist es auch wieder so weit. Eigentlich habe ich keine Lust mehr auf meine Firma. Sie kommt mir seit einem Jahr meistens so vor wie die diese Bleikugeln, die man früher Gefangenen ans Bein gekettet hat. Und um das zu ändern, müsste ich einfach herausfinden, wo ich im Leben hin will?«

»Na ja, ganz so einfach ist es auch nicht«, grinste Thomas. »Sonst sind wir bei den Leuten, die sich einfach beim Universum etwas wünschen und hinterher sauer sind, dass sie es nicht bekommen.«

Nein, wenn du weißt, was für dich das Richtige im Leben ist, kannst du mit den ganzen anderen Aufgaben* des Unternehmers beginnen.

Diese bestehen darin, erstens Grundmotiv und Vision festzulegen, zweitens Strategie und Positionierung zu entwickeln, drittens die richtigen anderen Menschen anzuziehen und einzubinden, viertens alte Dinge loszuwerden, fünftens die Umsetzung zu garantieren, sechstens sich selbst weiterzuentwickeln und siebtens die Übergabe an den Nachfolger zu sichern.«

»Dazu hatte ich überhaupt keine Zeit. Ich musste ja Umsatz machen«, warf ich ein.

---

* Ausführlich zu den sieben Aufgabenbereichen des Unternehmers entweder auf der Website www.unternehmercoach.com oder im Buch *Der Weg zum erfolgreichen Unternehmer*

»Eben! Und dann nimmst du die Aufgaben des Unternehmers nicht wahr. Und wenn du das nicht tust, dann wirst du immer solche Probleme haben wie jetzt. Ich hatte sie ja früher auch.

Ich glaube, eine solche Phase, wie du sie jetzt durchmachst, ist völlig normal. Wie bei einer Partnerschaft kommen einem Unternehmer nach einiger Zeit Zweifel an seinem Unternehmen. Entweder bedeutet dies das Ende oder eine Weiterführung des Unternehmens auf einem neuen Niveau. Was jedoch in solch einer Situation nicht geht, ist einfach weiterzumachen wie bisher.«

Langsam nickte ich. »Ich glaube, du hast recht. Ich fühle mich ganz so, als ob ich mich permanent selbst sabotierte.«

»Vielleicht solltest du Herrn Radies einfach mal anrufen? Ich gebe dir die Nummer.«

»Ach nein«, schüttelte ich den Kopf. »Ich glaube, für mich ist das nichts.«

»Wenn du nüchtern wärst, würde ich jetzt für dich wählen«, grinste Thomas. »Ich habe damals auch nicht selbst gewählt. Ich gebe dir einfach die Nummer und du kannst dann immer noch entscheiden.«

2. Begegnung mit dem Mentor

2.1 Der Unternehmercoach

Sofia betrachtete mich mit ihren leuchtenden Augen aufmerksam: »Das klingt ganz schön verfahren. Aber da ich jetzt keinen Alkoholiker vor mir habe, hast du offensichtlich etwas geändert? War das schon der entscheidende Wendepunkt?«

Langsam wiegte ich den Kopf: »Nein, der entscheidende Punkt noch nicht. Aber immerhin hatte ich einen Punkt erreicht, an dem ich wirklich etwas Grundlegendes ändern musste. Ich glaube manchmal, dass wirklich erfolgreiche Menschen sehr viel weniger ertragen können als erfolglose. Deshalb kommen sie immer viel früher in ihrem Leben an einen Punkt, an dem sie etwas ändern müssen. Bei mir war's vor einem knappen Vierteljahr schon ziemlich spät.

Und es war mir damals auch noch nicht klar, wie grundlegend die Änderung sein würde.«

»Ich bin echt gespannt, wie du dein Unternehmen neu ausgerichtet hast. Du hast dann zuerst diesen Herrn Radies angerufen, richtig?«, fragte Sofia.

Langsam schweifte ich mit meinen Gedanken wieder zurück. Das Wochenende hatte ich weitestgehend im Bett verbracht. Den Samstag, weil ich wegen meines alkoholischen Absturzes Kopfschmerzen hatte. Den Sonntag, weil mir jede Energie fehlte. Als ich am Montag, den 23. November aufwachte, war klar, dass es so nicht weitergehen konnte. Ich musste etwas ändern. Die Entscheidung war gefallen.

Um neun Uhr rief ich noch von zuhause aus die Nummer an, die mir Thomas gegeben hatte. Eine Assistentin meldete sich und sagte, dass Herr Radies zurückrufen würde. Ich saß auf Kohlen. Ich wollte unbedingt starten und etwas ändern. Wie immer, wenn ich eine neue Idee habe, konnte es nicht schnell genug gehen. Aber nun gut, ich musste warten. Und so fuhr ich ins Büro.

Nachmittags um halb zwei rief er schließlich an: »Radies. Sie hatten bei mir angerufen?«

»Ja, ich habe Ihre Nummer von Thomas Willmann. Sie haben ihn vor drei Jahren gecoacht.«

»Ich erinnere mich. Wie geht es ihm?«

»Gut«, erwiderte ich. »Sehr viel besser als mir. Deswegen rufe ich auch an.«

»Hab ich mir schon fast gedacht, dass Sie aus so einem ähnlichen Grund anrufen«, antwortete er und ich konnte sein Grinsen durchs Telefon hindurch förmlich spüren. »Erzählen Sie, wie schlimm ist es?«

»Eigentlich nicht so schlimm«, begann ich. »Meine Firma ist liquide. Zwar macht sie keine großen Gewinne mehr, aber in einer richtigen Krise bin ich noch nicht.«

An der anderen Seite war es einen Moment lang ruhig. Dann erwiderte Herr Radies: »Ein Unternehmen, das keine Gewinne macht, kann man kaum als gesund bezeichnen. Klingt mir danach, als wären Sie in einer Krise, wüssten das auch, wollten sich das aber nicht eingestehen.

Gut, immerhin ermöglicht die Liquidität, die Dinge in Ruhe anzugehen. Viele Unternehmer kommen, wenn es schon zu spät ist.

Aber jetzt beschreiben Sie mal, was Sie gerne an Ihrer Situation ändern würden.«

Die folgende Viertelstunde schilderte ich ihm meine Situation. Dass ich zweimal Kunden rausgeschmissen hatte, war mir richtig peinlich. Aber ich erzählte auch das. Und schließlich erzählte ich ihm auch, dass ich oft überhaupt keine Energie mehr aufbrachte, meine Firma voranzutreiben oder auch nur darin zu arbeiten.

Herr Radies hörte zu und stellte einzelne Fragen. Schließlich antwortete er: »Hören Sie, Herr Steinbach, ich coache nur noch in wenigen Ausnahmefällen selbst. Meist macht das ein Unternehmer aus meinem Team. Aber Sie machen mich neugierig. Soll ich Ihnen verraten, warum?«

»Ja, klar!«, erwiderte ich, nun meinerseits neugierig.

»Weil Sie zweimal den Mut hatten, unpassende Kunden einfach rauszuwerfen!«

»Aber das hat doch die jetzigen Probleme erst verursacht!«, wandte ich verblüfft ein.

»Nein, nein, nein«, erwiderte Herr Radies vehement. »Die Ursachen für die Probleme liegen woanders. Vielleicht darin, dass Sie mit den falschen Kunden überhaupt begonnen haben! Jedenfalls haben Sie gespürt, dass es mit diesen Kunden nicht funktionieren würde, und handelten dann nach Ihrem Gespür. Andere Leute, wie Ihr Herr Gerburg, entscheiden sich nach dem potenziellen Gewinn. Alexa scheint sich nach Perfektion zu entscheiden. Sie haben sich trotz Risiko – und ohne zu wissen, wie es endet – für Stimmigkeit entschieden. Es musste zu Ihnen passen!

Das macht mich neugierig und deshalb coache ich Sie.«

»Super!«, entfuhr es mir begeistert. »Wann geht's los?«

»Wie wär's mit Freitag?«

»So schnell? Ich habe da aber noch zwei andere Termine!«, wandte ich ein.

»Würde einer dieser beiden Termine Ihr Problem grundsätzlich lösen?«, fragte Herr Radies.

»Nein«, antwortete ich nachdenklich. Dann gab ich mir einen Ruck: »Gut, wo treffen wir uns?«

»Ich bin am Freitag bei Ihnen in Köln. Sie suchen einen Raum mit angenehmem Ambiente. Wir sollten ungestört sein.«

»Gut«, erwiderte ich. »Ich würde gerne noch meinen Vertriebsmitarbeiter Dago Gerburg mitbringen, der in Rekordzeit sein BWL-Studium abgeschlossen hat. Er kann uns bestimmt behilflich sein.«

»Im ersten Schritt ist das keine gute Idee!«, lehnte Herr Radies klar ab. »Erstens geht es um Sie und Ihre Motivation. Das geht einen Mitarbeiter – zumindest während Sie noch in der Selbstfindung sind – nichts an. Zweitens scheint die Beratung durch Ihren Herrn Gerburg bislang zu keinen guten Ergebnissen geführt zu haben. Das wird er spüren, wenn er mir gegenübersitzt. Und ich habe keine Lust, unseren Tag zu verschwenden, indem ich die Verteidigungshaltung irgendeines Mitarbeiters bearbeite. Das ist hinterher Ihr Job.«

Das war deutlich! Weil ich den Termin auf jeden Fall wahrnehmen wollte, stimmte ich halbherzig zu: »Gut, wir beginnen zu zweit und können, da wir uns in Köln treffen, Dago ja später dazuholen, wenn es erforderlich sein sollte.«

»In Ordnung«, erklärte Herr Radies. »Wir sehen uns am Freitag um neun Uhr.«

2.2 Die Herausarbeitung des Grundmotivs/Antreibers

Als ich am Freitag in den Besprechungsraum des Hotels trat, war Herr Radies schon da. Er schien in sich selbst zu ruhen und blickte aus dem Fenster, ein vielleicht 1,70 m großer, drahtiger Endfünfziger mit grauen Haaren. Als er mich hörte, drehte er sich langsam um, lächelte mich mit blitzenden Augen an und begrüßte mich.

Zwei Minuten später stand ich bereits am Flipchart, um meine eigene Situation zu beschreiben. Nach weiteren fünf Minuten stand dort:

Symptome

- 60 Stunden Arbeit pro Woche – zu viel, aber im Rahmen
- Ich bin unzufrieden mit den meisten Kunden
- Kunden sind unzufrieden mit uns und unseren Leistungen
- Bezahlung durch die Kunden nicht adäquat
- Kein Gewinn
- Stress und Chaos im Innern
- Enten-Mitarbeiter
- Eigene Motivationsprobleme (stark schwankend)
- Fühle mich abends oft allein, leer und ausgebrannt
- Unsicher, ob ich das Unternehmen überhaupt weiterführen will
- Keine Zeit für Unternehmeraufgaben

»Ich hatte keine Ahnung, dass es so viele Probleme sind«, sagte ich kopfschüttelnd, als ich die Auflistung betrachtete. »Womit beginnen wir?«

»Wer hat Ihr Unternehmen geschaffen?«, fragte Herr Radies.

»Was soll die Frage?«, erwiderte ich erstaunt. »Ich natürlich. Es ist ja mein Unternehmen.«

»Gut«, nickte Herr Radies. »Und warum haben Sie Ihr Unternehmen so geschaffen, wie es jetzt ist?«

Völlig verblüfft blickte ich ihn an. Da hatte er nur zwei Fragen gestellt und schon war ich mir meiner Verantwortung für meine jetzige Situation auf eine neue Art und Weise bewusst. »Sie meinen, ich habe Fehler beim Aufbau meines Unternehmens gemacht?«

»Sicherlich auch. Die machen wir alle. Aber Fehler korrigieren wir auch irgendwann. Was ich meine, ist etwas anderes. Sie haben Ihr Unternehmen genau so gebaut, wie Sie es haben wollten.«

»Das ist doch Schwachsinn!«, erwiderte ich vehement. »Natürlich will ich Gewinne erzielen! Und auf dieses Kunden- und Mitarbeiter-Chaos habe ich überhaupt keine Lust.«

»Kennen Sie Menschen, die unbedingt eine Partnerin haben wollen?«, fragte Herr Radies.

»Ja, einige«, nickte ich.

»Und kennen Sie darunter welche, die immer, wenn es ernst wird, aus irgendwelchen fadenscheinigen Gründen einen Rückzieher machen?«

»Natürlich«, nickte ich wieder. »Ich glaube, in Wirklichkeit ist denen die Freiheit oder eine Form des Selbstschutzes oder irgendetwas anderes wichtiger. Warum?«

»Weil es bei Unternehmern, die vordergründig Gewinn erzielen wollen und aus irgendwelchen Gründen keinen machen, genau dasselbe ist. Irgendetwas anderes ist wichtiger.

Wissen Sie, Ihr Unternehmen ist der Spiegel Ihrer Persönlichkeit. Wenn Sie etwas ändern wollen, dann kommen Sie nicht umhin, bei Ihrer Persönlichkeit zu beginnen.«

Das konnte ja ein lustiger Tag werden! Andererseits wollte ich wirklich etwas ändern und lenkte deshalb ein: »Und wie beginnen wir da?«

»Wenn wir ein zu Ihnen passendes Unternehmen bauen wollen, dann müssen wir Ihr Grundmotiv kennen. Das Motiv, nach dem Sie alles in Ihrem Leben ausrichten. Das ist der Beginn! Offensichtlich gibt es für Sie etwas Wichtigeres als Gewinne und die Vermeidung von Chaos. Und das müssen wir kennen. Mit dem persönlichen Grundmotiv des Unternehmers beginnt jede Neuausrichtung eines Unternehmens.

Dieses Grundmotiv erfahren wir, indem Sie mir von sich erzählen. Was haben Sie warum in Ihrem Leben gemacht? Warum sind Sie Unternehmer geworden? Was ist Ihnen wichtig? Sie erzählen und ich stelle Ihnen Fragen. Ich will wissen, wie Sie ticken und wie Sie glauben zu ticken.«

»Und wo soll ich anfangen?«

»Erzählen Sie mir von den Wendepunkten in Ihrem Leben. Warum Sie mit etwas aufgehört haben. Warum Sie etwas Neues begonnen haben. Erzählen Sie mir von Träumen, die Sie verwirklicht haben, und solchen, die Sie aufgegeben haben. Erzählen Sie mir von emotionalen Situationen in Ihrem Leben!«

»Das kann aber lange dauern«, wandte ich ein.

»Oh, ich hab Zeit«, lachte Herr Radies.

Zuerst wusste ich nicht so recht, wo ich anfangen sollte. Dann sprang ich sozusagen mitten hinein und war selbst überrascht, mich 1990 in Berlin wiederzufinden. Und so erzählte ich ausführlich, wie ich unmittelbar nach dem Abitur im Jahr 1990 nach Berlin gezogen war. Wie ich die Aufbruchsstimmung genoss und auch etwas machen wollte. Und wie ich dann meinen Club gründete.

»Was war Ihr Motiv hinter dieser Gründung?«

»Ich wollte einfach mit dabei sein, selbst etwas gestalten. Ist doch klar, dass man unmittelbar nach der Schule erst mal seinen Freiraum genießt und ausprobieren will, oder?«

»Und wie lief das dann?«

»Das war alles völlig illegal. In diesem Jahr vor der Wiedervereinigung gab es ja praktisch keine Staatsmacht im Ostteil Berlins, die irgendwas hätte kontrollieren können. Aber das war auch egal. Es war cool, mein Club war angesagt und es kamen immer mehr Leute. Der Laden war rammelvoll. Es herrschte eine absolut irre Aufbruchsstimmung. Ich stand im Mittelpunkt und das gefiel mir. Meine drei Jahre jüngere Schwester Julia kam in den Ferien zu Besuch und ging völlig in der Szene auf. Ich kann mich noch heute daran erinnern, wie sie mich damals anhimmelte.

Später waren dann andere an der Front. Ich versuchte im Hintergrund zu managen. Aber mit dem Geld gab es dauernd Probleme. Es blieb einfach kein Geld hängen. Eigentlich ganz im Gegenteil. Ich glaube, alle Leute, die damals für mich arbeiteten, griffen dauernd in die Kasse. Und nur die Hälfte der Kunden bezahlte überhaupt etwas. Da das Ganze im praktisch rechtsfreien Raum der Wendezeit stattfand, gab es weder eine Buchhaltung noch wusste das Finanzamt etwas von uns.

Als ich dann kurz vor dem Ende meinen Vater nach Geld fragte, lehnte er einfach ab, weil ich ja offensichtlich ein Verlierer sei, wenn ich aus den vielen Leuten keinen Gewinn schlagen könne. Und dann sah er auch noch das Chaos im Hintergrund – keine Buchhaltung außer ein paar unvollständigen Notizzetteln, auf denen ich aufgeschrieben hatte, wer wann noch Geld bekommen würde und wer mir noch Geld schuldete.

Schließlich gab er mir den Rat, ganz schnell das Weite zu suchen. Was ich dann – nachdem täglich mindestens zwei- oder dreimal ziemlich unangenehme Geldeintreiber vorbeikamen und ich einmal verprügelt worden war – auch tat.«

»Interessante Erfahrung«, lächelte Herr Radies. »Was haben Sie daraus gelernt?«

»Ich muss Gewinn machen«, fasste ich es in einem Satz zusammen.

»Hat Ihr Vater ja auch schon gesagt«, nickte Herr Radies, obwohl er merkwürdigerweise nicht den Eindruck machte, als würde er zustimmen. »Nimmt er Sie heute ernst?«

»Nein«, schüttelte ich den Kopf und erzählte ihm, wie er mich erst vor zwei Wochen hatte auflaufen lassen.

»Darf ich Sie mal wörtlich nehmen?«, fragte Herr Radies.

Ich nickte verwundert.

»Sie wollen nicht Gewinn machen, sondern Sie müssen Gewinn machen. Das klingt wenig lustbetont. Wenn etwas so wenig lustbetont ist, dann liegt das immer daran, dass man es gar nicht will, sondern dass man beabsichtigt, damit etwas anderes zu erreichen. Könnte ich damit richtig liegen?«

Etwas in mir bejahte. Aber ich konnte – und wollte – es nicht in Worte fassen. Deswegen wiegte ich nur den Kopf hin und her und antwortete: »Vielleicht.«

Herr Radies machte sich eine kurze Notiz, nickte und erwiderte:

»Gut, kommen wir später drauf zurück. Erzählen Sie mir von einer anderen Situation!«

Ich dachte kurz nach. »Einige Jahre später – das muss 1994 gewesen sein – gründete ich mit ein paar Leuten in Köln eine Band.«

»Warum haben Sie mit der Band begonnen?«, wollte Herr Radies wissen.

»Ich weiß nicht genau«, überlegte ich. »Ich glaube, ich hatte Talent zum Schlagzeugspielen. Und irgendwann fand ich mich mit vier anderen zusammen und wir beschlossen, eine Band zu gründen. Ich glaube, das hat sich einfach so ergeben.«

»Ergeben?«, fragte Herr Radies zweifelnd. »Sie haben nie eine Sekunde daran gedacht, auf der Bühne zu stehen, und plötzlich hat sich das ergeben?«

»Nein, so war es auch nicht«, erinnerte ich mich. »Ich habe mit meiner Schwester, als wir Kinder waren, schon immer Theater gespielt. Erst zuhause, dann später auch im Jugendclub. Auf der Bühne zu stehen, gehörte schon immer irgendwie dazu. Ich wollte mich anderen mitteilen.«

»Ah!«, machte Herr Radies. »Und wie war das dann mit der Band?«

»Wir sind ziemlich viel in unserer Region aufgetreten. Ich genoss es sehr, zwei, drei, manchmal sogar vier Abende in der Woche auf der Bühne zu stehen. Wir machten coolen Sound!«

»Waren Sie im Vordergrund?«

»Nein, das war Hopf, unser Leadsänger. Aber als Schlagzeuger gibt man den Beat vor. Und«, grinste ich, »die Mädels scharen sich auch immer eher um den Schlagzeuger als um die anderen.«

Herr Radies lächelte. »Wie lange ging das?«

»Etwa zwei bis drei Jahre. Wie alles, was ich anfange. Länger habe ich bislang noch fast nichts durchgehalten.«

»Klingt mir nach einem wenig förderlichen Erklärungsmodell«, schüttelte Herr Radies den Kopf. »Sie sagen damit ja selbst, dass Sie ein ewiger Verlierer sind.«

»Aber ich habe bislang noch nichts länger durchgehalten. Nur meine jetzige Firma schon vier Jahre – aber die letzten eineinhalb Jahre hatte ich eigentlich auch keine Lust mehr dazu.«

»Es gibt einen Unterschied zwischen den Fakten und der Interpretation der Fakten. Die Fakten sind, dass Sie einige Dinge nach zwei bis drei Jahren aufgehört haben. Ihre Interpretation ist, dass Sie ein Verlierer sind. Man könnte das aber auch anders interpretieren: Sie haben zum Beispiel noch nicht das Richtige gefunden. In diesem Fall war das Aufhören das einzig Richtige. Oder Sie haben in den zwei bis drei Jahren tatsächlich das bekommen, was Sie wollten, und wollten dann etwas anderes. Da sind viele Möglichkeiten denkbar.

Warum haben Sie mit der Band aufgehört?«

»Ich war einfach nicht so gut wie die anderen«, erklärte ich schulterzuckend. »Da bin ich dann raus. Die anderen haben es noch mit zwei anderen Schlagzeugern probiert, aber das klappte nicht und dann haben sie die Band aufgelöst.«

Herr Radies sah wenig überzeugt aus. »Wer waren damals die wichtigsten Menschen für Sie?«

Ich dachte einen Moment nach. »Von den anderen Jungs aus der Band am ehesten Hopf. Dann meine Schwester, die im ersten Jahr sehr häufig bei unseren Auftritten dabei war und uns half. Im zweiten Jahr ist sie nach Indien, deshalb war sie nicht mehr dabei. Dazu wechselnde Liebschaften, die in dem Moment alle wichtig waren, rückblickend aber keine sonderlich große Bedeutung hatten.

Meine Freunde aus der Berliner Zeit natürlich nicht – die wussten ja gar nicht, wo ich war. Und mit meinem Vater herrschte auch Funkstille. Ich glaube, dass ich auf die Nase geflogen war, war für ihn gar nicht so schlimm. Was ihn endgültig aus der Fassung brachte, war, dass ich aus den Überresten nicht einen Pfennig herausgeholt hatte und völlig pleite in die USA gereist bin.«

Herr Radies schien einen Moment nachzudenken: »Ihr Vater hielt und hält Sie also für einen Verlierer, richtig?«

»Ja, aber das ist nicht mehr so wichtig. Ich halte normalerweise großen Abstand.«

»Mag sein«, meinte Herr Radies. »Dennoch gibt es da eine Übereinstimmung: Sie halten sich für einen Verlierer, weil Sie nie lange an etwas dranbleiben. Und Ihr Vater hält Sie auch für einen Verlierer. Hat er Ihnen mal vorgeworfen, dass Sie nichts konsequent zu Ende führen?«

Betroffen nickte ich: »Ja, dauernd!«

»Und zugleich empfahl er Ihnen damals, das Weite zu suchen und den Club nicht zum Ende zu bringen. Klingt danach, als würde er aktiv dafür sorgen, dass Sie keinen Erfolg haben, damit er Ihnen genau das vorwerfen kann.«

Nachdenklich erwiderte ich: »Ja, da ist was dran. Ich glaube, ihm ist am allerwichtigsten, dass er der große Zampano ist. In seinem Kaff kriechen ihm ja alle hinten rein. Hätte ich unabhängig von ihm Erfolg, dann würde ihn das in seiner Position schwächen.«

»Gut«, nickte Herr Radies. »Ich habe zwar schon eine Vermutung bezüglich Ihres Grundmotivs und Antreibers, aber erzählen Sie mir noch mehr.

Sie sagten, dass Bühne schon immer dazugehörte. Haben Sie noch was anderes in dieser Richtung gemacht?«

»Ja, Ende der 1990er-Jahre war ich etwa zwei Jahre lang bei einer Improvisationstheatergruppe. Das hat ziemlich Spaß gemacht. Aber irgendwann gingen die Ansprüche auseinander. Einige, darunter auch meine Schwester Julia, die wieder aus Indien zurück war, wollten die Gruppe professionalisieren. Sie machte übrigens später eine Schauspielausbildung. Ich und einige andere wollten einfach nur Spaß haben. Darüber zerbrach die Gruppe.«

»Was hat Sie an dieser Gruppe gereizt?«, wollte Herr Radies wissen.

»Auf der Bühne war ich immer jemand Besonderes. Man konnte sein, wer auch immer man sein mochte. Und man konnte die anderen auch zu ganz besonderen Menschen machen.

Dann habe ich noch etwa zwei Jahre Eishockey gespielt«, fuhr ich fort. »Da ist man in gewisser Weise auch auf der Bühne. Das war aber noch kurz vor dem Abitur.«

»Und warum haben Sie damit begonnen?«

»Ich konnte das ziemlich gut. Ich war im ersten Jahr so was wie ein lokaler Held.«

»Und dann?«

»Hatte ich mich verletzt. Und die zweite Saison lief völlig daneben. Am Ende hat sich auch noch mein Mitspieler und bester Freund Simon umgebracht.«

Überrascht sah Herr Radies auf: »Warum? Und was hat das für Sie bedeutet?«

Ich hatte schon viele Jahre nicht mehr an Simon gedacht, und als jetzt meine Gedanken zurückschweiften, erlebte ich alles fast noch einmal. »Simon war Physikstudent im zweiten Semester. Wir alle nannten ihn nur Professor. Er hatte dauernd neue verrückte Ideen, wie man durch die Nutzung irgendwelcher Materialien mit einer speziellen Oberflächenbeschichtung Energie sparen könnte. Ich glaube, keiner von uns hat richtig begriffen, was er machte. Aber wir alle hielten ihn für genial.

Ein paarmal trat er an Firmen heran und wollte über diese seine Ideen vermarkten. Die meisten warfen ihn gleich wieder hinaus. Ich glaube, sie sagten, dass sie keinen Bedarf hätten, man müsse keine Energie sparen. Das Öl – es war Ende der 1980er-Jahre – war ja spottbillig. Eine Firma klaute schließlich seine Idee und setzte sie um. Er zog vor Gericht, wurde aber zusehends von den Kosten aufgefressen.

Schließlich gab er auf, war drei Monate nicht mehr zu sehen und hatte dann plötzlich eine neue Erfindung. Dieses Mal wollte er eine eigene Firma gründen.«

»Oh Gott!«, entfuhr es Herrn Radies. »Das ging doch sicher daneben, oder?«

»Ja«, nickte ich betrübt. »Das war der Anfang vom Ende. Er nahm einen Kredit auf das Haus seiner Eltern auf und entwickelte seine Erfindung weiter.«

»Hat er jemals etwas verkauft?«

»Nein«, schüttelte ich den Kopf. »Ich habe damals sogar versucht, ihm zu helfen und etwas zu verkaufen. Aber er verbohrte sich immer weiter in Probleme, die keiner mehr verstand. Und kaufte permanent irgendwelche Geräte dafür. Natürlich war der Kredit bald aufgebraucht. Und dann fanden ihn seine Eltern eines Morgens: Er hatte eine Art elektrischen Stuhl gebaut und sich damit umgebracht.«

»Das hat Sie damals ziemlich mitgenommen?«, fragte Herr Radies teilnahmsvoll.

»Ja, natürlich. Ich habe mich gefragt, wie es kommt, dass diejenigen mit den besten Ideen immer scheitern. Ich glaube, er schaffte es einfach nicht, seine Ideen in die Köpfe der Menschen oder seiner Kunden zu transportieren. Und ich schaffte es damals auch nicht.«

»Sie haben sich am Tod von Simon mitschuldig gefühlt?«

»Einige Jahre lang schon. Ich dachte immer, wenn ich doch etwas verkauft hätte und erste Erfolge hätte erzielen können, dann würde er heute noch leben.«

»Und nach diesen paar Jahren?«

»Habe ich es verdrängt. Genau genommen«, überlegte ich, »ist es heute das erste Mal seit über zehn Jahren, dass ich mit jemandem darüber spreche.

Aber wir waren beim Eishockey«, versuchte ich abzulenken. Die Erinnerung war nämlich ziemlich schmerzhaft. »Damit habe ich nach dem Selbstmord von Simon auch aufgehört.«

Herr Radies dachte einen Moment lang nach. Als ob er abwägen würde, ob er diesen Themenwechsel mitmachen sollte. Dann fragte er: »Sie erzählten mir von Ihrem Club, Ihrer Band, vom Improvisationstheater, vom Eishockey. Was waren die Gemeinsamkeiten?«

Ich war froh, dass er sich auf den Themenwechsel einließ. Und so probierte ich es – meiner Meinung nach – positiver: »Ich bin eben sehr vielseitig interessiert.

Ich bin so einer«, fasste ich zusammen, »der aufgrund einer momentanen Begeisterung immer mit irgendwas anfängt, das ein bisschen macht und wenn's nach einiger Zeit langweilig wird, eben wechselt und was Neues beginnt. Ich glaube nicht, dass da ein einheitliches Motiv dahintersteht. Vielleicht ist mein Motiv ja, immer das Neue zu suchen?«

Im selben Moment hatte ich das Gefühl, dass etwas nicht stimmte. Das war doch nur blödes Gequatsche! Und dann hatte ich plötzlich die Querverbindung, die ich bislang nicht hatte sehen können. Ich glaube, man sah mir diese Erkenntnis sogar am Gesichtsausdruck an, denn Herr Radies wurde plötzlich aufmerksamer und schaute mich prüfend an.

Nach einer langen Pause sagte ich den Satz, der mir in den Sinn gekommen war: »Ich war in bestimmten Bereichen gut und talentiert. Ragte unter den anderen heraus. Das genoss ich. Tat aber nichts weiter dafür. Und am Ende wurden die anderen besser und wollten immer mehr. Ich hatte meine führende Rolle verloren.«

»Das heißt«, überlegte Herr Radies, »Ihr Motiv war eigentlich nicht, etwas Neues zu beginnen, sondern immer, etwas Besonderes sein zu wollen. Bedeutsamkeit als Motiv, wenn man so will. Können Sie damit etwas anfangen?«

»Ja, klar«, bestätigte ich verblüfft. »Bei all meinen Tätigkeiten war mein Antrieb immer, etwas Besonderes zu sein und darzustellen.«

»Und«, ergänzte Herr Radies, »Sie haben immer die Initiative ergriffen und etwas Neues initiiert. Irgendwo angeschlossen haben Sie sich, außer beim Eishockey, nie. Das ist ein starkes Indiz dafür, dass Selbstständigkeit oder Unternehmertum der richtige Weg für Sie ist.«

»Schon, aber wenn ich mit dem, was ich machte, nichts Besonderes mehr sein konnte, dann hörte ich auf. Genau genommen bin ich mit meiner jetzigen Firma in der gleichen Situation: Ich wollte am Anfang etwas Besonderes sein und machen. Und die ersten Projekte waren auch richtig klasse. Jetzt mache ich das, was alle machen, und gehe in der Masse unter. Das waren ja genau die Punkte bei Kronau und Bäumler, bei denen ich so explodiert bin. Sie sagten, es gäbe tausend andere Firmen, die das auch könnten.«

»Und, stimmt das?«, wollte Herr Radies wissen.

Langsam nickte ich: »Ja. Am liebsten würde ich meine Firma schließen.«

»Glaube ich nicht«, schüttelte Herr Radies den Kopf. »Am liebsten würden Sie etwas Besonderes sein, aber Sie sehen keinen Weg, wie Sie das mit Ihrer Firma erreichen können. Und deshalb würden Sie gerne Ihre Firma schließen.

Außerdem ist mir das noch nicht konkret genug. In Ihren Geschichten tauchten immer wieder Ihre Schwester und Ihr Vater auf. Das macht auf mich den Eindruck, als ob Sie vor allem deren Anerkennung suchten.«

Zuerst wollte ich heftig verneinen. Aber irgendetwas in mir sagte, dass es richtiger wäre zu nicken. Und so bewegte ich in einem angedeuteten Nicken meinen Kopf vielleicht einen halben Zentimeter nach unten.

»Gut«, lächelte Herr Radies. »Ich möchte Ihnen erklären, was ich hier mache. Ich lasse mir von Ihnen Geschichten erzählen, um Ihre Motive zu ergründen. Deshalb frage ich vor allem nach den Wendepunkten. Dort kommen unsere Motive am deutlichsten zum Vorschein.

Nun habe ich einige Modelle im Kopf, mit denen man Motive ergründen und verstehen kann. Keines dieser Modelle ist immer und überall geeignet. Sie beschreiben bestimmte Aspekte der menschlichen Psyche und haben an anderen Stellen Lücken. Meine persönlichen Favoriten sind die Limbic Map* von Hans-Georg Häusel und das Bedürfnismodell von Tony Robbins.«

»Um was geht's dabei?«

»Die Wissenschaft ging bis vor einiger Zeit davon aus, dass der Mensch ein im Wesentlichen rational handelndes Wesen ist, das manchmal aufgrund des Störfaktors ›Emotionen‹ von dieser Rationalität abweicht. Durch die Entdeckungen der Neurowissenschaften in

---

* Siehe http://www.nymphenburg.de/limbic4.html

den letzten 20 Jahren wurde dieses Bild gekippt. Es gibt keine Entscheidung ohne Emotion. Menschen, bei denen das limbische System, das Emotionszentrum, beschädigt ist, können überhaupt keine Entscheidungen mehr treffen.

Nachdem die Bedeutung der Emotionen klar war, mussten die Wissenschaftler diese natürlich erfassen und strukturieren. Das mit Abstand beste, klarste und verständlichste Modell, das dabei herauskam, ist diese Limbic Map. Es basiert auf dem Konzept von drei Grundmotiven: Balance, Stimulanz und Dominanz. Diese werden in einer Grafik angeordnet und mit Zwischenmotiven ergänzt: Zwischen Balance und Dominanz ist Disziplin, zwischen Balance und Stimulanz befindet sich Genuss und zwischen Stimulanz und Dominanz Abenteuer. Nun kann man in dem entstehenden Raum praktisch alle menschlichen Motive eintragen: Familie eher bei Balance, Sparsamkeit eher bei Disziplin, Wellness bei Genuss, Status bei Dominanz, Kreativität bei Stimulanz usw.

Die großen Stärken des Modells sind die moderne wissenschaftliche Untermauerung und die intuitive Art, wie man menschliche Emotionen bzw. Motive dort abbilden kann.«

»Und das Modell von Tony Robbins?«

»Ist zwar nicht so gut wissenschaftlich abgesichert, aber an zwei wichtigen Punkten erklärt es mehr. Er geht von sechs menschlichen Needs, also Bedürfnissen, aus. Erstens vom Bedürfnis nach Sicherheit, zweitens vom gegenteiligen Bedürfnis nach Unsicherheit – das könnte man in der Limbic Map im Spannungsfeld zwischen Disziplin und Stimulanz eintragen.

Drittens vom Bedürfnis nach Significance, also Bedeutung, Anerkennung, und viertens vom gegenteiligen Bedürfnis nach Liebe, Zugehörigkeit. Das könnte man im Spannungsfeld Balance und Dominanz in der Limbic Map eintragen.

Fünftens geht Tony Robbins vom Bedürfnis nach eher spirituellem Wachstum aus. Und sein sechstes Bedürfnis ist Contribution, also das Bedürfnis, einen Beitrag zu leisten, das Bedürfnis nach Sinn.«

»Und wo passt das in die Limbic Map?«

»Das passt überhaupt nicht rein, weil diese Dimension dort nicht existiert. Das ist der eine Punkt, an dem mir das Modell von Robbins besser gefällt. Und der andere Punkt ist der, dass er zwischen den Bedürfnissen die Dynamik deutlich macht.

Dass Unsicherheit das Gegenteil von Sicherheit ist, ist leicht einzusehen. Weniger offensichtlich ist, dass ich mir ein elendes Leben in Unsicherheit einhandle, wenn Sicherheit mein oberstes Bedürfnis ist.«

»Wie kommt das?«, wollte ich wissen.

»Ganz einfach: Wenn ich mich immer für die sichere Variante entscheide, dann werde ich auch kaum gefordert. Und wenn ich kaum gefordert werde, dann lerne ich wenig bis nichts Neues. Oder noch schlimmer: Ich verlerne sogar bestimmte Fähigkeiten. Die Konsequenz daraus ist die, dass immer kleinere Probleme eine immer größere Bedeutung bekommen, weil die eigenen Fähigkeiten so klein sind. Mit anderen Worten: Wenn ich direkt Sicherheit anstrebe, werde ich immer größere Unsicherheit erhalten. Und umgekehrt: Je mehr Unsicherheit ich aushalten kann, desto häufiger komme ich in Situationen, die mich herausfordern, und desto mehr lerne ich. Mit diesen größeren Fähigkeiten ernte ich dann letzten Endes mehr Sicherheit.

Ein gelungenes Leben hängt also, wie Tony Robbins sagt, vom Maß der Unsicherheit, die man bequem aushalten kann, ab.«*

»Gut, habe ich verstanden. Aber was ich noch nicht verstehe, ist, wie dies bei Significance und Liebe/Zugehörigkeit zu Gegensätzen führt.«

»Auch das ist ähnlich einfach. Je wichtiger mir die Bedeutsamkeit ist, desto mehr muss ich mich von anderen Menschen unterscheiden. Nur so kann ich mich ja herausheben. Und indem ich mich unterscheide, verschwindet die Basis für die Zugehörigkeit, die auf Gemeinsam-

* Was nebenbei auch erklärt, warum umso mehr gejammert wird, je größer die Sicherheit wird, die unser Sozialstaat erzeugt: Die scheinbare Sicherheit raubt die Kompetenz, sein Leben selbst in die Hand zu nehmen.

keiten beruht. Zumal Bedeutsamkeit ja zumeist eine Unterscheidung der Form umfasst, dass man nach irgendwelchen Kriterien besser ist als andere. Und besser sein ist auch nicht gerade förderlich für tiefe Verbindungen.

Das Verrückte daran ist jedoch oft, dass viele Menschen bedeutsam sein wollen, um geliebt zu werden. Mit dieser Strategie erreichen sie aber das Gegenteil! Bedeutsamkeit als oberstes Bedürfnis ist eine Garantie für Unglück. Während für ein gelungenes Leben bei den ersten beiden Bedürfnissen die Unsicherheit angestrebt werden sollte, ist es bei der zweiten Bedürfnisgruppe die Liebe und die Verbindung. Je stärker dies gelingt, desto größer wird auch die Bedeutsamkeit.«

Ich dachte einige Sekunden nach. Dann erwiderte ich: »Sie haben mir das doch aus einem bestimmten Grund erzählt. Ich weiß noch nicht genau, aus welchem, aber ich habe den Verdacht, dass es mit dem letzten Punkt, der Bedeutsamkeit und der Verbindung, zusammenhängt. Richtig?«

Herr Radies nickte: »Ja, in Ihrem Fall sagt mir das Modell von Robbins mehr als die Limbic Map. Sie sagten vorhin, dass Ihre Motivation immer war, etwas Besonderes sein zu wollen. Solange Sie das waren, waren Sie voller Begeisterung dabei. Waren Sie nichts Besonderes mehr, dann ließen Ihre Energie und Ihre Motivation nach.

Wenn man jedoch Ihre Schilderungen ein bisschen genauer betrachtet, dann strebten Sie eigentlich eher Verbindung oder Liebe an. Und zwar vor allem zu Ihrer Schwester und Ihrem Vater. Von Letzterem bekamen Sie diese Verbindung nie, egal, was Sie machten. Von Ihrer Schwester teilweise, vor allem am Anfang Ihrer jeweiligen Aktivitäten. Am Schluss eher nicht. Da war sie dann entweder in Indien oder im Falle der Schauspielgruppe sogar auf der gegnerischen Seite. Können Sie damit etwas anfangen?«

»Mit dem Bedürfnis, etwas Besonderes sein zu wollen, auf jeden Fall. Aber mit der Verbindung oder Liebe?«, fragte ich mich. »Ich weiß nicht. Vielleicht spielt es ein bisschen eine Rolle. Aber die entscheidende Rolle? Ich glaube nicht.

Aber«, fuhr ich fort, »Sie haben vorher etwas gesagt, was mich die letzten Minuten nicht mehr losgelassen hat. Nämlich, dass Sie nicht glauben, dass ich meine Firma loswerden wolle. Sie glauben vielmehr, dass ich etwas Besonderes sein will und keinen Weg sehe, das mit meiner Firma zu erreichen. Genau genommen ist meine Firma aber nichts Besonderes, sondern völlig gewöhnlich und durchschnittlich.

Ich glaube«, fing ich langsam Feuer, »wenn wir einen Weg finden würden, aus meiner Firma etwas ganz Besonderes, etwas Bedeutendes zu machen und ich damit auch das Gefühl der Bedeutsamkeit bekäme, dann würde ich wieder die Energie bekommen, die ich beim Start meiner Projekte immer habe.

Ja, ich glaube, das ist es! Die Bedeutsamkeit! Es geht mir gar nicht so sehr um Gewinne. Können Sie mir helfen, ein solches Unternehmen aufzubauen? Eines, das Bedeutung hat?«

Herr Radies nickte: »Ja, kann ich. Nur führt der Weg zur Bedeutsamkeit nicht auf dem direkten Weg dorthin. Wenn Sie bereit sind, einen Umweg zu gehen, dann helfe ich Ihnen.«

* * *

»Das klingt nachvollziehbar für mich«, bestätigte Sofia. »Du wolltest schon damals immer was Besonderes sein. Und damit hast du mehr Trennung als Gemeinsamkeit geschaffen«.

Nachdenklich nickte ich: »Vor drei Monaten hätte ich mich gegen diese Aussage sicher gewehrt.«

Sofia lächelte mich an: »Du hast dann dem Umweg zugestimmt?«

Ich antwortete langsam: »Ja, ich habe zugestimmt. Allerdings ohne zu wissen, was Herr Radies damit eigentlich meinte. Rückblickend ist mir klar, dass Herr Radies erkannte, dass ich noch nicht alles verstanden hatte. So wie er von mir erwartete, einen Umweg zu gehen, war auch er bereit, für mich einen Umweg zu machen. Und dieser Umweg führte über die Strategie meines Unternehmens.« Wieder tauchte ich mit meinem Bericht in die Vergangenheit ein.

3. Die neue Sicht auf Strategie

3.1 Wer entwickelt die Strategie?

Nach einer kurzen Pause fasste ich nochmals zusammen: »Meine jetzigen Probleme sind darin begründet, dass mir mein Grundmotiv nicht klar war und ich deshalb immer in die falsche Richtung lief. Mir geht es letztlich um Bedeutsamkeit, nicht um den Gewinn als Hauptantreiber. Das führte dazu, dass ich immer, wenn diese Bedeutsamkeit nicht mehr gegeben war, die Motivation verlor. Und das Gewinn-Motiv war kein Ersatz, um meine Motivation hoch zu halten.

Unsere Aufgabe ist es also, ein Unternehmen zu schaffen, das Bedeutung hat und mir damit Bedeutsamkeit verleiht.«

»So ist es«, bestätigte Herr Radies. »Das ist eine Frage der Vision und der Strategie. Theoretisch ist zwar die Vision der Strategie übergeordnet, in der praktischen Arbeit kommt man jedoch nach meinen Erfahrungen leichter zu guten Ergebnissen, wenn man in der Reihenfolge Grundmotiv, Strategie, Vision vorgeht.«

»Wieso?« fragte ich.

»Lassen Sie das Grundmotiv weg und entwickeln Sie nur eine Strategie, dann laufen Sie Gefahr, dass die Strategie zwar funktioniert, aber nicht zu Ihnen passt. Dann werden Sie weder sonderlich erfolgreich noch glücklich. Sie müssen also mit dem Grundmotiv beginnen. Entwickeln Sie dann die Vision vor der Strategie, laufen Sie Gefahr, dass diese viel zu abgehoben wird und Sie keinen Weg mehr dorthin finden. Außerdem wird die Vision dann meist zu egozentrisch. Haben

Sie jedoch Grundmotiv und eine dazu passende Strategie, dann tritt die Vision oft fast von allein zutage. Nur in sehr seltenen Fällen ist es sinnvoll, nach dem Grundmotiv zuerst die Vision und dann die Strategie zu entwickeln.«

»Klingt plausibel. Also kümmern wir uns jetzt um die Strategie. Das Grundmotiv habe ich ja schon. Bei der Strategie habe ich glücklicherweise mit Dago schon vorgearbeitet.« Ich zog die SWOT- und die Portfolio-Analyse, die ich mit Dago erstellt hatte, aus der Tasche: »Hier, das haben wir schon gemacht.«

Aber Herr Radies würdigte die Blätter keines Blickes. Stattdessen entgegnete er: »Wissen Sie, Herr Steinbach, Sie können zwei beliebige Dimensionen nehmen, z.B. die Zahl der Stammkunden und die Höhe der Kundenanforderungen. Dann zeichnen Sie vier Kästchen und verteilen Ihre Produktpalette da drin. Ergebnis: ein Feld mit vielen Stammkunden und hohen Anforderungen. Das benennen Sie als das Feld, das Ihr Unternehmen weiterbringt. Außerdem haben Sie ein Feld mit niedrigen Anforderungen und vielen Stammkunden. Das benennen Sie als Feld, in dem Geld verdient wird usw.

Der Witz ist, dass Sie das mit allen Dimensionen machen könnten, die Ihnen einfallen. Das ist völlig beliebig. Dass Ihnen diese Einteilung weiterhilft, wage ich aber zu bezweifeln. Sie wirkt zwar mit den vier Kästchen irgendwie einfach und plausibel. Und das ist es, was wir Menschen mögen. BWLer, MBA-Absolventen und Berater großer Unternehmensberatungen scheinen diese vier Kästchen so sehr zu lieben, dass ich manchmal glaube, sie teilen sogar ihr Bett in vier Bereiche ein und fragen sich, in welchem der Bereiche sich ihre Partnerin wohl aufhält.«

Obwohl mich seine Antwort frustrierte, musste ich lachen: »Gut, Sie halten nichts davon.

Aber wäre es nicht trotzdem sinnvoll, wenigstens Dago dazuzuholen? Er ist wirklich gut in Strategie!«

Herr Radies lehnte wie schon am Montag am Telefon ab: »Erstens, wäre er gut in Strategie, dann hätten Sie Ihre jetzigen Probleme nicht.

Zweitens müssten wir – er ist ausgebildeter BWLer – uns dann mit dem ganzen Kram auseinandersetzen, der von großen Beratungsunternehmen entwickelt wurde, um mit großen Konzernen Geschäfte zu machen. Das stiehlt uns Zeit und bringt keinerlei Nutzen. Drittens – und meiner Meinung nach am wichtigsten – sollten Sie in einem kleinen und mittleren Unternehmen die Unternehmensstrategie als Unternehmer allein und *nicht* mit Ihren Mitarbeitern entwickeln.«

»Warum das denn?«, wandte ich verblüfft ein. »Je mehr Leute Ideen entwickeln, desto besser!«

»Das ist zwar die verbreitete Ansicht. Aber sie ist deswegen trotzdem falsch!*«, erwiderte Herr Radies fest. »Das zeigt schon die Praxis. Nehmen wir einen Spezialfall der gemeinsamen Strategieentwicklung: Unternehmen, die von mehreren Partnern gleichberechtigt geführt werden. In den ersten drei bis fünf Jahren funktionieren diese meist besser, danach deutlich schlechter als Unternehmen, die nur von einem Unternehmer geführt werden.«

»Und woher kommt das?«, wollte ich wissen.

»Das hat etwas mit Erfahrung zu tun«, erwiderte Herr Radies. »Solange keiner weiß, welcher der richtige Weg ist, ist es sicher besser, sich auszutauschen und verschiedene Optionen durchzuspielen. Je mehr Erfahrung man jedoch in einem Bereich hat, desto ineffizienter wird es, sich auszutauschen. Experten wissen in 98 Prozent aller Fälle auf einen Blick, was zu tun ist. Experten spielen gerade *nicht* verschiedene Optionen** durch – nur noch in Fällen, die sehr knifflig sind.

Langfristig scheinen sich die von einzelnen Personen geführten kleinen und mittleren Unternehmen auch eher durchzusetzen. Jedenfalls wird der größte Teil aller Unternehmen nur von einer Person geführt. Wären die partnerschaftlich geführten kleinen und mittleren

---

* Ausführlich dazu: http://www.unternehmercoach.com/coach-unternehmer-coaching-allein-gemeinsam.htm

** Ausführlich dazu: Gary Klein: Natürliche Entscheidungsprozesse. Die dort dargestellten Erkenntnisse werden uns vor allem in Kapitel 5 beschäftigen.

Unternehmen effektiver, dann hätten sich diese, historisch betrachtet, auch durchgesetzt und es gäbe mehr davon.

Und das, was ich hier geschildert habe, ist noch der Idealfall mit mehreren Unternehmern. Bezogen auf Mitarbeiter, die in der Regel keine erfahrenen Strategieexperten sind, wäre eine gemeinsame Strategieentwicklung vergleichbar mit einem Arzt, der bei Diagnose und Entscheidung über eine Therapie die anderen Patienten im Wartezimmer konsultieren würde.«

»Das verstehe ich zwar, aber sind nicht dennoch mehr Ideen besser?«, wandte ich ein.

»Hier kommt die These von der Weisheit der vielen ins Spiel – vor allem vertreten von James Surowiecki. Theoretisch klingt das alles ganz schön. Das Problem dieses Konzepts ist, dass es auf einer Reihe von Annahmen beruht, die allesamt in den meisten Bereichen unserer Realität nicht anzutreffen sind.

Surowiecki sagt: Gruppenentscheidungen sind dann besser, wenn erstens unverfälschte Meinungsvielfalt herrscht. Dafür bringt er folgendes Beispiel: Die Besucher auf einem Jahrmarkt sollten auf geheimen Zetteln das Gewicht eines Ochsen schätzen. Als man später den Durchschnitt aller Schätzungen berechnete, war dieser extrem nah am wirklichen Gewicht des Ochsen.

Eine solche Situation ist in der Wirklichkeit nur dann gegeben, wenn das Problem so neu ist, dass sich noch keine Meinung dazu bilden konnte und wenn keinerlei Interessen von Teilgruppen betroffen sind. Teilen Sie die Schätzenden in zwei Gruppen ein und sagen Sie der einen Gruppe, dass sie den Ochsen verkaufen, der anderen Gruppe, dass sie den Ochsen kaufen soll. Dann lassen Sie noch einmal schätzen. Das Durchschnittsgewicht der Käufer wird niedriger sein als das der Verkäufer – einfach weil die Wahrnehmung durch die Interessen verzerrt wird.

Bezogen auf Strategiesitzungen heißt dies: Die meisten Mitarbeiter wollen nicht dabei sein, um vorrangig die Unternehmensstrategie zu entwickeln, sondern um vorrangig die eigenen Arbeitsplatzinteressen zu sichern. Das führt im Hinblick auf das Strategie-Meeting zu massiver Zeitverschwendung – Sie müssen sich ja die ganze Zeit mit vernebelnden Argumenten befassen, bei denen es eigentlich um etwas ganz anderes geht. Und im Hinblick auf das Gesamtunternehmen führt es zu schlechteren Ergebnissen.

Gruppenentscheidungen sind nach Surowiecki zweitens besser, wenn sie auf verschiedenartigen Informationsquellen beruhen. Betrachtet man die Wirklichkeit, so gibt es fast immer nur wenige Informationsquellen. Zwar haben wir viele Zeitungen – hinter einer Nachricht in diesen vielen Zeitungen steht aber oft nur ein einziger Nachrichtendienst. Und verfolgt man in Unternehmen zurück, woher die Informationen ursprünglich stammen, dann findet man meist auch nur eine Quelle.

Drittens seien Gruppenentscheidungen dann besser, wenn es keinen zentralen Entscheider gibt, dem die anderen zu folgen haben oder geneigt sind zu folgen. In der Wirklichkeit gibt es selbst in den demokratischsten Internetforen immer ein paar wenige Meinungsführer. Und in einem Unternehmen sind Sie als Unternehmer – zumindest dann, wenn Sie Ihre Rolle ausfüllen – der zentrale Entscheider. Selbst wenn Sie nicht bei der Strategieausarbeitung dabei wären, wissen alle Beteiligten, dass es einen zentralen Entscheider gibt.

Mit anderen Worten: Wenn die Menschen, die menschliche Gesellschaft und die Situation in Unternehmen anders wären, wären vielleicht auch Gruppenentscheidungen besser. Sind sie aber nicht, sonst hätten sie sich historisch gesehen durchgesetzt.

Aber ich glaube, das Hauptproblem ist wirklich die Annahme, dass die Entscheidungen umso besser werden, je mehr Optionen man zur Verfügung hat. Auch das ist falsch. Genauso falsch wie die Empfehlung, bei der Aktienanlage zu streuen. Warren Buffett, der erfolgreichste Investor der Welt, fragt zu Recht, warum er sich denn auch schlechte Aktien in sein Portfolio legen sollte. Sie brauchen nicht viele Optionen, sondern nur die beste Option. Oft reicht sogar schon die erste funktionierende Option [vgl. dazu auch 3.5].«

»Gut, das ist eine etwas ungewohnte Betrachtungsweise. Vor allem müsste man ja wissen, was die beste Option ist«, gab ich zu bedenken.

»Stimmt. Da kommen wir nachher gleich dazu. Gesetzt den Fall, wir hätten eine Methodik dafür, würden Sie mir dann folgen?«

»Ja«, nickte ich. Aber ich hatte noch eine Frage: »Besteht nicht die Gefahr, dass manchmal recht extreme Entscheidungen gefällt werden, wenn nur einer entscheidet?«

»Gefahr?«, blickte Herr Radies erstaunt auf. »Es ist sogar der entscheidende Vorteil, dass extreme Entscheidungen herauskommen! Bei der Strategieentwicklung und in vielen anderen Bereichen – abgesehen vielleicht vom Problem, das Gewicht eines Ochsen zu schätzen – liegt die richtige Lösung gerade *nicht* in der Mitte, sondern am Rand oder gar jenseits des Rands.

Sie können sich, wie der amerikanische Positionierungsexperte Al Ries sagt, sicher sein: Jedes Konzept, das in Ihrer Firma einstimmigen Beifall fände, wird von jemand anderem schon eingesetzt.

Die Entwicklung von Unternehmen unterliegt in gewissem Sinne denselben Gesetzen wie die Entwicklung der Arten in der Evolution. Al Ries wies mit einem eingängigen Bild darauf hin, dass die Evolution immer die Extreme fördern würde. Angenommen, ein Schiff sinkt, dann haben die Matrosen, die sehr gut schwimmen können, eine hohe Überlebenschance – sie können vielleicht ein Ufer erreichen. Und die, die gar nicht schwimmen können, haben auch eine Überlebenschance – sie halten sich einfach an den Planken fest. Vielleicht kommt ja Rettung. Aber die, die ein bisschen schwimmen können, schwimmen los und gehen unter. In der Evolution und in der Strategie liegt in der Mitte immer der Untergang! Eine Strategieentwicklungssituation, die den Kompromiss fördert, ist der sichere Tod!«

»Aber Extreme können doch dazu führen, dass ich nach der Strategieentwicklung einige unangenehme Mitarbeiterentscheidungen treffen muss?«

»Klar!«, erwiderte Herr Radies. »Noch ein Grund, die Strategie allein zu entwickeln. Natürlich wird kein Mitarbeiter während eines Strategie-Meetings sagen, dass er gegen eine bestimmte Idee sei, weil diese seinen Arbeitsplatz gefährden könnte. Ihm werden stattdessen Dutzende ›vernünftiger‹ Gründe einfallen, warum die Idee schlecht sei. Und dann sind Sie nur noch dabei, Scheingefechte zu führen.

Zum Schluss kommen Sie dann zu einem unscharfen Kompromiss in der Mitte. Und gehen unter. Samt dem einen Mitarbeiter. Wesentlich für den Erfolg ist, dass Sie diese Kämpfe dann führen, wenn Sie vorbereitet sind, und nicht schon in der Geburtsstunde des zarten neuen Strategiepflänzchens.

Die meisten guten Strategien sind nämlich bereits in solchen ›demokratischen‹ Strategie-Meetings gestorben, bevor sie richtig geboren wurden.

Marc Twain sagt: ›Ich kann dir keine Erfolgsformel liefern, aber ich kann dir eine Formel für den sicheren Misserfolg geben: Versuche es allen recht zu machen!‹«

»Fällt mir in der Wirklichkeit immer schwer, so konsequent zu sein«, nickte ich nachdenklich. »Aber ich glaube, da ist was dran, Herr Radies. Nur eines noch: Wenn ich so vorgehe, habe ich vielleicht eine gute Strategie, aber es ziehen noch lange nicht alle mit. Wenn alle daran mitgearbeitet hätten, dann wären doch alle viel motivierter.«

»Noch so ein moderner Mythos«, schüttelte Herr Radies den Kopf. »Die Annahme lautet also: Die gemeinsame Entwicklung von Ideen und Konzepten erhöht die Motivation aller.

Sie haben doch mal Eishockey gespielt? Waren Sie da motiviert?«

»Ja, klar! Habe ich Ihnen ja vorher erzählt. Das hat mir super viel Spaß gemacht!«

»Und, haben Sie diese Sportart erfunden?«

»Nein«, erwiderte ich mit dem ersten Anflug von Verständnis.

»Eben! Sie waren motiviert, obwohl Sie an der Entwicklung der Sportart nicht mitgewirkt haben.

Haben Sie schon mal ein Hobby betrieben? So etwas wie Briefmarken sammeln? Oder Schnitzen?«

»Während meiner Schulzeit habe ich mich ein bisschen mit Musik-Elektronik beschäftigt«, entgegnete ich.

»Waren Sie dabei motiviert?«

»Selbstverständlich! Das brachte mir dann ja auch eine Menge für meine Band.«

»Und haben Sie die Transistoren und die physikalischen Gesetze selbst erfunden?«

Ich schüttelte den Kopf: »Nein! Ich verstehe jetzt, worauf Sie hinauswollen: Es gibt massenhaft Tätigkeiten, bei denen man voller Begeisterung dabei ist, obwohl man nicht an der Konzeption und Entwicklung beteiligt war.«

Herr Radies nickte: »Genau. Es sind nur ein paar Grundbedingungen zu beachten. Die interessieren uns im Augenblick aber noch nicht. Wie wir Ihre Mitarbeiter ins Boot holen, ist erst dann von Interesse, wenn wir eine strategische Idee haben. Wir orientieren uns hier also am Konzept der ›Hidden Champions‹: Autoritär in den Grundlagen, partizipativ im Detail. Die Grundlagen hat zwingend der Unternehmer zu legen! Wir kommen, sobald es nötig ist, darauf zurück.«

»Gut«, versuchte ich zusammenzufassen. »Bislang wissen wir, dass wir erstens meine Probleme dadurch lösen können, dass wir eine bessere Strategie entwickeln. Und dass wir zweitens diese Strategie aus unterschiedlichen Gründen besser allein entwickeln sollten.

Ich werde dann kurz Dago anrufen und ihm für heute absagen. Er steht nämlich gerade auf Stand-by.«

Ich wählte seine Nummer, er meldete sich: »Dago Gerburg.«

»Hallo Dago, hier ist Olli.«

»Braucht ihr mich für die Strategieentwicklung? Soll ich zu euch stoßen?«, fragte er gleich.

»Nein«, erwiderte ich, während sich mein Bauch zusammenkrampfte. »Wir werden die Strategieentwicklung erst mal allein machen. Ist besser so. Vielleicht holen wir dich in einer späteren Phase dazu, wenn ...«

»Das ist doch Blödsinn«, unterbrach er mich. »Wieso wollt ihr mein

Know-how nicht nutzen? Ich weiß doch viel mehr über Strategieentwicklung als du! Lass dich doch nicht so leicht bequatschen.«

»Weil ich das Gefühl habe«, erwiderte ich genervt, »dass wir zu den immer gleichen Ergebnissen kommen werden. Wir saßen ja schon öfters zur Strategieentwicklung zusammen und sind nicht vorwärtsgekommen. Ich habe den Eindruck, hier passiert etwas wirklich Neues!«

»Jetzt soll also ich daran schuld sein, dass du mit deiner Strategie nicht vorwärtskommst? Wer bringt denn dauernd die Kunden? Das bin ich! Aber du wirst schon wissen, was du tust.« Und damit hatte er aufgelegt.

»Na toll!«, schaute ich Herrn Radies an. »Jetzt bin ich zu Ihnen gekommen, um meine Probleme zu lösen, und was passiert? Ich habe ein neues Problem am Hals! Ohne Dago kann ich meine Firma gleich ganz zumachen.«

»Da habe ich zwar meine Zweifel«, lächelte Herr Radies beschwichtigend. »Aber trotzdem haben Sie gerade die Entscheidung getroffen, ihm nicht nachzugeben!« Dann ging er zum Flipchart und ergänzte die Liste meiner Symptome um folgenden weiteren Punkt: »Konflikt mit wichtigstem Verkäufer Dago Gerburg.« Dann drehte er sich um und fragte: »Ändert sich dadurch etwas Grundsätzliches?«

Ich versuchte, meinen Frust zu ignorieren und mich wieder auf die Sache zu konzentrieren: »Ich habe ein Symptom mehr. Wenn ich das lösen würde, dann wäre ich wieder an der Stelle, an der ich auch schon vor zehn Minuten war. Also auch nicht glücklich. Nein, das würde nichts Grundsätzliches ändern.«

»Wie wäre es, wenn Sie umgekehrt eine erfolgreiche Strategie hätten?«, fragte Herr Radies weiter.

»Dann«, dachte ich einen Moment nach, »würde Dago auch weiter dabei bleiben. Ihm ist ja nichts so wichtig wie Erfolg. Genauer gesagt, sein persönlicher Erfolg.

Abgesehen davon, dass mich das Gespräch mit Dago emotional aufgewühlt hat, ändert sich nichts.«

Herr Radies nickte und wartete.

Und kaum hatte ich das ausgesprochen, wurde ich auch schon etwas ruhiger: »Wie beginnen wir jetzt?«

3.2 Der einzige Zweck eines jeden Unternehmens

»Ich weiß, dass das schwer ist, aber bis wir praktisch mit der Arbeit an Ihrer Strategie beginnen, müssen Sie sich leider noch ein bisschen gedulden«, erwiderte Herr Radies. »Wir brauchen vorher noch ein paar Grundlagen. Sonst wissen Sie ja gar nicht, was wir eigentlich tun. In Wirklichkeit brauchen Sie nämlich nicht nur eine Strategie, sondern Sie müssen Ihre strategischen Fähigkeiten schulen. Strategie ist nichts, was Sie nur einmal machen und dann für alle Ewigkeit haben.

Das erste Problem besteht darin, dass alle etwas anderes unter Strategie verstehen. Wenn ich Unternehmer frage, was sie unter Strategie verstehen, dann kommen Antworten wie: ›Weg zum Ziel‹, ›langfristiger Plan‹, ›Methodenset, um erfolgreich zu sein‹, ›grobe und langfristige Grundlinien‹, ›anders oder besser als die Mitbewerber zu sein‹ usw.

Das klingt zwar oberflächlich gesehen alles ziemlich ähnlich, aber im Detail gibt es doch große Unterschiede zwischen diesen Antworten. Zum Beispiel in Bezug auf das Ziel. Wenn Strategie ›Weg zum Ziel‹ ist, dann wird in der Definition das konkrete Ziel überhaupt nicht benannt. Ich könnte dann als konkretes Ziel wählen, pleitezugehen. ›Der Weg, pleitezugehen‹, wäre also nach dieser Definition eine gültige Strategie.«

»OK, diesen Weg wollen wir nicht gehen«, grinste ich.

»Wenn ich jedoch als Strategiedefinition das Methodenset, um erfolgreich zu sein, nehmen würde, dann wäre der ›Weg, pleitezugehen‹, keine gültige Strategie. Das ist ja im Allgemeinen kein anzustrebender Erfolg. Natürlich haben wir die Frage nur verschoben: Was wäre eigentlich ›Erfolg‹?

Dann unterscheiden sich die Definitionen in Bezug auf den Weg.

Einmal müsste dieser ziemlich genau beschrieben sein, sonst wäre es kein Plan. Bei der Definition mit den Grundlinien würde hingegen eine Aussage wie: ›Halte dich in diese oder jene Richtung‹ reichen. Und bei der Definition mit dem Methodenset wird der Weg gar nicht beschrieben.«

»Ist das nicht trotzdem ein bisschen spitzfindig?«, wandte ich ein. »Mein Ziel ist es natürlich, erfolgreich zu sein, also ein Unternehmen mit Bedeutung aufzubauen, damit Gewinn zu machen und das so genau wie nötig zu beschreiben, damit alle wissen, was sie tun sollen. Das wäre dann meine Strategiedefinition.«

»Klingt wirklich so, als ob wir uns das etwas genauer anschauen müssten«, grinste Herr Radies. »Ich könnte nämlich keine zwei zusammenhängenden Worte Ihrer Definition unterschreiben.«

Etwas verblüfft schaute ich ihn an: »Gut, dann schießen Sie los!«

»Wir wechseln zuerst mal die Perspektive«, eröffnete er. »Üblicherweise wird die Frage der Strategie aus der Binnensicht des Unternehmens oder gar des Unternehmers angegangen. Das bringt zwar Ergebnisse, aber nicht die richtigen. Also schauen wir von oben drauf. Unternehmen sind Organisationen, die innerhalb einer Gesellschaft, oder noch weiter, in der Welt irgendeinen Zweck erfüllen. Die Frage ist: Warum braucht die Welt überhaupt irgendein Unternehmen?*«

»Na, um Sachen herzustellen und Dienste anzubieten«, entgegnete ich spontan. »Wer soll das denn sonst machen?«

»Genau«, nickte Herr Radies. »Aus einer übergeordneten Sicht ist der Zweck eines Unternehmens immer der, seinen Kunden irgendwelche Dienste oder Produkte anzubieten. Und es gibt, wie auch Managementgrößen wie Peter Drucker, Wolfgang Mewes oder Fredmund Malik bestätigen, nur diesen einen Zweck.

Allerdings würde ich die Definition noch ein bisschen ausdehnen. Nur irgendwelche Dinge herstellen oder Dienste anbieten können zum Beispiel auch staatliche Betriebe. Vertreter der Bürokratie, der Banken

---

* Ausführlich dazu in: *Der Weg zum erfolgreichen Unternehmer*

oder der Großkonzerne wären allerdings noch nicht von den Bäumen runter, wenn es nicht immer wieder innovative Verrückte gegeben hätte, die einfach etwas gemacht hätten. Die Beamten würden immer noch am ›belastbaren Businessplan‹ feilen, der sicherstellt, dass auch am Boden genügend Bananen wachsen – sie kennen ja nichts anderes. Und vor allem muss der ›belastbare Businessplan‹ sicherstellen, dass man am Boden nicht vom Löwen gefressen wird – von dem haben sie nämlich schon gehört.

Ein kleines und mittleres privates Unternehmen ist innovativer als andere Organisationsformen. Es kann also nicht nur jetzt einen Nutzen für Kunden bieten, sondern es kann besser als jede andere Organisationsform morgen einen noch größeren Nutzen für die Kunden bieten. Das schließt allerdings die Bereitschaft zu scheitern ein.«

»Gut, habe ich verstanden«, erwiderte ich etwas irritiert, weil ich nicht wusste, worauf Herr Radies hinauswollte. »Und was machen wir jetzt damit?«

»Oh, nicht so schnell!«, ließ mich Herr Radies weiter zappeln. »Wir haben erst einmal geklärt, was der Zweck eines Unternehmens ist. Jetzt klären wir – fast noch wichtiger –, was *nicht* der Zweck eines Unternehmens ist.

Aus einer übergeordneten Sicht ist es *nicht* der Zweck eines Unternehmens, Gewinn zu machen. Ein Unternehmen sollte aus dieser übergeordneten Sicht eigentlich nur dann Gewinn machen, wenn davon auszugehen ist, dass in Zukunft ein noch größerer Bedarf an den Leistungen und Produkten des Unternehmens bestehen wird. Oder wenn davon auszugehen ist, dass das Unternehmen in Zukunft einen noch größeren Nutzen für die Kunden bieten wird.

Und wenn die Kunden glauben, dass genau dieses Unternehmen in der Lage sein wird, mit dem Gewinn den größeren oder neuen Bedarf zu befriedigen. Andernfalls würde das Unternehmen ja gesellschaftliche Ressourcen binden, die anderswo besser eingesetzt werden könnten. Gewinn ist eigentlich Vertrauensvorschuss. Deswegen ist es auch absolut klar und gerechtfertigt, dass die einen Unternehmen einen riesigen Gewinn machen und die anderen nicht. Auch wenn das manchen Politikern nicht gefällt und sie diese Gewinne bei den guten Unternehmen via Steuern einkassieren, um sie an die schlechten via Förderprogramme wieder auszuschütten.«

»Ist ein bisschen merkwürdig, diese Sichtweise«, wandte ich ein.

»Muss daran liegen, dass ich merkwürdig bin«, kicherte Herr Radies. »Aber weiter: Aus einer übergeordneten Sicht ist es auch nicht der Zweck eines Unternehmens, Arbeitsplätze zu schaffen. Sondern genau umgekehrt. Menschliche Leistungen und menschliche Kreativität sind wertvoll. Es ist die Aufgabe eines Unternehmers, seine Leistung mit möglichst geringem Einsatz anzubieten und mit möglichst geringem Einsatz seine Leistungen zu verbessern.

Wir haben also aus einer übergeordneten Sicht als einzigen Zweck eines Unternehmens den, Produkte und Leistungen für seine Kunden bereitzustellen und zu verbessern.«

»Gut, verstehe ich«, nickte ich. »Ich habe aber immer noch keine Klarheit, was wir jetzt mit dieser Erkenntnis machen.«

»Jetzt gehen wir wieder zu unserer Strategiedefinition zurück«, erwiderte Herr Radies. »Wenn der einzige Zweck eines Unternehmens darin besteht, Produkte und Leistungen für seine Kunden bereitzustellen und zu verbessern, dann kann das Ziel einer guten Unternehmensstrategie nur darin bestehen, genau diesen Zweck zu erfüllen.

Das Ziel einer Unternehmensstrategie ist nicht, den Gewinn zu erhöhen oder Arbeitsplätze zu schaffen, auch nicht der, dafür zu sorgen, dass Sie sich bedeutend fühlen, sondern einzig und allein, Nutzen für den Kunden zu schaffen. Dabei bieten wir den Kunden auch keinen Nutzen, um damit Gewinn zu machen, sondern um den Kunden irgendwann einen noch besseren Nutzen zu bieten.

Mit anderen Worten: Alle Begründungen nach dem Motto ›Wir sind kundenorientiert – weil das der Weg zum Erfolg ist und wir damit mehr Gewinn machen‹ können Sie vergessen! Der Gewinn ist weder primäres noch sekundäres Endziel. Der Gewinn *ist ausschließlich Mittel*, um dem Kunden irgendwann besseren Nutzen zu bieten.

In Wahrheit ist es so, dass fast alle mir bekannten Strategiekonzepte entweder direkt oder indirekt Eigennutz und Gewinn im Fokus haben. Und damit schon von der Grundanlage her völlig neben der Spur liegen.«

»Jetzt verstehe ich!«, nickte ich erleichtert. Ich hatte den Faden wiedergefunden: »Deswegen waren Sie vorher mit meiner Strategiedefinition nicht einverstanden. Aber ich will Gewinn machen und ich will das Gefühl der Bedeutsamkeit. Das ist doch der Grund, warum wir die Strategie überhaupt erst entwickeln!«

»Da kommen wir noch dazu«, lachte Herr Radies. »Aber sicher nicht heute. Ich hatte Sie ja bereits auf scheinbare Umwege vorbereitet.«

3.3 Die vier Prinzipien der Strategie

Dann fuhr er fort: »Jetzt haben wir erst einmal herausgearbeitet, worauf die Strategie abzielen muss: auf den Kundennutzen und auf einen in der Zukunft verbesserten Kundennutzen. Damit haben wir ein zentrales Kriterium, um die existierenden Strategiekonzepte zu filtern.

Seit das Thema Strategie in der Wirtschaft angekommen ist, also vor etwa 60 Jahren erst, haben sich viele unterschiedliche Strategiemodelle herausgebildet. Man kann mindestens 10 oder 15 Hauptlinien* unterscheiden. Das will ich Ihnen aber hier ersparen.

Es gibt nämlich nur eine nachweisbar funktionierende Strategiemethode für kleinere und mittlere Unternehmen, die unserem Kriterium des Kundennutzens gehorcht. Viele der deutschen mittelständischen

---

* Zur Übersicht über verschiedene Modelle der Unternehmensstrategie siehe Henry Mintzberg: *Strategy Safari. Eine Reise durch die Wildnis des strategischen Managements.* Dort sind allerdings Konzepte wie die EKS, die Positionierung nach Al Ries und Jack Trout (dieser Richtung wäre auch das Blaue-Ozean-Konzept von W. Chan Kim und Renée Mauborgne zuzuordnen) oder das Leuchtturm-Prinzip nicht enthalten.

Weltmarktführer sind, wie der Unternehmensberater Hermann Simon 1996 in einer Untersuchung feststellte, mit dieser Strategie überhaupt erst erfolgreich geworden. Wenn man sich etwas aus dem Fenster lehnt, könnte man sogar behaupten, dass das Phänomen der deutschen mittelständischen Weltmarktführer überhaupt erst aufgrund dieser Strategie entstanden ist.«

»Und welche ist das?«, fragte ich neugierig.

»Nennt sich engpasskonzentrierte Strategie, abgekürzt EKS*«, erwiderte Herr Radies.

»Nie gehört«, schüttelte ich enttäuscht den Kopf.

»Liegt wohl daran, dass die EKS die letzten 20 Jahre für sich selbst keine vernünftige Vermarktungsstrategie hatte«, erwiderte Herr Radies kopfschüttelnd. »Dennoch, an der EKS kommen Sie nicht vorbei.«

»Und danach arbeiten wir jetzt?«

»Nein«, entgegnete Herr Radies entschieden. »Jedenfalls nicht nach der Originalfassung. Wir benötigen jetzt allerdings für unser weiteres Verständnis die **vier Prinzipien der EKS**.«

»Gut, schießen Sie los!«, entgegnete ich.

»Das erste Prinzip lautet: ›Spitz statt breit.‹ Schon der preußische General und Militärtheoretiker Carl von Clausewitz formulierte als Grundgedanken jeder Strategie: ›Die Kräfte in einer überwältigenden Masse konzentriert zu halten‹«, fuhr Herr Radies fort. »Übersetzt auf die Unternehmensstrategie heißt das: Bieten Sie für eine möglichst kleine Zielgruppe nur eine einzige Lösung an.«

»Verstehe ich nicht. Dann habe ich doch viel weniger potenzielle Kunden und mache mit diesen Kunden auch noch weniger Umsatz, als wenn ich viel anbiete. Und meinem Motiv der Bedeutsamkeit entspricht das auch nicht gerade.«

»Das verstehen die meisten nicht«, schmunzelte Wolfgang Radies. »Dabei ist es ganz einfach: Sie müssen mit Ihrem Angebot in den Köp-

---

* Die Rechte an der EKS wurden Anfang 2008 von Professor Fredmund Malik gekauft.

fen Ihrer Kunden an erster Stelle stehen, wenn diese das Bedürfnis nach Ihrem Angebot haben. Und zwar wirklich an *erster* Stelle, nicht an zweiter oder dritter Stelle! Früher ging man in der Wissenschaft davon aus, dass der Kunde eine Art Anbieter-Ranking im Kopf hat, aus dem er auswählt. Heute weiß man, dass es zwei Schubladen gibt: eine für den Ersten und eine für die Nicht-Ersten. Deshalb müssen Sie die Schublade für den Ersten besetzen!

Das gelingt Ihnen am einfachsten, wenn Sie in Ihrem Markt Marktführer sind. Und da Sie als Kleinunternehmen nur sehr beschränkte Kapazitäten haben, ist es einfacher, wenn Sie diese Kapazitäten auf nur einen einzigen Bereich fokussieren, statt sich zu verzetteln. Das zugrunde liegende Prinzip ist also, Erster in den Köpfen der Kunden aus Ihrer Zielgruppe zu werden. Wenn Sie das sind, können Sie immer noch ausweiten.

Zudem macht die Fokussierung auf genau ein Problem Ihr Unternehmen einfach und handhabbar. Sie müssen nur ein Problem lösen und nicht jeden Tag ein neues. Das erlaubt klare Strukturen. Und das, was Sie bei der Lösung eines Problems lernen, können Sie auch bei der Lösung des nächsten Problems verwenden, da sich die zu lösenden Probleme ja gleichen. Damit sind Sie in kürzester Zeit wesentlich besser als alle Bauchladenanbieter. Zudem finden Sie auch einfacher Mitarbeiter. Sie brauchen nämlich keine eierlegenden Wollmilchsäue mehr.«

»Klingt plausibel«, stimmte ich zu. »Derzeit machen wir jede Art von Unternehmensevents. Und abgesehen von einigen Bestandskunden sind wir nicht die Ersten in den Köpfen der möglichen Kunden – außer wenn wir mal mit unseren Vertriebsaktivitäten zufällig zum genau richtigen Zeitpunkt am genau richtigen Ort sind.«

»Aber«, fuhr ich fort, »ich habe keine Ahnung, wie ich das auf mein Unternehmen übertragen könnte. Außerdem erscheint es mir extrem riskant, mich nur auf ein Produkt und eine Zielgruppe zu konzentrieren. Was ist, wenn dieser Markt nicht mehr funktioniert? Dann bin ich als kleiner Nischenanbieter schneller weg, als ich schauen kann!«

Herr Radies schüttelte den Kopf: »Es ist wohl wahr, dass ein Nischenanbieter sich ab und zu in riskanten Situationen wiederfindet. Der Bauchladenanbieter ist hingegen *dauernd* im Überlebenskampf. Ich glaube nicht, dass es ein guter Tausch wäre, die Sicherheit des Dauerrisikos gegen die Unsicherheit gelegentlicher Risiken einzutauschen. Aber wir kommen darauf noch ausführlicher zurück. Zuerst die Prinzipien der Strategie.

Das **zweite Prinzip** hängt mit dem ersten zusammen: **Konzentrieren Sie sich nicht auf irgendein Problem, das Ihnen gerade gefällt, sondern auf den Engpass, das** brennendste **Problem Ihrer Kunden.**«

»Wie meinen Sie das?«

»Ist im Prinzip auch ganz einfach. Ich kannte einen Anwalt, der mit seinem Büro in voller Absicht an eine sehr unfallträchtige Kreuzung zog. Immer, wenn es vor dem Haus schepperte, rannte die Anwaltsgehilfin hinunter und präsentierte den Anwalt als den einzigen, der sich auf Verkehrsunfälle genau an dieser Straßenkreuzung spezialisiert hatte. Damit traf sie – solange es keine Verletzungen gab und der Krankenwagen zur Priorität Nummer eins wurde – fast immer das brennendste Problem. Sie verkaufte keine Anwaltsleistungen für Kündigungen oder Ehescheidungen, sondern war nur spezialisiert auf das brennendste Problem. Da die Leistung zudem noch knapp war – der Anwalt konnte ja nicht beide Parteien gleichzeitig vertreten – stritten sich die Interessenten oft sogar darum, Mandant werden zu dürfen.«

Als ich mir das bildlich vorstellte, musste ich lachen: »Gab's den wirklich oder haben Sie sich das jetzt ausgedacht?«

Herr Radies lächelte: »Wäre zwar gut erfunden, aber diesen Anwalt gibt's tatsächlich. Er hat zu Beginn seiner Karriere ganz genau die Unfallstatistiken in seiner Stadt analysiert.

Aber das Entscheidende daran ist: Wenn Sie sich auf das brennendste Problem des Kunden konzentrieren, drehen Sie die Machtverhältnisse um. Sie verkaufen im Extremfall nichts mehr, sondern die Kunden kommen ganz automatisch zu Ihnen.«

Er lächelte: »Na ja, fast automatisch. Zumindest dann, wenn eine Gehilfin den Interessenten sagt, dass Sie existieren.«

»Klingt gut!«, nickte ich. »Wäre mir zwar etwas langweilig, immer nur dieselbe Unfallsituation zu vertreten, aber so ein Business möchte ich auch! Wenn die Kunden von ganz alleine kommen würden – das wäre fantastisch!«

»Wird fantastisch sein, Herr Steinbach, wird fantastisch sein!«, betonte Herr Radies gut gelaunt. »Kommen wir zum **dritten Prinzip: Immaterielles vor Materiellem.** Als Wolfgang Mewes, der ›Erfinder‹ der EKS in den 1950er-Jahren mit seiner Entwicklung begann, beschäftigte man sich nahezu ausschließlich mit der sogenannten materiellen Seite, also Produktionsmitteln, Kapital und Ähnlichem. Wolfgang Mewes war einer der Ersten, der im Bereich der Wirtschaftsstrategie darauf hinwies, dass es zuerst um die Entwicklung der immateriellen Seite geht. Also um Beziehungen, Ideen, Denkweisen und so weiter. Die materiellen Entwicklungen folgen danach. Schauen Sie also nur auf die materiellen Dinge, dann fahren Sie gewissermaßen mit dem Blick in den Rückspiegel.«

»Das ist aber nun nichts Besonderes«, entgegnete ich enttäuscht. »Dago wollte bei uns auch schon die Balanced Scorecard von Robert S. Kaplan und David P. Norton einführen. Und da spielen ja auch andere Dinge wie die Mitarbeiter oder die Prozesse eine Rolle. Das könnte man ja zum Teil auch den immateriellen Dingen zuordnen. Oder nicht?«

»Ja, da fängt es schon an, schwierig zu werden«, nickte Herr Radies. »Mit den Begriffen des Immateriellen und des Materiellen zu arbeiten, verwirrt letztlich mehr als es nutzt. Sind Mitarbeiter nun ›materielle Dinge‹, die durchschnittlich 75 kg wiegen, oder ›immaterielle‹, die auch 1,5 kg Geist mit sich herumschleppen? Sind Prozesse nun immateriell, weil Ideen, oder materiell, weil viele Prozesse in konkrete Maschinen gegossen sind? Ist Geld nun materiell, weil man es in die Hand nehmen kann – zumindest solange es noch in Form von Scheinen und Münzen existiert und nicht nur virtuell auf den Festplatten irgendwelcher Computer – oder immateriell, weil es nach einer Inflation plötzlich nichts mehr wert ist?

Es geht bei dem dritten Prinzip um ein Bild. Es geht darum, dass Ihr Erfolg in Ihrem Kopf und in dem Kopf Ihrer Kunden beginnt und nicht auf Ihrem Bankkonto. Und es geht auch darum, dass Erfolg dort nicht nur beginnt, sondern auch endet. Letztlich ist das Ziel auch wieder eine Veränderung in den Köpfen. Und zwar in den Köpfen Ihrer Kunden. Das Bankkonto ist nur ein Mittel auf dem Weg dorthin. Genau da liegt der Fehler bei der Balanced Scorecard*. Sie schaut zwar bei den Ursachen über den Tellerrand des klassischen Materiellen hinaus, aber das Ziel ist immer nur der Return auf das eingesetzte Kapital.

Wir können beim dritten Prinzip also festhalten: Alles beginnt in den Köpfen. Und da Sie Ihren eigenen Kopf am unmittelbarsten beeinflussen können, sollten wir auch da beginnen.

Das **vierte Prinzip** macht den Unterschied zu vielen anderen Strategiekonzepten deutlich. Es lautet: **Nutzen für andere vor Eigennutz.** Praktisch alle Strategiekonzepte haben am langen Ende immer nur den Eigennutz im Sinn.«

»Wir hatten ja schon vorher festgestellt, dass es der Zweck eines Unternehmens ist, seinen Kunden Nutzen zu bieten«, unterbrach ich. »Diese EKS-Strategie ist also mit dem Zweck des Unternehmens konform, richtig?«

»Genau! Das macht ihre Wirksamkeit aus! Letzten Endes ist der einzige Zweck eines Unternehmens der, seinen Kunden Nutzen zu bieten. Sie können natürlich aus einem anderen Motiv heraus das Unternehmen betreiben. Dann setzen Sie es aber nicht gemäß seinem Zweck ein! Und erzielen schlechtere Ergebnisse.«

»Gut, habe ich verstanden«, nickte ich wieder. Dann dachte ich ei-

---

* Eine bessere Alternative hierzu ist die Spannungsbilanz aus der EKS. Erstens konzentriert sie sich auf den Kundennutzen und zweitens auf den strategischen Engpass. Das einzige – leider nicht sehr gute – Buch zum Thema: Hans Walter Patt: *Rechnen Sie mit allem!: Die Spannungsbilanz als Autopilot für den Erfolg kleiner und mittlerer Unternehmen.*

nen Moment über das Gehörte nach: »Nichts von den vier Prinzipien ist so ungewöhnlich, dass ich nicht schon davon gehört hätte. Aber ich spüre, dass im Zusammenspiel dieser vier Prinzipien eine besondere Kraft liegt.«

»Ja, erst im Zusammenspiel wird die Kraft dieser Prinzipien deutlich. Das Schöne ist, dass Sie diese vier Prinzipien als Kriterien zur Beurteilung der Qualität einer Strategie heranziehen können. Ist die Strategie spitz, dann ist sie eher gut, ist sie breit, dann eher nicht.«

»Klingt spannend!«, erwiderte ich. Und ergänzte etwas betroffen: »Wenn ich die vier Prinzipien jetzt auf meine Firma übertrage, sehe ich, dass ich eine ziemlich schlechte Strategie hatte. Es werden alle vier Prinzipien verletzt.« Aber eines verwunderte mich doch: »Warum arbeiten dann eigentlich nicht alle mit dieser Strategie?«

»Erstens, weil die EKS, wie vorher schon gesagt, 20 Jahre lang ein Schattendasein führte«, erklärte Herr Radies. »Zweitens, weil Prinzipien wie ›Nutzen vor Gewinn‹ oder ›spitz statt breit‹ dem widersprechen, was die meisten intuitiv und automatisch tun. Und deswegen bleiben eigentlich nur die dabei, die sich intensiv damit beschäftigen. Und drittens«, fuhr er fort, »gibt es sehr viele, die auch mit der EKS nicht erfolgreich wurden.«

»Und woran liegt das?«, fragte ich etwas verunsichert.

»Die ›offizielle‹ Erklärung lautet: Probleme bei der ›Umsetzung‹. Die Methode wäre richtig, aber die Unternehmer hätten sie eben nicht konsequent genug umgesetzt. Oder wären wieder vom Weg abgekommen.«

»Klingt, als wären Sie nicht davon überzeugt*. Was denken Sie, woran es liegt?«, fragte ich neugierig. Ich spürte, dass wir uns langsam dem Kern dessen näherten, was das Strategiekonzept von Herrn

---

* Auch der bekannteste Professor für Entrepreneurship in Deutschland, Günter Faltin, ist davon nicht überzeugt. In seinem Buch *Kopf schlägt Kapital* schreibt er: »Das Wort ›Umsetzung‹ verharmlost den Sachverhalt, wirft Nebel auf die eigentlichen Fragen und tut so, als seien die wichtigsten Aufgaben ja schon gelöst und bedürften nur noch eines ganz einfachen Schrittes, nämlich der Umsetzung.«

Radies wirklich ausmachte. Und die leuchtenden Augen von Herrn Radies ließen auch genau das vermuten.

3.4 Unternehmertypen und die Motive des Unternehmers

»Zuerst einmal liegt es meiner Meinung nach am Unternehmertyp, dass viele vom Weg dieser vier Prinzipien abkommen. Ich glaube«, fuhr Herr Radies fort, »dass sich hinter dem Begriff des Unternehmers verschiedene Unternehmertypen mit unterschiedlichen Motiven verbergen.«

Nach kurzem Nachdenken ergänzte er: »Ich möchte Ihnen ein Bild geben. Sie haben ein Ding, das einen gewissen Zweck hat. Zum Beispiel ein Messer. Sie können dies seinem Zweck gemäß einsetzen. Also zum Beispiel zum Schneiden. Wenn das Messer etwas taugt, geht das ganz gut. Sie können das Messer auch zu anderen Zwecken einsetzen, zum Beispiel, um eine Schraube festzuziehen. Das geht einigermaßen, aber nicht sehr gut. Oder Sie können versuchen, das Messer völlig zweckentfremdet einzusetzen. Zum Beispiel, um Kaffee zu kochen. Das geht dann gar nicht.«

»Ich verstehe kein Wort«, unterbrach ich ihn und schüttelte den Kopf.

»Sie haben ein Ding«, begann Herr Radies wieder, »zum Beispiel ein Unternehmen. Sie können dieses seinem Zweck gemäß einsetzen, also um den Kunden des Unternehmens Nutzen zu bieten. Das geht ganz gut, denn dazu ist ein Unternehmen da. Sie können das Unternehmen aber auch zu anderen Zwecken einsetzen, zum Beispiel, um Gewinn zu machen. Das geht einigermaßen, aber bei den meisten Unternehmen in der Praxis nicht sehr gut. Die meisten Unternehmen machen ja gar keinen Gewinn. Sie können ein Unternehmen auch nutzen, um Ihr Ego als Unternehmer aufzubauen. Auch das geht einigermaßen, aber ebenfalls nicht sehr gut.«

Jetzt dämmerte es mir: »Sie sagen also, dass ein Unternehmen für ganz unterschiedliche Ziele ›benutzt‹ werden kann und das Unternehmen in Abhängigkeit von den eigenen Motiven des Unternehmers besser oder schlechter funktioniert. Ist es das?«

»Genau«, nickte Herr Radies lächelnd. »Sie können Ihr Unternehmen mit ganz unterschiedlichen Motiven gründen oder führen. Und abhängig von diesem Motiv werden Sie mehr oder weniger erfolgreich sein.«

»Das heißt, dass ich alleine dadurch, dass ich mein Unternehmen gründe, um Profit zu machen, andere Ergebnisse erziele als bei meinem Motiv der eigenen Bedeutsamkeit, richtig?«

»Ja, heißt es. Das bedeutet, es gibt bessere und schlechtere Motive. Und mit den besseren fahren Sie im Allgemeinen auch besser. Wobei das jedoch kein eindimensionaler Zusammenhang ist. Wenn Ihr Motiv ist, mit dem Messer zu schneiden, dann müssen Sie zusätzlich noch mit dem Messer umgehen können, um gute Ergebnisse zu erzielen.«

»Und was wäre dann das beste persönliche Motiv?«

»Dazu kommen wir noch«, grinste Herr Radies. »Aber wir sind noch lange nicht so weit. Lassen Sie uns noch ein paar weitere wichtige Unterscheidungen treffen. Was ist ein Unternehmer?«

Und nach wenigen Augenblicken gab er die Antwort selbst: »Die meisten Unternehmer sind in Wirklichkeit gar keine Unternehmer. Das hat mehrere Aspekte. Zum Ersten die auf Michael Gerber zurückgehende Unterscheidung zwischen Fachkraft, Manager und Unternehmer.«

»Ja, das hat mir Thomas am Freitag erklärt. Das habe ich verstanden«, versuchte ich abzukürzen.

»Gut. Die meisten sogenannten Unternehmer verbringen nur zwischen 5 und 20 Prozent ihrer Arbeitszeit mit Unternehmeraufgaben, sie sind also so etwas wie Hobby-Unternehmer. Solange alle anderen in der Branche genauso handeln, funktioniert das auch einigermaßen – mal abgesehen von der persönlichen Überlastung und den ganzen Konflikten, die daraus resultieren. Sobald jedoch ein Profi-Unternehmer in der Branche auftaucht, der seinen Job macht, sind sie und alle anderen draußen.

Das heißt, um Unternehmer zu sein, muss man in erster Linie seinen Job machen, also die **Aufgaben des Unternehmers** erfüllen. Diese bestehen darin, **erstens Grundmotiv und Vision festzulegen, zweitens Strategie und Positionierung zu entwickeln, drittens die richtigen anderen Menschen anzuziehen und einzubinden, viertens alte Dinge loszuwerden, fünftens die Umsetzung zu garantieren, sechstens sich selbst weiterzuentwickeln und siebtens die Übergabe an den Nachfolger zu sichern***.

Welche Unternehmer kennen Sie zum Beispiel?«

»Meinen Vater. Er ist Bauunternehmer.«

»Wenn Sie also Ihren Vater, den Bauunternehmer, anschauen, führt er diese Unternehmeraufgaben aus?«

Nach kurzem Nachdenken antwortete ich: »Die Umsetzung klappt bei ihm ziemlich gut. Ich glaube auch, dass er immer die richtigen Leute, also in seinem Fall genug Dumme, findet. Ich denke auch, dass er für sich eine Strategie hat, nämlich möglichst viel Gewinn zu machen. Aber die anderen Punkte scheint er nicht wirklich zu erfüllen.«

»Dann ist er offensichtlich kein Unternehmer im obigen Sinne«, konstatierte Herr Radies. »Damit kommen wir zu weiteren Unterscheidungskriterien. Neben Unternehmern gibt es nämlich noch Verwalter, Händler bzw. sogenannte Arbitrage-Unternehmer** und Investoren.«

»Und was ist der Unterschied?«

»Verwalter folgen einem Unternehmer nach. Sie können angestellt sein, aber ihnen kann das Unternehmen auch gehören. Sie führen bestehende Unternehmen im Rahmen der bestehenden Strukturen

---

* Ausführlicher zu den sieben Aufgabenbereichen in meinem Buch *Der Weg zum erfolgreichen Unternehmer*

** Diese Unterscheidung ist an die Ergebnisse des Professors für Unternehmertum Jochen Röpke angelehnt, der seinerseits wieder auf den Unterscheidungen Schumpeters aufbaut.

fort. Ein reiner Verwalter ist ziemlich fantasielos. Viele Kinder, die den Handwerksbetrieb, den Hof oder die Gaststätte ihrer Eltern übernehmen, sind Verwalter. Aber auch viele Manager, die irgendwann das Unternehmen übernommen haben, oder die Leiter von staatlichen Einrichtungen gehören dazu. Der Nationalökonom Joseph Schumpeter nannte solche Leute ›die Wirte‹.

Das funktioniert, solange sich die Rahmenbedingungen nicht ändern. Sobald sich diese jedoch ändern, kommt das Modell an sein Ende. Davor hat ein Verwalter natürlich ständig Angst. Aus diesem Grund sind Verwalter konservativ. Dem Verwalter geht es deswegen auch nicht primär um den Gewinn. Sein Motiv ist: Es soll primär alles so bleiben, wie es schon immer war.

Natürlich kann sich der Verwalter zum Unternehmer entwickeln. Dazu braucht er aber eine völlig andere Psychologie.«

»Okay, verstanden«, nickte ich. »Aber da würde ich meinen Vater nicht einsortieren.«

»Stimmt, so wie Sie ihn geschildert haben, würde ich das auch nicht. Als Nächstes gibt es die Händler oder Arbitrage-Unternehmer«, fuhr Herr Radies fort. »Diese Leute leben von Bewertungsunterschieden. Sie finden heraus, wo Dinge oder Leistungen preiswert sind, und bringen sie dorthin, wo ein großer Bedarf besteht. Hier ist das Maß für die Qualität ihrer Arbeit der Gewinn. Je größer die Bewertungsunterschiede beim Kauf und Verkauf sind, desto besser können sie ihre Arbeit machen.

Nun ist es für die Angehörigen dieser Gruppe leider so, dass alles in der Tendenz zum Ausgleich strebt. Bewertungsunterschiede schwächen sich gerade durch die Tätigkeit der Händler im Lauf der Zeit ab. Gibt es irgendwo große Bewertungsunterschiede, so werden sich viele Händler in diesem Feld versuchen und gerade dadurch die Bewertungsunterschiede senken.

Um dieses Problem zu beseitigen, versuchen viele Händler, soweit möglich, Monopole oder Kartelle zu bilden. Oder, wenn dies nicht möglich ist, durch anderweitige Maßnahmen legaler Art wie Lobbyarbeit, Subventionen usw. oder weniger legaler Art wie Bestechung, Betrug usw. die Preise und Rahmenbedingungen zu beeinflussen.«

»Da ist mein Vater recht gut getroffen«, warf ich ein. »Der schafft sich seine Rahmenbedingungen immer durch nicht ganz saubere Beeinflussung der Stadträte, des Bürgermeisters und durch Sponsoring der lokalen Presse.«

»Scheint also ein Arbitrage-Unternehmer, aber kein Unternehmer im obigen Sinne zu sein«, erwiderte Herr Radies.

»Ja«, bestätigte ich: »Händler oder diese Arbitrage-Unternehmer sind die Parasiten dieser Gesellschaft. Die schaffen nichts Neues, sondern leben von ihrem Wissensvorsprung, mit dem sie andere übers Ohr hauen. Und mein Vater gehört bestimmt dazu!«

»So würde ich das nicht sehen«, Herr Radies wiegte seinen Kopf hin und her. »Die Arbitrage-Unternehmer schaffen zwar nichts Neues, bringen der Gesellschaft aber dennoch einen großen Nutzen: Die Dinge und Leistungen kommen dorthin, wo sie am ehesten gebraucht werden. Und eine Menge ehrlicher Leute sind auch darunter. Aber die meisten sind eben keine Unternehmer, sondern Händler. Der Unterschied zum Unternehmer ist: Sie innovieren weder ihr Business noch sich selbst. Sobald sie das doch tun, sind sie keine Arbitrage-Unternehmer mehr, sondern haben ins Lager der Unternehmer gewechselt.«

»Und was ist mit der dritten Gruppe, die Sie nannten, den Investoren?«

»Sie sind im Prinzip auch Händler, nur dass sie unter anderem mit einer ganz besonderen Ware handeln: mit Unternehmen. Das heißt, sie führen diese Unternehmen nicht, sie sind nicht in den Unternehmen, aber sie bestimmen, sobald sie eine bestimmte Macht haben, den Mechanismus, nach dem das Unternehmen funktioniert. Und da Händler auf den Gewinn achten, übertragen Investoren, die ja auch Händler sind, dieses Prinzip auf Unternehmen, die sie beeinflussen.

Auch diese Gruppe hat ihre Funktion. Sie sorgt dafür, dass Kapital zu den Unternehmen kommt, für die die besten Zukunftserwartungen bestehen. Also zu den Unternehmen, die das produzieren, was perspektivisch am meisten gebraucht wird. Damit sind sie die direkten Gegenspieler des Staates, der dafür sorgt, dass Kapital von den Unternehmen mit hohen Gewinnen durch diverse Förderprogramme zu den Verlierern transferiert wird*.

Da sich unsere kollektive Einschätzung der Zukunft ständig ändert, ändern sich auch die Bewertungen der Unternehmen. Wollte man also periodische Krisen am Aktienmarkt vermeiden, so müsste man dafür sorgen, dass die kollektive Zukunftserwartung konstant bleibt. Da das nicht geht, wird es immer Krisen geben – völlig unabhängig von irgendwelchen Zinssätzen, politischen Sicherungsmaßnahmen oder gar politischen Systemen usw. Genau genommen bieten diese Sicherungs- und Kontrollinstitutionen nur einer Gruppe von Menschen Sicherheit: den Bürokraten, die darin arbeiten.«

»Gut, aber diese Rollen sind nicht das, was mich persönlich motivieren würde. Ich habe weder Lust auf die Rolle des Verwalters noch auf die des Händlers noch auf die des Investors. Mich reizt weder das konservative ›Dinge lassen wie sie sind‹ noch das reine Gewinndenken des Händlers oder Investors. Mir sind Gewinne zwar sehr wichtig, aber auf Dauer könnten sie allein mich nicht motivieren. Aber was bleibt dann noch übrig?«

»Zwei Gruppen bleiben noch übrig«, fuhr Herr Radies fort. »Das ist einerseits eine Teilgruppe der Selbstständigen. Und zwar die Teilgruppe, die ihren Beruf ausübt, weil sie genau das und nichts anderes *tun* will. Selbstständige Ingenieure lieben es zu basteln und zu erfinden. Sie wollen sich von niemandem reinreden lassen. Selbstständige Berater wollen genau auf ihre Art und Weise beraten und sich von niemandem reinreden lassen. Sie wollen ihre eigenen fachlichen Fähigkeiten weiter entwickeln.

* In der Studie des Excellence-Barometers von 2004 wurde z.B. festgestellt, dass das schlechteste Viertel aller Unternehmen um ein Vielfaches häufiger auf Förderprogramme zurückgreift als das beste Viertel.

Und Unternehmer wollen etwas bewirken! Unternehmer wollen nicht basteln wie Ingenieure. Die fachliche Tätigkeit ist ihnen praktisch egal. Sie wollen etwas *verändern*. Die Arzthelferin, der eine geniale Idee kommt, wie sie ihre eigene Arbeit vereinfachen kann und die daraufhin ein Unternehmen gründet, um die Arbeit von allen Arzthelferinnen zu vereinfachen, gehört dazu. Oder der Unternehmensberater, der kein Unternehmen gründet, um selbst zu beraten, sondern um die Art und Weise, wie seine Kunden ihre Unternehmen führen, zum Beispiel hin zu mehr Authentizität zu verändern.

Selbstständige wollen primär etwas *tun* – Unternehmer wollen etwas *bewirken*.

Unternehmer sind also Schöpfer und auch, wie Schumpeter es nannte, ›kreative Zerstörer‹. Unternehmer sind Künstler. Weil sie etwas Substanzielles verändern wollen, haben wirkliche Unternehmer auch immer, wie dies ebenfalls schon Schumpeter gesagt hat, das Bestreben, ›ein Reich zu gründen‹.«

Während Herr Radies sprach, erstellte er dazu eine Übersicht [auf Seite 69] am Flipchart.

»Das ist aber ein ziemlich hoher Anspruch an Unternehmer«, wandte ich ein.

»Ja, ist es, Herr Steinbach«, bestätigte Herr Radies. »Was ich sagen will, ist Folgendes: Nach meinem Verständnis sind Unternehmer nicht deshalb Unternehmer, weil sie ein Unternehmen besitzen oder führen, sondern deshalb, weil sie erstens die Aufgaben eines Unternehmers ausführen und zweitens bezogen auf die gesamte Gesellschaft etwas Substanzielles verändern wollen. Und das sind auch persönlich meine liebsten Kunden.

Das, was umgangssprachlich unter dem Begriff Unternehmer zusammengeworfen wird, umfasst völlig unterschiedliche Rollen und Typen von Menschen. Und diese haben völlig unterschiedliche Motive.«

»Gut«, erwiderte ich. »Ich weiß zwar nicht, was ich in der gesamten

	Motiv	Nutzen	Charakter
Verwalter	Alles soll so bleiben wie es ist	Sorgt dafür, dass es zwischen gestern und morgen Ähnlichkeiten gibt	Funktioniert nur in statischen Umgebungen
Händler/ Arbitrage-Unternehmer*	Gewinn	Sorgt dafür, dass Produkte dort verfügbar sind, wo sie gebraucht werden	Der Gewinn sinkt tendenziell
Investoren	Gewinn	Sorgt dafür, dass Unternehmen mit den größten Wachstumserwartungen Kapital erhalten	Führt immer zu Übertreibungen
Selbstständige	Spaß an der Tätigkeit	Erbringt fachlich hochkomplexe Dienstleistungen	Funktioniert nur in Kleinstunternehmen
Unternehmer	Etwas bewirken wollen, »ein Reich gründen«	Führt zu Änderungen und Innovation	Funktioniert umso besser, je weniger der Unternehmer *im* und je mehr er *am* Unternehmen arbeitet

Gesellschaft ändern will und wie ich das mit meinem Unternehmen machen kann, aber der von Ihnen beschriebene Unternehmer ist mir gefühlsmäßig trotzdem am sympathischsten. Ich glaube, dass da mein Motiv der Bedeutsamkeit am besten aufgehoben ist.

---

* Händler / Arbitrage-Unternehmer und Investoren werden hier in ihrer Reinform betrachtet. Praktisch gibt es durch Monopole und noch stärker durch staatliche Begünstigungen, Zugangsbeschränkungen etc. immer Verfälschungen.

Wozu brauchen wir das genau und wie machen wir jetzt weiter?«

»Jetzt haben wir einerseits den Zweck des Unternehmens, andererseits die unterschiedlichen Motive derjenigen, die Unternehmen führen bzw. im Falle des Investors die Führung wesentlich beeinflussen«, stellte Herr Radies fest.

»Das bringen wir jetzt zusammen. Mit der Psychologie des Verwalters können Sie ein Unternehmen in statischen Umfeldern ganz gut führen. Aber sobald sich etwas Wesentliches ändert, muss sich entweder der Verwalter zum Unternehmer ändern oder das Ganze endet in einer Katastrophe.

Mit der gewinnorientierten Psychologie eines Arbitrage-Unternehmers sind Sie in einem Handelsunternehmen am besten aufgehoben. Aber bereits das knirscht dauernd. Und dieses Knirschen schlägt sich in einem ständigen Kampf mit den Lieferanten, Mitarbeitern und Kunden nieder.

Mit der Psychologie eines Selbstständigen, der etwas tun will, funktioniert es gut, wenn es Bedarf an den Ergebnissen des Tuns gibt und wenn das Unternehmen sehr klein ist, sonst nicht.

Und beim Unternehmer funktioniert es dann, wenn das, was er bewirken will, einen Bedarf trifft, sonst auch nicht. Das bedeutet, die angestrebte gesellschaftliche Änderung muss einen Nutzen für Kunden haben. Hat es diesen, dann ist das Motiv eines Unternehmers im obigen Sinne deckungsgleich mit dem Zweck eines jeden Unternehmens.

Der Unternehmer in meinem Sinne wird mit seinem Unternehmen den größten Erfolg haben. Er ist der Einzige, der das Messer zum Schneiden einsetzt. Alle anderen nutzen es, um Schrauben festzuziehen und Kaffee zu kochen.«

»So weit, so gut«, versuchte ich zu verstehen, »und was bedeutet das jetzt für die Strategie?«

»Ja, das bringt uns wieder zurück«, nickte Herr Radies. »Die Strategie wird grundsätzlich für den Zweck des Unternehmens, nicht für das persönliche Motiv des Unternehmers entwickelt. Je mehr sich diese beiden Aspekte jedoch decken, desto effizienter wird die Strategie. Und desto authentischer sind Sie. Und wenn Sie authentisch sind, dann werden Ihnen mehr Menschen folgen, als wenn Sie das nicht sind.«

»Hat das wirklich so einen großen Einfluss?«, fragte ich. »Wenn ich weiß, was der Zweck des Unternehmens ist, und danach gezielt eine Strategie entwickle, dann ist doch das Motiv, mit dem ich das tue, zweitrangig, oder?«

3.5 Das Handlungsmodell

»Ganz und gar nicht!«, verneinte Herr Radies vehement. »Das Motiv ist absolut entscheidend! Natürlich ist es die gängige Überzeugung, dass das Motiv zweitrangig sei! In der Tat gibt es kein einziges Modell für eine Unternehmensstrategie, welches die Motive des Unternehmers berücksichtigt*.

Das hat den einfachen Grund, dass in der Wissenschaft bis vor etwa 15 oder 20 Jahren ein Menschenbild vorherrschte, das man den Homo oeconomicus nannte. Man ging davon aus, dass der Mensch vorrangig nach seinem eigenen Nutzen entscheiden würde und dass alle Entscheidungen rational und bewusst wären. Da dies nicht immer der beobachteten Realität entsprach, fand man auch noch Störfaktoren: die Emotionen.

---

* Als Ausnahme könnte man den Titel *Das Leuchtturm-Prinzip* von Stacey Hall und Jan Stringer ansehen. Dabei handelt es sich jedoch lediglich um die Anwendung und Übertragung des Prinzips »Law of Attraction«(Gesetz der Anziehung), z.B. beschrieben in *The Secret* und vielen anderen Büchern, auf die Strategie. Im Prinzip geht es um die Aussage, dass Gleiches Gleiches anzieht und dass dieser Grundsatz auch für die Strategie gilt.

Hier gehen wir jedoch einige Schritte weiter: Die Frage, die richtige Zielgruppe anzuziehen, ist nur ein kleiner Teil davon. Es geht um die Frage nach den permanent richtigen strategischen Entscheidungen. Zudem beschäftigen wir uns hier eher mit dem wissenschaftlichen Kern des doch sehr nebulösen esoterischen »Gesetzes«.

Dieses Modell spiegelte sich in der Strategieentwicklung. Diese hatte geplant, rational und bewusst zu sein und dem eigenen Nutzen zu dienen. Und es gab auch ein Äquivalent für die Störfaktoren: Das waren die Umsetzungsschwierigkeiten – und zwar bevorzugt die Umsetzungsschwierigkeiten der anderen, also meistens der Mitarbeiter. Manchmal, aus der Beratersicht, auch noch die Umsetzungsschwierigkeiten der Unternehmer. Und wir hatten ja schon vorher deutlich gemacht, dass die Beschreibung ›Probleme bei der Umsetzung‹ mehr vernebelt als wirklich klärt. Es wird so getan, als sei alles schon vorher geklärt. Wer mit dem Konzept ›Probleme bei der Umsetzung‹ arbeitet, ist in der Regel der, der das Konzept erarbeitet hat und nun einen Schuldigen braucht, weil es nicht funktioniert.

Nun hat sich durch die Entdeckungen vieler Neurowissenschaftler das Menschenbild radikal gewandelt. Man muss dabei von einer kopernikanischen Wende sprechen, die sowohl unser Selbstbild als auch alle unsere gesellschaftlichen Strukturen in den nächsten Jahrzehnten gehörig auf den Kopf stellen wird*. Da ist doch davon auszugehen, dass das auch die Sicht auf Unternehmensstrategien ändern sollte, denken Sie nicht?«

---

* Wobei man sich darüber im Klaren sein sollte, dass vieles von dem, was heute von Neurowissenschaftlern, speziell den Fans der bunten Bildchen, verkündet wird, eher der Begeisterung des Moments geschuldet ist. Es erinnert manchmal an den Steinzeitmenschen, der, nachdem er gelernt hat, dass er besser über den Fluss kommt, wenn er sich an einem Baumstamm festhält, nun eine Expedition nach Amerika starten möchte.
Oder, um ein aktuelleres Beispiel zu wählen: In den 1950er-Jahren, als die Computer noch mit Transistoren (statt Relais oder Röhren) gebaut wurden und die »Künstliche Intelligenz« gerade in den Windeln steckte, verkündeten die höchstrangigen Informatiker, in den nächsten zehn Jahren einen GPS, einen »General Problem Solver« bauen zu können. Wenn man sich die reale Entwicklung der Computer in den letzten 50 Jahren anschaut und überlegt, mit wie vielen Computerproblemen sich die meisten Anwender rumschlagen müssen, dann sieht es manchmal eher so aus, als ob sie ein GPC, einen »General Problem Creator« gebaut hätten …

»Vermutlich«, nickte ich, ohne mir so recht etwas darunter vorstellen zu können. »Sie meinen diese Limbic Map, die Sie schon vorher angesprochen haben?«

»Probleme bei der Umsetzung« werden in der Regel von dem diagnostiziert, der das Konzept erarbeitet hat und nun einen Schuldigen braucht, weil es nicht funktioniert.

»Ja, diese auch. Es kommen aber noch einige Punkte dazu. Das, was wir für die Strategie benötigen, umfasst vor allem die Frage, wie Menschen entscheiden. **Im Hinblick auf die Strategie benötigen wir fünf Aspekte.**«

»Gut, erzählen Sie«, erwiderte ich und lehnte mich zurück. Jetzt würde ich wohl erst einmal einen etwas längeren Vortrag hören.

»Als wir vorher Ihr Grundmotiv herausgearbeitet haben, hatte ich ja schon darauf hingewiesen, dass alle unsere Entscheidungen emotional sind. Das ist der **erste Aspekt**: **Emotionalität*** ist also für jede

---

* Zur Begrifflichkeit: Emotionen und Motive werden hier weitgehend gleichbedeutend verwendet. Emotionen sind jedoch etwas anderes als Gefühle. Ärger, Trauer, Ekel, Liebe etc. sind Gefühle. Gefühle sind unsere Wahrnehmungen der Erfüllung oder Nichterfüllung unserer Motive oder Emotionen – und zwar nur des Teils der Emotionen, von denen wir bewusst etwas mitbekommen. So geht das Gefühl des Ärgers zum Beispiel mit einer Nichterfüllung von Emotionen aus dem Dominanzbereich einher, ein Gefühl der Entspannung mit erfüllten Emotionen aus dem Balancebereich oder das Gefühl der Langeweile mit der Nichterfüllung von Emotionen aus dem Stimulanzbereich.
Emotionen, Werte und Wert liegen dicht beieinander. Etwas bekommt nur durch Emotionen Wert. Hans-Georg Häusel sagt: »Marken, Produkte, Services, die keine Emotionen auslösen, sind für das Gehirn wertlos.« Einen anderen (also z.B. rein ökonomischen oder inhärenten) Wert gibt es demzufolge überhaupt nicht. Vgl. zur Kritik an der Arbeitswerttheorie auch *Der Weg zum erfolgreichen Unternehmer*. Die Zuschreibung eines ökonomischen Werts ist demzufolge *die Vermutung*, dass das Produkt oder die Dienstleistung Emotionen auslöst (oder die Auslösung verhindert). Das ist übrigens nicht neu, sondern durch die Verirrungen der Ricardo'schen (und Marx'schen) Arbeitswerttheorie nur in Vergessenheit geraten: Schon Publilius Syrus schrieb im ersten vorchristlichen Jahrhundert: »Eine Sache ist das wert, was ein Käufer dafür zu zahlen bereit ist.«

Entscheidung erforderlich. Das liegt ganz schlicht daran, dass alle Bewertungen emotional sind. Im Zürcher Modell der sozialen Motive und folgend bei Hans-Georg Häusel und der Arbeit der Gruppe Nymphenburg werden, wie vorher schon skizziert, drei große Emotionssysteme unterschieden. Das Balance-, das Dominanz- und das Stimulanz-System.

Diese Motive bilden zusammen ein komplexes Bewertungssystem, das letztendlich zu unseren Entscheidungen führt.«

»Das heißt, dass ich mich selbst als Menschen, der in diesem Motivsystem an einer bestimmten Stelle positioniert ist, beschreiben könnte?«, fragte ich neugierig.

»Als eine Grundtendenz, ja«, nickte Herr Radies. »Das mag vor allem an biochemischen Prozessen wie der Konzentration bestimmter Neurotransmitter und Hormone liegen. Wie das im Detail funktioniert, ist wohl nur für Neurowissenschaftler spannend.

Aber, und das wird uns später noch ausführlicher beschäftigen: Diese emotionale Bewertung findet nicht irgendwie unmittelbar statt, sondern ist vielfach beeinflusst durch andere Faktoren. Zum Beispiel durch unseren Körper: Sind wir müde oder krank, dann wird der Balance-Bereich wichtiger. Oder durch unsere Erfahrungen: Haben wir häufig die Erfahrung gemacht, dass wir mit unseren Durchsetzungs- und Autonomiebedürfnissen gegen die Wand laufen, also Gefühle von Ärger, Wut oder Machtlosigkeit erleben, dann wird sich auch unsere emotionale Bewertung von zukünftigen Situationen ändern.

Zum Beispiel hatte ich einen Unternehmer als Kunden, der eine Premium-Strategie entwickelt hatte. Premium heißt hochpreisig und Dominanz-System. In Verkaufsgesprächen bot er jedoch ganz automatisch einen Preisnachlass, sobald er spürte, dass der andere noch zweifelte. Dass sich das widersprach, war dem Unternehmer überhaupt nicht bewusst.

Erst als er berücksichtigte, dass er schon oft in Verkaufsgesprächen verloren hatte und ihm zudem finanziell das Wasser bis zum Hals stand, wurde deutlich, was da überhaupt in dieser Situation geschah:

Die Angst, die aufgrund von Verletzungen der Emotionen aus dem Balance-System vorhanden war, schlug unterschwellig durch, obwohl dieser Unternehmer eigentlich eher dominanzorientiert war.«

Herr Radies machte eine kurze Pause und ließ mir Zeit zum Nachdenken. »Wenn mir eigentlich Bedeutsamkeit wichtig ist und ich in letzter Zeit oft die Erfahrung gemacht habe, dass unsere Leistung dem Kunden egal ist, dass sie nicht honoriert wird, dann löst das Frust und Ärger aus«, versuchte ich es. »Eigentlich ist es dann kein Wunder, dass ich zwei meiner Kunden vor die Tür gesetzt habe.«

»Ja«, nickte Herr Radies langsam. »Solche Aktionen, die bei nüchterner Überlegung ziemlich irrational wirken, kennen wir alle. Aber wir sind keine nüchternen Denker und deshalb sollten wir uns auch nicht an diesem Maßstab messen.

Aber ich will noch einen Aspekt ergänzen: Unsere Emotionen hängen nicht nur an Biochemie, Körper und unseren Erfahrungen, sondern auch an unserem Fokus.«

»Wie meinen Sie das?«

»Die Mechanisten unter den Gehirnforschern zeigen Versuchspersonen zum Beispiel unterschiedliche Börsenkurse und machen dann Bildchen in Gehirnscannern. Das Ergebnis dieser Untersuchungen ist, dass beim Absacken der Börsenkurse vereinfacht gesagt das Panikzentrum im Gehirn aufleuchtet.

Ich kenne nun einige Investoren, bei denen würde mit nahezu hundertprozentiger Sicherheit genau das Gegenteil passieren.«

»Wieso?«, fragte ich. »Verstehe ich nicht. Wollen die verlieren?«

»Nein, ganz im Gegenteil«, lachte Herr Radies. »Die gehen dann preiswert auf Einkaufstour und machen Schnäppchen. Fokussieren wir uns also – dauerhaft – auf unser bestehendes Depot, dann kommt beim Absacken der Börsenkurse Panik auf. Fokussieren wir uns auf die Kaufgelegenheiten, dann entsteht Freude*.«

---

* Was nebenbei auch erklärt, warum die, die täglich (mehrfach) auf ihren Depotstand schauen, von vornherein zu den Verlierern gehören: Sie erzeugen sich

»Und die einen verkaufen dann aufgrund ihrer emotionalen Bewertung bei Tiefstständen, die anderen hingegen kaufen, richtig?«

»Ja, ziemlich genau!«, nickte Herr Radies. »Es geht also *nicht*, wie immer behauptet wird, darum, die Emotionen im Zaum zu halten. Es geht darum, seinen Fokus auf die richtigen Dinge zu lenken und damit *adäquate* Emotionen zu schaffen.

Zuletzt hängen unsere Emotionen auch von unseren Glaubenssätzen ab. Glaube ich zum Beispiel, dass Reiche machtbesessene Egozentriker sind, dann kann ich zum eigenen Wohlstand keine positiven Emotionen aufbauen.«

»Und wenn das Verhalten emotional ist und wir schlechte Emotionen vermeiden wollen, dann bewerten wir bestimmte Situationen so, dass wir Handlungen ausführen, die nicht zum Wohlstand führen«, überlegte ich.

»So ist es«, bestätigte Herr Radies. »Den ersten Punkt haben wir: Entscheidungen sind emotional. Kommen wir nun zum **zweiten der fünf für strategische Entscheidungen relevanten Punkte**. Viele Entscheidungen sind einfach ganz simple Imitationen. **Imitation** ist das wichtigste menschliche Lernverfahren überhaupt. Schon als Kleinkind haben wir einfach alles um uns herum nachgemacht und ausprobiert, ob wir das auch können. Dabei ist das oft keine bewusste Entscheidung. Man macht einfach.

Ich hatte einen Unternehmer als Kunden. Dieser hatte eine Strategie entwickelt, die seinen Kunden hochgradig nützte, aber zugleich anderen Marktteilnehmern das Wasser abgraben würde. Eigentlich

---

den falschen Fokus. Ähnlich schreiben auch Thaler und Sunstein in ihrem Buch *Nudge*, dass die Einstellung zum Risiko von der Häufigkeit der Portfolio-Überprüfung abhängt. Und die Tatsache, dass Warren Buffett, der weltweit erfolgreichste Investor, noch nicht einmal einen Ticker mit den aktuellen Aktienkursen in seinem Büro hat, bekommt dadurch eine viel tiefere Bedeutung. Auch der Tipp von Kostolany, sich erstmal ein Röllchen Schlaftabletten einzuwerfen, geht in diese Richtung: Während Sie schlafen, können Sie sich nicht mit Ihrem Depot nervös machen.

eine alltägliche Geschichte, die normalerweise die anderen Marktteilnehmer dazu zwingt, auch zu innovieren, und deshalb positiv ist.

Nachdem ich dort nach zwei Monaten nachhakte, erfuhr ich, dass er mit der ›Umsetzung‹ noch nicht so weit gekommen war. Und als ich nach den Gründen forschte, erfuhr ich, dass er wie ein Bullterrier an den Waden der anderen Marktteilnehmer hing und gar keine Zeit hatte, seine Strategie weiter zu verfolgen. Denn die hatten ihn natürlich, als sie die Gefahr fürs eigene Business witterten, frontal angegriffen. Und er schlug einfach mit denselben Mitteln zurück. Simples Imitationsmuster also.

Dafür gibt es viele weitere Beispiele. Der Wettbewerber senkt seine Preise. Ohne groß nachzudenken, macht man das auch. Oder man hat in seinem Umfeld viele Bedenkenträger und nach einiger Zeit hat man selbst auch fürchterlich viele Bedenken. Oder alle finden auf einmal die Management-Methode X ganz hervorragend. Dann braucht man die natürlich selbst auch. Die neurowissenschaftliche Grundlage dafür sind die 1995 von Giacomo Rizzolatti entdeckten Spiegelneuronen. Das sind Neuronen, die nicht nur dann ›feuern‹, wenn wir etwas tun, sondern auch, wenn wir etwas bei anderen beobachten. Die Grundlage für Empathie und Imitation.*

---

* Allerdings muss man den Hype um die sogenannten Spiegelneuronen etwas einschränken. Die implizite Annahme dahinter ist, dass Spiegelneuronen etwas anderes *seien* als normale Neuronen. Das ist nach dem Forschungsstand, soweit er mir bekannt ist, nicht gegeben. Der Begriff Spiegelneuron bezeichnet lediglich Neuronen, die feuern, wenn man eine Tätigkeit selbst ausführt UND wenn man sie beobachtet. Rein biologisch gesehen unterscheiden sich Spiegelneuronen *nicht* von anderen Neuronen. Weiß man nun, dass Handlungsrepräsentationen im Gehirn nicht in einem einzelnen Neuron stattfinden, sondern in einem komplexen neuronalen Netz verschaltet sind, in dem Gruppen von Neuronen gemeinsam feuern, so postuliert die Existenz von »Spiegelneuronen« lediglich, dass sowohl beim Ausführen als auch beim Beobachten derselben Tätigkeit Teile desselben Netzwerks im Gehirn aktiv sind. Wenn also Teile desselben Netzwerks feuern und das ganze Gehirn emotional ist, dann führt das zwingend dazu, dass ähnliche Emotionen ausgelöst werden. Voilà: Empathie.

Das heißt letztlich: Unser Umfeld bestimmt zu einem ziemlich großen Anteil unser Handeln. Und zwar ohne dass uns dieses bewusst wäre oder wir das mitbekommen. Oder anders: Solange Sie sich als Unternehmer beispielsweise vor allem in einem sicherheitsorientierten Umfeld aufhalten, müssen Sie schon ziemlich egozentrisch sein, um wirklich innovativ sein zu können. In einem solchen Umfeld ist es sogar gut für Unternehmer, wenn Empathie für sie ein Fremdwort ist.«

Ich musste grinsen. Aber als ich mir die meisten Unternehmer in meinem Umfeld vergegenwärtigte, sah ich es ganz deutlich: Die meisten waren Einzelgänger und schotteten sich teilweise bewusst vor den Meinungen ihres Umfelds ab. Nur Thomas schien da nicht dazuzugehören. Die Ursache dafür wollte ich später herausfinden. Jetzt

---

Das ist aber nun eigentlich auch wieder das, was man erwarten würde, und nicht gar so umwerfend, wie die Anhänger der Spiegelneuronen uns glauben machen wollen.

Witzigerweise ist bei menschlichen Kindern die Imitation wichtiger als das Nachdenken, wohingegen bei Schimpansenjungen das individuelle Nachdenken die größere Rolle spielt. Es gibt ein Experiment mit einer Holzkiste und verschiedenen Öffnungen. Der Versuchsleiter Lyons führte in einer bestimmten Reihenfolge einen Stab mit einer klebrigen Spitze in diese Öffnungen. Bei der letzten Öffnung kommt dann eine Süßigkeit zum Vorschein. Sowohl Menschen- als auch Schimpansenkinder machen das in derselben Reihenfolge nach. Wenn man nun die Holzkiste durch eine baugleiche Plexiglaskiste ersetzt, sodass man genau erkennen kann, dass nur hinter der letzten Öffnung eine Süßigkeit ist, dann passiert etwas Spannendes: Die Menschenkinder wiederholen die zuvor imitierte Reihenfolge – wohingegen die Schimpansenjungen den Stock nur noch in die letzte Öffnung schieben und sofort an die Süßigkeiten kommen. In diesem Sinne sind Schimpansenjunge klüger. Und es lässt sich sehr deutlich die große Macht der Imitation beim Menschen spüren.

So gesehen macht uns Imitation eher zum Menschen als Nachdenken. Imitation erlaubt relativ einfach, einmal erfolgreiche Strategien auf andere Menschen zu übertragen, sodass man nicht immer wieder von vorn nach einer Lösung suchen muss. Das ist bei einfachen Aufgaben, wie Bonbons aus einer Kiste zu holen, kontraproduktiv. Komplexe Aufgaben lassen sich jedoch nur so lösen, da man viele vorhandene Teillösungen nur neu kombinieren muss.

wollte ich mit meiner Strategie weiterkommen. Zumal ich noch nicht wirklich die Querverbindung sah. Da ich jedoch das Gefühl hatte, dass Herr Radies sich auf einen wichtigen Punkt zubewegte, bat ich ihn, fortzufahren.

»Der dritte Aspekt betrifft folgendes Thema: Wenn Sie jemanden fragen, warum er eine Entscheidung getroffen hat«, fuhr Herr Radies fort, »dann erhalten Sie in der Regel eine Antwort nach dem Muster: ›Weil ich mir davon dieses oder jenes verspreche.‹

Dummerweise hat diese Antwort mehr mit der Frage zu tun, also dem ›Warum?‹, als mit den wirklichen Abläufen. Die Frage führt uns in die Irre und erzwingt eine zweckorientierte Antwort – die unser Gehirn dann auch (er)findet!

Nun hat man in den unterschiedlichsten Zusammenhängen Untersuchungen durchgeführt. Zum Beispiel in den USA in Bezug auf Wahlen. Warum wählt eine Person die eine oder die andere Partei? Die alten Rationalisten behaupteten, dass die Menschen sozusagen die Vor- und Nachteile der Parteien bewusst oder unbewusst abwägen würden.

Tun sie aber nach verschiedenen empirischen Untersuchungen nicht!«

»Sondern?«, wunderte ich mich.

»Menschen wählen oftmals eine Partei, weil sie eben Demokraten oder Republikaner *sind*. Das tun sie selbst dann, wenn die jeweils andere Partei ihnen größere Vorteile bringen würde. Und selbst dann noch, wenn sie das wissen!

Mit anderen Worten können wir als **dritten Aspekt** festhalten: **Bei komplexen Entscheidungen spielen ganz andere Dinge bis hin zu unserer Identität eine viel wichtigere Rolle als der praktische Nutzen und die persönlichen Vorteile**.

Lediglich die Frage nach dem ›Warum?‹ führt uns in die Irre. Wenn Sie diese Leute fragen, warum sie etwa die Demokraten gewählt haben, dann sagen sie zum Beispiel: ›Weil die für ein anderes Gesundheitssystem sind.‹ Die wahre Antwort: ›Weil ich eben Demokrat bin‹, sagen diese Leute nicht, weil das eben kein akzeptabler Grund wäre. Es käme ja sofort die nächste Frage: Und warum bist du Demokrat?«

Langsam nickte ich. »Das würde erklären, warum in der Politik Argumente eigentlich völlig unwichtig sind. Gilt das denn auch in der Wirtschaft?«

Herr Radies lächelte: »In den USA hat ein Hersteller von Kaminreinigungsmitteln eine Befragung gemacht, wer die potenziellen Käufer sein könnten. Das Ergebnis: Es waren nicht die mit den schmutzigsten Schornsteinen, sondern die mit den saubersten. Obwohl diejenigen mit den schmutzigen Schornsteinen das Mittel am meisten hätten gebrauchen können.«

»Gut, ich verstehe: Diejenigen, die das Mittel kauften, taten das nicht, weil es nötig war, sondern weil sie eine Identität als Sauberkeitsfanatiker hatten. Und die anderen waren, übertrieben gesprochen, Schmutzfinken. Es ging also nicht um den Nutzen, sondern um die Identität.

Wir können die ersten drei Punkte so zusammenfassen: **Entscheidungen sind emotional, basieren oft auf Imitation und sind oft nicht zweckrational**. Sie sprachen von fünf Punkten. Was waren die beiden fehlenden Punkte?«

»Der **vierte Punkt** hängt mit den anderen zusammen«, fuhr Herr Radies fort. »ich erwähnte eben, dass die Antworten nach dem Muster ›Weil mir das dieses oder jenes bringt‹ ein Resultat auf die falsch gestellte Frage nach dem ›Warum?‹ ist. Zum Zeitpunkt dieser Fragestellung ist die **Entscheidung** jedoch meist schon längst gefallen. Wir haben sie **unbewusst getroffen**.

Das liegt vor allem daran, dass, bevor überhaupt irgendetwas ins Bewusstsein kommt, dieser Bewusstseinsinhalt bereits einen langen, emotionalen Bewertungsprozess hinter sich hat. Und wir wissen nicht, welchen Bewertungsprozess. Bestenfalls können wir uns für den Bewertungsprozess ein Modell schaffen.

Wir haben zwar das Gefühl, bewusst zu entscheiden, aber in Wirklichkeit erfahren wir nur manche Ergebnisse. Daniel Dennett drückte das folgendermaßen aus: ›Das Bewusstsein eines Menschen gleicht einem Regierungssprecher, der Entscheidungen zu verkünden hat, an denen er a) nicht beteiligt war und b) dessen wahre Entscheidungsgründe ihm nicht zugänglich sind.‹* Die zweckrationale Erklärung ist lediglich die nachträgliche Begründung. Diese nachträgliche Begründung ist die Ursache dafür, dass uns selbst auch unsere unbewussten Entscheidungen rational *erscheinen.*«

»Könnte ich dann nicht einfach versuchen, bewusster zu sein?«, fragte ich und musste unwillkürlich an meine Schwester denken. »Meine Schwester Julia war ein Jahr in Indien und meditiert ziemlich viel, um bewusster zu werden, wie sie sagt.«

»Sicher, Sie können mit Ihrem Bewusstsein Prozesse viel aufmerksamer wahrnehmen«, meinte Herr Radies. »Sie können viel fokussierter und ruhiger sein. Die Meditation lehrt uns das und ich glaube, dass dies von großem Nutzen für unsere persönliche Entwicklung ist. Aber die grundlegende Funktionsweise unseres Gehirns – nämlich die Tatsache, dass zum Zeitpunkt der Bewusstwerdung bereits eine Viel-

---

* Dabei handelt es sich um ein prinzipielles Problem. Die neuronale Organisation einer Handlung oder Entscheidung ist etwas komplett anderes als die Repräsentation eben dieser Handlung im Bewusstsein. Sie hat eine andere Struktur und wird an anderer Stelle im Gehirn abgespeichert. Eine »Bewusstwerdung« ist deshalb prinzipiell nicht möglich – nur eine bessere Modellbildung bzw. feinere Wahrnehmung.
Ein einfaches Beispiel, das Manfred Spitzer anführt: Damit wir laufen können, muss das Gehirn zur Ansteuerung aller Muskeln komplexe Berechnungen ausführen können. Es ›weiß‹ jedoch nicht um dieses Können – so wenig, wie die Leber von Biochemie weiß. Können / tun / entscheiden und das Wissen darüber haben also völlig unterschiedliche Strukturen. Das eine hat mit dem anderen nur über den Umweg der (inneren und äußeren) Wahrnehmung zu tun.
Eng gesehen ist es also so, dass wir in exakt 0 Prozent der Fälle eine Entscheidung bewusst fällen. Bestenfalls scheint unsere Erklärung die realen Prozesse stimmig zu beschreiben. Da dies vielen Menschen nicht gefällt, einigen wir uns darauf, dass der überwiegende Teil unbewusst abläuft. Fachleute schätzen zwischen 70 und 99 Prozent – wie auch immer solche Zahlen generiert werden sollen …

zahl unterbewusster Prozesse stattgefunden hat, die dem Bewusstsein prinzipiell nicht zugänglich sind, können Sie damit nicht ändern.

Und der Takt des Gehirns für einen bewussten Gedanken liegt bei etwa drei Sekunden. Bereits in einer Sekunde laufen jedoch viele hunderttausend Prozesse gleichzeitig in unserem Gehirn ab. Was auch immer Sie tun, Sie nehmen immer nur einen winzig kleinen Ausschnitt wahr und diesen zudem noch gefiltert.«

Etwas erschlagen nickte ich langsam. Ich hatte sowieso immer etwas Zweifel am Nutzen von Julias Meditationen. Aber dass wir so wenig bewusst wahrnehmen können, schockierte mich dann doch etwas. »Und was ist der **fünfte und letzte Punkt**?«

Herr Radies grinste: »**Viele Entscheidungen sind gar keine Entscheidungen**.«

»Verstehe ich nicht«, schüttelte ich den Kopf.

»Wir reden dauernd von Entscheidungen«, fuhr Herr Radies fort. »Aber was ist Ihrer Meinung nach eine Entscheidung?«

Etwas irritiert schaute ich ihn an: »Na ja, wenn ich zwei oder mehr Möglichkeiten habe und eine davon wähle.«

»Das ist die klassische Erklärung. Dann entscheiden Sie also fast gar nie.«

Ich blickte ihn verblüfft an.

»Ein amerikanischer Wissenschaftler, Gary Klein, hat sich seit mehreren Jahrzehnten mit der Frage befasst, wie Entscheidungen gefällt werden. Das wollte er nicht im Labor herausfinden, sondern in der Wirklichkeit. Also nicht in künstlichen Situationen wie dem Zeigen von irgendwelchen Bildern, woraufhin die Versuchspersonen dann einen roten oder einen grünen Knopf drücken müssen. Solche Situationen abstrahieren von jeder Realität, jedem sozialen Einfluss, jeder Erfahrung. Davon wollte Gary Klein gerade nicht abstrahieren.

Also ging er zu Feuerwehreinsatzleitern, Offizieren beim Militär, Schachspielern, Krankenschwestern auf der Intensivstation und vielen anderen Experten, von denen er annahm, dass sie jeden Tag viele Entscheidungen – dazu noch unter Zeitdruck – treffen würden.

Schon bei den Feuerwehreinsatzleitern wurde er überrascht. Diese behaupteten nämlich steif und fest, dass sie gar keine Entscheidungen treffen würden.«

»Wieso das?«

»Ganz einfach«, erwiderte Herr Radies. »Weil sie nicht zwei oder mehr Optionen abwägen. Sie stehen vor einer Situation. Und die erste Handlungsoption, die zu einer Lösung zu führen scheint, wird gewählt – oder, falls mehr Zeit ist, in ihren Konsequenzen abgeschätzt. Aber eine zweite oder dritte Option wird überhaupt nur in den Ausnahmefällen in Betracht gezogen, wenn die erste nicht passt.«

»Na und, ist das nicht ein bisschen spitzfindig?«, warf ich ein. »Dann wird eben unbewusst sozusagen vorentschieden.«

»Nein, wird es nicht«, widersprach Herr Radies. »Es wird weder bewusst noch unbewusst zwischen den Varianten A, B und C aufgrund einer Bewertung dieser Varianten entschieden. Wenn ein Feuerwehreinsatzleiter zum Einsatzort kommt, dann wird er nicht abwägen, ob es jetzt besser wäre, die Schläuche auszurollen oder erstmal eine Zigarette zu rauchen, um die Situation zu beobachten. Über die Zigaretten-Option denkt er weder bewusst noch unbewusst nach.

Ganz im Gegenteil entsteht die Variante A überhaupt erst aufgrund vorhandener Muster. Diese vorhandenen Muster basieren auf bewerteten früheren Erfahrungen.

Experten handeln nicht auf der Basis von analytischem Nachdenken, sondern aufgrund von Erfahrungen. Nur Laien müssen nachdenken.

Das hat zur überraschenden Konsequenz, dass wirkliche Experten am seltensten klassische Entscheidungen treffen. Sie haben für die meisten Fälle ihres Gebiets bereits Erfahrungen, die dazu führen, dass sie sofort die passende Handlung ausführen. Nur Laien müssen nachdenken.«

»Wow!«, entfuhr es mir. »Das ist aber nun wirklich ungewohnt!«

Herr Radies nickte zustimmend: »Nehmen Sie einen exzellenten Schachspieler. Der läuft an einem Brett vorbei und sieht in 95 Prozent aller Fälle innerhalb von einer Sekunde den richtigen Zug – und zwar ohne zuvor über offensichtlich idiotische Züge nachzudenken. Auch unterbewusst tut er das nicht. Weil die Zahl der möglichen Züge so groß ist, dass er es gar nicht könnte.

Ein erfahrener Feuerwehreinsatzleiter sieht einfach, wenn auf dem Dach eines Hauses eine Werbetafel brennt, dass sie herunterfallen kann. Er wird die Absperrungen zurückschieben lassen. Und zwar ohne darüber nachzudenken, dass er ja vielleicht zuerst mit dem Löschen beginnen könnte.«

»Wohingegen der unerfahrene Einsatzleiter mit dem Löschen beginnt, ohne zuvor über die Gefahr der Werbetafel nachzudenken, weil er diese Gefahr gar nicht sieht«, ergänzte ich.

»Genau. Und die Grundlage all dieser intuitiven Handlungsweisen sind Erfahrungen, Geschichten, damit verbundene Emotionen. Um das von ›normalen‹ Entscheidungen abzuheben, nenne ich solche intuitiven, erfahrungsbasierten Entscheidungen mit genau einer Option Mikroentscheidungen. Sie sehen zwar von außen aus wie Entscheidungen, weil der Betreffende etwas anderes hätte tun können, sie sind aber keine Entscheidungen, weil diese anderen Optionen nie in Betracht gezogen wurden. Forderungen von erbsenzählenden Analytikern, doch immer mehrere Optionen* zu durchdenken, sind für Anfänger, die auf keinen Erfahrungsschatz zurückgreifen können, gut. Für alle anderen aber hinderlich und realitätsfremd.

Ist doch absurd, sich bei 150 Stundenkilometern auf der Autobahn zu überlegen, ob man jetzt den sechsten Gang oder lieber den Rückwärtsgang einlegen sollte. Man weiß es einfach.«

---

* In der Tat ist es so, dass oft eine zweite, dritte oder vierte Option erst nachträglich erfunden wird, wenn man gefragt wird, warum man so und nicht anders entschieden hat. Auch hier bestimmt wieder die Frage die Beobachtung und Selbstwahrnehmung. Aus diesem Grund haben Unternehmer, die im Gegensatz zum Manager eben nicht gefragt werden, warum sie dieses oder jenes getan haben, den Luxus, darüber auch nicht nachdenken zu müssen. Und deshalb können sie ihre Zeit mit sinnvolleren Dingen verbringen …

»Sonnenklar«, lächelte ich. »Jetzt haben wir alle fünf Aspekte besprochen: Entscheidungen sind emotional, werden oft imitiert, sind nicht zweckorientiert, sind überwiegend unbewusst und oft steht nur eine einzige Option zur Wahl.

Und was bedeutet das jetzt für meine Strategie?«

3.6 Die strategische Idee und die Verwirklichung

Herr Radies lächelte: »Erinnern Sie sich: Wir sagten vorher, dass ein wesentliches Problem aller Strategiekonzepte darin besteht, dass sie einen bewusst und rational planenden Menschen voraussetzen. Dieses Bild brachen wir in Richtung der Emotionalität auf. Es gibt keine rationale Planung ohne Emotionalität! Das Bild des rational planenden Menschen hat jedoch auch noch eine weitere Implikation: Alle Strategiekonzepte gehen zudem von einem Dualismus aus – dem Dualismus von Denken und Handeln. Danach machen wir zuerst einen Plan und handeln dann anschließend.«

»Ist das denn nicht so?«, fragte ich. »Zuerst will ich frühstücken, dann tue ich es. Zuerst will ich einen Kunden anrufen, dann tue ich es usw.«

Herr Radies dachte einen Moment nach. »Ich möchte Ihnen das mit einem Bild veranschaulichen. Über viele Jahrzehnte hinweg ärgerten sich die Trainer amerikanischer Football-Mannschaften über ein bestimmtes Verhalten ihrer Spieler. Wenn ein weiter Pass geworfen wurde, dann trabten die Fänger ganz langsam los, wurden immer schneller, spurteten, wenn der Ball wieder runterkam, wie die Wahnsinnigen und hechteten am Schluss zu dem Punkt, wo der Ball landen würde.

Das schien den Trainern unsinnig. Wenn die Fänger gleich rennen würden, dann hätten sie am Schluss mehr Zeit und könnten den Ball besser fangen. Und so trainierten sie über Jahrzehnte schnell zu starten. Dabei wurden allerdings die Ergebnisse nicht besser, sondern schlechter. Und deshalb wurde noch mehr trainiert und so weiter.«

»Wieso wurden die Ergebnisse schlechter?«, unterbrach ich.

»Hat man erst vor Kurzem herausgefunden«, erwiderte Herr Radies. »Die Trainer hatten folgendes Bild im Kopf. Der Ball hat mehr oder weniger die Flugbahn einer Parabel. Der Spieler beobachtet zuerst die ersten paar Meter der Flugbahn und kann daraufhin einschätzen, wo der Ball runterkommen wird. Und dann erst rennt er dorthin.«

»Ja und?«, fragte ich. »Was soll daran falsch sein?«

»Glauben Sie wirklich, dass der Spieler irgendwelche Potenz- oder gar Wurzelberechnungen oder wenigstens Schätzungen anstellt, um herauszufinden, wo der Ball runterkommt? Samt Berücksichtigung des Luftwiderstands und Seitenwinds?«

Langsam schüttelte ich meinen Kopf. »Nein, aber ich weiß immer noch nicht, worauf Sie hinauswollen.«

»Selbst wenn er das unbewusst machen würde, müsste die Formel ja irgendwie in seinen Kopf gekommen sein. Und die ist etwa neunte Klasse Physik. Mit anderen Worten: Wenn der Mensch so funktionieren würde, dann könnten Kinder gar keinen Ball fangen und die besten Fänger wären Physikprofessoren. Ich glaube nicht, dass sich das in der Wirklichkeit beobachten lässt.«

»Nein«, stellte ich lachend fest. »Aber wie geht es dann?«

»Die Spieler haben, bevor sie anders trainiert wurden, nur eins gemacht: Sie haben nach oben geschaut und darauf geachtet, dass der Ball etwa an der gleichen Stelle und im gleichen Winkel in ihrem Sichtfeld blieb. Bewegte sich der Ball im Gesichtsfeld nach rechts, rannten sie nach rechts. Bewegte er sich eher nach links, rannten sie nach links. Stieg der Ball in ihrem Sichtfeld, liefen sie langsamer. Sank er, rannten sie schneller. Dann kamen sie – ohne jede komplizierte Berechnung und ohne jede vorherige Vorstellung des Zielpunkts – automatisch an der Stelle raus, an der der Ball runterkam. Nur mussten sie am Schluss eben hechten.

Das Training aufgrund des falschen Modells über die Vorgehensweise der Spieler verwirrte somit. Weil mit diesem Training der Winkel wechselte, verloren sie die Orientierung und wurden deshalb schlechter.«

Langsam verstand ich: »Was Sie damit sagen wollen, ist Folgendes: Das Modell, das davon ausgeht, dass Plan und Handlung zwei verschiedene Schritte sind, entspricht nicht dem typischen menschlichen Vorgehen. Und je konsequenter man versucht, nach diesem Modell zu agieren, desto schlechter werden die Ergebnisse?«

Das Modell, das Plan und Handlung als zwei verschiedene Schritte sieht, entspricht nicht dem typischen menschlichen Vorgehen. Je konsequenter man versucht, nach diesem Modell zu agieren, desto schlechter werden die Ergebnisse.

Herr Radies nickte begeistert: »Ahnen Sie die Tragweite dieser Erkenntnis?«

»Ja«, dachte ich einen Moment nach. »Ich überblicke sie zwar noch nicht, aber ich ahne, was diese Erkenntnis bedeutet. Es würde zumindest erklären, warum man den ganzen Phänomenen wie Aufschieberitis, fehlender Disziplin, Projektchaos usw. mit planerischen Methoden nicht beikommt. Dass sogar alles immer schlimmer zu werden scheint, je mehr man plant.«

»Genau. Wenn man radikal zu Ende denkt, würde man die planerischen Methoden in den weitaus meisten Fällen sogar als die *Ursache* des Problems erkennen«, bestätigte Herr Radies.

»Betrachten wir das noch etwas genauer. Nehmen wir wieder das Beispiel mit dem Ball. Das Parabelmodell geht davon aus, dass der Spieler aufgrund einer Abschätzung *vorher weiß*, wo der Ball aufkommen wird. Und deshalb läuft er dort hin, *ohne weitere grundsätzliche Entscheidungen* zu treffen. In Wirklichkeit ist es so, dass es diese anfängliche Abschätzung überhaupt nicht gibt und dass die *meisten Entscheidungen permanent während des Handlungsprozesses* getroffen werden. Nur eine einzige Entscheidung wurde am Beginn getroffen: Der Ball soll gefangen werden.

Das alte Strategiemodell der Trennung von Plan und Handlung richtet seinen Fokus ausschließlich auf die anfängliche Abschätzung und die anfängliche Planung der Strategieumsetzung.

Wenn wir das Beispiel übertragen, müssten wir lediglich vorab klären, welchen Ball wir genau fangen wollen – im Markt gibt es viele. Aber den Hauptfokus richten wir dann auf die vielen kleinen Entscheidungen des Alltags. 70 bis 99 Prozent dieser Entscheidungen sind unbewusst und haben nicht sehr viel mit einem vorher erstellten strategischen Plan zu tun.

Wir haben gerade ausführlich darüber gesprochen, wie solche Entscheidungen zustande kommen. Sie sind emotional, sie sind unbewusst, sie orientieren sich an den Entscheidungen unseres Umfelds, sie haben oft mehr mit unserer Identität als mit unseren rationalen Zielen zu tun. Und sie sind oftmals Mikroentscheidungen, weil überhaupt nur eine einzige Option im Bewusstsein auftaucht.

Ob eine Strategie *prinzipiell* gut ist, hängt davon ab, ob sie mit den vier Strategieprinzipien konform ist. Ob sie hingegen *funktioniert* – und nur darauf kommt es an –, hängt hingegen davon ab, ob die vielen kleinen Entscheidungen auf dem Weg uns näher zu unserem Ziel bringen oder nicht.

Ob eine Strategie *prinzipiell gut ist,* hängt davon ab, ob sie mit den vier Strategieprinzipien der EKS konform ist. Ob sie hingegen *funktioniert* – und nur darauf kommt es an –, hängt davon ab, ob die vielen kleinen Entscheidungen auf dem Weg uns näher zu unserem gewählten Ball hinbringen oder nicht.

Und nun stellen wir fest, dass manche Menschen ziemlich automatisch in die richtige Richtung laufen und andere Menschen ziemlich automatisch in die falsche Richtung.«

»Das bedeutet, dass es letztlich nur zu einem kleinen Teil auf das strategische Konzept ankommt. Und dass es viel wichtiger ist, sich um die Person des Unternehmers, der permanent diese kleinen Entscheidungen trifft, zu kümmern. Ein gutes strategisches Konzept wird von manchen Unternehmern zum Erfolg gebracht und von anderen nicht. Richtig?«

»Ja, so ungefähr«, nickte Herr Radies. »Ich würde aber nicht von wichtiger oder weniger wichtig reden. Sie brauchen beides. Wenn Sie nicht wissen, welchen Ball Sie fangen wollen, dann hilft Ihnen auch ein fähiger Unternehmer nichts.«

»Können Sie mir dafür Beispiele geben?«

»Gern«, lächelte Herr Radies. »Der vorher erwähnte Unternehmer mit dem Premium-Angebot, der sofort Preisnachlass gegeben hat, war ein solches Beispiel. Gute strategische Idee, schlechte strategische Mikroentscheidungen.

Dann coachte ich einen Unternehmer, der ein vielversprechendes Angebot für die effiziente Abwicklung von Direct-Mailing-Aktionen plus Nachhaken entwickelt hatte. Als ich zwei Monate später wieder mit ihm sprach und wissen wollte, wie sich sein Konzept entwickelt hatte, erklärte er mir, dass er aufgrund von Gesprächen mit Interessenten ein neues Konzept entwickelt hätte, das sich auf die Vorbereitung von Messekontakten spezialisierte.

Nochmals zwei Monate später, als ich wissen wollte, was aus dem Konzept geworden war, war er ganz verwundert. Er bot nun nämlich Callcenter-Leistungen an. Ganz offensichtlich war zwischen der Konzepterstellung und der Konzeptumsetzung immer irgendetwas geschehen, was zu völlig neuen Konzepten führte.

Nach meinen Erfahrungen sind es ziemlich viele Unternehmer, die alle paar Monate oder manchmal sogar Wochen mit einer neuen Idee kommen. Und solange man nicht weiß, was da passiert, braucht sich dieser spezielle Unternehmer gar nicht mehr die Mühe zu machen, ein viertes Konzept zu entwickeln. Da würde sowieso nichts draus.«

»Und was passiert auf diesem Weg der Mikroentscheidungen genau?«, fragte ich ungeduldig.

»Wir wissen ja schon, wie diese Entscheidungen zustande kommen. Und wir wissen auch, was eine gute Strategie ist. Und jetzt«, Herr Ra-

Die *alles* entscheidende Frage: Welche Gefühle und Emotionen müssen uns beherrschen, um automatisch strategisch richtig zu handeln?

dies machte eine lange, gedehnte Pause, »jetzt stellen wir uns die *alles* entscheidende Frage: Welche Gefühle und Emotionen müssen wir haben, um automatisch strategisch richtig zu handeln?«

Das ließ ich einen Moment sacken. Dann traf mich die Erkenntnis mit voller Wucht: »Wenn 70 bis 99 Prozent unserer Entscheidungen und Handlungen unbewusst sind, dann sind ja nur 1 bis 30 Prozent unserer Handlungen bewusst. Und nur diesen kleinen Teil können wir bewusst strategiekonform an den vier Prinzipien ausrichten. Gehen die 70 bis 99 Prozent unserer unbewussten Entscheidungen jedoch in eine andere Richtung, dann werde ich keinen Erfolg haben – ganz egal, wie richtig ich mich bewusst verhalte!

Mit einer Antwort auf Ihre Frage hätte ich jedoch Zugang zu den anderen 70 bis 99 Prozent meiner Handlungen. Erst eine Antwort auf diese Frage würde letztlich über meinen Erfolg oder Misserfolg bestimmen«, schlussfolgerte ich begeistert. »Aber«, fragte ich mich dann, »können wir denn unsere Gefühle und Emotionen beeinflussen?«

»Ja, klar«, nickte Herr Radies. »Darauf kommen wir noch zu sprechen. Zuerst stellen wir uns diese Frage noch etwas genauer. Nehmen wir einmal bestimmte Gefühle.

Zum Beispiel Wut. Wenn ich auf jemand wütend bin, verhalte ich mich dann gemäß den vier Prinzipien der Strategie?«

Ich ließ mir die vier Prinzipien nochmals durch den Kopf gehen. Dann erwiderte ich: »Wenn ich wütend bin, dann meist auf jemand oder etwas sehr Konkretes. Da bin ich dann ›spitz statt breit‹. Also Prinzip 1: Ja. Wenn ich wütend bin, will ich dem anderen möglichst stark schaden. Das geht am besten bei seinem Engpass. Also wird mich die Wut auf seinen Engpass fokussieren. Also Prinzip 2: Auch ja.

Immateriell vor materiell? Weiß ich nicht so genau«, überlegte ich. »Wenn ich wütend bin, ist es mir egal, ob ich dem anderen materiell oder immateriell schade. Also Prinzip 3: Indifferent. Nutzen vor Gewinn? Keinesfalls! Wenn ich wütend bin, habe ich nicht den Nutzen des anderen im Blick, sondern seinen Schaden. Also Prinzip 4: Klarer Verstoß!«

Herr Radies nickte bestätigend. »Viele Unternehmer sind wütend. Zum Beispiel auf ihre früheren Arbeitgeber. Zum Beispiel auf – ihrer Meinung nach – fordernde und unverschämte Kunden. Das Ergebnis: Sie werden immer in ihrem strategischen Handeln Fehler machen.«

Einen Moment lang blitzte die Erinnerung an meine Wut gegenüber Herrn Kronau auf, aber bevor ich den Gedanken weiter verfolgen konnte, fuhr Herr Radies schon fort. Jetzt, nach all diesem Vorgeplänkel, schien er ganz in seinem Element zu sein.

»Nehmen wir ein anderes, ebenso verbreitetes Gefühl: Gier! Das ist zwar eher eine Managerkrankheit, aber auch Unternehmer sind nicht frei davon. Insbesondere dann, wenn sich aufgrund einer guten Strategie erste Erfolge eingestellt haben. Dann können sie den Hals nicht vollbekommen und lassen sich von der Gier leiten.

Was macht Gier mit dem prinzipiengerechten Verhalten?«

Ich dachte wieder nach: »Wenn ich gierig bin, dann will ich möglichst alles haben. Also werde ich nicht ›spitz‹ sein können und werde automatisch ›breit‹. Also Prinzip 1: Klarer Verstoß. Engpassorientierung? Am Engpass werde ich meine Gier am ehesten befriedigen können. Aber ich kann und will ja nichts links liegen lassen. Also werde ich auch gegen Prinzip 2 verstoßen. Wenn ich gierig bin, dann geht es mir zumeist zuerst um Materielles, also werde ich auch gegen Prinzip 3 (Immaterielles vor Materiellem) verstoßen. Und Prinzip 4 (Nutzen vor Gewinn) widerspricht dem Gefühl der Gier ja unmittelbar. Also«, fasste ich fasziniert zusammen: »Wer von Gier beherrscht wird, verstößt automatisch gegen alle Prinzipien einer guten Strategie.«

»Damit hätten wir den Grund gefunden, warum viele Unternehmer nach anfänglichen strategischen Erfolgen plötzlich vom Weg abzukommen scheinen. Die Gier hat mal wieder zur Strategieentropie geführt.«

Während Herr Radies dies sagte, schweiften meine Gedanken zu dem Meeting mit Dago zurück, wo wir vor drei Wochen unsere neue ›Strategie‹ entwickelt hatten. Unser Motiv war Gier; wir wollten möglichst hohe Gewinne erzielen. Und in der Tat hatten wir damals gegen alle vier Prinzipien verstoßen. Am liebsten hätte ich diesen Gedanken weiter verfolgt, aber Herr Radies fuhr fort.

»Nehmen wir ein weiteres verbreitetes Gefühl: die Angst. Den weitaus meisten Unternehmern aus kleinen und mittleren Unternehmen steht das Wasser bis zum Hals. Und natürlich leben sie dann Tag und Nacht mit der Angst zu scheitern. Was passiert dann mit ihren Mikroentscheidungen? Sind diese prinzipienkonform?«

Eigentlich wusste ich schon, was herauskommen würde, aber ich fand diese Betrachtungsweise spannend. »Wenn ich Angst habe, nehme ich alles, was am Wegesrand liegt: Verstoß gegen Prinzip 1. Ich konzentriere mich auch nicht mehr auf den Engpass des Kunden. Ich bin ja völlig mit mir selbst beschäftigt. Also auch Verstoß gegen Prinzip 2. Wenn die Angst sich auf das Scheitern bezieht, dann geht es vorrangig um materielle Sicherheit. Materielles kommt also vor dem Immateriellen. Damit wird gegen Prinzip 3 verstoßen. Und wenn ich Angst habe zu scheitern, dann konzentriere ich mich vor allem auf meinen Gewinn. Also verstoße ich auch gegen Prinzip 4. Angst ist demnach kein guter strategischer Ratgeber.«

Ich überlegte einen Moment. Dann ging es mir auf: »Jetzt weiß ich, warum es auch bei den Leuten, die mit der EKS arbeiten, Misserfolge gibt. Es ist kein Fehler bei der Umsetzung, sondern die Unternehmer werden von den falschen Gefühlen beherrscht.«

Herr Radies nickte: »Ja, Angst oder Gier führen auch bei guten strategischen Konzepten automatisch zu Entropie.« Dann wartete er.

In dem Moment wurde mir klar, dass auch ich von der Angst beherrscht wurde. Das wollte ich in diesem Moment jedoch noch nicht zulassen und suchte nach Auswegen. Nach wenigen Sekunden hatte ich einen gefunden: Ganz zu Beginn meines Unternehmens hatte ich keine Angst gehabt. Da war ich von der Sache fasziniert gewesen. Es begeisterte mich, Veranstaltungen zu organisieren. Da ich mit Herrn

Radies nicht über meine Angst reden wollte, fragte ich: »Dass also eher negative Gefühle wie Wut, Gier oder Angst nicht funktionieren, habe ich verstanden. Aber wie ist es mit positiven Gefühlen? Viele Unternehmer sind doch auch begeistert von ihrer Sache!«

»Gute Frage. Begeisterung für die Sache ist oft das beherrschende Gefühl von Selbstständigen, manchmal auch von Unternehmern. Was passiert also, wenn Sie begeistert von Ihrer Sache sind?«

Ich dachte nach: »›Spitz statt breit‹ werde ich auf jeden Fall sein. Ich konzentriere mich ja auf das, wovon ich begeistert bin. Also Prinzip 1: Ja!«

»Einspruch«, warf Herr Radies dazwischen. »›Spitz statt breit‹ bedeutet ›möglichst nur eine Lösung für *eine* kleine Zielgruppe‹.«

Langsam nickte ich: »Ja, stimmt. Man konzentriert sich zwar auf die eine Lösung, aber nicht auf eine Zielgruppe. Die Zielgruppe ist mir eigentlich völlig egal, wenn ich von der Sache begeistert bin. Also Prinzip 1: Nur zur Hälfte. Prinzip 2: Fokussierung auf den Engpass der Zielgruppe? Nicht zwingend. Wenn der Engpass zufällig mit dem übereinstimmt, von dem ich begeistert bin, dann bleibe ich dabei. Stimmt er nicht damit überein, dann bin ich nicht auf den Engpass fokussiert. Die Einhaltung des zweiten Prinzips ist also Zufall.«

»Ja«, erwiderte Herr Radies, »ich könnte natürlich am Anfang die strategische Idee so entwickeln, dass der Engpass meiner Kunden mit dem übereinstimmt, wovon ich begeistert bin. Das macht die EKS mit der Analyse der Stärken auch. Solange der Engpass an dieser Stelle bleibt, wird das funktionieren. Verschiebt er sich hingegen, dann werde ich am Alten festhalten und bin raus aus dem Spiel. Prinzip 2: Wenn man die Strategie an der eigenen Begeisterung ausrichtet, kurzfristig ja, langfristig nein.«

Ich fuhr fort: »Immaterielles vor Materiellem. Ja, dieses Prinzip wird man einhalten, wenn man von einer Sache begeistert ist. Also: Ja! Und Nutzen vor Gewinn? Der Gewinn wird sehr unwichtig, wenn man von einer Sache begeistert ist. Der Nutzen ist aber, wie wir schon bei Prinzip 2 gesehen haben, auch nur wichtig, wenn es eine zufällige

Deckungsgleichheit zwischen der eigenen Begeisterung und dem Bedürfnis der Kunden gibt. Das bedeutet, dass man die Strategie so konstruieren könnte, dass eine Deckungsgleichheit vorhanden ist. Dann würde es klappen. Bis man die Strategie ändern müsste. Die Begeisterung für die Sache macht anscheinend strategisch unflexibel.«

Wir schwiegen einen Moment und ich dachte nochmals über alles nach. Das war wirklich enttäuschend. Die Entscheidungen, die aus positiven Gefühlen wie der Begeisterung für die Sache resultierten, schienen zwar nicht so eklatant den Strategieprinzipien zu widersprechen wie die negativen Gefühle. Aber den Eindruck, dass ich damit automatisch in die richtige Richtung laufen würde, hatte ich auch nicht.

»Das ist enttäuschend, Herr Radies«, sagte ich schließlich. »Gibt es denn überhaupt ein beherrschendes Grundgefühl, das einen automatisch in die richtige Richtung treibt?«

»Auf diese Frage habe ich schon gewartet«, grinste Herr Radies. »Ich hätte Sie sonst noch zehn andere Gefühle analysieren lassen!

Zuerst können wir festhalten, dass es auch bei den bisherigen Gefühlen eine Rangfolge gibt. Mit Wut kommen Sie weiter als mit Angst. Und mit der Begeisterung für die Sache kommen Sie weiter als mit Wut. Solange in Ihrem Markt alle ängstlich sind und Sie der Einzige sind, der Begeisterung für die Sache zeigt, haben Sie schon gewonnen. Sie werden sich stärker gemäß den Prinzipien der Strategie verhalten als alle anderen.«

Nach einer kurzen Pause nahm er den Faden wieder auf: »Aber zu Ihrer Frage: Ja, es gibt ein beherrschendes Gefühl, das automatisch zu Konformität mit diesen Strategieprinzipien führt. Das Supergefühl sozusagen, das nicht mehr zu schlagen ist.«

An dieser Stelle hielt er inne und beobachtete mich, bis er meine volle Aufmerksamkeit hatte. Dann fuhr er lächelnd fort: »Probieren Sie es mal mit ›Liebe zu den Menschen aus Ihrer Zielgruppe‹*.«

---

* Man kann durchaus mit der Begeisterung für die Sache beginnen, später aber dann zur Liebe zu seinen Kunden wechseln. Dieses Motiv des Wechsels findet

Als Herr Radies ›Liebe‹ sagte, wusste ich bereits intuitiv, dass das in die richtige Richtung weisen würde. Dennoch ging ich die vier Prinzipien durch: »›Spitz statt breit‹: Wenn ich die Menschen aus meiner Zielgruppe liebe, dann werde ich automatisch bei meiner Zielgruppe bleiben. Jede andere Versuchung prallt ab. Prinzip 1: Ja.

Das einzige Gefühl, das dazu führt, sich automatisch gemäß den vier Prinzipien der Strategie zu verhalten, ist: Liebe zu den Menschen aus Ihrer Zielgruppe.

Wenn ich jemanden liebe, dann möchte ich, dass es ihm oder ihr möglichst gut geht. Das kann ich am ehesten durch Arbeit am brennendsten Problem erreichen. Und wenn sich das brennendste Problem ändert, dann bewege ich mich einfach aufgrund meiner Liebe mit. Prinzip 2 ist absolut erfüllt.

Immaterielles vor Materiellem: Wenn ich jemanden liebe, dann kommt das Materielle ziemlich weit hinten. Also bei Prinzip 3 ebenfalls ein klares Ja. Nutzen vor Gewinn: Wenn ich jemanden wirklich liebe, dann ist es mir zuerst wichtig, dass es ihm oder ihr gut geht. Ebenfalls ein klares Ja!«

Begeistert entfuhr es mir: »Das ist faszinierend! Warum hat das bislang niemand berücksichtigt?«

»Weil«, erwiderte Herr Radies langsam, »sich das typischerweise außerhalb unserer Wahrnehmung bewegt. Weil die vier Strategieprinzipien den vorherrschenden Gedanken und Emotionen der meisten, die sich in dem Gebiet der Strategieentwicklung bewegen, widersprechen und deshalb nicht akzeptiert werden.

Weil alle traditionellen Denkmodelle dualistisch zwischen Rationalität und Emotionalität, zwischen Planung und Umsetzung usw. tren-

---

sich übrigens auch in vielen literarischen Werken. Zum Beispiel in der *Möwe Jonathan* von Richard Bach. Am Anfang will Jonathan so perfekt wie möglich fliegen. Er ist vom Fliegen begeistert. Am Ende will er sein Wissen an seinen alten Schwarm, der ihn ausgestoßen hatte, weitergeben: aus Liebe.

nen. Und sich dann auf die rationale Planung konzentrieren und das andere ausblenden. Damit sind sie überhaupt nicht in der Lage, zu erkennen, was wirklich passiert.

Und weil, wenn die Prinzipien der Strategie verstanden und akzeptiert werden, Sie ja immerhin die Chance haben, Ihre bewussten Entscheidungen – also 1 bis 30 Prozent Ihrer Entscheidungen – prinzipienkonform zu gestalten. Und damit sind Sie besser als alle, die das nicht tun. So gesehen bestand bislang gar keine Notwendigkeit, den Schleier zu lüften.

Sie können diesen Zusammenhang überhaupt erst erkennen, wenn Sie die Grundlagen verstanden und verinnerlicht haben. Deshalb habe ich Ihnen das in aller Ausführlichkeit nahegebracht, deswegen habe ich Sie auf diesen anstrengenden Umweg vorbereitet. Hätte ich Ihnen heute Morgen einfach nur gesagt, dass die Liebe* zu den Menschen aus Ihrer Zielgruppe das Entscheidende ist, hätten Sie mich erstens nicht verstanden, zumal nicht in dieser Tiefe**. Und zweitens hätten Sie es nicht akzeptiert.«

---

* Um mich hier nochmals klar und deutlich abzugrenzen: Es geht nicht um eine irgendwie geartete esoterische Liebe von Menschen, die die ganze Welt lieben. Es geht um die ganz menschliche Tatsache, dass man manche Menschen mehr liebt und andere Menschen eher nicht oder sogar hasst. Nur durch die Liebe zu einer kleinen Teilgruppe halten Sie den Fokus aufrecht und bleiben bei den Prinzipien. Lieben Sie die ganze Welt (wobei sich die meisten, bis vielleicht auf einige Erleuchtete, eher vormachen, die ganze Welt zu lieben), dann kommen Sie automatisch wieder vom Fokus ab.

** Liebe als Business-Thema ist ja nichts Neues. Es gibt zum Beispiel das Buch von Hans-Uwe Köhler: *Verkaufen ist wie Liebe*. Das bezieht sich jedoch ausschließlich auf Verkäufer, nicht auf die Unternehmensstrategie und die gesamte mentale und kulturelle Ausrichtung des Unternehmens. Oder Konzepte wie »Lovemarks« von Kevin Roberts. Das bezieht sich jedoch auf die Markenbildung, also die Oberfläche. Schließlich taucht der Begriff der Liebe massenweise in diversen Slogans auf: »Wir lieben fliegen«, »Wir lieben Gas«, »Wir lieben Lebensmittel« usw. Auch darum geht es nicht, weil dort nahezu immer Tätigkeiten oder Produkte geliebt werden – es geht aber um den Kunden.

Langsam nickte ich: »Ja, da haben Sie vermutlich recht. All die scheinbaren Umwege, die mir zuerst überflüssig erschienen, ergeben nun einen Sinn.«

Lächelnd fuhr Herr Radies fort: »Freut mich, dass wir an diesem Punkt angekommen sind. Im Nachhinein, wenn Sie es einmal erkannt haben, sind diese ganzen Umwege nicht mehr wichtig. Entscheidend ist allein die Tatsache, dass, wenn Sie die Menschen aus Ihrer Zielgruppe aufrichtig lieben, automatisch 70 bis 99 Prozent Ihrer Handlungen in die richtige Richtung zeigen – völlig unabhängig von Ihrer Planung.

Ich möchte Ihnen noch ein Beispiel geben. Nehmen wir das Thema »Verlieben«. Sie könnten dafür eine Anleitung schreiben und alles rational planen: Blickkontakt aufnehmen, ansprechen, Körperbewegungen aufeinander abstimmen, zuhören und viel nicken, neuartige Erlebnisse schaffen, leichte Körperberührungen initiieren, Blume schenken, küssen ... Wissenschaftler beschreiben den Prozess ja so.

Oder Sie könnten einfach das richtige Gefühl für den anderen Menschen haben, dann machen Sie sowieso alles von allein richtig und brauchen den ganzen Plan gar nicht. Ja, er würde sogar abstrus wirken und Sie im Zweifel sogar behindern. Und jemand, der nach einem solchen Plan vorgehen würde, könnte im Vergleich zu einem wirklich Verliebten maximal zehn Prozent seines Potenzials abrufen – vermutlich sogar weniger. Wir sind in derselben Situation. Wenn ich weiß, wer warum meine Zielgruppe ist und ich die Menschen aus dieser Gruppe aufrichtig liebe, dann bin ich automatisch aufmerksam gegenüber ihren Bedürfnissen, werde sie nie über den Tisch ziehen und immer fair behandeln. Ich brauche keine Kunden›bindungs‹-Strategien, sondern werde automatisch so mit ihnen umgehen, dass sie wiederkommen. Ich muss auch nirgends aufschreiben, dass man am Telefon lächeln sollte und dass wir uns auf genau diese Kunden fokussieren. Das geschieht aus dem Gefühl heraus von allein. *Der wirkungsvollste Punkt in jeder Strategie ist das Gefühl zu Ihrer Zielgruppe.**«

---

* Hinweis für Berater: Dieser Zusammenhang geht so weit, dass Sie bereits, wenn

»Und das kann ich verändern?«, fragte ich.

»Natürlich können Sie das verändern«, nickte Herr Radies. »Aber das ist Fein-Tuning, das uns nicht bei unserem ersten Treffen beschäftigen wird. Der erste Schritt – und damit beginnen wir nach einer Pause – ist viel einfacher: Sie wählen eine Zielgruppe, die Sie jetzt bereits lieben.«

»Kann ich das, was wir besprochen haben, für mich noch mal zusammenfassen, bevor wir weitermachen?«

Herr Radies nickte.

3.7 Neurostrategie®

»Gut«, begann ich, blätterte in meinen Notizen und versuchte die besprochenen Punkte der vergangenen Stunden ans Flipchart zu zeichnen, um mir einen Überblick zu verschaffen. »Wir haben also den Zweck eines Unternehmens, nämlich seinen Kunden Nutzen zu bieten und in Zukunft mehr Nutzen zu bieten. Wir haben das Motiv des Unternehmers, das mit diesem Zweck konform sein sollte, also nicht egoistisch auf den eigenen Erfolg konzentriert sein sollte. Wir haben die vier Prinzipien der Strategie. Wir haben die Tatsache, dass der größte Teil unserer Entscheidungen unbewusst und emotional abläuft. Und das bedeutet, dass auch der größte Teil der strategischen Handlungen unbewusst auf dem Weg der Strategieumsetzung erfolgt.

Sie wollen also mit der Strategie mein Motiv als Unternehmer und meine Gefühle, meine Zielgruppe, die brennenden Bedürfnisse dieser Menschen und die Leistung meines Unternehmens möglichst exakt

---

Sie die beherrschenden Gefühle Ihres Gegenübers kennen, wissen, ob seine Strategie scheitern wird oder Erfolgschancen hat. Und umgekehrt: Wenn Sie nicht an die Gefühle Ihres Klienten herangehen, dann bleibt der Erfolg jeder noch so guten Strategie Zufall.

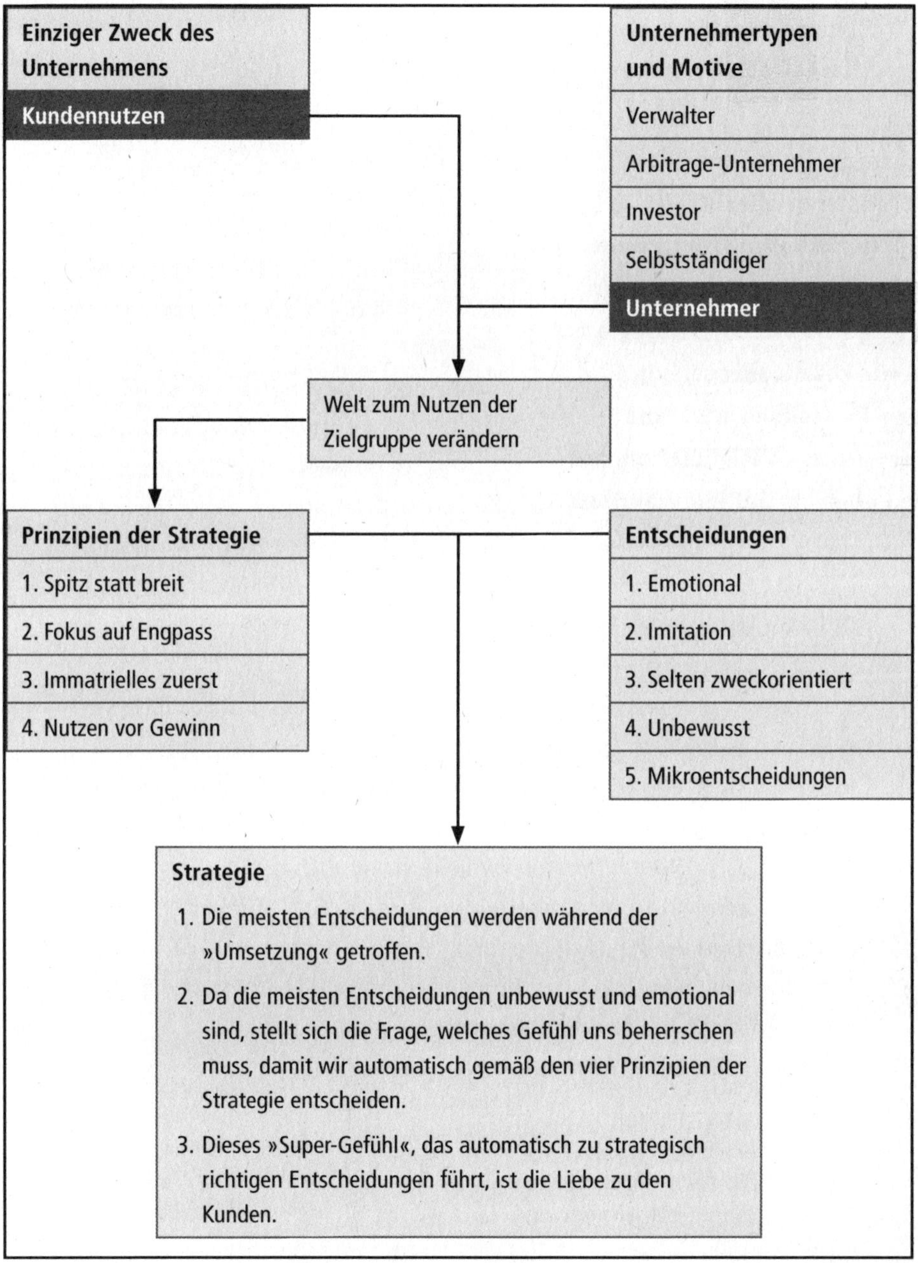
Einziger Zweck des Unternehmens
Kundennutzen
Unternehmertypen und Motive
Verwalter
Arbitrage-Unternehmer
Investor
Selbstständiger
Unternehmer
Welt zum Nutzen der Zielgruppe verändern
Prinzipien der Strategie
1. Spitz statt breit
2. Fokus auf Engpass
3. Immatrielles zuerst
4. Nutzen vor Gewinn
Entscheidungen
1. Emotional
2. Imitation
3. Selten zweckorientiert
4. Unbewusst
5. Mikroentscheidungen
Strategie
1. Die meisten Entscheidungen werden während der »Umsetzung« getroffen.
2. Da die meisten Entscheidungen unbewusst und emotional sind, stellt sich die Frage, welches Gefühl uns beherrschen muss, damit wir automatisch gemäß den vier Prinzipien der Strategie entscheiden.
3. Dieses »Super-Gefühl«, das automatisch zu strategisch richtigen Entscheidungen führt, ist die Liebe zu den Kunden.

aufeinander abstimmen. Indem Sie das tun, beseitigen wir alle Reibungsverluste. Und so, wie Sie das geschildert haben, glauben Sie, dass dann *automatisch* alle Probleme beseitigt sind und sich das Unternehmen von allein entwickeln wird. Richtig?«

Strategie ist permanentes Fokussieren aller Kräfte auf den wirkungsvollsten Punkt, um seinen Kunden größeren Nutzen zu bieten. Strategie ist somit kein Konzept, sondern eine Einstellung und eine permanente Tätigkeit, die auf den eigenen Gefühlen beruht.

Herr Radies nickte langsam. »Solange die falsche Strategie den Engpass im Unternehmen bildet*, ja. Dann werden automatisch alle Probleme verschwinden.«

Ich fuhr fort: »Ein Unternehmen wird sich von allein entwickeln, wenn alle einwirkenden Kräfte sauber zusammenspielen – und zwar vor allem die unbewussten Kräfte. Vermutlich, das haben wir noch nicht besprochen, auch die unbewussten Kräfte der Kunden und Mitarbeiter, richtig?«

»So ist es.«

»Damit kann man sagen«, fasste ich weiter zusammen, »dass Strategie nichts anderes ist als die ›Fokussierung aller Kräfte auf den wirkungsvollsten Punkt mit dem Ziel, seinen Kunden einen größeren Nutzen zu bieten‹. Strategie ist – nachdem Sie einmal entschieden haben, welchen Ball Sie fangen, welche strategische Idee Sie verfolgen wollen – kein Konzept, sondern eine permanente Tätigkeit.

Dadurch, dass der Unternehmer, also der Stratege, auch in seiner unbewussten Emotionalität berücksichtigt wird, unterscheidet sich dieser Strategieansatz von allen anderen Ansätzen.«

»Man sollte also nicht, wie in der EKS üblich, von ›Fokussierung‹

---

* Ein weiterer zentraler Engpass ist das eigene Rollenverständnis des Unternehmers (vgl. *Der Weg zum erfolgreichen Unternehmer*). Ist das nicht geklärt, kommen Sie mit der Strategie nicht weiter. Welche Strategie Sie entwickeln sollten, hängt nämlich davon ab, ob Sie Selbstständiger oder Unternehmer sein wollen. Vgl. dazu auch Kapitel 5.6.

sprechen, sondern von ›Fokussieren der Kräfte …‹«, ergänzte Herr Radies. »Da die Kräfte sich im Lauf der Zeit ändern, müssen Sie diese Kräfte permanent aufeinander abstimmen. *Und Liebe zu den Menschen Ihrer Zielgruppe ist die entscheidende Kraft, die dazu führt, dass Sie weitestgehend automatisch richtig fokussieren.*

Diese Erkenntnisse sind so essenziell, dass diese Strategielehre einen neuen Namen benötigt: Ich habe sie deshalb Neurostrategie®* genannt.

So, und jetzt machen wir eine Pause, um uns danach Ihrer Traumzielgruppe zu widmen.«

* * *

Langsam tauchte ich aus der Vergangenheit wieder auf. Sophia schaute mich mit Ihren aufmerksamen Augen lange an. Dann sagte sie mehr zu sich selbst: »Wenn Unternehmer sein heißt, seine Kunden zu lieben, dann ist das eine völlig neue Art des Unternehmertums. Dann wird Unternehmer sein attraktiv. Ich glaube«, lächelte sie, »dann würde ich das auch gerne werden. Bisher erschien mir das alles so kalt und herzlos, was in Unternehmen geschieht.«

Mittlerweile war es schon lange dunkel. »Ich würde gerne morgen mehr von dir hören«, fuhr sie fort. »Ich kann mir gut vorstellen, dass eine so grundlegend neue Idee zu starken Veränderungen bei dir persönlich geführt hat.

---

* Neurostrategie® ist eine eingetragene Marke der Unternehmercoach GmbH. Neurostrategie® unterscheidet sich vom Neuromarketing vor allem durch den geänderten Fokus. Im Neuromarketing werden die neuen Erkenntnisse der Neurowissenschaften nur auf den Kunden bezogen. Der Unternehmer bzw. der Anwender des Neuromarketings wird weiter als ein rationales Wesen nach dem alten Muster betrachtet, der die Erkenntnisse ›bewusst‹ und ›rational‹ im Marketing ›umsetzt‹. Neurostrategie® hingegen betrachtet auch den Unternehmer in seiner Emotionalität und erfasst damit im Gegensatz zu rationalen Strategiekonzepten, was beim strategischen Handeln geschieht.

Was ihr bis dahin besprochen hattet, war eigentlich nur der Anfang, richtig?«

»Ja, damals erschien mir dieser erste Teil viel zu ausschweifend, aber wir kamen immer wieder darauf zurück. Und bei unserem dritten Treffen erschien er mir auf einmal notwendig und unverzichtbar. Erst da konnte ich die Tiefe des Gesagten ermessen. Es geht darum, sich selbst, sein Unternehmen und die Vorstellungen, wie und warum Unternehmen geführt werden, völlig neu zu betrachten. Letztlich bedeutet das, sich selbst zu verändern. Und das war nicht einfach.«

4. Zugehörigkeit und Lieblingszielgruppe

Während Sofia den Vormittag bei einer Massage verbrachte, hatte ich die Wellen genutzt und war ein bisschen surfen gewesen. Am Nachmittag trafen wir uns wieder an unserer Bar am Strand. Ich freute mich darauf, sie zu sehen. Und bereits nach wenigen Minuten fragte sie neugierig: »Und, wie ging es weiter? Das alles war bestimmt nicht leicht für dich. Du warst früher sehr in dir gefangen.«

»Ja, wahrscheinlich hast du recht«, stimmte ich nachdenklich zu. »Aber ich war froh, dass Herr Radies den Nachmittag nicht mehr so theoretisch fortführte. Auch wenn ich ohne diesen theoretischen Rahmen den Zusammenhang gar nicht verstanden hätte. Doch zunächst wehrte ich mich natürlich noch einmal.«

Langsam tauchte ich wieder in die Vergangenheit hinab.

4.1 Zugehörigkeit

In der Pause hatte ich Zeit, darüber nachzudenken, was Herr Radies gesagt hatte. Als wir wieder an unserem Besprechungstisch saßen, griff ich den Faden auf: »Wir haben vor der Pause festgestellt, dass die Liebe zu den Kunden meiner Zielgruppe entscheidend ist, um auch langfristig auf dem Pfad einer guten Strategie zu bleiben. Das klingt ja alles schön und gut und es hat auch eine innere Logik.

Aber, wenn ich an Herrn Bäumler oder Herrn Kronau denke, dann kann ich meine Kunden nicht lieben! Ich hasse sie! Dauernd wollen sie mehr Leistung für weniger Geld. Und selbst wenn man mal eine Vereinbarung hat, wird dauernd nachverhandelt. Sie nehmen mich auch nicht ernst, sondern sehen mich als einen unter tausend anderen an. Wenn ich meinen Kunden den kleinen Finger reichen würde, dann würden sie nicht nur die ganze Hand, sondern den ganzen Rest nehmen!

Und das betrifft nicht nur diese beiden. Ich kann Ihnen eine Menge Geschichten von Kunden erzählen. Zum Beispiel vor 8 Wochen …«

»Stopp!«, unterbrach mich Herr Radies. »Ihre Jammergeschichten interessieren mich nicht! Und Sie sollten auch aufhören, sich diese selbst zu erzählen.«

Etwas perplex schaute ich Herrn Radies an. Ich bezahlte ihn doch, damit er mir zuhörte. So versuchte ich es noch einmal: »Aber ich hasse Herrn Bäumler oder Herrn Kronau!«

»Wieso beschäftigen Sie sich dann mit ihnen?«

Ich wollte Herrn Radies unterbrechen, aber er machte einfach weiter: »Gibt es irgendeinen Menschen auf dieser Welt, den Sie lieben oder irgendwann einmal geliebt haben? Und damit meine ich jetzt nicht nur das andere Geschlecht!«

»Natürlich«, nickte ich. »Aber was soll das?«

»Ganz einfach«, fuhr Herr Radies fort. »Erstens haben Sie die falschen Kunden. Wenn es welche gibt, die Sie lieben, dann beschäftigen Sie sich mit diesen und lassen die Kronaus und Bäumlers dieser Erde sausen! Zweitens: Hören Sie auf, gegen Kunden zu kämpfen! Zum einen verlieren Sie dabei immer, zum anderen kämpfen Sie gar nicht gegen den Kunden, sondern gegen Ihren eigenen Glaubenssatz, dass Kunden eben so seien wie die Bäumlers und Kronaus dieser Welt.«

Das war hart! Da behauptete er einfach, dass Bäumler und Kronau gar nicht das Problem seien. Sondern, dass es mein eigenes Problem sei, erstens diese Kunden ausgewählt zu haben und mich zweitens dauernd mit ihnen zu streiten. Empört erhob ich nochmals Einspruch: »Aber die sind so!«

Herr Radies schüttelte lachend den Kopf: »Gehen wir zurück zur Gründung Ihrer Firma. Sie sagten, Sie hätten die ersten Kunden gewonnen, weil Sie schon vorher bei Ihren früheren Arbeitgebern für sie gearbeitet hatten, richtig?«

»Ja, richtig.«

»Und waren diese Kunden auch so?«

»Nein«, antwortete ich nachdenklich. »Das waren noch andere Zeiten. Da gab es noch keine Wirtschaftskrise.«

»Die Wirtschaftskrise ist ein mögliches Erklärungsmuster«, räumte Herr Radies ein. »Allerdings ein unwahrscheinliches.«

Er dachte einen Moment nach: »Sie arbeiteten schon länger für Herrn Bäumler?«

»Ja«, bestätigte ich. Und da ich jetzt verstand, worauf Herr Radies hinauswollte, ergänzte ich: »Er war schon immer so wie jetzt. Auch vor der Wirtschaftskrise.«

»Meine Vermutung ist, dass Sie zu Beginn Ihres Unternehmerlebens überwiegend Kunden hatten, die Sie liebten oder mit denen Sie zumindest gut klarkamen. Das ist bei vielen Unternehmern so, die ihre ersten Kunden aus ihrem Netzwerk gewinnen. In Netzwerken sind ja meist nur Menschen, zu denen wir uns auf irgendeine Art hingezogen fühlen. Damit haben Sie sich zu Beginn Ihres Unternehmerlebens tendenziell strategisch richtig verhalten.

Dann kam von irgendeiner Seite, aus irgendeiner Tradition heraus, der Wunsch nach mehr. Und Sie haben mit aller Energie begonnen, irgendwelche Kunden zu suchen.«

»Ja, vor etwa zwei Jahren wurde ich verkäuferischer und habe dann auch sehr schnell Dago eingestellt. Aber daran kann doch nichts falsch sein? Alle verkaufen doch!«

»Am Verkaufen ist nichts Falsches. Da haben Sie völlig recht«, beruhigte mich Herr Radies. »Aber Sie müssen wissen, an wen Sie verkaufen wollen, damit Ihr Unternehmen gedeiht. Sie brauchen nicht irgendwelche Kunden, sondern Kunden, die Sie lieben! Alles andere ist Verschwendung.

Und diesem ersten Teil werden wir uns jetzt widmen: Wer sind die Kunden, die Sie sowieso schon von sich aus lieben? Sie kennen ja mein Prinzip, sich immer an das zu halten, was am einfachsten funktioniert. Statt zu lernen, wie Sie die Bäumlers und die Kronaus dieser Welt lieben könnten, suchen wir uns jetzt erst einmal diejenigen, die Sie sowieso schon automatisch lieben.

Später werden wir uns noch um den Glaubenssatz, dass Kunden eben so seien, kümmern müssen. Sonst versauen Sie sich mental auch noch Ihre Lieblingskunden. Und schließlich wird uns viel später noch beschäftigen, wie wir Kunden, die wir sowieso schon lieben, noch mehr lieben können. Aber beginnen wir mit dem ersten Teil!«

Ich atmete einmal tief durch und versuchte es ein letztes Mal: »Aber ich brauche das Geld der Bäumlers und Kronaus!«

Aber Herr Radies schüttelte den Kopf: »Solange Sie nicht wissen, wer Ihre Lieblingskunden sind, welche Leistung Sie diesen erbringen und was diese Ihnen bezahlen, können Sie auch nicht wissen, ob Sie das Geld der Bäumlers und der Kronaus überhaupt noch nötig haben. Nochmals: Vergessen Sie diese beiden! Sie befinden sich sonst in einer mentalen Endlosschleife, die nur Frust, schlechte Ergebnisse und Jammern produziert.«

Damit konnte ich etwas anfangen. Genauso wie in einer Endlosschleife hatte ich mich die letzten Monate gefühlt. Und so stimmte ich schließlich halbherzig zu: »Gut, machen wir uns auf die Suche nach Kunden, die ich lieben könnte. Falls es solche überhaupt gibt.«

Herr Radies grinste: »Das habe ich schon vermutet, dass Sie bei den Kunden noch am Zweifeln sind. Wir legen das im ersten Schritt deshalb breiter an. Wir versuchen nicht herauszufinden, welche Kunden, sondern welche Menschen Sie überhaupt lieben. Und, was damit zusammenhängt, zu welchen Menschen Sie sich zugehörig fühlen.«

Ich dachte nach und sagte: »Ich mag Menschen, die ihren eigenen Weg gehen. Und Menschen, die erfolgreich sind.«

»Also Menschen wie Dago und Ihren Vater?«, unterbrach mich Herr Radies.

In meinem Bauch zog sich spontan alles zusammen und ich spürte, dass ich verneinen musste. So schüttelte ich den Kopf.

Herr Radies hatte mich genau beobachtet und bemerkte schließlich: »Mit abstrakten Zuschreibungen wie erfolgreich, fantasievoll, mitfühlend oder wie auch immer sonst laufen Sie in solche Fallen. Meist kommen Sie dann auf Menschen, die das zu haben scheinen, von dem Sie glauben, dass es Ihnen selbst fehlt. Aber das sind nicht unbedingt die Menschen, die Sie lieben.

Ich glaube auch, dass die Zuordnung allein durch abstrakte Zuschreibungen kraft- und leblos und letztlich aussagelos ist. Denken Sie nur an die ganzen Kontaktanzeigen, in denen immer dieselben selbstbewussten, starken und reflektierenden Menschen gesucht werden. Bei einem wirklichen Treffen versteht dann doch jeder etwas anderes darunter.

Nein, Sie benötigen konkrete Menschen, um Aussagekraft zu erreichen. Wenn Sie einem guten Freund sagen: ›Ich liebe Menschen wie Jan oder Dalia‹, dann weiß Ihr Freund, was Sie meinen, da er ein emotionales Bild von lebenden Menschen vor sich hat. Nutzen Sie hingegen abstrakte Zuschreibungen, dann wird Ihr Freund im besten Falle versuchen, diese Zuschreibung selbst mit konkreten Personen zu füllen. Und das sind meist andere als Ihre. Im schlechteren Fall wird er das nicht tun und die abstrakten Zuschreibungen in der Schublade Plattitüden ablegen. Dort entfalten sie aber keine Wirkung.

Der bessere Weg ist deshalb ein eher emotionaler, intuitiver und vor allem konkreter Zugang. Schließlich geht es uns ja auch um die Emotionen zu Menschen.«

»Sie wollen also, dass ich konkrete Menschen nenne, etwa meine ehemalige Partnerin oder so?«, versuchte ich zu ergründen.

»Das ist die zweite Gefahr«, warnte Herr Radies, »dass man Menschen nennt, an die man sich gewöhnt hat. Und über die man so oft gesagt hat, dass man sie liebt, bis man es schließlich selbst glaubt.

Nein, wir werden jetzt eine Meditation machen. Eine Meditation bietet uns den Zugang zu Teilen unseres Unbewussten und zu früheren Zeiten. Wir wollen herausfinden, welche Menschen Sie wirklich geliebt haben und vielleicht noch lieben. Für welche Menschen Sie alles getan hätten und vielleicht noch tun würden.«

»Muss eine solche Meditation denn unbedingt sein?«, fragte ich leicht entsetzt. »Das erinnert mich jetzt sehr an meine esoterische Schwester Julia, die den ganzen Tag meditiert und nichts gebacken bekommt.«

Herr Radies antwortete mit einer Gegenfrage: »Und Sie meinen, die Tatsache, dass Ihre Schwester meditiert, sei die Ursache Ihrer Erfolglosigkeit?«

Verblüfft schaute ich ihn an. Der stellte immer wieder merkwürdige Fragen! »Nein, natürlich nicht«, antwortete ich gequält, »dann dürfte ja der Dalai Lama nicht erfolgreich sein. Aber es erinnert mich so an meine Schwester Julia.

Na gut, probieren wir es einfach«, gab ich schließlich nach. Die Alternative wäre gewesen, weiter über Julia zu sprechen, und das wollte ich noch weniger.

Etwas skeptisch blickte mich Herr Radies an, dann nickte er mir auffordernd zu: »Gut, beginnen wir*. Ich werde Sie in die Meditation hineinführen und Ihnen Bilder vorgeben**. Sie lassen Ihre Gedanken dabei assoziativ schweifen und setzen die Bilder fort. Achten Sie dabei besonders auf die Gefühle und Signale Ihres Körpers!

Wenn Sie zwischendurch abschweifen, macht das nichts. Sobald Sie es bemerken, machen Sie einfach eine Art Etikett mit der Beschriftung

---

* Diese (und andere) Meditationen gibt es als geführte Meditation im MP3-Format im Shop-Bereich auf www.unternehmercoach.com.

** Diese Meditation lehnt sich an Stacey Hall und Jan Stringers Buch *Das Leuchtturm-Prinzip: Wie Sie die richtigen Kunden gewinnen* an. Im Gegensatz zu Hall und Stringer hören wir bei der Meditation und dem Prinzip Hoffnung jedoch noch nicht auf ;-)

›Abgeschweift‹ an den Gedanken oder an das Geräusch oder an was auch immer die Ursache des Abschweifens war. Und dann kehren Sie einfach zum vorigen Bild zurück.

Sobald ich Sie wieder aus der Meditation herausgeholt habe, schreiben Sie alles auf, was Sie gesehen, gespürt, gehört, gefühlt, gerochen oder geschmeckt haben. In Ordnung?«

Ich nickte.

Mit ruhiger Stimme befahl mir Herr Radies, meine Augen zu schließen und mich auf meine Atmung zu konzentrieren. Langsam wurde ich ruhiger. Nach und nach forderte er mich auf, mich auf meine Füße und Arme zu konzentrieren und zu spüren, wie diese warm und schwer wurden. Das war nicht ganz einfach – ich schweifte immer wieder ab, wurde aber durch seine ruhige Stimme immer wieder zurückgeführt.

Schließlich sollte ich in Gedanken langsam eine Treppe hinabsteigen. Dabei zählte er langsam von zehn bis null herunter und ich versank immer mehr in einer Art Trance.

»Unten angekommen, befinden Sie sich auf einer grünen Wiese«, fuhr er fort. »Sie wandern langsam diese Wiese entlang und genießen die schöne Umgebung. Ihnen kommt alles seltsam bekannt und vertraut vor. Und Sie fühlen sich im hellen Schein der warmen Sonne einfach wohl.

In der Ferne sehen Sie plötzlich ein großes Haus oder eine Villa. Während Sie darauf zugehen, wissen Sie: Es ist Ihr Haus! Ganz langsam nähern Sie sich und Sie nehmen die Form und die Farbe wahr. Sie nähern sich weiter, durchqueren den Garten und stehen schließlich vor einer großen Eingangstüre. Vielleicht führt eine Treppe hinauf.

Ganz langsam gehen Sie zur Türe und öffnen diese. Nun stehen Sie in einem großen, hellen Raum. Sie schauen sich um und entdecken in dem Raum Dinge, die Sie an die Zeit vor fünf Jahren erinnern.

Sie schauen sich weiter um und entdecken Dinge oder Bilder, die Sie an die Zeit vor 10, 15 und 20 Jahren erinnern.

Sie sehen sich weiter um und entdecken schließlich Dinge, die Sie schon fast vergessen haben und die Sie an Ihre Jugend und Kindheit erinnern.

Während Sie sich noch im Raum umschauen, hören Sie von draußen Stimmengemurmel. Sie werden schon ganz neugierig, wer da kommen könnte, und versuchen die Stimmen zu identifizieren.

Schließlich kommt eine erste Person, die Sie gerne mochten oder liebten, zur Eingangstüre herein. Sie begrüßen diese Person namentlich und vielleicht sogar mit einer Umarmung. Dann eine zweite Person, aus einer völlig anderen Zeit, vielleicht auch von einem ganz anderen Ort. Schließlich eine dritte, eine vierte und eine fünfte Person. Nach und nach füllt sich der Raum immer mehr mit Menschen, die Sie mochten, die Sie liebten und mit denen Sie gerne zusammen waren. Sie begrüßen jeden einzeln mit Namen und heißen diesen Menschen willkommen.

Nach einiger Zeit schauen Sie sich um und entdecken überrascht, dass schon mehr als 20 Personen im Raum sind. Sie kennen den Namen von jedem und jeder Einzelnen. Das ist wichtig und ein Ausdruck Ihrer Wertschätzung diesen Menschen gegenüber.«

Während Herr Radies mit ruhiger Stimme weitersprach, war ich völlig verblüfft, welche Menschen da auf einmal im Raum standen. Alte Schulfreunde; eine Freundin, mit der ich gerade mal zwei Wochen zusammen gewesen war; Mitglieder der Band und der Eishockeymannschaft, in denen ich gespielt hatte; Kerstin und Simon, beide schon lange tot; ein Lehrer; meine Schwester – was machte Julia denn hier?

Und ich war verblüfft, welche Menschen *nicht* da waren. Ich versuchte sogar bewusst, meine letzte Partnerin oder meinen Vater in den Raum zu projizieren, aber ihre Gesichter wollten einfach nicht erscheinen.

Herr Radies fuhr fort: »Sie sehen im Hintergrund des Raums eine einladende Türe. Sie gehen durch diese Türe hindurch und kommen in einen kleineren, wunderschönen Raum – er ist so etwas wie das Herzstück des Hauses. Hierher kommen Sie nur zu ganz besonderen

Gelegenheiten und hier dürfen nur ganz besondere Menschen hinein.

Sie schauen nun nochmals in den großen Raum und bitten die Person, die Sie am meisten lieben, in Ihren ganz besonderen Raum. Versuchen Sie es nicht zu kontrollieren! Nehmen Sie die Person, die sich von ganz allein von der Gruppe der anderen löst.

Lassen Sie sich nun nieder und unterhalten Sie sich mit dieser Person. Was Sie gerne gemacht haben, warum Sie sich mochten oder liebten. Hören Sie zu und lassen Sie geschehen. Vielleicht gehen Sie auch von diesem Raum aus gemeinsam zu einer weiteren Reise an einen anderen Ort.«

Als ich zur Türe hinaus in den großen Raum spähte, löste sich auf einmal Thomas von der Gruppe und kam auf mich zu. Wieso Thomas? Ich kannte ihn doch kaum! Ich wollte ihn zurückschicken, aber er kam unbeirrt weiter auf mich zu, ging an mir vorbei und ließ sich in meinem Herzstück-Raum auf dem Sofa nieder. Ich drehte mich schulterzuckend zu ihm um und setzte mich ihm gegenüber.

Wir begannen uns zu unterhalten und je tiefer wir drangen, desto klarer wurde mir, dass ich ihn mochte, weil er mich mochte. Weil er mir letzte Woche zugehört und mich verstanden hatte. Weil ich von ihm noch viel lernen könnte. Aber lieben im Sinne von geben? Ich wusste nicht, was ich Thomas geben könnte …

»Verabschieden Sie nun diese Person«, drang die ruhige Stimme von Wolfgang Radies an mein Ohr, »und bitten Sie eine weitere Person in Ihren Raum. Versuchen Sie es nicht zu kontrollieren! Nehmen Sie die Person, die sich von ganz allein aus der Gruppe der anderen löst.«

Nein! Nicht Julia! Aber Julia löste sich langsam von der Gruppe und schwebte elfengleich an mir vorbei in meinen Raum und ließ sich nieder. Resigniert drehte ich mich zu ihr um, setzte mich und schaute sie fragend an.

»Weißt du, Olli«, begann Julia, »dass du mir mehr gegeben hast als jeder andere Mensch auf der Welt?«

Verblüfft schaute ich sie an: »Wieso lehnst du mich dann ab?«

Sie schüttelte nur den Kopf: »Du lehnst dich selbst ab! Erinnerst du dich an unsere Kindheit? Du warst der große Bruder, drei Jahre älter. Mama war immer betrunken, schwach und ließ sich alles gefallen. Papa war fast nie da. Und das war gut so! Denn wenn er da war, ließ er uns alle seine Macht und seine Launen spüren.

Du hast immer versucht, mich zu beschützen. Ich weiß noch, wie Papa mich einmal verprügeln wollte und du mich in deinem Zimmer versteckt hast. Papa war so wütend, dass er mich nicht fand, dass er dann dich verprügelt hat. Und du hast mich nicht verraten.«

Langsam erinnerte ich mich an diese Zeit. Ja, ich hätte alles für meine Schwester getan.

»Und, erinnerst du dich, wie wir uns später versprachen, nie so zu werden wie Mama und Papa?«

Ja, auch das kam mir mit einem Schlag wieder ins Bewusstsein. »Aber«, fragte ich sie, »warum bist du dann doch so schwach wie Mama geworden und bekommst genauso wenig gebacken wie sie?«

»Dasselbe wollte ich gerade dich fragen«, lächelte Julia traurig. »Wieso versuchst du so zu werden wie Papa? Weißt du noch, als ich vor zwei Jahren deine Hilfe brauchte und du mich aus deiner Wohnung geworfen hast? Deine Worte waren dieselben wie früher bei Papa: ›Ich mache hier den Gewinn und du bist nur ein Parasit!‹«

Betroffen schaute ich Julia an: »Habe ich das wirklich gesagt?«

Langsam und traurig nickte sie.

»Verabschieden Sie nun diese Person«, forderte mich die ruhige Stimme von Herrn Radies auf, »und bitten Sie nun eine dritte und letzte Person in Ihren Raum. Versuchen Sie es nicht zu kontrollieren! Nehmen Sie die Person, die sich von ganz allein aus der Gruppe der anderen löst.«

Langsam löste sich Hopf von den anderen und kam in meinen Raum. Ich hatte ihn seit bestimmt zehn Jahren nicht mehr gesehen. Hopf war der Leadsänger unserer Band gewesen. Eigentlich hieß er Marc, aber da er mit seinem Gehüpfe nahezu bei jedem unserer Auftritte über irgendwelche Kabel flog, nannten wir ihn damals alle Hopf.

Als ich mich zu ihm umdrehte, grinste er: »Weißt du, Olli, ich hab damals immer mit Absicht Teile von deinem Schlagzeug abgeräumt – das Publikum will keine Perfektion, sondern Show!«

»Hey! Das hab ich doch immer gesagt!«

»Ich weiß. Ich wollte dich nur dran erinnern. Scheinst ja augenblicklich deine Zeit damit totzuschlagen, die Häppchen im rechten Winkel auszurichten.«

»Hopf, du hattest es wirklich schon immer drauf, die Dinge auf den Punkt zu bringen. Genau so fühle ich mich gerade: Häppchen im rechten Winkel ausrichten und farblich aufeinander abstimmen. Stehpulte aufstellen, damit man die schlotternden Knie der Zombies aus irgendeinem Vorstand, die da Reden halten, nicht sieht. Und Hostessen in den Hintern treten, bis sie lächeln wie im Bilderbuch.«

»Warum machst du das dann?«

»Na, um Geld zu verdienen!«

»Nein! Ich meine, warum *du* das machst? Du hattest damals die besten Ideen von uns allen, um uns im rechten Licht erscheinen zu lassen! Was hast du aus deinem Talent gemacht?«

In dem Moment verstand ich. Ich hatte kein Motiv für meinen Beruf. Und ich liebte Hopf schon damals immer dafür, dass er sich nicht scheute, Dinge auszusprechen und zu tun. Dass er führte. Und dass er uns alle mit einbezog. Dass er sich ins Zentrum stellte. Hopf war die erste der drei Personen, bei der ich mich richtig wohl fühlte und ich spürte, wie ich ihm entspannt gegenübersaß. Was Hopf wohl heute machte?

»Verabschieden Sie nun auch diese letzte Person«, drang die ruhige Stimme von Herrn Radies an mein Ohr. »Gehen Sie dann in die große Eingangshalle zurück, danken Sie allen, dass sie gekommen sind, und verabschieden Sie auch alle anderen Personen.

Nachdem Sie nun wieder allein sind, verlassen auch Sie das Haus und wandern langsam über die saftig grüne Wiese zurück zu Ihrer Treppe.«

Langsam zählte Herr Radies von null bis zehn und ich wurde zunehmend wacher und klarer. Schließlich konnte ich auch wieder meine Arme und Beine bewegen. Ich nahm die Geräusche im Raum und das leise Rauschen der Klimaanlage wahr. Bei zehn öffnete ich hellwach meine Augen und schrieb alles auf, was ich gesehen, gehört und gefühlt hatte.

Nach etwa 20 Minuten sah ich auf. Es lagen drei dicht beschriebene Seiten vor mir – und meine Hand tat mir weh. Ich glaube, ich hatte schon viele Jahre nicht mehr so schnell so viel mit der Hand geschrieben.

Neugierig beobachtete mich Herr Radies.

»Ich bin immer noch ziemlich perplex über das, was ich gerade gesehen habe«, begann ich langsam. »Vor allem hat mich die Auswahl der Menschen verblüfft, die mir erschienen sind. Es waren nicht die, mit denen ich mich in Gedanken am meisten beschäftigt habe, wie mein Vater, Dago oder meine Ex-Freundin, die vor einem halben Jahr die Beziehung beendet hat. Sondern es waren Menschen, mit denen ich in den letzten Jahren nicht sehr viel zu tun hatte.«

»Klingt so, als hätten Sie sich in den letzten Jahren nicht mit den Menschen umgeben, die Sie lieben«, schlug Herr Radies vor.

»Ja«, nickte ich nachdenklich. »Der letzte Satz, den ich gerade eben geschrieben habe, lautet: ›Mich mit allen drei Personen treffen.‹«

»Klingt nach einer guten Idee«, meinte Herr Radies. »Wollen Sie über die drei Personen sprechen?«

»Ich weiß nicht so recht«, begann ich. »Ich habe nicht das Gefühl, dass uns diese drei Personen bei der Frage, welche Kunden und welche Zielgruppe ich lieben würde, weiterbringen könnte.«

Herr Radies schaute mich fragend an. Und wartete.

»Es waren Thomas, meine Schwester Julia und Hopf, der Sänger meiner ehemaligen Band.«

»Gut. Sie denken also nicht, dass diese drei Personen uns bei der Frage nach Ihren Kunden weiterhelfen könnten. Dann habe ich eine Frage an Sie: ›Wie würde es sich anfühlen, wenn diese drei Menschen Ihre Kunden wären?‹«

»Klasse«, antwortete ich spontan. »Ich würde liebend gerne für alle drei arbeiten!

Aber was soll ich denn für die tun? Julia ist Schauspielerin – exzellent, aber sie schafft es nicht, sich zu verkaufen. Was Hopf macht, weiß ich nicht, und Thomas' Firma ist ja auch eher klein – glaube ich zumindest. Die könnten meine Leistungen weder brauchen noch bezahlen.«

»Stopp!«, unterbrach mich Herr Radies. »Sie meinen bereits jetzt, dass es nicht geht, bevor Sie überhaupt darüber nachgedacht haben! Sie wissen weder, was Hopf macht, noch wie groß die Firma von Thomas ist. Und ich nehme an, Sie haben Ihre Schwester auch einige Zeit nicht gesehen?«

»Ja, seit zwei Jahren nicht mehr. Ich weiß auch nicht, was sie macht. Vielleicht sollte ich alle drei erst mal treffen und dann weitersehen?«

»Das halte ich für eine gute Idee. Treffen Sie diese drei Personen und schauen Sie, ob sie nicht doch ihre Kunden werden können.«

Dann stellte er auf einmal völlig unvermittelt folgende Frage, die mich überraschte und die etwas zusammenzuführen schien: »Wen bewundern Sie eigentlich?«

»Niemanden«, erwiderte ich. »Ich habe eigentlich keine Vorbilder.«

»Gilt nicht!«, schüttelte Herr Radies den Kopf. »Welcher Unternehmer fällt Ihnen als Erstes ein, den Sie toll finden?«

»Steve Jobs!«, antwortete ich ohne nachzudenken.

Herr Radies nickte, beugte sich vor und fragte: »Warum?«

»Weil seine Produkte genial sind. Weil er eine Bedeutung hat. Weil er anderen Menschen Bedeutung gibt. Weil die Art seiner Produktpräsentationen einfach genial ist. Haben Sie mal auf YouTube seine Produktpräsentationen gesehen?«

Herr Radies nickte aufmerksam.

»Und weil er erkannt hat, dass es trotzdem nicht so sehr um das Produkt geht, sondern um den Rockstar und das Event dahinter. Weil …«

Genau in dem Moment kam mir die zündende Idee: »… weil wir in Zukunft auch solche Events machen werden! Herr Radies, das ist genial!« Ich weiß gar nicht, woher das plötzlich kam, aber ich konnte mich nicht mehr halten. »Stellen Sie sich vor, wie viele Unternehmer es gibt, die tolle Ideen haben – wie z.B. Simon, mein Freund, der Physikstudent – und die es einfach nicht schaffen, ihr Produkt in die Köpfe und Herzen der Menschen zu bringen.

Und zwar einfach deshalb nicht, weil sie ihr Produkt, irgendwelche Details, irgendwelche Features in den Vordergrund stellen, statt ihre eigene Begeisterung. Die brennen doch alle innerlich! Wir machen Events, die diese Unternehmer zu Rockstars machen. Wir bringen bei neuen Produkten nicht das Produkt, sondern das innere Brennen der Unternehmer auf die Bühne.

Ich hätte mit Menschen zu tun, die ich mag. Ich würde etwas Besonderes machen und sein. Meine Kunden würden etwas ganz Besonderes sein. Und ich fände das sinnvoll – all die Jahre habe ich mir überlegt, was ich bei Simon hätte anders machen können. Und jetzt weiß ich es. Ich habe eine Antwort!«

Herr Radies nickte lächelnd. »Klingt nach einer interessanten ersten Idee für Ihre Strategie. Sie würden sich also auf Events zur Einführung neuer Produkte konzentrieren. Dabei würden Sie weniger auf das Produkt als vielmehr auf das Brennen des Unternehmers abheben. Das wären Unternehmen, die inhabergeführt sind – dort finden Sie die Begeisterung, die Sie auf der Bühne brauchen, häufiger als in managergeführten Unternehmen oder gar Konzernen. Das wären mittlere bis größere Unternehmen ab etwa 50 bis 100 Mitarbeitern, da diese Ihre Leistung auch bezahlen könnten. Und das wären sehr innovative Unternehmen, die öfter neue Produkte vorstellen.

Klingt nach einer sehr interessanten Zielgruppe, wenn auch noch viel zu groß.«

Ich begeisterte mich immer mehr: »Da werde ich sofort Dago dransetzen. Der soll mir solche Aufträge holen!« Nach einem Blick auf meine Uhr beschloss ich: »Ich schicke ihm gleich noch eine E-Mail!

So, dann sind wir jetzt eigentlich fertig mit unserer Arbeit! Vielen Dank, Herr Radies!«

»Fertig?«, fragte Herr Radies verblüfft. »Herr Steinbach, wir haben gerade erst *eine* mögliche Idee. Diese wird in dieser groben Form nicht funktionieren. Ich spüre es – aber ich kann Ihnen noch nicht sagen, warum.«

»Sie können es nicht sagen, weil Sie es nicht wissen oder weil Sie es nicht wollen?«

»Ein bisschen von beidem«, grinste Herr Radies, »aber eher Letzteres.

Ich möchte Sie auch nicht von Ihrer Begeisterung abbringen. Die werden Sie noch brauchen. Ich glaube auch, dass der Kern der Idee hervorragend ist und zu Ihnen passt. Es geht eher darum, dass Sie jetzt ein paar Hausaufgaben erledigen müssen. Und dass Sie nicht enttäuscht sein sollten, wenn sich nicht sofort Erfolge einstellen.«

»Aber wenn Sie zumindest zum Teil nicht sagen wollen, warum es nicht funktionieren wird, dann wissen Sie es doch, oder?«

»Nicht bis ins letzte Detail«, schüttelte Herr Radies den Kopf. »Aber es ist in dieser Situation auch gar nicht wichtig, was ich weiß. Das ist wie beim Fahrradfahren-Lernen: Es ist ab einem bestimmten Punkt nicht wichtig, ob derjenige, der es Ihnen beibringt, weiß, dass Sie hinfallen werden. Es ist entscheidend, dass Sie selbst die Erfahrung machen – nur so lernen Sie. An einem bestimmten Punkt müssen Sie losfahren.

Und ich glaube, jetzt haben wir so einen Punkt erreicht.

Außerdem sind wir mit unserem ersten Tag weitgehend durch. Bevor wir mit der Strategieentwicklung fortfahren können, haben Sie ein paar Aufgaben vor sich.«

4.2 Hausaufgaben und Commitment

Nachdenklich stimmte ich zu: »Ja, ich werde jetzt ein bisschen nacharbeiten müssen.«

»Ein bisschen nacharbeiten wird nicht reichen«, grinste Herr Radies. »Aber lassen Sie uns noch einmal die Aufgaben aufschlüsseln: Zuerst ist entscheidend, dass Sie das Strategiekonzept, das wir heute besprochen haben, verstehen. Wenn Sie drüber nachdenken, werden sicher noch Fragen auftauchen. Bitte schreiben Sie diese Fragen für das nächste Mal auf. Zweitens, das haben Sie ja selbst vorgeschlagen, möchten Sie sich mit Julia, Hopf und Thomas treffen. Menschen wie diese drei sind Ihre Lieblingskunden, also müssen wir das Gemeinsame, das verbindende Element, finden.«

»Ich nehme an, es ist wichtig, dass ich vor unserem nächsten gemeinsamen Termin alle drei getroffen habe, richtig?«, fragte ich.

Herr Radies nickte. Woraufhin ich mein Telefon nahm, den Raum verließ und alle drei anrief. Thomas und Julia bekam ich sofort. Thomas sagte spontan zu, Julia war sehr überrascht und zurückhaltend. Nachdem wir aber eine Viertelstunde gesprochen hatten, war auch sie mit einem Treffen einverstanden. Das Gespräch hatte mich sehr aufgewühlt.

Bei Hopf hatte ich überhaupt keine Nummer mehr und telefonierte erst einmal drei ehemalige gemeinsame Bekannte ab, bis ich schließlich seine Nummer bekam und auch ihn sofort erreichte. Er war äußerst positiv überrascht und sagte ebenfalls sofort zu. Nach einer halben Stunde hatte ich mit allen drei ein Date innerhalb der nächsten neun Tage. Als ich dies Herrn Radies mitteilte, nickte er, schaute kurz auf seinen Planer und entgegnete: »Gut, dann treffen wir uns am Montag in einer Woche wieder. In Ordnung?«

»Ja, das passt mir gut.«

Er fuhr fort: »Ich habe noch eine dritte Aufgabe für Sie. Gehen Sie all Ihre bisherigen Kunden durch und fragen Sie sich, wer von diesen Kunden wie Ihre drei Lieblingskunden ist. Fragen Sie dann, wen von

Ihren Kunden Sie wirklich mögen oder wen Sie zumindest zu Beginn gemocht haben. Und fragen Sie sich schließlich, für welche Ihrer Kunden das Grundmotiv Bedeutsamkeit wichtig ist. Vielleicht – aber das ist noch nicht der Schwerpunkt – überlegen Sie, welche Ihrer Kunden in das Steve-Jobs-Raster fallen könnten.

Als Ergebnis werden Sie eine Kundenliste haben, auf der einige Namen stehen müssten. Rufen Sie diese im Lauf der nächsten Woche an. Oder, wenn sie ihre Firma in Ihrer Nähe haben, besuchen Sie sie sogar!«

»Sie meinen, ich soll schon beginnen, an diese Kunden etwas zu verkaufen und Nägel mit Köpfen machen?«

Aber Herr Radies schüttelte den Kopf. »Der Schlüsselfaktor einer Strategie ist, dass Sie sich im Kopf Ihrer Lieblingskunden auch im Dunkeln auskennen. Am besten besser als diese Lieblingskunden selbst. Mein Ziel ist, dass Sie sich so viel wie möglich mit diesen Menschen beschäftigen und mit ihnen zusammen sind. Finden Sie heraus, was ihnen wichtig ist, wo der Schuh drückt, welche Wünsche sie haben, was sie glauben, denken und fühlen. Mein Ziel ist, dass Sie mir in zehn Tagen nichts Schlechtes mehr über die Bäumlers und Kronaus, sondern Tolles über Ihre Lieblingskunden erzählen. Wenn Sie bei diesen Gesprächen dann zufällig etwas verkaufen, dann schadet das nicht, aber es ist nicht das Ziel.«

»Gut«, nickte ich. »Ich glaube, ein bisschen Beziehungspflege kann auch nicht schaden.«

»Ja, so kann man es auch sehen. Aber gehen Sie das Ganze systematisch an!«

»Wie meinen Sie das?«

»Hier ist eine Vorlage mit Fragen für Sie. Damit finden Sie genauer heraus, wie Ihre Kunden ticken.«

Ich überflog die Vorlage und las Fragen* wie:

---

* Die komplette Liste ist Bestandteil der Coachingbriefe für Unternehmer: www.unternehmercoach.com/coaching-briefe.htm. Hier lesen Sie nur einen Auszug.

- **Warum mögen Sie diesen Kunden?**
- **Warum mag der Kunde Sie?**
- **Was ist (vermutlich) das Grundmotiv dieses Kunden?**
- **Wo liegen Ihre Gemeinsamkeiten?**
- **Über was reden Sie außerhalb des Arbeitskontexts?**
- **Welche Themen schneidet Ihr Gegenüber von sich aus an?**
- **Welche Identität gibt Ihr Produkt Ihrem Kunden als Mensch?**
- **Was macht Ihr Kunde genau den ganzen Tag?**
- **Welche Möglichkeiten und welche Einschränkungen umgeben Ihren Kunden?**
- **Welche Fähigkeiten hat Ihr Kunde?**
- **Unter welchen fehlenden Fähigkeiten leidet er?**
- **Was glaubt Ihr Kunde über Ihr Produkt?**
- **Was glaubt Ihr Kunde über Ihre Dienstleistung im weitesten Sinne?**
- **Wie beschreibt sich Ihr Kunde selbst? Welche Identität gibt er sich?**
- **Worüber – völlig unabhängig von Ihrem Angebot – beklagt er sich am meisten?**

»Das sieht nun wieder richtig nach Arbeit aus«, seufzte ich. »Sollte ich das nicht alle Kunden fragen? Könnte das nicht unsere Praktikantin übernehmen?«

»Nein«, lehnte Herr Radies ab. »Sie wollen Ihr Unternehmen so ausrichten, dass Sie nur Ihre Lieblingskunden anziehen. Deswegen sprechen Sie auch nur mit diesen. Die anderen sind egal.

Und dann habe ich da noch ein kleines Missverständnis bemerkt: Sie sollen diese Fragen *nicht* Ihren Kunden stellen. Auf die meisten dieser Fragen würden Sie keine vernünftigen Antworten erhalten. Entweder, weil Ihr Kunde diese Fragen nicht beantworten will, oder weil er sie überhaupt nicht beantworten kann. Sie müssen die Themen anschneiden und können dann in der Regel indirekt aus seinen Antworten etwas herauslesen.

Schließlich und endlich geht es hier um Strategieentwicklung. Das ist Unternehmeraufgabe. Sie brauchen einen möglichst engen Bezug zum Denken, Fühlen und Handeln Ihrer Kunden. Deshalb können Sie das nicht delegieren. Es würde viel zu viel an unterschwelliger Information verloren gehen.«

»Und wie viele von diesen Vorlagen soll ich bis zum nächsten Termin ausfüllen?«

»Wie viele Kunden haben Sie? Und wie viele davon gehören in die Gruppe derjenigen, die wie Ihre drei Lieblingspersonen sind, die dasselbe Grundmotiv haben oder die Sie mögen?«

»Wir haben etwa 80 Kunden«, dachte ich nach. »Davon ist bestimmt die Hälfte so klein, dass sie gar nicht für uns interessant sind. Das waren nur Lückenfüller ...«

»Stopp!«, unterbrach Herr Radies. »*Das* ist nicht das Kriterium! Wir sind ganz zu Beginn des Strategieentwicklungsprozesses. Sie wissen noch gar nicht, welche Leistung Sie am Ende genau anbieten werden. Deshalb können Sie auch noch gar nicht wissen, ob diese Kleinkunden nicht vielleicht gerade Interesse daran haben und das auch bezahlen können.

Sie haben 80 Kunden. Wie viele davon gehören in die Gruppe derjenigen, die wie Ihre drei Lieblingspersonen sind, die dasselbe Grundmotiv haben oder die Sie mögen?«

»Das weiß ich nicht«, antwortete ich unsicher. »Vielleicht 20 Prozent?«

»Also 16«, überlegte Herr Radies. »Davon werden Sie vermutlich nicht alle erreichen und es werden auch nicht alle Zeit haben. Aber wenn Sie diese Personen mögen, dann ist die Wahrscheinlichkeit hoch, dass das auch umgekehrt so ist, und dann werden sie sich die Zeit nehmen. Denken Sie, dass zwölf geführte und protokollierte Gespräche samt ausgefüllter Vorlage realistisch sind?«

»Ja, vermutlich schon. Ich weiß aber nicht, ob ich so viel Zeit habe.«

»Ach so«, schmunzelte Herr Radies versonnen. »Ich hatte die vierte Aufgabe vergessen. Sie wollen ja irgendwann ein guter Unternehmer werden. Und dazu müssen Sie Ihre Fähigkeiten ausbilden, im Augenblick Ihre strategischen Fähigkeiten. Dazu sollten Sie Bücher lesen. Bis in zehn Tagen, wenn wir uns wiedersehen, mindestens Kerstin Friedrich: *Das große 1 x 1 der Erfolgsstrategie*, Peter Sawtschenko: *Positionierung – das erfolgreichste Marketing auf diesem Planeten* und Hans-Georg Häusel: *Emotional Boosting*.«

»Spinnen Sie?«, fragte ich entgeistert. »Ich sagte gerade, dass ich nicht weiß, ob ich so viel Zeit habe, und jetzt kommen Sie noch mit drei Büchern? Drei Bücher in zehn Tagen!«

»Ja«, lächelte Herr Radies, »100 Bücher in einem Jahr, 1000 Bücher in 10 Jahren. Glauben Sie, dass Sie das irgendwie verändern würde, wenn Sie 1000 Bücher lesen würden?«

»Ja, sicher«, erwiderte ich. »Aber ich habe nicht so viel Zeit!«

»Für ein Buch brauchen Sie etwa 8 Stunden, bei 3 Büchern also 24 Stunden. Für die 12 Gespräche brauchen Sie vielleicht jeweils 1 Stunde, zusammen also 12 Stunden. Beide Aufgaben zusammen 36 Stunden, verteilt auf 10 Tage, ergibt 3,5 Stunden pro Tag. Warum soll das nicht gehen?«

»Weil ich auch noch andere Dinge erledigen muss!«

»Sind das Unternehmeraufgaben?«

»Nein«, schüttelte ich den Kopf.

»Würden Sie daran sterben, wenn Sie diese anderen Dinge nicht erledigten?«

»Nein«, schüttelte ich wieder den Kopf. »Aber ...«

»Sehen Sie, Herr Steinbach«, unterbrach mich Herr Radies, »ich habe einige hundert Unternehmer gecoacht. Und nur die wenigsten glaubten, dass sie die Zeit für diese Aufgaben übrig hätten. Aber es sind einfach nur Gewohnheiten und alte Glaubenssätze, die einen daran festhalten lassen.

Sie halten diese vier Aufgaben ja selbst für sinnvoll, oder?«

»Ja«, musste ich zugeben. »Ich halte sie für so wichtig, dass ich damit mein Unternehmen und mein Leben verändern kann. Dass ich mit meinem Unternehmen zufriedener sein kann.«

»Dann würde ich vorschlagen, Sie verpflichten sich einfach, die Aufgaben auszuführen. Das ist vielleicht die wichtigste Lehre aus meinen Coachings: Von denen, die sich verpflichtet hatten, wirklich etwas zu verändern, schafften die meisten den Umschwung. Von denen, die das nicht taten, schaffte es fast niemand.«

»Was meinen Sie mit verpflichten?«

»Sie brauchen jemand, der Sie kontrolliert.«

Das hatte mir gerade noch gefehlt. Aber Thomas hatte mich bei meinem Absturz letzte Woche ja schon vorgewarnt. Und darauf hingewiesen, dass der Druck, der dadurch aufgebaut wurde, bei ihm der entscheidende Schlüssel zu seiner Änderung gewesen war. So antwortete ich resigniert: »Muss das denn sein?«

Herr Radies antwortete fest: »Wenn Sie selbst schon wissen, dass Sie kaum diszipliniert genug sein werden, um diese paar Aufgaben auszuführen, dann muss das wohl sein.

Entscheidend ist, dass Sie diese Kontrolle nicht als Einschränkung Ihrer Freiheit auffassen, sondern als Instrument, das Ihnen hilft, Ihre Ziele zu erreichen. Die Kontrolle ist somit ein Instrument, das Sie in Ihrer Freiheit geradezu unterstützt.«

»Gut«, nickte ich. »Und wie könnte diese Kontrolle aussehen?«

»Ab welcher Summe tut es Ihnen weh, einen Geldbetrag zu verlieren?«

»500 Euro vielleicht?«, versuchte ich es.

»500 Euro? Fünfhundert Euro??«, fragte Herr Radies fassungslos. »Das ist vielleicht nicht angenehm, 500 Euro zu verlieren. Aber Schmerzen? Bereitet das wohl kaum. Sie versuchen sich einen Ausweg offen zu halten! Das ist nicht das Ziel der Kontrolle!

Bei welchem Betrag wären die Schmerzen so groß, dass Sie alles in Ihrer Macht Stehende tun würden, um diese Schmerzen zu vermeiden?«

»5000 Euro«, erwiderte ich. Und schluckte innerlich, als ich diesen Betrag nannte.

»Na ja«, grummelte Herr Radies. »Wir sind ja bei 10-Tages-Zielen. Da sollten 5000 Euro funktionieren.«

»Hey, ich bin nicht so reich wie Sie!« Das nervte jetzt schon etwas.

»Deswegen sind bei mir auch immer ein bis drei Nullen mehr hinten dran, wenn ich das selbst mache«, grinste Herr Radies. »Aber es ist auch keine Frage der Nullen, sondern des Drucks, um Änderungen anzupacken und zur Gewohnheit werden zu lassen. Das geht im Prinzip auch mit weniger Nullen. Verpflichten Sie sich einfach, 500 Euro an die NPD, die Linke oder welche Partei Sie auch immer hassen wie die Pest, zu spenden. Das funktioniert auch!

Aber gut, Sie würden also 5000 Euro spenden, wenn Sie diese Ziele nicht erreichen. An wen?«

»An meinen ehemaligen Eishockeyverein«, war das Erste, was mir einfiel. Das mit den Parteien war mir doch gar zu krass.

»In Ordnung«, nickte Herr Radies. »Werfen Sie heute ein ausgefülltes Überweisungsformular in die Post an mich. Ich entscheide dann bei unserem nächsten Treffen, wenn ich Ihre Ergebnisse sehe, ob ich es absende.«

Langsam dämmerte mir die ganze Tragweite: »Bis vor einer halben Stunde dachte ich, dass ich unseren Workshop ein bisschen nacharbeiten würde. Vermutlich hätte ich eine halbe Stunde dagesessen und mir nochmals meine Aufzeichnungen angeschaut. Mit dieser Verpflichtung aber wird die konsequente Weiterarbeit zu einem absoluten Muss!«

Irre, was so eine Verpflichtung ändert! Auch wenn ich zu diesem Zeitpunkt noch nichts wirklich Greifbares hatte, so war da doch das Gefühl, auf einem Weg zu sein. Auf einem Weg, von dem ich mir gerade den Rückweg abgeschnitten hatte. Allein deshalb hatte sich dieser Tag sicher gelohnt.

Gleichzeitig hatte ich jedoch nicht das Gefühl, mit meinem Unternehmen so richtig vorangekommen zu sein. Und so wies ich Herrn Radies auf dieses Gefühl hin.

»Herr Steinbach«, lächelte Herr Radies. »Ungeduld ist eine wichtige Unternehmertugend. Mit Ungeduld werden Dinge vorangebracht. Deshalb ist es gut, dass Sie ungeduldig sind. Aber zugleich benötigen manche Dinge ihre Zeit. Zum einen ist das die platte Informationssammlung. Das erfordert einen gewissen zeitlichen Aufwand. Zum anderen – und viel wichtiger – sind es die Prozesse in Ihrem Kopf, die ebenfalls Zeit benötigen.

Wir haben etwas in Bewegung gebracht – etwas, was manchmal verwirrend und unangenehm für Sie war. Und wir haben durch Ihre Verpflichtung dafür gesorgt, dass es in Bewegung bleibt. Lassen Sie nun den Dingen Zeit, sich zu entwickeln! Ich bin gespannt, was sich bis in zehn Tagen getan haben wird.

Und«, grinste er verschmitzt, »je unzufriedener Sie sind, desto besser!«

»Wieso das denn wieder?«, fragte ich verblüfft.

»Unzufriedenheit und Verwirrung sind, wie Tony Robbins sagt, Zeichen dafür, dass etwas in Ihrem Kopf geschieht.

Und wenn Sie unzufrieden sind, wollen Sie dafür sorgen, dass Ihre Unzufriedenheit verschwindet. Dafür gibt es prinzipiell zwei mögliche Wege. Die erste Möglichkeit ist, Sie finden Lösungen. Dafür sind eine innere Unruhe und das Gefühl, dass alles noch nicht so richtig passt, ganz hervorragend. Ihr Unterbewusstsein wird nämlich durch Ihre Unzufriedenheit deutlich motivierter sein, mitzuarbeiten. Wenn es eines gibt, das unser Gehirn ganz besonders hasst, dann sind es Dinge, die widersprüchlich, inkonsistent oder unvollständig sind.

Die zweite Möglichkeit ist, Sie weichen aus. Sie finden Ablenkungen, um sich nicht weiter damit zu beschäftigen. Oder Sie finden Gründe, warum das alles Quatsch war, was wir heute gemacht haben. Dann bleiben Sie eben da stehen, wo Sie heute Morgen noch waren. Bis Sie diese Selbstrechtfertigungen gefunden haben, werden Sie sich aber auch nicht sehr gut fühlen.

Sehen Sie, Herr Steinbach, egal welche Möglichkeit Sie wählen: Ich bin nicht für Ihre guten Gefühle verantwortlich. Zumindest nicht während des Prozesses. Für Ihre guten Gefühle am Ende hingegen zum Teil schon.

Sie haben also zwei Möglichkeiten: das Problem zu lösen oder Ausreden zu erfinden. Die meisten Menschen wählen die letztere Variante. Und ich glaube, wenn alle Kreativität, die die Menschheit je für das Erfinden von Ausreden verschwendet hat, in die Lösung von Problemen geflossen wäre, dann wären alle derzeit bekannten Menschheitsprobleme bereits gelöst.

Sie haben nun die Wahl. Um es nicht ganz so einfach zu machen, haben wir die Variante mit den Ausreden mit dem Preisschild ›5000 Euro‹ versehen.

Welche der beiden Möglichkeiten werden Sie nun wählen?«

Ich schaute ich an und nickte langsam: »Sie wissen, was ich wählen werde! Ich habe meine Wahl ja bereits getroffen!«

Mit diesen Worten verabschiedeten wir uns, um uns am Montag in zehn Tagen wieder zu treffen.

5. Entwicklung der strategischen Idee

5.1 Suche und Zuspitzung

»Der Typ war ja ganz schön heftig mit seinen Anforderungen. Aber so, wie ich dich kenne, hättest du ohne diesen Druck gar nichts gemacht«, lachte Sofia. »Hat es denn wenigstens *mit* dem Druck funktioniert?«

»Ja«, musste ich bei der Erinnerung daran lächeln, »es hat funktioniert. Und solche Änderungen würde ich nur noch so angehen. Es ist einfach fahrlässig, auf diese unterstützende Kraft zu verzichten …«

»Und das aus deinem Munde!«, schüttelte Sofia grinsend den Kopf.

»… aber es lief vieles ganz anders als erwartet.«

»Warum?«, wollte Sofia wissen.

Also versetzte ich mich wieder in die Vergangenheit.

Am Samstag und am Sonntag las ich immerhin eines der drei vereinbarten Bücher – das zur engpasskonzentrierten Strategie von Kerstin Friedrich. Aber am Montag wollte Alexa gleich morgens mit mir reden. Sie hatte über das Wochenende nachgedacht. Voller Elan fragte ich: »Worum geht's?«

Woraufhin sie mir antwortete: »Wenn du es so direkt wissen willst: Hier ist meine Kündigung!« Und legte ein Blatt Papier auf meinen Schreibtisch.

Völlig perplex schaute ich sie an: »Wer soll dann die Aufträge umsetzen? Jetzt, wo Bäumler wieder angekrochen gekommen ist?«

»Entschuldige, Olli, aber das ist jetzt dein Problem! Willst du denn gar nicht wissen, warum ich kündige?«

»Äh, ja, doch, natürlich! Warum möchtest du kündigen?«

»Weil mich die Art und Weise, wie hier seit einem Jahr mit den Kunden umgegangen wird, nervt. Zuerst verspricht ihnen Dago das Blaue vom Himmel herunter und ich muss es dann ausbaden. Nicht nur, dass die ganze Kundenkritik an mir hängen bleibt, auch du scheinst für meine Arbeit überhaupt nichts mehr übrig zu haben. Dabei habe ich, schon bevor Dago da war, fast dreißig anspruchsvolle Projekte umgesetzt, und damals gab es keine Probleme mit den Kunden.

Und am Freitag erzählte mir eine Kollegin, dass du und Dago euch überlegt habt, Mailings an die Kunden einiger unserer Kunden zu schicken, um sie zu einem Event einzuladen, das unsere Kunden dieses Jahr gar nicht geplant haben. Das ist das Letzte! Bei so was mache ich nicht mit!«

»Moment Mal, Alexa«, erwiderte ich konsterniert. »Das war Dagos Idee vor drei Wochen. Ich hatte dem nie zugestimmt und das nur als allerletzte Option berücksichtigt. Und seit meinem Termin am Freitag ist das sowieso völlig gestorben.«

Aber Alexa schüttelte nur den Kopf: »Schau Olli, ein Unternehmen, in dem allein solche Optionen diskutiert werden, ist nichts für mich. Das widerspricht allem, was mir wichtig ist. Seit Dago da ist, hast du dich verändert. Und dein Unternehmen hat sich auch verändert. Und ich glaube, du siehst das nicht einmal.«

»Dago ist vielleicht manchmal ein bisschen zu erfolgsorientiert«, verteidigte ich mich. »Aber er bringt uns wichtige Aufträge!«

»Nein«, erwiderte Alexa mit einer Sicherheit, die ich ihr nicht zugetraut hätte, »Dago denkt ausschließlich an Dago und an seine Provision. Ob das unserer Firma nutzt, ist ihm völlig egal. Auch, ob wir den Kunden jemals zufriedenstellen können, ist ihm egal. Und ob das in irgendeiner Weise moralisch ist, ist ihm auch egal. Aber mir nicht!«

»So, wie du das sagst, klingt es, als ob du mich vor die Wahl stellst: Dago oder du. Richtig?«

»Nein«, widersprach Alexa. »Aber ich werde bei der Art und Weise, wie Dago die Projekte akquiriert, komplett übergangen. Dann soll ich das Unmögliche möglich machen, und wenn das nicht klappt, fällst du mir auch noch in den Rücken und stellst Dago als den großen Verkäufer hin, ohne den die Firma längst pleite wäre. Das halte ich für eine ziemlich verzerrte Sicht der Dinge und allen anderen gegenüber ganz schön rücksichtlos. Glaub nicht, dass ich die Einzige bin, die hier frustriert ist. Nur trauen sich die anderen nicht, etwas zu sagen.«

Einen Augenblick lang wusste ich nicht, was ich erwidern sollte. Dann sagte ich: »Alexa, am Freitag traf ich mich mit einem Unternehmercoach, um mich beraten zu lassen.«

»Den hat dir bestimmt Dago empfohlen, oder?«, ätzte Alexa weiter.

»Nein«, schüttelte ich ruhig den Kopf. »Ein befreundeter Unternehmer war's. Bei deiner Kritik am Umgang mit den Kunden hat etwas geklingelt. Der Unternehmercoach hat nämlich auch etwas in dieser Richtung gesagt. Das würde ich dir gerne bei einem Kaffee erzählen.«

Nach kurzem inneren Kampf nickte Alexa zögerlich: »Gut, Olli. Aber nur, weil wir uns so lange kennen. Und mach dir keine allzu großen Hoffnungen!«

Wir verbrachten die nächsten zwei Stunden in einem Café in der Nähe und ich erzählte ihr von meinem Grundmotiv, der Idee, nur noch mit meinen Lieblingskunden zu arbeiten, und dass das Wesentliche für eine Strategie die Liebe zu seinen Kunden sei. Am Anfang war Alexa sehr zurückhaltend, aber nach und nach taute sie auf. Ich glaube, sie hoffte wirklich darauf, dass ich mich ändern würde und eine klare Linie fände.

Zu dem Zeitpunkt hatte ich sie aber noch nicht. Zu sehr war ich noch von meinen alten Bildern gefangen: Alexa, die Ente, und Dago, der Adler. Immerhin wurde mir bei dem Gespräch klar, dass meine Arbeit an der Strategie Auswirkungen weit über die reine Unternehmensstrategie hinaus hatte. Auch in ganz anderen Bereichen, wie meinem Umgang mit meinen Mitarbeitern oder sogar der Sichtweise auf diese Mitarbeiter erforderte dies Konsequenzen und Entscheidungen.

Davon fühlte ich mich damals noch etwas überfordert. Nur dämmerte mir, dass ich Alexa brauchen würde. Und nicht nur das, ich hatte ihr vor drei Wochen bei der Sache mit Bäumler Unrecht getan, und dafür war eine Entschuldigung fällig. Ich räusperte mich:

»Übrigens, es tut mir leid, dass ich deinen Einsatz bei dem Projekt für Bäumler nicht anerkannt habe.«

»Schon gut.« Alexa machte eine abwehrende Handbewegung.

»Und ich brauche jetzt deine Unterstützung«, wagte ich mich weiter vor.

Alexa dachte einige Sekunden lang nach. Dann begann sie langsam: »Ich weiß nicht, ob das nur so eine Stimmungssache bei dir ist oder ob das wirklich zu ernsthaften Änderungen führt.

Weil wir schon so lange zusammenarbeiten und ich dich auch anders kenne, möchte ich dir Folgendes vorschlagen: Ich schaue mir das die nächsten zwei Monate an. Dann sehen wir weiter.«

Langsam nickte ich: »Danke, Alexa! Ich brauche dich gerade wirklich!« Damit hatte ich erst mal Zeit gewonnen und bis in zwei Monaten sollten sich bereits erste Konturen herausgeschält haben.

Erst im Nachgang zu diesem Gespräch erkannte ich, was für ein riesiges Problem da eigentlich im Hintergrund entstanden war, ohne dass ich es mitbekommen hatte. Nun gut, dieses Ultimatum zwang mich, wirklich dranzubleiben und Taten folgen zu lassen.

Den Rest des Tages erstellte ich meine Liste mit den Kunden, die ich mochte, denen mein Motiv der Bedeutsamkeit etwas sagte oder die eine gewisse Ähnlichkeit mit Julia, Thomas oder Hopf hatten. Das Letzte fiel mir sehr schwer, weil die drei doch sehr unterschiedliche Menschen waren. Am Ende hatte ich 19 Kunden auf meiner Liste. Also sogar etwas mehr, als ich vermutet hatte. Als mir klar wurde, dass das gerade ein knappes Viertel aller Kunden war und wir folglich mit drei Vierteln unserer Kunden uns nur Ärger eingehandelt und unsere Zeit verschwendet hatten, wurde mir richtig schwarz vor Augen.

Als Nächstes versuchte ich gemeinsame Probleme dieser Gruppe zu finden. So wie es bei Kerstin Friedrich stand: eine kleine Zielgruppe mit einem gemeinsamen brennendsten Problem zu beschreiben. Aber dazu waren diese 19 Kunden zu unterschiedlich. Vermutlich hätte ich dazu zuerst meine Stärken und das dazu passende Spezialgebiet herausarbeiten müssen, wie die EKS das für die ersten beiden methodischen Schritte vorschlägt. Ich vermerkte mir als Notiz, dass ich Herrn Radies am nächsten Montag fragen wollte, warum wir nicht auch bei den Stärken angefangen hatten.

Als mir dieser Widerspruch auffiel und ich mir überlegte, wie ich jetzt fortfahren sollte – bei den Fragen, die mir Herr Radies mitgegeben hatte, oder bei den EKS-Fragen, die im Buch abgedruckt waren –, wurde mir klar, dass ich mich für ein Strategiekonzept entscheiden musste. Als mir bewusst wurde, dass ich letztlich beide Konzepte nicht bis ins Detail durchblickte und eigentlich gar nicht entscheiden konnte, fiel mir ein, dass ich mich schon entschieden hatte. Ich hatte mich am Freitag ja dazu verpflichtet, die Vorlagen von Herrn Radies auszufüllen. Und so begann ich mit den ersten Telefonaten.

In der Strategie müssen Sie sich bewusst für ein Konzept entscheiden und alle anderen ignorieren. Alles andere führt (außer bei einigen wirklichen Experten) in die Verzettelung.

Am Dienstag war Dago wieder da – er war am Montag auf Verkaufstour gewesen – und legte mir gleich morgens, als ich kam, einen fertig unterschriebenen Auftrag auf den Tisch. Den Neujahrsempfang eines ortsansässigen MDAX-Konzerns. Das erste Bild, das in mir auftauchte, war das eines Herrn Bäumler. Dann wurde mir klar, dass das verflucht eng werden würde. Wir hatten ja schon den 1. Dezember. Alexa wäre wohl nicht gerade glücklich. Aber als ich das Auftragsvolumen sah, schob ich diesen Gedanken zur Seite. Ich konnte auf den Umsatz einfach nicht verzichten.

»Geil, was?«, fragte Dago.

»Ja, klasse!«, nickte ich anerkennend. »Wie hast du denn das schon wieder gemacht?«

»Kleines Berufsgeheimnis«, grinste Dago.

»Los, erzähl schon«, forderte ich ihn auf.

»Erinnerst du dich noch, was wir besprochen hatten? Wir wollten doch Unternehmen mit Termindruck suchen. Ich habe einfach unsere Praktikantin recherchieren lassen: Wer von den großen Unternehmen hier in der Region hat letztes Jahr einen Neujahrsempfang gemacht, über den auch in der Presse berichtet wurde, und hat dieses Jahr noch keinen angekündigt? Das waren immerhin acht Unternehmen. Dann habe ich recherchiert, welcher unserer Wettbewerber diesen Empfang das letzte Jahr organisiert hatte. Da gab es dann drei, bei denen der Wettbewerber in die Insolvenz gegangen war.

Bei den dreien habe ich angerufen und so getan, als würde ich den Journalisten kennen, der im letzten Jahr über den Neujahrsempfang geschrieben hatte, und dass dieser bei einem Telefonat seine Verwunderung geäußert hätte, dass die Firma, bei der ich anrief, dieses Jahr keinen Empfang planen würde. Da könne es ihnen ja nicht so gut gehen. Man muss ja schließlich den Druck hoch halten.«

»Und dann?«

»Einer rief am Freitag letzter Woche zurück, ob nicht wir den Empfang machen könnten – ihre Eventagentur sei überraschend pleitegegangen. Leider musste ich dann erst mal meinen Terminkalender zu Rate ziehen und eine Minute lang Termine Mitte Dezember vorschlagen, weil ich vorher keine Zeit hätte. Und plötzlich begann er«, grinste Dago, »zu betteln, dass ich doch gleich am Montag kommen solle.«

»Und dann gab er dir gleich den Auftrag?«

»Ganz so war das nicht – ich hatte den Auftrag eigentlich schon am Freitag in der Tasche: Ich konnte den Termin erst freimachen, nachdem er mir zugesichert hatte, dass wir den Auftrag bekämen, wenn wir prinzipiell seine Anforderungen erfüllen könnten. Cool, oder?«

»Ja, der Umsatz ist geil!«, nickte ich. »Aber Alexa wird fluchen!«

»Du hattest doch neulich diese Praktikantin, die sich beworben hat. Nimm die doch und gib sie Alexa«, schlug Dago vor.

Ich dachte einen Moment nach, dann stimmte ich zu: »Alexa wird damit vielleicht zufrieden sein.

Aber, Dago, ich habe auch noch ein grundsätzliches Problem. Ich war doch am Freitag mit dem Unternehmercoach zusammen.«

»Ja, genau, wie war's denn? Habt ihr eine vernünftige Strategie gefunden, um hier mehr Profit aus dem Laden rauszuschlagen?«

»Also, genau genommen ging's da gar nicht drum«, begann ich.

»Nicht?«, fragte Dago verblüfft. »Ich dachte, ihr wolltet eine brauchbare Unternehmensstrategie entwickeln.«

»Ja, schon. Aber zuerst einmal ging's um Kundenbeziehungen und meine Gefühle dazu.«

»Hä?«

»Na, ja«, begann ich noch einmal zögernd und fühlte mich selbst zunehmend verwirrt, »es ging darum, dass die Aufgabe einer Firma nicht Profit ist, sondern seinen Kunden Nutzen zu bieten. Und dass es darauf ankäme, seine Kunden zu lieben. Und deshalb«, fasste ich zusammen, »habe ich ein ungutes Gefühl bei der Art und Weise, wie du Kunden gewinnst.« Endlich war ich am Punkt angekommen und hatte doch fast alles vergessen.

Völlig fassungslos schaute Dago mich an: »Der Typ hat dir das Hirn weichgespült. Unternehmensstrategie ist die Kunst, aus den Stärken deiner Firma und den Schwächen der anderen Cash zu machen. Nichts sonst!«

Die Klarheit und Direktheit, mit der Dago dies äußerte, kontrastierte gewaltig mit meiner eigenen Verwirrung, in der ich mich seit Freitag befand. Bei Herrn Radies schien mir alles klar gewesen zu sein, aber nun, kaum dass es darauf ankam, brachte ich nur ein paar stammelnde Sätze zusammen. So erwiderte ich knapp und eher etwas hilflos: »Aber ich habe ein ungutes Gefühl dabei.«

»Gefühl?«, schüttelte Dago den Kopf. »Vielleicht kommst du ja wieder zur Besinnung. Aber ich habe die Gewissheit, dass, wenn du hier einen auf weichgespülte Kuschelfirma machen willst, ich nicht mehr dabei sein werde. Ich schaue mir das noch maximal einen Monat an, dann bin ich weg.«

Mit diesen Worten stürmte Dago zur Tür hinaus. Und mir war noch klarer, dass ich zwischen sämtlichen Stühlen saß und mich in vier Wochen würde entscheiden müssen. Der Weg von Herrn Radies und Alexa sagte mir vom Bauchgefühl mehr zu. Aber bei der Vorstellung, auf die permanenten Umsätze, die Dago brachte, verzichten zu müssen, wurde mir ganz mulmig.

An diesem Vormittag schaffte ich nicht sehr viel mehr, als zu Alexa zu gehen und ihr mitzuteilen, dass ich sie gerne stärken und ihr deshalb eine neue Praktikantin zuteilen würde. Und dann sagte ich ihr noch, dass wir die Chance hätten, einen neuen Auftrag zu bekommen und dass es sehr knapp werden würde. Ob das noch irgendwie reinpassen würde? Ich hoffte, dass ich sie damit bei ihrer Ehre, alles hinbekommen zu wollen, packen würde. Dass wir den Auftrag schon hatten und umsetzen mussten, verriet ich ihr erst mal nicht.

Zum Glück hatte ich mich da nicht verrechnet, denn bereits vor dem Mittagessen stand sie in der Tür und sagte, dass sie es hinbekämen und ich zusagen solle.

Danach hatte ich den Kopf für weitere Telefonate frei und am Abend holte ich noch die zwei anderen vorbestellten Bücher in der Buchhandlung ab.

Den Rest der Woche verbrachte ich mit Telefonaten und Lesen sowie den Treffen mit Thomas und Julia. Eine größere Klarheit gewann ich dadurch nicht, eigentlich eher im Gegenteil. Ich biss mit meiner Idee, den Unternehmer als Kultfigur ins Rampenlicht zu stellen, fast überall auf Granit. Offensichtlich war das wohl doch keine so gute Idee.

Aber immerhin hatte ich das Gefühl, seit Langem einmal wieder mit Menschen zu tun zu haben, die mir nahestanden. Und mit einigen von ihnen auch über Themen reden zu können, die mir wichtig waren und die seit Ewigkeiten untergegangen waren, wie das Musikmachen oder Ähnliches. Mit einem Unternehmer fachsimpelte ich fast zwei Stunden über das Schlagzeugspielen.

Nur das Treffen mit Hopf war richtig aufschlussreich und führte mich weiter. Ich konnte es kaum erwarten, Herrn Radies davon zu erzählen.

In meiner Firma kam ich mir hingegen merkwürdig zerrissen und zwiespältig vor. Ich wusste nicht, wie es weitergehen sollte, und fühlte mich zudem von allen beobachtet. Jeder schien auf meine nächsten Schritte zu warten und abzuwägen, was er oder sie dann tun würde. Selten zuvor fühlte ich mich als Chef so allein.

So konnte ich kaum den nächsten Montag abwarten, der, wie ich hoffte, mehr Klarheit bringen würde.

* * *

Nachdenklich schaute mich Sofia an: »Das scheint ja erst einmal nicht besser, sondern schlechter geworden zu sein. Vermutlich hast du dich in dieser Zeit nicht sehr wohl gefühlt?«

»Da hast du recht«, stimmte ich zu. »Ich wusste vor gut zwei Monaten überhaupt nicht, wo mich das noch hinführen würde. Ich konnte damals oft nicht gut schlafen und wachte mitten in der Nacht mit irgendwelchen Fragen und Ideen auf.«

»Ja, ich glaube, das ist während einer Veränderung fast immer so«, nickte sie. »Ihr habt euch dann wieder getroffen. Wie ging es weiter?«

»Mit einem extrem intensiven Tag, an dem wir bis spätabends weiterarbeiteten.«

5.2 Warum die Beschäftigung mit Stärken schadet

Herr Radies und ich trafen uns wieder im selben Besprechungszimmer desselben Hotels. Und wie beim letzten Mal war er schon da, als ich den Raum betrat. Aufmerksam beobachtete er mich. Schließlich begann er: »Wir hatten beim letzten Mal einige Aufgaben besprochen. Haben Sie alle erfüllt?«

»Ja«, antwortete ich ein wenig stolz. »Ich habe mir nochmals Gedanken über Ihr Konzept gemacht und ich habe mich mit Julia, Hopf und Thomas getroffen. Vom Treffen mit Hopf muss ich Ihnen gleich erzählen …«

»Später«, unterbrach mich Herr Radies. »Zuerst die anderen Aufgaben!«

»Gut«, fuhr ich etwas gebremst fort. »Außerdem habe ich eine Liste meiner bevorzugten Kunden erstellt – es waren 19. Mit 14 von ihnen habe ich gesprochen und danach Ihre Vorlagen ausgefüllt. Und schließlich habe ich auch noch die drei genannten Bücher gelesen. Ich hätte letzten Freitag nicht gedacht, dass ich das alles schaffe.«

Anerkennend nickte Herr Radies, dann grinste er: »Was doch so ein kleiner Einsatz von 5000 Euro bewirken kann!«

Etwas gequält schaute ich ihn an und gab schließlich zu: »Ja, ohne diesen Einsatz hätte das wohl nicht geklappt.«

Herr Radies kam nach diesem kurzen Vorgeplänkel gleich zur Sache: »Wir haben ein volles Programm heute. Beginnen wir mit Ihren Gedanken über das Strategiekonzept, lassen Sie uns die Gespräche noch einen Moment zurückstellen. Gibt es bezüglich der Neurostrategie® noch Unklarheiten?«

»Ja«, begann ich, »einmal abgesehen davon, dass ich, als ich Ihr Konzept Dago erklären wollte, nicht dazu in der Lage war, gab es insbesondere einen Punkt, der mich beschäftigt hat.«

»Und zwar?«, fragte Herr Radies neugierig.

»Sie hatten mir doch das Buch über die EKS von Kerstin Friedrich empfohlen. Das beginnt mit den Stärken des Unternehmens. Dann hatte ich eine Auseinandersetzung mit Dago und er meinte, dass Strategie bedeute, die Stärken zu Cash zu machen. Dass das Ziel, Cash zu machen, nicht das richtige ist, habe ich schon begriffen – obwohl ich da sicher auch noch Gesprächsbedarf habe. Aber der Punkt ist, auch Dago mit seinem völlig anderen Herangehen als Frau Friedrich beginnt bei den Stärken. Warum machen wir das nicht? Oder kommt das heute dran?«

»Gute Frage«, nickte Herr Radies bedächtig. »Ich habe früher die Strategieentwicklung auch immer mit den Stärken begonnen. Im Lauf der Zeit bekam ich aber immer mehr den Eindruck, dass der Nutzen nicht sehr groß ist. Daraufhin habe ich die Beschäftigung mit den Stärken weggelassen und fand, dass die Ergebnisse sogar besser wurden.

Das verblüffte mich anfangs und so habe ich mich ausgiebig mit diesem Thema beschäftigt. Schließlich kam ich zu dem Ergebnis, dass die Beschäftigung mit den eigenen Stärken nicht nur nichts nutzt, sondern sogar schadet.«

»Warum das denn?«, fragte ich verblüfft. »Das ist ja nicht gerade Common Sense.«

»Darum habe ich mich noch nie geschert. Aber überlegen wir einfach mal, warum die Beschäftigung mit den Stärken nichts nutzt.«

»Da bin ich aber mal gespannt«, erwiderte ich wenig überzeugt.

»Gut«, begann Herr Radies, »zuerst einmal gibt es gerade bei kleinen Unternehmen oft eine Verwirrung darüber, um welche Stärken es eigentlich geht: Um die Stärken des Inhabers oder um die Stärken der Firma? Und in der Folge um die Frage, welche Rolle Sie als Inhaber eigentlich einnehmen: die Rolle des Selbstständigen, der eigentlich die Fachkraftaufgaben macht, oder die Rolle des Unternehmers, der am Unternehmen arbeitet?

Zuerst einmal kann man festhalten: Die persönlichen Stärken sind unter dem Aspekt der Strategie für Unternehmer völlig uninteressant: Sie wollen als Unternehmer die Tätigkeiten im Gegensatz zum Selbstständigen* gar nicht selbst ausführen. Wir hatten ja bereits festgestellt: Der Selbstständige will etwas tun, der Unternehmer will etwas bewirken. Mit welcher Stärke dieses Ziel erreicht wird und wer dieses Ziel umsetzt, ist zweitrangig. Deswegen ist es auf dem Weg des Unternehmers völlig egal, ob Sie als Person bestimmte fachliche Stärken besitzen oder nicht. Es ist völlig egal, dass Steve Jobs kein exzellenter

* Das heißt, für die Strategieentwicklung ist wichtig, dass Sie bereits wissen, ob Sie den Weg des Selbstständigen oder den Weg des Unternehmers einschlagen möchten. Als Selbstständiger müssen Sie Ihre Stärken bis zu einem gewissen Maß berücksichtigen – aber dennoch lange nicht so stark wie allgemein angenommen.

Programmierer oder Hardware-Entwickler ist. Dazu hat er ja seine Mitarbeiter.«

»Ja, das stimmt vielleicht für mich als Person, aber die Stärken meines Unternehmens müsste ich doch berücksichtigen.«

Aber Herr Radies schüttelte auch hier den Kopf: »Bei Großunternehmen, die einen großen Teil ihres Kapitals in Maschinen und Strukturen gebunden haben, ist das so. Auch bei einigen kleinen Unternehmen – vor allem in der Produktion. Aber Ihr kleines Dienstleistungsunternehmen ist in seinen Strukturen und Fähigkeiten so flexibel, dass vermutlich die Flexibilität als einzige ›Stärke‹ bleibt*. Mit anderen Worten: Sie können sich verhältnismäßig leicht fehlende Stärken dazukaufen oder über Partner abwickeln lassen. Und wenn etwas leicht veränderbar ist, dann ist es wenig sinnvoll, dies zum fixen Ausgangspunkt einer Strategie zu nehmen.«

»Ja, aber irgendwann muss ich doch wissen, was ich kann«, wandte ich nochmals ein.

»Auf einer operativen oder taktischen Ebene haben Sie recht«, nickte Herr Radies. »Wenn Sie Ihre strategische Idee genau kennen und Sie mit der Verwirklichung beginnen, dann müssen Sie natürlich entscheiden, was Sie selbst machen wollen, was Sie auslagern und was Sie gegebenenfalls erlernen wollen oder wofür Sie neue oder andere Mitarbeiter anstellen wollen. Aber in dieser Phase sind wir noch lange nicht!

Gehen wir weiter. Stärken sind grundsätzlich eine Momentaufnahme. Das hat mit sich verändernden Kontexten zu tun. Ein Beispiel ist die Stärke in der Herstellung von Diamantnadeln beim ehemaligen

---

* Wer allerdings die »Flexibilität« seines Unternehmens als Stärke nach außen verkauft, schadet sich in der Regel aus zwei Gründen selbst. In Kleinunternehmen heißt »Flexibilität« übersetzt immer: Der Kunde will etwas und der Hühnerhaufen flattert 16 Stunden am Tag wild gackernd durcheinander. Zudem bedeutet Flexibilität zweitens meist, dass immer wieder neue Projekte in Angriff genommen werden. Das mag zwar spannend sein, bietet aber keine aufeinander aufbauenden Lernerfahrungen, sodass Ihr Unternehmen nie besser wird.

Plattenspielerhersteller Dual. Diese ›Stärke‹ ist heute nicht mehr wirklich gefragt. Was also Stärke ist und was nicht, hängt nicht vom Individuum oder vom Unternehmen ab, sondern von der Beziehung zur Umwelt. In dem Maße, wie sich die Umwelt immer schneller ändert, verlieren Stärken ihre Bedeutung – auch bei klassischen kapitalintensiven Unternehmen.

Wenn überhaupt, sollten wir also von Fähigkeiten reden. Und diese sind sowohl auf einer organisatorischen als auch auf einer persönlichen Ebene sehr schnell entwickelbar. Auf der organisatorischen Ebene durch das – vor allem von Professor Günter Faltin propagierte – Konzept der Komponentenorientierung*.

Auf der persönlichen Ebene fällt die alte Vorstellung der Unterschiede zwischen angeborenen Talenten und angelernten Stärken ebenfalls zunehmend in sich zusammen. Viele Untersuchungen, allen voran die von Anders K. Ericsson, belegen: Wenn bestimmte Mindestanforderungen eingehalten werden (z.B. eine Mindestgröße beim Basketball), dann führt mehr von dieser Mindestanforderung nicht zu besseren Ergebnissen – die 2,20 m großen Spieler sind nicht besser als die 2,00 m großen Spieler.

Bei den Nobelpreisträgern haben nicht die mit einem IQ von 170 bessere Chancen als solche mit einem IQ von 130. Angeboren ist also lediglich die Mindestausstattung. Und die notwendige Mindestausstattung für Spitzenleistungen liegt oft sehr viel niedriger, als man gemeinhin glaubt. Haben Sie schon mal die Miss World abgeschminkt gesehen?«

»Nein«, lachte ich, »aber ich weiß, was Sie meinen.«

---

* Bei Großunternehmen gibt es ähnliche Ideen durch serviceorientierte Architekturen. Dem stand vermutlich in beiden Fällen die Software-Entwicklung Pate. Bis etwa 1990/1992 wurde Software wesentlich prozedural entwickelt. D.h. es gab eine monolithische Software, die hunderte von Unterprogrammen hatte und aus einem Guss war. Danach gab es das objektorientierte Paradigma: Einzelne, voneinander unabhängige Objekte (wie Fenster, Buttons etc.) konnten in anderen Programmen wiederverwendet und neu kombiniert werden.

»Persönliche Fähigkeiten werden nur durch drei Einflussfaktoren bestimmt. Erstens ist die Dauer des Trainings entscheidend. Man geht nach etwa 10000 Trainingsstunden davon aus, dass Menschen eine Stärke von Weltgeltung haben*. Das ist eine gute Nachricht: Wer ranklotzt, kann diese in vier, wer sich etwas Zeit lässt, in sieben Jahren aufbauen. Wer nicht trainiert, wird Verlierer bleiben. Und zwar in jedem Bereich! Zweitens hat die Selbstzuschreibung einen Einfluss. Wer sagt, dass er Geigenspieler werden wird, lernt schneller als einer, der sagt, er probiert das Geigenspiel mal aus. Und drittens hat der Lehrer einen entscheidenden Einfluss**.

Fähigkeiten sind also auf einer organisatorischen und einer per-

---

* Der einzige Grund, überhaupt seine Stärken zu berücksichtigen, ist der, dass man in Bereichen, in denen man schon 2000 oder 3000 Stunden geübt hat, eben nur noch 7000 oder 8000 Stunden trainieren muss und nicht mehr 10000. Das macht kurzfristig einen großen Unterschied, langfristig jedoch fast gar keinen. Anders K. Ericsson hat ebenfalls herausgefunden, dass nach fünf Jahren Tätigkeit in einem bestimmten Bereich das ursprüngliche »Talent« keinerlei (also gar keine!!!) Vorhersagekraft für die dann erlernten Fertigkeiten hat.
Die Verfechter der Stärken- und Talentorientierung führen nebenbei vor allem statistische Untersuchungen ins Feld, die beweisen (sollen), dass Menschen keine neuen Stärken neben ihren (angeblich angeborenen) Talenten ausbilden. Das geht jedoch völlig am Problem vorbei! Wenn es nur einen einzigen Menschen auf der Welt gibt, der Stärken in Bereichen ausbilden konnte, in denen er vorher Schwächen hatte, dann ist dies für die prinzipielle Entwickelbarkeit der Stärken Beweis genug. Dass es vielleicht wenige tun oder dass es schwer ist, heißt nicht, dass es unmöglich ist.

** Das gilt auch für Unternehmer. Die Unterschiede zwischen einem Unternehmer mit großem und einem solchen mit bescheidenem Potenzial sind folgende: Erstens, wie viel lernt der Unternehmer über das Unternehmersein und wie viel übt und trainiert er (Übung ist auch das Ausführen von Unternehmeraufgaben, jedoch nicht das von Fachkraftaufgaben, sodass manch einer mit einem 16-Stunden-Tag auf 0 Stunden Übung pro Tag kommt. Vgl. dazu auch mein Buch *Der Weg zum erfolgreichen Unternehmer*). Zweitens, wie sieht das Selbstbild aus? Sagt er zu sich selbst, dass er Programmierer ist, dass er das mit dem Unternehmersein gerne mal ausprobieren würde, oder dass er Unternehmer wird, koste es, was es wolle? Drittens, welche Lehrer (Vorbilder, Bücher, Seminare, Mentoren, Unter-

sönlichen Ebene veränderbar und deshalb nur eine Momentaufnahme.«

Nachdenklich erwiderte ich: »Man kann also sagen, dass sich erstens die eigenen Fähigkeiten sowohl von Individuen als auch von Unternehmen schneller verändern lassen als früher und sich zweitens die Umwelt sehr viel schneller ändert. Und aus der Beziehung von beidem ergibt sich, was Stärke ist und was nicht. Somit ist das, was heute Stärke war, morgen vielleicht keine Stärke mehr und umgekehrt. Das leuchtet ein. Aber muss ich mich dann nicht einfach häufiger damit beschäftigen?«

»Und als Igel dem Hasen hinterherhecheln?«, fragte Herr Radies. »Das Spiel verlieren Sie!

Zum Glück ist es aber so, dass die Stärken fast nicht entscheidend für den Unternehmenserfolg sind. An den meisten Punkten reicht ein ›ausreichend‹. Bei einem Steuerberater zum Beispiel erwarte ich, dass die Arbeit korrekt ist. Aber ob sie darüber hinaus zwei Tage früher oder später fertig wird, ist zumeist völlig egal.

Entscheidend sind hingegen die Beziehungen zur Zielgruppe. Stellen Sie sich einmal folgende Situation vor: Sie haben eine Softwarefirma. In dieser Firma arbeiten exzellente Programmierer, aber diese Firma hat keinerlei Kontakt zur Zielgruppe. Sie haben eine zweite Firma, die einen exzellenten Kontakt zur Zielgruppe hat, aber keine wirklich guten Codeprogrammierer. Welche dieser beiden Firmen wird wohl erfolgreicher sein?«

»Vermutlich die zweite Firma mit dem guten Kontakt zur Zielgruppe«, überlegte ich.

»Da haben Sie so gewählt, wie etwa 90 Prozent aller Unternehmer, mit denen ich bereits gesprochen habe*. Der Punkt ist schlicht und

---

nehmercoachs) hat er? Der Unterschied auf lange Sicht besteht hingegen nicht in der Intelligenz, besonderen Talenten, Herkunft oder Ähnlichem.

* Selbstständige entscheiden hier übrigens oft umgekehrt. Was weniger mit einer unterschiedlichen Einschätzung der Situation zu tun hat als mit dem eigenen

ergreifend, dass Sie Stärken relativ schnell zumindest bis zu einem gewissen Grad aufbauen können. Die guten Beziehungen zur Zielgruppe können Sie jedoch nicht so schnell aufbauen. Aus diesem Grund hat das Unternehmen, das einen guten Kontakt zur Zielgruppe hat, deutlich bessere Chancen. Den guten Programmierer kaufen Sie sich dann eben einfach dazu. Die erste Firma hingegen dürfte aller Voraussicht nach in Schönheit sterben.

Zudem müssen Sie *nicht* besser sein als Ihre Wettbewerber. Ihre Kunden müssen sich mit Ihnen und Ihren Produkten oder Leistungen lediglich wohler fühlen. Das hat sehr wenig mit dem Produkt und sehr viel mit der Wahrnehmung und den Emotionen der Kunden zu tun.

Um langfristig in der Wahrnehmung und den Emotionen Ihrer Kunden den ersten Platz zu belegen, kommt es vor allem auf Ihr Einfühlungsvermögen in den Kunden an. Sie müssen spüren, was für den Kunden wichtig ist; wie sich der Kunde ändert. Und wenn Sie das spüren, dann haben Sie auch mit mittelmäßigen Stärken bessere Karten als der Wettbewerber, der zwar exzellent ist, aber nicht spürt, was für den Kunden wichtig ist – weil er nämlich immer in die falsche Richtung optimiert. Um langfristig in der Wahrnehmung und den Emotionen Ihrer Kunden den ersten Platz zu belegen, kommt es nicht auf Ihre Stärken, sondern auf Ihre Beziehung an.«

»Sie meinen also nicht, dass sich das Bessere durchsetzt?«

»Nein, meine ich nicht«, schüttelte Herr Radies den Kopf. »Das wäre so, wenn sich Menschen zweckrational für ein Produkt entscheiden würden. Das tun sie aber nicht so häufig, wie allgemein angenommen wird. Das haben wir ja bereits an unserem ersten Tag besprochen.

Wenn Sie in die Wirtschaftsgeschichte schauen, dann finden Sie genau dafür Beispiele. In den 1980er-Jahren war Motorola der Firma Intel bei Mikroprozessoren haushoch überlegen – was übrigens heute auch damalige Intel-Manager eingestehen. Trotzdem hat Intel

---

Selbstwert, der sich aus den Fachkrafttätigkeiten ergibt. Es ist also eher eine Antwort, dass die Fähigkeiten doch wichtiger sein *müssten*.

gewonnen. Genauso war damals Apple der Firma Microsoft haushoch überlegen. Trotzdem hat Microsoft gewonnen*. Und das beste Beispiel haben wir direkt vor der Haustür: VW hat nirgends herausragende Stärken. Weder sind die Autos besonders billig noch besonders teuer. Weder sind sie besonders gut noch besonders schlecht. Weder sind sie besonderer Kult noch besonders hübsch noch besonders ökologisch. Auch Service gibt es anderswo einen besseren.

Das einzig Besondere ist, dass alles so durchschnittlich ist. Der Slogan könnte eigentlich lauten: ›VW – durchschnittliche Autos für durchschnittliche Menschen.‹ Dass sie trotzdem mit Toyota zusammen die meisten Autos verkaufen, ist der beste Beweis dafür, dass die Stärken oder Schwächen für den Erfolg nicht wirklich wichtig sind.

Die logische Konsequenz ist, was sich die wenigsten eingestehen, dass auch Schwächen nicht wirklich spielentscheidend sind – außer an den Punkten, an denen es um Kernleistungen geht, die dem Kunden wirklich wichtig sind.«

»Gut«, gestand ich. »Dass die Stärken nicht so wichtig sind, wie allgemein angenommen, verstehe ich. Aber Sie sagten vorher, dass es sogar schaden würde, sich mit seinen Stärken zu beschäftigen.«

»Ja«, nickte Herr Radies. »Diese Entdeckung fand ich zu Beginn auch sehr verwunderlich. Zu Beginn beobachtete ich einfach nur, wie sich Unternehmer ziemlich hilflos die Fragen nach den Stärken ihres Unternehmens oder ihrer Mitarbeiter stellten. Immer wieder gab es Unklarheiten, ob etwas eine Stärke sei oder nicht.

Dabei ist die Suche oft viel zu allgemein gehalten. Auf einer persönlichen Ebene tauchen etwa folgende Stärken auf: ›kann analytisch denken‹ oder ›kann begeistern‹ oder ›kann ausgleichen‹. Das ist zwar nett, aber viel zu allgemein. Damit haben viel zu viele Menschen oder Unternehmen ähnliche Stärken und es taugt nicht als Unterscheidungsmerkmal.

---

* Dass jetzt Apple an der Börse wertvoller ist als Microsoft, hat Apple nicht den besseren Macs, sondern den iPods, iPhones und iPads zu verdanken.

Wenn man hingegen ins Detail geht, also z.B. statt ›analytisch denken‹ auflistet: ›kann gut Anforderungen in UML-Diagramme umsetzen‹, ›kann gut Algorithmen optimieren‹, ›kann gut Integralrechung‹ etc., dann hat man innerhalb kürzester Zeit einige hundert Stärken. Diese führen jedoch nicht zu der angestrebten Fokussierung, sondern in der Regel zu völliger Verwirrung.«

»In dem Buch über die EKS habe ich gelesen, dass der Zugang über die Stärken dem Zweck dient, aus der Vielzahl von Möglichkeiten bereits eine Vorauswahl zu treffen, und jeder methodische Schritt eigentlich eine Verengung wie bei einem Trichter bringen soll. Das ist ja dann ganz offensichtlich in der Praxis nicht gegeben.«

»Genau«, bestätigte Herr Radies. »Dann kommt ein weiterer Punkt hinzu. Wir hatten ja vorher bereits festgehalten, dass Stärken grundsätzlich kontextabhängig sind. Wenn Sie einigermaßen Englisch können, dann ist das in Deutschland eine Stärke, in den USA eine Schwäche. Das führt zu folgendem Phänomen: Sobald Sie eine Stärke oder eine Schwäche beschreiben, dann nehmen Sie implizit einen Kontext an, in dem Sie agieren.

Nun fragen wir nach den Stärken im Zusammenhang mit der Strategie. Nach der Strategie wird bei Unternehmen jedoch fast nur gefragt, wenn etwas geändert werden soll. Und dazu müssen Sie sich in anderen Kontexten bewegen. In dem Maße, wie Sie jedoch implizit durch die Stärkendefinition Ihren Kontext festschreiben, *verhindern* Sie den Wechsel in einen neuen Kontext. Das merken Sie in der Regel gar nicht, weil die Kontexte ja implizit angenommen werden. Im Beispiel: Wenn Sie Ihr mittelmäßiges Englisch als Stärke beschreiben, dann gehen Sie implizit davon aus, *nicht* im englischsprachigen Raum tätig zu werden, denn dort wäre es ja keine Stärke.

Durch die Fokussierung auf Ihre Stärken und die Selbstzuschreibung und Identitätsbildung auf Basis dieser Stärken verhindern Sie also einen Wechsel des Kontexts. In dem Maße, wie ich meine Firma durch Stärken definiere, *blockiere* ich meine Weiterentwicklung. Bis vor 30 Jahren gab es Setzer – man druckte mit Bleisatz. Die Stärke war einfach zu messen: Wie viele fehlerfreie Zeilen pro Minute konnte ein Setzer erstellen? Wenn ich mich auf diese Stärke fokussiere und diese Stärke einen Teil meiner Identität bildet, dann halte ich mit aller Gewalt an dieser Identität fest. Niemand mag Identitätskrisen. Und dann werde ich eben von der Wirklichkeit überrollt.«

»Schon«, nickte ich, »aber muss ich dann nicht einfach regelmäßig an meiner Identität arbeiten?«

»Herr Steinbach«, schüttelte Herr Radies den Kopf, »in der Theorie ist das ganz einfach. In der Praxis passiert das aber nicht. Ein Beispiel: Sind Sie gut in Mathe?«

Etwas irritiert erwiderte ich: »Mittelmäßig. Warum?«

»Wie kommen Sie darauf?«

»Ich hatte in der Schule immer Dreien und Vieren.«

»Sehen Sie, Sie bestimmen Ihre Identität durch Ereignisse, die 20 Jahre zurückliegen. Sie ändern diese Selbstzuschreibung nicht mehr. Und«, fuhr Herr Radies fort, »vermutlich wären Sie heute grottenschlecht und könnten es mit keinem Achtklässler aufnehmen. Sie würden ganz flott eine Sechs nach der anderen schreiben.«

»Vermutlich stimmt das«, nickte ich grinsend.

»Wir haben also das Problem der Verwirrung, der impliziten Kontexte und der Identitätsfestschreibung. Dann kommen wir noch zu einem weiteren Problem. Wir hatten es schon an unserem ersten Tag von einer anderen Perspektive aus angesprochen.«

»Was meinen Sie?«

»Die vorrangige Fokussierung auf Stärken löst die falschen Emotionen aus. Wer in seine Stärken verliebt ist, empfindet in der Regel das Gefühl ›Begeisterung für die Sache‹.«

»Stimmt«, erinnerte ich mich, »und mit diesem Gefühl komme ich immer wieder von den vier Strategieprinzipien ab. Ohne dass mir das bewusst wäre. Aber darf ich denn keine Begeisterung für die Sache haben? Das wäre ja irgendwie merkwürdig, oder?«

»Es geht um das *bestimmende* Gefühl«, präzisierte Herr Radies. »Wenn Sie Ihre Partnerin bekochen, dann kann das bestimmende Gefühl die Begeisterung fürs Kochen sein oder die Liebe zu Ihrer Partnerin. Natürlich müssen Sie nicht leiden, wenn Sie für sie kochen. Aber denken Sie nicht auch, dass ein anderes bestimmendes Gefühl einen ganz wesentlichen Unterschied macht? Im ersten Fall stehen Sie nur am Herd, im zweiten Fall widmen Sie sich auch der Tischdekoration, der Beleuchtung, der Musik und allem Drumherum.

Die Begeisterung für eine Sache hat immer auch etwas mit dem Stolz auf bestimmte Fähigkeiten zu tun. Und dieser Stolz wird dazu führen, dass Sie an diesen Fähigkeiten festhalten, auch wenn sich die Bedürfnisse der Kunden ändern.

Und ich möchte noch zwei letzte Punkte anführen. Es ist erstens der Unterschied zwischen einem statischen und einem dynamischen Selbstbild.«

»Was ist da der Unterschied?«

»Ein Mensch mit einem statischen Selbstbild geht davon aus, bestimmte Fähigkeiten oder Talente zu haben. Diese sind Teil seiner Identität. Ein Mensch mit einem dynamischen Selbstbild hingegen geht davon aus, durch eigenen Einsatz und Fleiß und Übung bestimmte Fähigkeiten erlernen zu können.«

»Okay, verstehe ich«, nickte ich. »Aber spielt das irgendeine Rolle?«

»Eine sehr große Rolle sogar! Die Wissenschaftlerin Carol Dweck hat Menschen mit statischen und dynamischen Selbstbildern untersucht. Der Unterschied ist folgender: Menschen, die davon ausgehen, bestimmte Talente zu haben, suchen sich in diesem Bereich einfachere Aufgaben als Menschen mit einem dynamischen Selbstbild.«

»Warum das denn?«, fragte ich irritiert.

»Wenn sie scheitern würden, würde das unmittelbar an ihrer Identität kratzen. Es wäre der Beweis, dass sie vielleicht gar nicht so talentiert sind. Da der Mensch nichts so sehr hasst, wie in seiner Identität angekratzt zu werden, wird er alles versuchen, dies zu vermeiden. Und um das zu vermeiden, suchen sie die einfacheren Aufgaben. Und weil sie sich immer die einfacheren Aufgaben suchen, lernen sie nicht so viel dazu. Und werden irgendwann schlechter.

Wenn sie mehrfach scheitern, dann kommen sie einfach zur Ansicht, dass sie eben doch nicht so talentiert sind – und tun erst recht nichts mehr. Weil man ja nur in Bereichen tätig sein soll, in denen man Talent hat. Wer sich auf sein Talent konzentriert, für den wird die Welt immer kleiner.

Wohingegen die Menschen mit dem dynamischen Selbstbild ein Scheitern nur als Beweis dafür sehen, dass sie wohl zu wenig geübt haben. Und dann entsprechend mehr üben. Und schneller auf ihre 10000 Stunden Übung kommen.

Es ist langfristig sogar so, dass Sie, wenn Sie irgendwo keine Stärken hatten und diese mühevoll aufgebaut haben, mit dem Selbstbewusstsein, alles andere auch schaffen zu können, belohnt werden. Dieses Selbstbewusstsein ist durch nichts zu ersetzen.

Mit anderen Worten: Es fühlt sich zwar prima an zu glauben, in bestimmten Bereichen besondere Stärken zu haben. Aber mittel- und langfristig verhindern genau dieser statische Glaube und der damit zusammenhängende Wunsch, seine Identität zu schützen, eine Weiterentwicklung. Das ist die Geschichte der Talentierten, die irgendwann von den Fleißigen überholt werden. Oder die Geschichte der ewigen Talentierten, die nie irgendetwas auf die Reihe bekommen, weil sie jeden ernsthaften Einsatz ihrer Talente vermeiden.«

»Das würde ja auch heißen«, sinnierte ich, »dass es ein Fehler wäre, seine Mitarbeiter für ihre Fähigkeiten und Stärken zu loben?«

»Stimmt«, nickte Herr Radies, »Sie würden dadurch ein statisches Selbstbild festigen. Loben Sie immer nur für Ergebnisse und für Lernerfolge durch entsprechenden Einsatz!

Dasselbe gilt aber auch für Ihr gesamtes Unternehmen. Wenn Sie bestimmte Stärken für sich definieren, dann führt das erstens dazu, dass Sie sich nur in diesem Bereich aufhalten und damit langfristig den Fokus verlieren. Die Plattenspielerfirma Dual ist ein gutes Beispiel dafür.

Zweitens führt das dazu, dass Sie alles zu vermeiden versuchen, was Ihnen zeigen würde, dass Sie diese Stärken vielleicht gar nicht in dem Umfang haben, wie Sie glauben. Hier gehört eine Vielzahl satter Marktführer dazu, deren Markt scheinbar plötzlich von Newcomern aufgemischt wird.«

»Auf den ersten Blick sieht man das alles gar nicht«, überlegte ich. »Die Beschäftigung mit den Stärken scheint sinnvoll und wichtig zu sein. Aber so, wie Sie es darstellen, führt die Beschäftigung mit seinen Stärken in einer identitätsstiftenden Form immer in eine Sackgasse.«

»So ist es. Und es gibt noch einen letzten Grund: Die Beschäftigung mit den eigenen Stärken bindet Energie und hindert einen daran, offene Beziehungen zu anderen aufzubauen.

Sie benötigen eine gewisse Menge Energie, um das Bild, dass Sie bestimmte Stärken haben, aufrechtzuerhalten. Mit anderen Worten: Sie sind permanent in einer gedanklichen Rechtfertigungsschleife.«

»Wie meinen Sie das?«, fragte ich.

»Nun ja«, wiegte Herr Radies den Kopf, »welche Stärken haben Sie denn jetzt mit Ihrem Unternehmen?«

»Wir sind flexibel!«, antwortete ich rasch.

»Gut, flexibel also. Gab es schon Menschen, die das anzweifelten?«

»Ja, natürlich. Herr Bäumler zum Beispiel. Eigentlich alle, die ihre eigene Planung nicht im Griff hatten und noch mehr Leistung für noch weniger Geld aus uns herauspressen wollten.«

»Sehen Sie, was Sie da machen?«, fragte Herr Radies.

Ich dachte einen Moment nach. »Nein«, schüttelte ich den Kopf.

»Nun, wenn jemand die Flexibilität einfordert und wirklich hohe Ansprüche stellt, versuchen Sie es zu vermeiden.«

»Aber …«

»Haben Sie sich den hohen Flexibilitätsansprüchen gestellt: Ja oder Nein?«

»Nein«, musste ich zerknirscht eingestehen.

»Und was haben Sie stattdessen gemacht?«

»Weiß nicht …«, versuchte ich mich herauszureden. Mir war nicht ganz klar, worauf er hinauswollte.

Herr Radies wartete einen Moment, dann fuhr er fort: »Sie haben einen gedanklichen Gegenangriff gestartet. Sie machen die anderen runter, dass die ihre Planung nicht im Griff haben und immer noch mehr Leistung für weniger Geld wollen.

Das haben Sie getan, um sich zu rechtfertigen. Um nicht Ihr Selbstbild von Ihrer Flexibilität infrage zu stellen. Das meine ich mit der gedanklichen Rechtfertigungsschleife. Wenn Sie Ihre Identität mit Stärken verknüpfen, sind Sie immer irgendwann gezwungen, sich zu rechtfertigen. Meistens dadurch, dass man sich selbst in besserem und den anderen in schlechterem Licht darstellt. Man stellt sich über den anderen. Dadurch zerstört man aber die Beziehung, die man mal hatte*.

Mal ehrlich: Menschen und Firmen, die lautstark ihre Stärken vor sich her tragen, wirken nicht sonderlich sympathisch auf uns**.«

»OK, das klingt ja alles schön und auch einigermaßen durchdacht, aber haben sich Unternehmer nicht schon immer auf ihre Stärken konzentriert?«

Herr Radies schüttelte seinen Kopf: »Worauf sich der Unternehmer hingegen konzentriert, ist sein Motiv. Und sein Bezug zur Zielgruppe.

Alle großen und bekannten Unternehmer – oder noch allgemeiner Persönlichkeiten – hatten ein durchschlagendes Motiv. Anita Roddick von Bodyshop wollte Kosmetik ohne Tierversuche, Henry Ford wollte Mobilität für alle und Bill Gates einen Computer in jedem Wohnzimmer.

Oftmals gibt es ganz bestimmte Schlüsselerlebnisse – oder Erlebnisse, die durch eine entsprechende Story nachträglich von der bekannten Persönlichkeit selbst zum Schlüsselerlebnis stilisiert wurden –, die dazu führen, dass sich ganz normale Menschen nur noch auf ein Thema fokussieren. Mahatma Gandhi veranschaulichte das gut durch sein Erlebnis, als er in Südafrika aus dem 1.-Klasse-Abteil im Zug geworfen

---

* Ausführlich zu diesem Thema: Arbinger Institute: *Leben ohne Selbstbetrug. Wie Sie aus der Box kommen.* Sowie in Kapitel 6.5.

** Solche, die das Gegenteil tun, natürlich noch weniger.

wurde, obwohl er dafür ein Ticket hatte. Nur, weil seine Hautfarbe nicht stimmte. Das war der Wendepunkt in seinem Leben. Er hat sich keine Gedanken darüber gemacht, ob er die Stärke hat, Menschen mitreißen zu können. Er hat einfach sein Motiv verfolgt, die Menschen geliebt und die Stärken, die er brauchte, entwickelt.

Und auch Nokia hat sich keine Gedanken über die Stärken gemacht, als es vom Gummistiefelbusiness ins Handy-Business wechselte.

Mit anderen Worten: *Ein Unternehmen oder ein Unternehmer verschwendet seine Zeit nicht mit der Suche nach Stärken*. Und ich habe es persönlich zu oft erlebt, dass bei dieser Strategieentwicklung nach der reinen EKS zwar korrekte Strategien herauskamen, dem Unternehmer aber Kunden und Tätigkeit völlig gleichgültig waren. Im schlimmeren Fall wird das ein Erfolg und der Unternehmer hat über Jahre oder Jahrzehnte ein Unternehmen an der Backe, das ihn nicht ausfüllt.

Deswegen muss man zwingend mit dem Motiv beginnen und nicht mit den Stärken! Einem Motiv, das emotional so stark ist, dass man sich diesem Motiv sein ganzes Leben lang verschreiben kann. Oder zumindest die nächsten 14 Jahre – sieben Jahre, um die notwendigen Stärken aufzubauen, und weitere sieben Jahre, um auch etwas zu bewirken.«

»Langsam verstehe ich. Aber warum setzen dann praktisch alle Strategiekonzepte bei den Stärken an?«

»Letztlich geht es bei strategischen Ideen doch darum, einen Fixpunkt in der Welt zu bestimmen, auf den man sich fokussieren kann. Einen Punkt, der auch in einem Monat, einem Jahr und vielleicht sogar in zehn Jahren noch da ist. In der Neurostrategie® ist dieser Fixpunkt das eigene Grundmotiv und die Beziehung zur Zielgruppe, die Liebe zu Ihren Kunden. Alles andere ist variabel. In den meisten anderen Strategiekonzepten sind die eigenen Stärken der Fixpunkt. Und alles andere ist variabel.

Aber wir haben vor einer Woche gesehen, dass nur die Liebe zu den Kunden der Zielgruppe automatisch zu einer prinzipienkonformen Strategie führt. Wir sehen jetzt, dass eine Fokussierung auf die

Stärken zu einer statischen Sichtweise führt. Einerseits wird an bestimmten Tätigkeiten festgehalten, auch wenn es die Kunden nicht mehr interessiert. Andererseits werden alle wirklichen Herausforderungen, die die eigene Identität infrage stellen könnten, vermieden und damit bleibt die Lernkurve flacher als eigentlich möglich. Drittens führt die Beschreibung der eigenen Identität durch Stärken zwingend zu einer Rechtfertigungsschleife und der Verschlechterung der sozialen Beziehungen.

Warum Strategiekonzepte trotzdem bei den Stärken ansetzen? Da gibt es viele Gründe: Das statische Weltbild ist ziemlich verbreitet und dominant. Dann sind die meisten Strategiekonzepte auch schon älter und vor allem für größere Unternehmen entwickelt worden, die einen großen Teil ihres Kapitals in Maschinen gebunden haben. Damit sind natürlich bestimmte Stärken festgelegt und diese Unternehmen weniger flexibel. Früher war außerdem die Entwicklung langsamer: Bestimmte Stärken waren sehr wahrscheinlich auch morgen noch Stärken; davon können Sie heute nicht mehr unbedingt ausgehen.

Das **Konzept der Neurostrategie®**, das ich Ihnen anbiete, spielt seine Vorteile vor allem in kleinen, flexiblen Dienstleistungsunternehmen mit geringer Kapitalbindung aus – also heute der übergroßen Mehrheit aller Unternehmen.

Es arbeitet zur **Herausbildung der strategischen Idee** mit folgenden Schritten: Zuerst wird das eigene **Grundmotiv** herausgearbeitet. Oft gibt es ein wichtiges, emotionales Schlüsselerlebnis. Dann wird im zweiten Schritt nach den **Lieblingskunden** oder -menschen gesucht. Nur bei diesen Menschen ist die Wahrscheinlichkeit hoch, dass ich automatisch bei den richtigen strategischen Prinzipien bleibe. Diese beiden Schritte haben wir beim letzten Treffen durchgearbeitet.

Daraus destillieren wir im dritten Schritt eine **Zielgruppe**. Im vierten Schritt analysieren wir, wo die **Aufmerksamkeit unserer Zielgruppe** am größten ist. Und genau dafür entwickeln wir im fünften Schritt unsere Innovation. In diesem fünften Schritt interessieren unsere **Stärken** durchaus, aber nicht vorher!

Im sechsten Schritt kümmern wir uns um die **Positionierung**, also um die Frage, wie Kunden auf unsere Leistung aufmerksam werden. Und im siebten Schritt betrachten wir über die strategischen Muster Ihre **internen Regeln und Emotionen**, nach denen Sie Ihre Strategie verfolgen oder auch nicht.

Je nachdem, wie sich dieses Vorgehen entwickelt, werden wir uns zwischendurch noch um Ihre langfristige **Vision** kümmern.«

»Da haben wir ja ein volles Programm vor uns. Meinen Sie, wir kommen da heute durch?«

»Kann sein, kann auch nicht sein. Ich habe manchmal drei Stunden und manchmal drei Tage gebraucht. Manchmal sind zwischendurch auch noch ein paar Hausaufgaben zu erledigen.«

»Das ist ja dennoch, bezogen auf das erwartete Ergebnis, eine überschaubare Zeit für eine Strategieentwicklung«, meinte ich.

»Moment, Herr Steinbach«, bremste Herr Radies. »Danach haben Sie eine strategische Idee. Das ist etwas anderes als eine funktionierende Strategie! Erinnern Sie sich noch an unseren ersten Tag? Ich verglich die Strategie mit dem Fangen des Balls. Die strategische Idee ist die Entscheidung, welchen Ball Sie warum fangen wollen. Das Wesentliche, nämlich das Fangen und die permanenten kleinen Entscheidungen auf dem Weg dorthin, passiert erst danach. Der gerade erwähnte siebte Schritt kann also recht lang dauern!«

5.3 Zielgruppe

»Gut, dann lassen Sie uns beginnen«, schlug ich vor. »Als Nächstes kommt die Zielgruppe, richtig? Da müssen Sie dann sicher wissen, was bei den Treffen mit Julia, Thomas und Hopf herausgekommen ist?«

»Ja, und auch die Ergebnisse Ihrer Telefongespräche werden wir brauchen. Ich möchte Ihnen jedoch zuerst noch eine Vorstellung davon vermitteln, wonach wir überhaupt suchen. In Ordnung?«

»Ich denke, nach einer Zielgruppe?«, fragte ich etwas irritiert.

»Das stimmt«, grinste Herr Radies. »Aber was ist eine Zielgruppe?«

»Na, eine Gruppe ähnlicher Kunden, denen ich was verkaufen will. Zum Beispiel Frauen ab 50, Einzelhändler in Bayern, Mittelständler ab 500 Mitarbeiter usw. Wir haben bislang als Zielgruppen DAX- und MDAX-Konzerne, große Mittelständler und Verwaltungen sowie Verbände. Wo liegt das Problem?«

»Das sind keine Zielgruppen«, schüttelte Herr Radies den Kopf.

»Wieso das?«, fragte ich verwundert. »Die Gruppen sind genau definiert und ich kann den Mitgliedern dieser Gruppen jeweils unterschiedliche Dinge und Leistungen gut verkaufen.«

»Um zu verstehen, warum das keine Zielgruppe ist, benötigt man eine wichtige Unterscheidung, die zum Beispiel bei Michael Gerber erwähnt wird. Er unterscheidet demografische und psychografische Zielgruppen. Erstere sind bestimmt durch ihre äußeren Rahmendaten. Das ist das, was Sie genannt haben, also zum Beispiel Frauen ab 50. Psychografische Zielgruppen hingegen sind Gruppen mit gleichen Wünschen, Bedürfnissen, Problemen, Träumen*, Glaubenssätzen, Identitätsaspekten usw. Psychografische Zielgruppen haben unter mindestens einem emotionalen Aspekt eine psychische Gemeinsamkeit.

Wir hatten das Thema bereits an unserem ersten Tag: Menschen entscheiden sich vor allem aus emotionalen Gründen für bestimmte Produkte und Leistungen. Eine wirkliche Zielgruppe ist also nur eine psychografische Zielgruppe. Die Zugehörigkeit zu einer demografischen Gruppe ist lediglich *ein Indiz* für eine bestimmte Psychologie. Wenn Frauen ab 50 häufiger Wellness-Wochenenden kaufen, dann tun sie das aufgrund einer bestimmten Psychologie und nicht, weil sie älter als 50 Jahre und weiblich sind.

Weil der Mensch emotional entscheidet, sind zudem, wie wir auch

---

* Auch die EKS definiert eine Zielgruppe als Gruppe von Menschen oder Organisationen mit denselben Problemen, Wünschen oder Träumen.

schon besprochen haben, die Bereiche, in denen streng nach Nutzen entschieden wird, seltener als man glaubt. Damit lässt sich eine Zielgruppe auch sehr viel seltener nach den (rationalen) Problemen, dem zugehörigen potenziellen Nutzen und den zur Erbringung dieses Nutzens nötigen Stärken bilden. Oftmals fährt man mit einer Zielgruppenbildung entlang emotionaler Motive oder gar der Identität und dem Selbstbild von Menschen – oder Organisationen – wesentlich besser.

Der Haken ist lediglich: Eine demografische Zielgruppe können Sie schön einfach beschreiben. Auch nach Nutzenkategorien geht es noch recht einfach. Für eine psychografische Zielgruppe hingegen brauchen Sie eine sehr genaue Vorstellung der Psychologie und müssen oftmals völlig neue Kategorien erfinden.

Meist beginnen Sie mit einer groben demografischen Beschreibung und wagen sich von dort ins Neuland. Die wenigen Standard-Zielgruppen, die psychografisch definiert werden, z.B. LOHAS, Lifestyle of Health and Sustainability, also die gesundheitlich und ökologisch orientierte gebildete Mittelschicht, helfen Ihnen bei der Zielgruppenbestimmung für ein kleines Unternehmen meist nicht weiter, weil sie viel zu groß und unscharf sind.«

»Klingt mir nach einem ziemlich großen Haken«, wandte ich ein. »Dann kann ich ja Menschen oder Organisationen nach allen möglichen Kriterien zu Zielgruppen bündeln. Ob sie innovationsfreudig sind oder nicht, ob sie im Urlaub Sport mögen oder nicht, ob sie laute Veranstaltungen mögen oder nicht. Das ist ja uferlos! Wo soll ich da anfangen?«

»Wir haben schon angefangen«, lächelte Herr Radies. »Und zwar bei Ihren drei Lieblingsmenschen. Ihr Fixpunkt sind wirkliche Menschen. Diese können Sie natürlich nach allen möglichen Kriterien beschreiben – deswegen ist das Finden einer Zielgruppe Detektivarbeit. Aber Sie fangen nicht im leeren Raum an!«

»Aber«, überlegte ich, »gibt es denn Hilfsmittel zur Beschreibung der Zielgruppen?«

»Ja und nein«, erwiderte Herr Radies. »Letztlich ist die Herausarbeitung der Zielgruppe ein kreativer Prozess. Damit ist die Entwicklung der Strategie mit der Tätigkeit eines Künstlers vergleichbar. Vorgaben sind damit zugleich oft Begrenzungen.«

»Aber gibt es nicht so etwas wie Noten in der Musik?«

»Ja, ich arbeite mit einer Mindmap, die die Dimensionen der psychografischen Zielgruppenbestimmung zeigt. Das ist so etwas wie die Noten für den Musiker oder der Farbkreis für den Maler.«

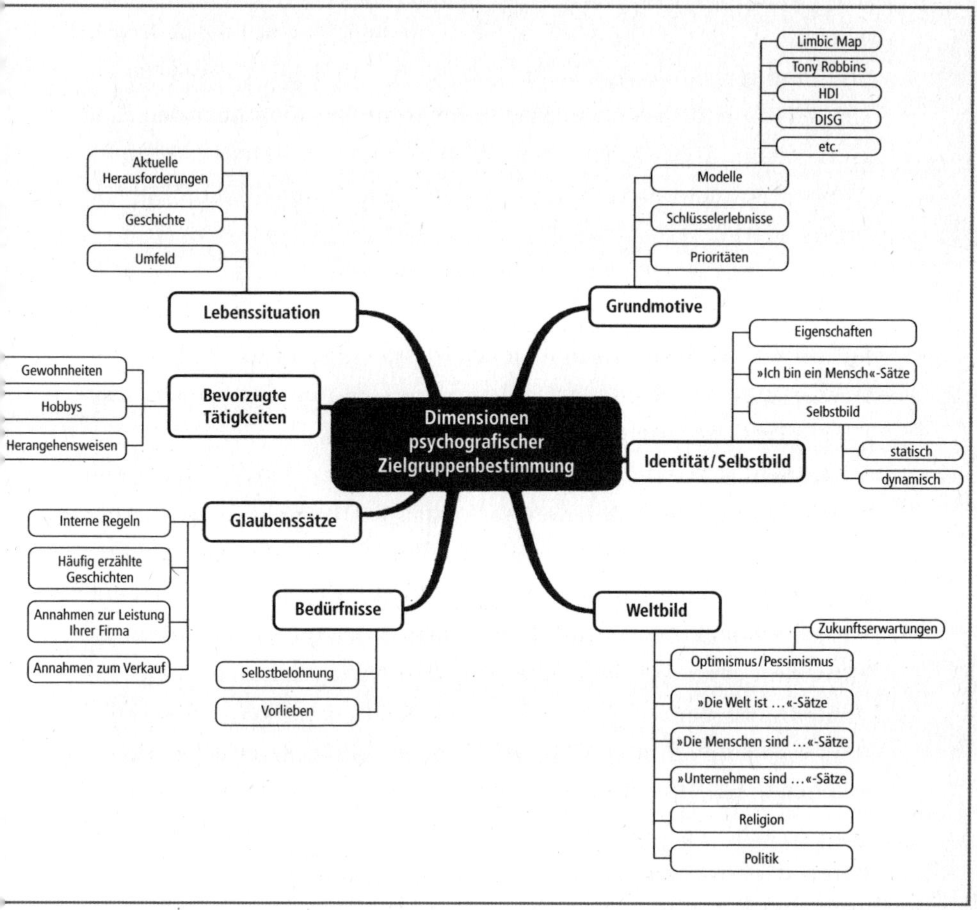

Ich schaute mir die Mindmap eine Zeit lang an. Dann fiel mir auf: »Wir arbeiten aber nicht für Personen, sondern für Unternehmen.«

»Lässt sich übertragen«, erwiderte Herr Radies. »Erstens verkaufen Sie immer an Personen. Und diese handeln immer, auch wenn sie für ein Unternehmen agieren, emotional. Sie verschwenden lediglich mehr Energie auf die nachträgliche ›rationale‹ Rechtfertigung des Kaufs vor Kollegen und Vorgesetzten.

Zweitens hat jedes Unternehmen eine Kultur – meist ist diese völlig unbewusst. Diese Kultur besteht jedoch aus denselben Komponenten. Es gibt ›Wir sind ein ... Unternehmen‹-Sätze, es gibt Schlüsselerlebnisse, die das Unternehmen geprägt haben, es gibt interne Regeln und häufig erzählte Geschichten. Diese Kulturebene müssen Sie vor allem dann berücksichtigen, wenn mehrere Personen über den Kauf entscheiden. Aber das gilt auch schon im privaten Bereich: Wenn Sie Autos verkaufen, dann müssen Sie auch die Familienkultur berücksichtigen.«

»Gut«, nickte ich. »Lassen Sie uns beginnen!«

Aber Herr Radies schüttelte den Kopf: »Je genauer Sie wissen, was Sie auf welche Weise suchen wollen, desto höher ist die Wahrscheinlichkeit, dass Sie es finden. Bislang wissen Sie nur, dass Sie eine psychografische Zielgruppe suchen.

Der Schlüsselfaktor für die Entwicklung einer jeden Strategie ist die Nähe zur Zielgruppe. Nur wenn ich auch im Dunkeln in den Köpfen der Mitglieder meiner Zielgruppe ein und aus spazieren gehen kann, kann ich zielsicher eine Strategie entwickeln. Und ich kann am ehesten im Dunkeln in den Köpfen anderer spazieren gehen, wenn ich entweder selbst aus dieser Zielgruppe komme oder erstens viel mit diesen Menschen zusammen bin und zweitens starke positive Emotionen gegenüber diesen Menschen habe. Mit anderen Worten: Der Schlüsselfaktor für die Auswahl der Zielgruppe ist die Intensität Ihrer persönlichen Beziehung zu den Mitgliedern der Zielgruppe. Das heißt, dass Ihre Zielgruppe zu Ihren drei Lieblingsmenschen passen muss.

Als Nächstes müssen Sie wissen, wie groß die Zielgruppe ist.«

»Ja«, nickte ich, »bislang habe ich die Zielgruppe immer möglichst groß gemacht: Dann habe ich mehr potenzielle Kunden. In dem Buch über die EKS habe ich gelesen, dass die Zielgruppe sehr klein sein soll. Damit ich möglichst schnell der Marktführer werde und damit bei den Mitgliedern der Zielgruppe an die Position eins in den Köpfen komme.«

»Genau! Aber wie klein?« fragte Herr Radies.

»Dazu habe ich nichts gefunden. Oder ich habe es überlesen.«

»Die Antwort gibt auch die EKS. Wir können die Größe der Zielgruppe recht genau bestimmen. Wie groß ist gegenwärtig das Umsatzvolumen, das Ihr Unternehmen im Jahr bewältigen könnte?«

»Schwer zu sagen«, erwiderte ich. »Das hängt vom Anteil der Kosten für Essen, Möbel und Equipment und den freien Mitarbeitern ab, die wir nur durchreichen. Ich würde lieber mit dem Rohertrag 1, also den Umsatzerlösen abzüglich der Kosten, die wir nur durchreichen, arbeiten. Da schaffen wir etwa 600000 Euro im Jahr. Mit den anderen Kosten schwankt es zwischen 2 und 3 Millionen Euro.«

»Es ist eigentlich egal, mit welchem Betrag Sie jetzt arbeiten. Vermutlich wird sich die angebotene Leistung während der Strategieentwicklung sowieso ändern. Dann ändern sich auch das von Ihnen erwirtschaftbare Umsatzvolumen und damit die anvisierte Marktgröße.

Da wir immer aus Kundensicht arbeiten, würde ich den Umsatz als Rechengröße vorziehen, auch wenn der Wert stärker schwankt. Jedenfalls multiplizieren Sie diesen Wert jetzt einfach mit 10 bis 20. Das heißt, dass Ihr Zielmarkt ein Volumen von gerade einmal 20 bis 60 Millionen, also im Schnitt etwa 40 Millionen Euro, hat. Nur wenn Ihr Zielmarkt so klein ist, haben Sie eine große Chance, eine sehr homogene Gruppe zu finden. In der Praxis scheitert die Strategieentwicklung fast immer daran, dass die Zielgruppe zu groß ist. Und nur wenn Ihr Zielmarkt so klein ist, haben Sie eine Chance, sehr schnell Marktführer in diesem Markt zu werden.«

»Sie meinen alle Veranstaltungen im ganzen Markt? Wenn ich als durchschnittliche Größe etwa 80000 Euro ansetze, dann wären das insgesamt nur 500 Veranstaltungen pro Jahr in der ganzen Zielgruppe! Und wenn man davon ausgeht, dass jeder Kunde alle ein bis zwei Jahre eine solche Veranstaltung macht, dann umfasst die Zielgruppe gerade mal 500 bis 1000 Unternehmen.«

»Genau! Die gesamte Zielgruppe umfasst nur 500 bis 1000 Unternehmen. Sie benötigen nicht so viele Kunden. Und mehr als diese 500 bis 1000 Unternehmen werden Sie auch nie ansprechen!«

»Das ist wirklich eine winzige Gruppe!«, überlegte ich. »Bislang hatten wir alle Unternehmen, Organisationen und Verbände mit mehr als 50 Mitarbeitern im Visier. Diese Zielgruppe ist nach Ihrer Definition bestimmt um den Faktor 100 zu groß. Und selbst wenn ich die Zielgruppe auf unsere Idee vom letzten Mal einschränke, Unternehmer aus inhabergeführten Unternehmen bei ihrer Produktpräsentation zum Rockstar zu machen, ist sie noch immer viel zu groß.

Wobei diese Idee ja sowieso nichts taugt.«

»Wieso das denn?«, wollte Herr Radies wissen.

»Weil ich dazu bei meinen Gesprächen fast nur negatives Feedback bekam.«

»Gut, das werden wir berücksichtigen müssen«, meinte Herr Radies. »Aber so begeistert, wie Sie das letzte Mal waren, sollten wir das nicht so schnell aufgeben. Ich vermute eher, dass Ihre Zielgruppe noch zu groß ist und noch eine Mehrheit von Menschen beinhaltet, die dieser Idee nichts abgewinnen kann. Damit werden wir uns später noch ausgiebiger beschäftigen. Wir waren bei der Größe.«

»Ich verstehe jetzt die Logik dahinter. Aber bei einer Einschränkung auf eine so winzige Gruppe fühle ich mich sehr abhängig und empfinde das als ziemlich risikobeladen.«

»Da haben Sie einen ganz wesentlichen Punkt getroffen, warum die wenigsten Unternehmer dauerhaft einer guten Strategie folgen. Selbst wenn sie sich zu Beginn auf eine kleine Zielgruppe einlassen, weil sie es rational nachvollziehen können, warum die Fokussierung auf eine Zielgruppe strategisch klug ist, wird ihre Angst und ihr Glaube, dass diese Fokussierung mit einem höheren Risiko behaftet sei, sie immer wieder davon abbringen.

Das geschieht oft ganz unbewusst. Zum Beispiel fragt ein Kunde an, der nicht zur Zielgruppe gehört. Und man erfüllt seinen Auftrag nur, weil man sich dann ein wenig sicherer fühlt. Das ist, wie wenn Sie einen Ball fangen wollen und sich immer nach rechts bewegen, wenn sich der Ball in Ihrem Gesichtsfeld nach links bewegt.«

»Ah, wir sind wieder beim ersten Tag. Ich kann eine Strategie, die sich an den vier Grundprinzipien orientiert, dauerhaft nur befolgen, wenn meine Gefühle stimmen. Und bei einer kleinen Zielgruppe verspüre ich Unsicherheit und das ist nicht das richtige Gefühl. Richtig?«

Herr Radies nickte langsam: »Da können Sie erklären, so viel sie wollen. Das ist völlig irrelevant. Das Prinzip der kleinen Zielgruppen ist ja nachvollziehbar. Aber wenn Ihre Gefühle querschießen, dann weichen Sie das Prinzip immer auf.«

»Und was mache ich da? Ich kann ja nicht einfach so tun, als ob ich mich mit einer kleinen Zielgruppe sicher fühlen würde.«

»In der jetzigen Phase unserer Arbeit können Sie durchaus so tun. Rein rational haben Sie das Konzept ja verstanden. Erst bei der Umsetzung werden Sie damit Probleme bekommen. Ich würde das Thema deshalb auch gerne erst dann [vgl. Kapitel 6.4] vertiefen, in Ordnung?«

Ich nickte: »Okay. Mich interessiert aktuell auch mehr, wie ich überhaupt zu so einer kleinen Zielgruppe komme.«

»Das ist der nächste Schritt. Wenn klar ist, was eine Zielgruppe überhaupt ist und wie sie ungefähr beschaffen sein muss, dann geht es nun um die Frage, wie man überhaupt dazu kommt. Im Prinzip gibt es zwei Hauptvarianten. Entweder die eher analytische oder die eher assoziative Variante. In nahezu allen Strategielehren gibt es nur die analytische Variante.

Man bricht dort eine große Zielgruppe immer weiter herunter. Bei Ihren Kunden könnte man hergehen und aus den verschiedenen Größen Zielgruppen bilden. Diese könnte man dann nach bevorzugten Veranstaltungsarten segmentieren. Dann könnte man danach segmentieren, ob sie die komplette Veranstaltung von Ihnen organisieren lassen oder nur Teile davon.

Der Haken daran ist, dass man meist nach den branchenüblichen Kriterien herunterbricht. Ich schätze mal, dass alle Eventagenturen nach diesen Kriterien kategorisieren. Damit schaffen Sie nichts Neues. Und das Ergebnis hat auch keinerlei Bezug zu Ihrem Motiv.

Interessant wird es erst, wenn Sie psychografische Komponenten hinzuziehen. Die Zielgruppe eines Hotels könnte man zum Beispiel analytisch von allen Gästen auf Wellness-Reisende eingrenzen. Dann, wenn das auch das eigene Grundmotiv ist, auf solche, denen es bei Wellness vor allem um Schönheit geht. Um Schönheit geht es vor allem denen, die in irgendeiner Art in der Öffentlichkeit stehen. Also könnte ich meine Zielgruppe weiter auf Celebrities eingrenzen. Mit jeder Eingrenzung der Zielgruppe sind völlig neue Aspekte in der Problem- und Bedürfnisstruktur verbunden. Und dementsprechend wären alle diese Hotels unterschiedlich aufgebaut und hätten unterschiedliche Angebote.«

»Sie schalten mehrere Segmentierungsschritte hintereinander, also Größe, Veranstaltungsart, ausgelagerte Leistungen bzw. Wellness, Schönheit, Celebrities. Wie weiß ich, wann ich welche Segmentierung nutzen soll und wie viele Schritte es braucht?«

»Es braucht so viele Schritte, bis die Zielgruppe klein genug ist. Wenn Sie es allein machen würden, dann würden Sie aufgrund der Unsicherheit mit der Zielgruppengröße bestimmt zu früh aufhören. Aber wir machen das ja gemeinsam.

Sie fragten, welche Segmentierungen Sie nehmen sollen? Letztlich ist es eine Kombination aus Ausprobieren und Erfahrung. Wie der Feuerwehreinsatzleiter, von dem ich Ihnen an unserem ersten Tag erzählt habe, aufgrund vieler Erfahrungen eben weiß, dass die Werbetafel herunterfallen wird.«

»Das heißt, ein erfahrener Berater ist hier entscheidend?«

»Genau. Er sollte einige hundert oder gar tausend Strategieprozesse begleitet haben. Letztlich lässt sich allgemein nur sagen, dass Sie meist mehrere Segmentierungsschritte hintereinanderschalten. Das kann durchaus auch der eine oder andere demografische Segmentierungsschritt sein, um die Gruppen kleiner und handhabbarer zu machen.

Genau genommen haben Sie bei mittleren und größeren inhabergeführten Unternehmen, die neue, innovative Produkte vorstellen wollen, schon drei demografische Segmentierungen vorgenommen: Nach Größe, nach Eigentums- bzw. Führungsverhältnissen und nach Produktart. Manchmal kommen da durchaus sieben oder acht Segmentierungsschritte zusammen, bis man die endgültige Zielgruppe hat.

Diese Schritte sind jeweils immer mit einem vertieften Kennenlernen der letzten Teilzielgruppe und auch gewissen Änderungsschmerzen verbunden. Bei jeder weiteren Segmentierung müsste das Hotel mit den Celebrities umgebaut und sicher auch ein Teil der Belegschaft ausgetauscht werden. Bei einem Wellness-Hotel müssten die Mitarbeiter zum Beispiel massieren können. Bei einem Celebrity-Hotel müssen sie darüber hinaus verschwiegen sein und einen wesentlich besseren Service bieten.

Deshalb kann man bei einem rein analytischen Verfahren nicht davon ausgehen, dass man diese vier bis acht Iterationen mal eben an einem Tag oder einem Wochenende schafft. Oft zieht sich dies über Monate – manchmal auch Jahre – hin. Damit meine ich aber nicht, dass man über Monate oder Jahre im stillen Kämmerchen über Strategie nachdenken sollte. Das führt nur zur Verwirrung und letztlich Lähmung. Das beste Mittel gegen Verwirrung ist Handeln. D.h. Phasen des Nachdenkens und Handelns müssen sich abwechseln.

Dass sich das so lange hinzieht, hat seine Ursache darin, dass Sie bei der rein analytischen Methode in Wirklichkeit gar nicht wissen, wonach Sie eigentlich suchen.

Die andere Variante ist deshalb assoziativ. Dabei gehen Sie genau umgekehrt vor: Sie wissen schon zu Beginn, wer Bestandteil Ihrer Zielgruppe ist, nämlich Ihre drei Lieblingsmenschen. Dann fragen Sie, wer von Ihren jetzigen Kunden am besten dazu passt. Und beginnen nun die Gemeinsamkeiten zu beschreiben.«

»Das ist das Verfahren, mit dem wir begonnen haben. Ist das also die bessere Möglichkeit?«

»Für den Anfang ja, aber meist brauchen wir eine Kombination beider Vorgehensweisen. Das ist wie bei jeder kreativen Arbeit: Sie haben eine Ausgangsidee und assoziieren. Irgendwann müssen Sie aber auch Material sammeln und kategorisieren. Schließlich ergibt beides zusammen ein neues Ergebnis.

Strategie ist eine Kunst und deshalb sagt Professor Faltin auch, dass Unternehmer Künstler sind.«

»Wir hatten als erste Annäherung zwei unterschiedliche Wege gewählt«, wiederholte Herr Radies. »Zum einen Ihr Grundmotiv der Bedeutsamkeit. Zum anderen über die Menschen, die Sie lieben und bewundern. Das waren Julia, Thomas, Hopf. Und Steve Jobs. Der Letztere führte uns zu Unternehmern mittlerer und größerer inhabergeführter Unternehmen, die ein neues Produkt vorstellen wollen. Wie machen wir da weiter?

Wir arbeiten jetzt mit einer Mindmap. Aber nicht der klassischen Mindmap, die ein Zentrum hat, von dem alles ausgeht, sondern es kann mehrere Zentren und Kristallisationspunkte geben. Wir arbeiten stark mit Pfeilen, Beziehungen und Assoziationen. Dabei arbeiten wir auch nicht sequenziell, wie so oft, sondern wir springen hin und her und assoziieren.

Lassen Sie uns ein großes Blatt vom Flipchart nehmen.«

Ich riss ein Blatt ab und wir begannen. Zuerst zeichnete ich auf, was wir bereits hatten. Auch wenn ich aufgrund des negativen Feedbacks noch immer an dieser Idee ›Unternehmer als Rockstars‹ zweifelte.

Herr Radies betrachtete einige Momente die Mindmap, dann meinte er: »Nun ist es wohl an der Zeit, dass Sie mir etwas über die Treffen mit Julia, Hopf und Thomas erzählen. Und anschließend über Ihre Telefonate.«

Ich nickte und begann zu erzählen: »Das Treffen mit Thomas war spannend und wir haben uns viel über die Art und Weise unterhalten, wie man Unternehmen führt. Auch über unsere Träume und Ziele ha-

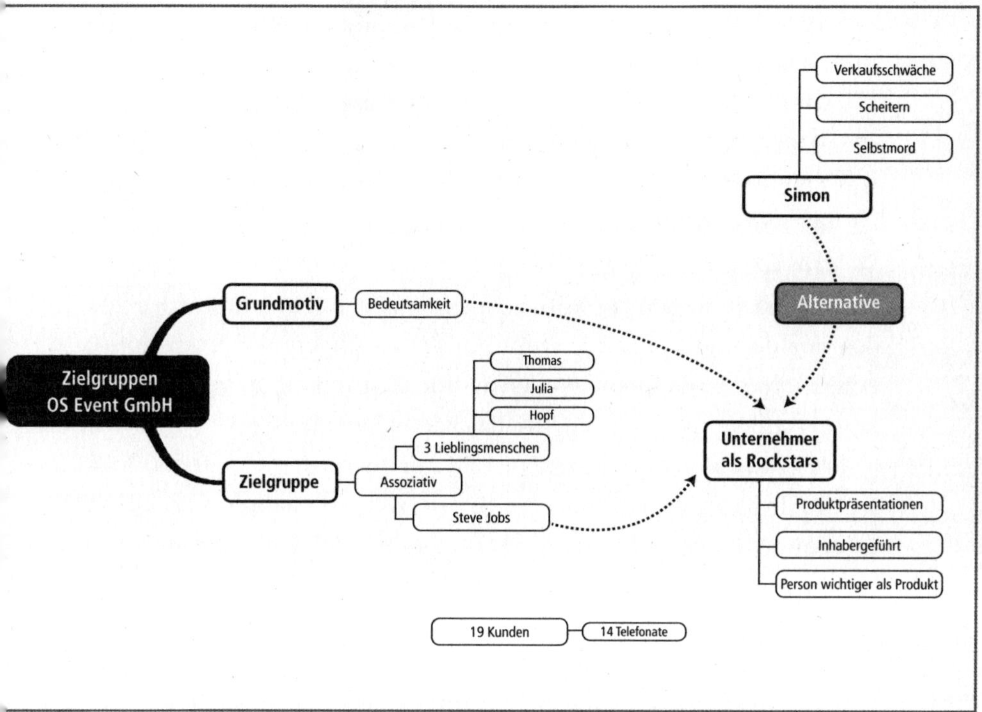

ben wir uns lange und ausführlich unterhalten. Er führt derzeit zwei Unternehmen, eines mit 25 und eines mit 80 Mitarbeitern. Das hat mich echt überrascht, dass eines der beiden Unternehmen so groß war.

Ich habe ihm dann von der Idee erzählt, dass wir Events organisieren wollen, um die Person des Unternehmers in den Vordergrund zu stellen, so wie bei Steve Jobs eben. Damit die Persönlichkeit des Unternehmers auf das Produkt abfärbt und so auch das Produkt einen Kultstatus bekommt. Ich dachte mir, dass er mit seiner 80-Mitarbeiter-Firma in diese Zielgruppe passen würde, aber er konnte gar nichts mit meiner Idee anfangen.«

»Hat er gesagt, warum er damit nichts anfangen kann?«, fragte Herr Radies dazwischen.

»Ja, er präsentiert seine neue Produkte und Dienstleistungen nicht mit Events, sondern ausschließlich über das Internet.«

»Das ist sicherlich ein wichtiger Punkt«, bestätigte Herr Radies und trug es in die Mindmap ein.

»Mein Treffen mit Julia«, fuhr ich fort, »verlief anfangs etwas stockend. Ich glaube, die gegenseitigen Verletzungen saßen sehr tief. Aber dann tauten wir immer mehr auf und näherten uns wieder einander an. Ich bin so froh, wieder einen Zugang zu ihr gefunden zu haben. Sie kam sogar am Freitag in meine Firma, um sich alles anzuschauen. Dabei rasselte sie sofort mit Dago aneinander und hielt mir dann vor, dass meine Änderungen ja wohl nur gespielt seien, wenn ich mit so einem Typen zusammenarbeiten würde. Ich musste dann noch mal zwei Stunden mit ihr reden, um das wieder einzurenken.

In Bezug auf meine Zielgruppe hilft mir das auch nicht weiter. Julia ist Schauspielerin und hangelt sich wie vor zwei Jahren von einem Engagement zum nächsten. Sie kann kaum ihre Miete und ihr Essen bezahlen. Als Kundin und Zielgruppe fällt sie genau wie Thomas aus.«

»Als Schauspielerin dürfte ihr so etwas wie Bedeutsamkeit auch wichtig sein?«, sinnierte Herr Radies.

»Ja«, nickte ich. »Sie hat auf der Bühne eine unglaubliche Präsenz. Sie kann auch anderen Menschen eine Präsenz geben. Wenn sie will. Und wenn sie nicht so zickig ist wie bei Dago. Sie hat einfach noch nicht verstanden, dass man für ein Team eben unterschiedliche Menschen braucht.«

»Einmal abgesehen von den Teamproblemen: Wenn wir irgendetwas um die ursprüngliche Idee herum, Unternehmer zu Rockstars zu machen, entwickeln werden, dann brauchen Sie jemand, der in der Lage ist, anderen Menschen Präsenz zu geben und anderen Menschen zu zeigen, wie sie diese Präsenz gewinnen. Ihre Schwester wäre so gesehen eine mögliche Mitarbeiterin.«

»Oh Gott«, entfuhr es mir, »Dago und sie bringen sich sofort gegenseitig um.«

»Alexa und Dago scheinen das ja auch schon zu tun. Da ist also sowieso noch eine Baustelle offen. Aber wenn Sie von diesem Konflikt abstrahieren?«

»Dann könnte das eine Möglichkeit sein«, sinnierte ich. »Aber warten wir erst mal ab, was am Ende unserer strategischen Idee herauskommt.

So«, fuhr ich in der Erwartung, jetzt endlich meinen Erfolg erzählen zu können, fort, »mein Abend mit Hopf, also Marc, wie er jetzt genannt werden will, war richtig schön und spannend. Wir verstanden uns auf Anhieb. Wie wenn die vielen Jahre, die wir uns nicht gesehen hatten, nicht gewesen wären. Er hatte bald nach der Auflösung unserer Band eine eigene Firma gegründet. Er ist im Bereich Musikelektronik für Bands tätig und stellt dort einige spezielle Geräte wie Mischpulte und dergleichen her.

Durch seine guten Kontakte in der Musikszene und seine Kenntnis der Anforderungen der Bands aus eigener Erfahrung hat er es geschafft, in gut 8 Jahren auf 70 Mitarbeiter zu kommen. Und als ich ihm von meiner Idee erzählte, neue Produkte so ähnlich wie Steve Jobs vorzustellen, also die Person des Unternehmers in den Mittelpunkt zu rücken und daraus dann auch einen Kult für die Produkte zu erzeugen, war er – im Gegensatz zu Thomas – sofort begeistert. Und wir überlegten den ganzen Abend, ob wir das für ihn und seine Firma nutzen können. Schließlich gab er mir den bezahlten Auftrag, ein Konzept für die Vorstellung eines seiner neuen Produkte zu entwickeln. Wenn ihm das gefiele, dann würde er uns auch mit der Umsetzung beauftragen. Das war ein richtiger Erfolg!«

»Das klingt doch klasse«, freute sich Herr Radies. »Sicherlich spielt Ihre alte Freundschaft eine Rolle, dass diese Idee so schnell und offen entstanden ist. Aber ein Mann, der ein Unternehmen von 0 auf 70 Mitarbeiter aufgebaut hat, vergibt nicht einfach so aus Freundschaft und ohne dass er gedrängt wird, Aufträge. Da haben Sie einen Bedarf getroffen. Volltreffer, sozusagen! Gratuliere!

Unser Job ist jetzt, Marc und sein Unternehmen genauer zu beschreiben und das Gemeinsame mit Ihren anderen potenziellen Kunden herauszuarbeiten. Sie haben doch mit 14 Kunden telefoniert. Haben Sie die Protokolle dabei?«

Ich nickte und holte einen Ordner aus meiner Tasche.

»Wir schauen uns zuerst die an, mit denen Sie am längsten sprechen konnten und mit denen die Chemie am besten stimmte. Die anderen nehmen wir uns später vor, um abzugrenzen, wer nicht zur Zielgruppe gehört. Was jetzt kommt, ist wirkliche Detektivarbeit.«

»Gut«, begann ich. »Lassen Sie uns die 14 Kunden durchgehen und schauen, was herauskommt. In Ordnung?«

In den folgenden zwei Stunden sichteten wir meine Protokolle und versuchten, die Muster zu erkennen. Dabei liefen wir mehr als einmal in die falsche Richtung, es war wirklich die von Herrn Radies angekündigte Detektivarbeit. Wir nannten die 14 Unternehmer, mit denen ich gesprochen hatte, U1 bis U14, markierten sie farblich je nach Offenheit und Interesse von rot über gelb nach grün. Und versuchten alle Informationen, die ich hatte – auch wenn sie scheinbar unwichtig erschienen –, zu erfassen.

Nach zwei Stunden lichtete sich der Nebel langsam. Wir hatten herauskristallisiert, dass die meisten selbst wieder Kunden hatten, die zur Bildung von Szenen neigten. Zum Beispiel die Bands als Kunden von Marc oder die Kunden eines Sport-Mode-Labels. Dabei konnten die Kunden unserer Kunden sowohl Consumer als auch Kleingewerbe sein – nicht jedoch Großunternehmen.

Und es war wichtig, dass es in den Szenen der Kunden unserer Kunden jeweils wieder eine gewisse Avantgarde gab, die man mit Events gewinnen konnte. Damit wuchs unsere Mindmap gewaltig [vgl. S. 167].

Das war zwar noch immer sehr unscharf, aber wir konnten damit eine Menge derjenigen, die wir vorher angesprochen hatten, einfach ausschließen. Zum Beispiel Großunternehmen, Verbände, Maschinenbau-Unternehmen, Hausverwaltungen, Finanzvertriebe usw.

Dennoch war es nach dieser intensiven Arbeit immer noch unklar, warum die einen meine Idee abgelehnt hatten, und andere, wie Marc und noch zwei weitere Kunden, richtig aufgeschlossen gewesen waren. Ich konnte den Unterschied nicht erfassen.

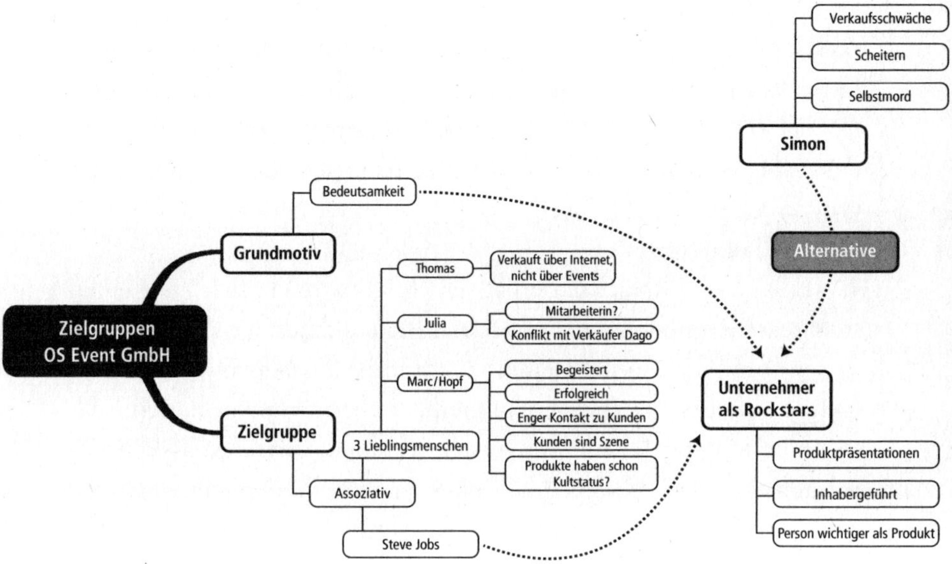
Zielgruppen
OS Event GmbH
Grundmotiv
Bedeutsamkeit
Zielgruppe
3 Lieblingsmenschen
Thomas
Verkauft über Internet, nicht über Events
Julia
Mitarbeiterin?
Konflikt mit Verkäufer Dago
Marc/Hopf
Begeistert
Erfolgreich
Enger Kontakt zu Kunden
Kunden sind Szene
Produkte haben schon Kultstatus?
Assoziativ
Steve Jobs
Simon
Verkaufsschwäche
Scheitern
Selbstmord
Alternative
Unternehmer als Rockstars
Produktpräsentationen
Inhabergeführt
Person wichtiger als Produkt

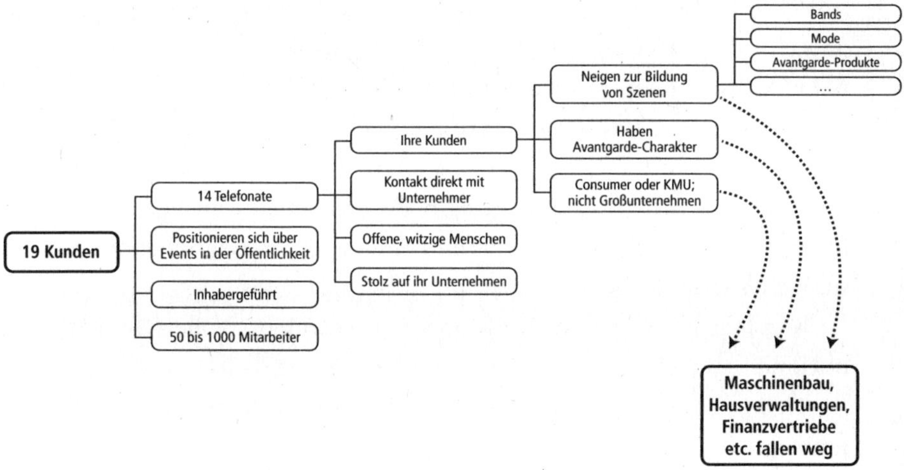
19 Kunden
14 Telefonate
Positionieren sich über Events in der Öffentlichkeit
Inhabergeführt
50 bis 1000 Mitarbeiter
Ihre Kunden
Kontakt direkt mit Unternehmer
Offene, witzige Menschen
Stolz auf ihr Unternehmen
Neigen zur Bildung von Szenen
Bands
Mode
Avantgarde-Produkte
…
Haben Avantgarde-Charakter
Consumer oder KMU; nicht Großunternehmen
Maschinenbau, Hausverwaltungen, Finanzvertriebe etc. fallen weg

5.4 Der Zirkel

Da wir bereits drei Stunden durchgearbeitet hatten, machten wir eine kurze Pause und aßen eine Kleinigkeit zu Mittag. Danach wollte ich mit der Definition der Zielgruppe weitermachen. Herr Radies lehnte jedoch ab, was mich sehr verblüffte. Nachdem ich einmal mit der Zielgruppe begonnen hatte, wollte ich dort auch fortfahren und sie bis ins letzte Detail festlegen.

Als ich Herrn Radies darauf ansprach, erklärte er: »Ich habe einen methodischen und einen emotionalen Grund dafür, die Zielgruppe in dieser Form erst einmal stehen zu lassen. Wir arbeiten später daran weiter. Lassen Sie mich mit dem methodischen Grund beginnen.

Ich hatte Ihnen bei unserem ersten Treffen von der engpasskonzentrierten Strategie EKS erzählt. Und Sie haben mittlerweile das Buch dazu gelesen. Diese Strategielehre entwickelt die Strategie in sieben methodischen Schritten. Zuerst werden die Stärken herausgearbeitet, als Nächstes dann das Spezialgebiet, das zu diesen Stärken passt. Als Drittes wird eine Zielgruppe gesucht, die zu diesem Spezialgebiet passt, und im vierten Schritt wird das brennendste Problem dieser Gruppe gesucht. Im fünften Schritt schließlich wird für dieses brennendste Problem eine Innovation gefunden, gegebenenfalls mit Kooperationen, die im sechsten Schritt angegangen werden. Im siebten und letzten Schritt wird das permanente Grundbedürfnis hinter dem brennendsten Problem gefunden und entlang dieses Grundbedürfnisses weiter innoviert.«

»Wir haben diese Reihenfolge ja schon geändert. Wollen Sie jetzt nochmal etwas daran ändern?«

»Nein, eigentlich nicht. Nur ein Detail. Wir haben jetzt nämlich ein Problem.«

»Welches denn?«, fragte ich leicht erstaunt. »Wir könnten methodisch entweder weiter an der Zielgruppe arbeiten oder wir könnten uns als Nächstes mit dem brennendsten Problem beschäftigen. Wir müssen uns nur entscheiden!«

»So einfach ist das leider nicht«, widersprach Herr Radies bedauernd. »Erinnern Sie sich an die Definition einer Zielgruppe?«

»Ja«, nickte ich. »Eine Gruppe von Menschen oder Organisationen mit denselben Wünschen, Bedürfnissen, Träumen oder Problemen.«

»Und zwar im Hinblick auf einen besonderen Wunsch, ein besonderes Bedürfnis, einen besonderen Traum oder ein besonderes Problem. Und zwar das wichtigste Bedürfnis, Problem usw. Fällt Ihnen etwas auf?«

Ich dachte einen Moment nach, dann schüttelte ich den Kopf.

»Schritt drei nach dem Konzept der EKS ist die Bestimmung der Zielgruppe. Eine Zielgruppe bestimmt sich durch besondere Wünsche, Probleme usw. Aber diese kennen Sie zu dem Zeitpunkt noch gar nicht, da Sie das brennendste Problem erst in Schritt vier bestimmen! Mit anderen Worten: Um Schritt drei komplett zu erledigen, müssten Sie zuerst Schritt vier ausgeführt haben. Und um Schritt vier auszuführen, benötigen Sie zuerst eine Zielgruppe, müssten also Schritt drei erledigt haben.

Sie haben einen hübschen Zirkel, der Sie im Kreis herum führt.«

»Und was machen wir da?«, fragte ich frustriert, als mir die Bedeutung dessen, was Herr Radies gerade gesagt hatte, klar wurde.

»Mehrfach hin- und herspringen. Zuerst versuchen wir, die Zielgruppe ein bisschen genauer zu fassen. Das haben wir getan. Dann schauen wir, was das brennendste Problem oder der größte Wunsch dieser Gruppe ist. Das überprüfen wir in der Realität. Von dort grenzen wir wieder die Zielgruppe ein und so weiter. Sonst bleibt man an diesem Punkt oft einfach hängen.«

»Dann ist das, was wir machen, aber oft unscharf und mit einer großen Unsicherheit behaftet. Mir erscheint die Zielgruppe jetzt zum Beispiel viel zu ungenau.«

»Ist sie auch. Aber das ist Bestandteil des Prozesses. Das Problem dabei ist: Wir sind streng analytisches und methodisches Arbeiten gewöhnt. Und normalerweise machen wir erst mit dem nächsten Schritt weiter, wenn wir mit dem vorigen fertig sind. Alles andere erzeugt

Unsicherheit und das Gefühl eines wackligen Fundaments. Die Wände eines Hauses werden ja auch erst dann hochgezogen, wenn das Fundament fertig ist.

Bei der Strategie ist es nicht anders. Wir müssen mit der Unsicherheit leben und diese im Prozess aushalten. Das ist, wie wenn Sie sich am Anfang noch gar nicht für einen Ball entscheiden, den Sie fangen wollen. Sondern für eine Gruppe von Bällen, die ungefähr in dieselbe Richtung fliegt. Erst im Prozess, also während des Laufens, fixieren Sie immer genauer den Ball, den Sie schließlich fangen werden.

Bei der Strategieentwicklung müssen Sie immer mit Unsicherheit leben und lernen, diese im Prozess auszuhalten. Der Wunsch nach Sicherheit ist der Garant dafür, steckenzubleiben.

Auch das ist oft ein Punkt, an dem die Entwicklung der strategischen Idee hängen bleibt. Der Unternehmer will erst völlige Klarheit und Sicherheit bei der Zielgruppe. Und in der Zeit sind meist sämtliche ursprünglichen Bälle schon gelandet.«

»Das ist wieder das Thema Angst?«, warf ich ein.

»Ja, das ist der emotionale Grund, von dem ich sprach«, nickte Herr Radies. »Wir müssen durch diese Unsicherheit hindurch.«

»Aber können wir nicht an der Zielgruppe noch weitermachen?«

»Können wir. Aber je mehr Kriterien Sie einbeziehen, desto unüberschaubarer wird das Ganze. Sie könnten die Zielgruppen unterteilen, weiter unterteilen usw. Als Ergebnis hätten Sie dann das, was Gary Klein die kombinatorische Explosion nennt. Sie würden sich durch die Vielzahl der Differenzierungen selbst lähmen und damit jede Entscheidung blockieren. Rationalität und Analyse haben nur in sehr einfachen Zusammenhängen Stärken. In komplexen Zusammenhängen ist Intuition nahezu immer überlegen. Es ist deshalb wichtig zu wissen, wann man von der Analyse auf die Intuition umschalten sollte.«

»Woher weiß ich denn, dass meine Intuition mich nicht täuscht?«

»Das wissen Sie nie«, grinste Herr Radies. »Dazu gibt es eine schöne Geschichte:

Ein Journalist fragt einen erfolgreichen Geschäftsmann nach dem Geheimnis seines Erfolgs.

Dieser antwortet: ›Richtige Entscheidungen zu treffen.‹

Dem Journalist reicht diese Antwort nicht und er fragt weiter: ›Aber wie trifft man richtige Entscheidungen?‹

Der Geschäftsmann antwortet: ›Durch Erfahrung.‹

Auch das reicht dem Journalist nicht und so fragt er nochmals: ›Wie gewinnt man Erfahrung?‹

Der Geschäftsmann antwortet: ›Durch falsche Entscheidungen.‹

Das entspricht letztlich auch den Erkenntnissen der Wissenschaftler Gary Klein und anderer. Gute Entscheidungen basieren auf Erfahrungen und sind oft intuitiver Natur. Bei diesem Thema waren wir ja schon an unserem ersten Tag, als wir über Mikroentscheidungen sprachen.

Neben den richtigen Emotionen ist das die andere zentrale Komponente der Neurostrategie®: die Erfahrung aus der langfristigen Beschäftigung mit Strategie. Das Schöne ist aber: Sie müssen diese Erfahrungen nur zum Teil selbst machen: Sie können auch die Erfahrungen anderer nutzen.«

»Was wieder dazu führt, dass ich mich verstärkt mit Unternehmern umgeben sollte, die sich intensiv mit Strategie beschäftigen. Um so auch an deren Erfahrungen zu kommen?«, fragte ich.

Herr Radies nickte: »Langfristig gehört das zu den wichtigsten Dingen, die Sie tun können. Ihr Umfeld bestimmt Ihren Erfolg. Natürlich sollten Sie sich vor allem mit erfolgreichen Unternehmern umgeben. Die anderen vermitteln Ihnen vor allem falsche Interpretationen ihrer Erfahrungen.

Bis zu einem gewissen Grad können Sie das auch durch Lesen ergänzen: In vielen Büchern finden sich Geschichten über mehr oder weniger erfolgreiche Strategieentwicklungen. Je größer Ihr Geschichtenfundus ist, desto größer ist die Chance, intuitiv den richtigen Weg einzuschlagen.

Hier liegt nebenbei auch der wahre Schatz der EKS: In hunderten von strategischen Geschichten und Handlungsmodellen, die einem erlauben, Muster zu erkennen. Wenn auch das Wesentliche in den Geschichten fehlt: die emotionalen Bedeutungen und Widerstände während des Handelns. Aber immerhin gibt es Geschichten ...«

»Das scheint mir aber ziemlich lange zu dauern«, wandte ich ein.

»Ja, Sie können aber noch etwas Ergänzendes machen«, nickte Herr Radies. »Meist handeln wir aufgrund falscher Geschichten. Unsere Schulen bilden nur Angestellte aus. Die Eltern der meisten Unternehmer sind Angestellte. Angestellte handeln aufgrund anderer Geschichten anders als Unternehmer. Und selbst wenn man sich mit diesen Angestellten-Geschichten selbstständig macht und neue Erfahrungen gewinnt, dann sind das Selbstständigen-Erfahrungen und keine Unternehmer-Erfahrungen. Mit anderen Worten: Sammeln und erzählen Sie die richtigen Erfahrungen und Geschichten ganz bewusst schriftlich. Steigern Sie den emotionalen Wert der richtigen Geschichten.

Und machen Sie die falschen Geschichten – zumindest für eine Übergangszeit – lächerlich. Sorgen Sie dafür, dass die typische sicherheitsorientierte Angestellten-Denke so absurd wirkt, dass Ihr Unterbewusstsein diese Denke nicht mehr als Referenz für Ihre Intuition heranzieht.«

»Klingt auch ziemlich aufwendig«, entgegnete ich, als ich versuchte, mir das vorzustellen.

»Der Aufwand ist sicher ein Problem«, bestätigte Herr Radies. »Es dauert sehr, sehr lange. Die 10000 Stunden Übung, die ich schon ansprach, gelten auch für strategisches Verhalten. Zum Glück für Sie gibt's kaum Unternehmer und nur sehr wenige auf Strategie spezialisierte Berater, die auf diese Zeit kommen. Sodass Sie auch schon mit deutlich weniger Aufwand vergleichbar bessere Ergebnisse erzielen als andere Unternehmer.«

»Na gut, ich hoffe, Sie bringen ein paar tausend Stunden Übung mit, dann muss ich mich darum nicht kümmern«, lächelte ich ihn an.

»Oh, solange wir hier zusammen arbeiten, können Sie gerne auf meine Erfahrung zurückgreifen.

Nur fällen Sie Ihre Mikroentscheidungen im Wesentlichen, wenn ich nicht da bin. Sie werden also auf lange Sicht um die Entwicklung Ihrer eigenen strategischen Fähigkeiten nicht herumkommen.

Mein Job ist, Ihnen zu helfen, eine strategische Idee zu entwickeln und mit Ihnen herauszuarbeiten, wie Sie auf der richtigen Spur bleiben können. Ihr Job ist, diesen Weg zu gehen und dabei allein viele gute Entscheidungen zu treffen.«

5.5 Die Aufmerksamkeit der Zielgruppe

»Gut«, nickte ich. »Dann kommen wir als Nächstes zum Engpass oder zum brennendsten Problem der Zielgruppe? Also EKS Phase vier?«

»Hätte ich bis vor ein oder zwei Jahren so gemacht«, schüttelte Herr Radies den Kopf. »Die Idee des brennendsten Problems oder Engpasses ist ja an sich nicht schlecht. Angenommen, ein Mitarbeiter ist gerade gekündigt worden. Sein brennendstes Problem ist nun ein neuer Job. Wenn Sie diesen zu bieten haben, haben Sie seine volle Aufmerksamkeit.

Der gekündigte Mitarbeiter fährt nach Hause, hat dabei einen Autounfall, bricht sich das Bein und kommt in die Notaufnahme des Krankenhauses. Wenn Sie ihm in dieser Situation einen Job anbieten, sagt er: ›Ja, aber erst nach der Untersuchung. Ich bin verletzt.‹ Offensichtlich gibt es nun ein anderes brennendes Problem und Sie haben, wenn Sie den Job anbieten, nicht mehr die volle Aufmerksamkeit.

Verfolgen wir diesen armen Menschen nun weiter. Er ist im Krankenhaus, sein Bein tut ihm weh, er wartet auf die Untersuchung und außerdem muss er auf die Toilette. Nachdem er dort sein Geschäft verrichtet hat, stellt er fest, dass kein Toilettenpapier da ist. In dem Moment kommen der Arzt, der ihn untersuchen will, und eine andere

Person mit einem Jobangebot herein. Leider haben nun beide nicht seine volle Aufmerksamkeit, weil offensichtlich ein ganz anderes Problem noch brennender geworden ist.«

»Weswegen ich nun als Reinigungskraft mit neuem Toilettenpapier noch wichtiger geworden wäre als der Arzt und der zukünftige Arbeitgeber«, lachte ich.

»Genau! Der Punkt ist nur folgender: Das Konzept geht wieder vom rational handelnden Menschen aus. Der Mensch hat ein Problem, weiß um dieses Problem und kann exakt beurteilen, welches die beste Lösung für sein Problem ist. Schließlich handelt er sogar danach!

Das trifft für bestimmte Lebensbereiche zu. Aber leider für weniger Lebensbereiche, als wir gemeinhin glauben.«

»Im Fall des verletzten Arbeitslosen auf der Toilette scheint es aber zu stimmen.«

»Ist auch ein bisschen konstruiert«, gab Herr Radies grinsend zu. »Aber natürlich trifft dies auch für manche realen Fälle zu. Zum Beispiel auf den Anwalt an der Verkehrskreuzung, von dem ich Ihnen erzählte. Aber eben viel seltener, als wir gemeinhin glauben.

Wir müssen zwei Dinge berücksichtigen, wenn wir weiterkommen wollen. Erstens den Unterschied zwischen einem Engpass und einem subjektiv empfundenen Problem.

Schauen wir uns erst einmal die Sache mit dem Engpass an. Engpassorientierte Konzepte gibt es nicht nur im Bereich der Unternehmensführung. Letztlich lässt sich das Konzept für alle lebenden Systeme verwenden. Solche Konzepte gibt es zum Beispiel von Justus von Liebig, Wolfgang Mewes, Eliyahu Goldratt oder Nikolai Kondratieff.

Justus von Liebig hat sich ausgiebig mit Pflanzenwachstum beschäftigt. Er entdeckte im 19. Jahrhundert, dass Pflanzen bestimmte Nährstoffe zum Wachstum benötigen. Wasser, Licht, Phosphate usw. Fehlt einer dieser Nährstoffe in der ausreichenden Menge, dann wächst die Pflanze nicht weiter und Insekten beginnen, sich über die Pflanze herzumachen. Die Pflanze wird sogar krank und stirbt.

Fehlen z.B. Phosphate, dann kann man Wasser und Licht hinzufügen, so viel man will. Die Pflanze wächst trotzdem nicht weiter. Im Extremfall ersäuft oder verbrennt sie sogar. Führt man den fehlenden Nährstoff hingegen zu, so wächst die Pflanze von ganz alleine – ohne dass man an ihr ziehen oder sie sonst irgendwie manipulieren müsste. Das geht so lange, bis die Pflanze wieder an einen Engpass kommt, bis also wieder ein Nährstoff fehlt. Das kann natürlich durchaus ein anderer sein.

Wolfgang Mewes hat dieses Konzept mit der engpasskonzentrierten Strategie EKS auf Unternehmen übertragen. Er sagt, auch ein Unternehmen wächst so lange von allein, bis ein Engpass entsteht. Wenn nun zum Beispiel Kunden fehlen, dann kann man Kapital zuführen, so viel man will. Das Unternehmen wird trotzdem nicht wachsen. Erst dann, wenn man diesen Engpass beseitigt – im Falle der fehlenden Kunden praktisch immer durch eine zielgruppenorientierte Strategie, dann wächst das Unternehmen weiter –, und zwar von ganz allein. Bis eben ein neuer Engpass auftritt.

Eliyahu Goldratt hat mit der Theory of Constraints (TOC) ebenfalls ein engpassorientiertes Konzept der Unternehmenssteuerung entwickelt. Vorzüge gegenüber der EKS sehe ich in zwei Punkten: zum einen bei der Analyse und Identifikation der Engpässe, zum anderen bei der Entwicklung von Standardlösungen. Gegenüber der EKS fehlt hingegen meiner Einschätzung nach die Ganzheitlichkeit. Und leider kann die TOC nur von Vollblut-Analytikern geschätzt und genutzt werden. Sie widerspricht einfach unseren stark assoziativen Denkfähigkeiten. Meine Meinung dazu: Als Ergänzung an den Stellen, wo die EKS Schwächen hat, anwendbar.

Nikolai Kondratieff entwickelte Ende der 1920er-Jahre ein Konzept der ›langen wirtschaftlichen Wellen‹ von ca. 35 bis 60 Jahren. 1939 schrieb Schumpeter, dass die Grundlage dieser wirtschaftlichen Wellen Basisinnovationen seien. Jede Basisinnovation führt zu Wachstum und gerät irgendwann an einen von ihr erzeugten Engpass. Dieser Engpass macht sich immer als (große) Krise bemerkbar.

Beispiel: Im ersten Kondratieff-Zyklus um 1800 wird die Dampfmaschine auf breiter Front eingeführt. Die Fabriken konnten im Vergleich zu früher ein Vielfaches produzieren. Man nahm an, dass das endlos so weitergehen würde. Tat es aber nicht. Das Zeug wurde nämlich mit Pferdekutschen und Ochsenkarren verteilt. Und damit stiegen die Transportkosten im Vergleich zu den Produktionskosten immens an. Erst als sich die Eisenbahnen durchsetzten und damit der Engpass gelöst wurde, konnte das Wachstum weitergehen. Dasselbe Muster kann auch zur Erklärung der heutigen Krise genutzt werden*.«

»Dieses Prinzip scheint ziemlich einleuchtend und wirklich auf viele Bereiche übertragbar zu sein. Das heißt, dass die Engpass-Denke eher eine allgemeine Haltung, ein allgemeines Herangehen an Systeme ist?«

»Ja«, nickte Herr Radies. »Dahinter steckt ein Modell, eine Theorie, die auf bestimmten Axiomen beruht. Erstens das Axiom, dass sich jedes lebende System von selbst entwickelt. Auch Unternehmen und Organisationen sind lebende Systeme. Und zweitens das Axiom, dass es in jedem System zu einem bestimmten Zeitpunkt höchstens einen Engpass gibt, der das weitere Wachstum des Systems behindert.

Dabei wird zwischen lokalen und globalen Engpässen unterschieden. Lokale Engpässe sind Engpässe an einem Subsystem. Globale Engpässe sind Engpässe des Gesamtsystems. Was Subsystem und Gesamtsystem sind, hängt von der Betrachtungsweise ab. Betrachtet

---

* Was deutlich macht, dass die Bankenkrise nur ein Symptom ist und eine neue Basisinnovation zur Lösung des durch die letzte Basisinnovation (Kommunikation und damit einhergehende Globalisierung und daraus resultierendes Wachstum in Schwellenländern) erzeugten Engpasses fehlt. Vgl. dazu ausführlich http://www.unternehmercoach.com/coach-unternehmer-coaching-bankenkrise-welt wirtschaftskrise-risiken-chancen-kleinunternehmen.htm. Aus dem Blickwinkel der Engpass-Denkweise erscheinen die Maßnahmen der Politiker ungefähr wie die von Irren, die einfach angesichts sinkender Temperaturen Quecksilber im Thermometer nachfüllen. Und wenn's dann – aus völlig anderen Gründen – irgendwann wieder warm wird, rufen sie stolz aus: »Seht ihr, meine Methode hat geholfen und war die beste!«

man den einzelnen Menschen, so kann man ihn als Gesamtsystem und seine Zellen als Subsysteme sehen. Er kann aber auch Subsystem sein und die Menschheit, eine bestimmte Kultur oder Organisation das Gesamtsystem.

Betrachten wir ein Unternehmen: Sie haben beispielsweise einen Unternehmensprozess, der erlaubt, 100 Produkte X pro Stunde herzustellen. Ihre Verkaufsabteilung kann 80 Produkte X pro Stunde verkaufen (und Sie hätten Interessenten für 120 Verkäufe pro Stunde). In der Produktion haben Sie hin und wieder mit dem Ausfall einer Maschine zu kämpfen. Solange nun die Produktion durch den Ausfall der Maschine nicht unter 80 Produkte pro Stunde fällt, ist der Ausfall der Maschine nur ein lokaler Engpass. Der globale Engpass, der das weitere Wachstum des Unternehmens begrenzt, liegt hingegen im Verkauf. Das ist übrigens auch dann der Fall, wenn derjenige, der die Maschine bedient, ganz subjektiv die fehlerhafte Maschine für das größte Problem hält. Engpässe haben also rein gar nichts mit Meinungsbildung zu tun, sondern mit Analyse – weswegen auch Meetings in der Regel völlig ungeeignet sind, um den globalen Engpass zu finden. Da will der Kollege an der Maschine nämlich mit seinem Problem auch ernst genommen werden.«

»Das heißt, dass es nur sinnvoll ist, mit denen zu diskutieren, die auch das jeweilige Gesamtsystem im Blick haben?«

»Ja, absolut! Alles andere ist Zeitverschwendung und führt eher zur Vernebelung der Situation. Die Interessenvertreter der Partialsysteme werden nichts unversucht lassen, ihre Partialinteressen als im Sinne des Gesamtsystems liegend darzustellen und sich dazu die Welt gemäß ihren Wünschen zurechtzubiegen. Natürlich können lokale Engpässe irgendwann zu globalen Engpässen werden.

Interessant für die Strategie eines Unternehmens sind jedoch ausschließlich die globalen Engpässe – und solche, die sehr wahrscheinlich in der Zukunft zu globalen Engpässen werden. Das hat einen einfachen Grund: Wenn Sie sich als Unternehmer voll und ganz auf den globalen Engpass konzentrieren, dann haben Sie Ihre volle Energie zur

Verfügung. Sie verzetteln sich nicht in den Problemen mit einer fürs Gesamtsystem zu diesem Zeitpunkt unwichtigen Maschine.

Nun ist jedes System – also auch ein Unternehmen – Teil eines größeren Systems. Von diesem ist es nicht völlig isoliert – genau genommen ist es gar nicht isoliert –, lediglich unsere Betrachtungsweise als System trennt es von anderen Dingen. Von diesem übergeordneten System erhält es seine Energie, z.B. in Form von Nahrung oder bei einem Unternehmen in Form von Geld und Aufmerksamkeit. Von diesem übergeordneten System erhält es seine Existenzberechtigung. Und durch das übergeordnete System erhält es seinen Sinn und seine Bedeutung – eben als Beitrag zum Ganzen.

Das bedeutet, dass man, um ein Unternehmen überhaupt verstehen zu können, es in seinem Beitrag zum Ganzen sehen muss. Mit anderen Worten: Jedes Unternehmen hat als einzige Existenzberechtigung die, einen Beitrag zur Entwicklung des Ganzen (oder zumindest eines übergeordneten Systems, also der Region, Branche, des Landes, der Zielgruppe etc.) zu leisten. Genau wie die Zellen und Organe eines Körpers einen Beitrag zum Ganzen leisten müssen, wie schon in der berühmten Rede des römischen Konsuls Menenius Agrippa vor 2500 Jahren zum Ausdruck kam. Diesen Beitrag kann ein Subsystem am besten leisten, indem es den Engpass des übergeordneten Systems löst.«

»Und dann sind wir wieder beim einzigen Zweck eines Unternehmens, nämlich einen Nutzen für den Kunden zu bieten, richtig?«

»Ja, absolut. Was ich Ihnen deutlich machen will, ist, dass Engpässe grundsätzlich davon abhängen, was man als System ansieht. Der Rest ist dann nur noch Analyse. Engpässe sind also nur bezogen auf die Definition des Systems subjektiv.

Nun gibt es bei lebenden Systemen aber immer eine subjektive Seite. Jedes lebende System hat einen inneren Entwicklungswunsch, ein Bedürfnis oder ein Traum. Selbst auf der Ebene der Einzeller kann man von ›Orientierungsbedeutungen‹ sprechen. Der Einzeller ›will‹ sich z.B. zum Licht bewegen. Ohne einen solchen inneren Entwicklungswunsch gäbe es überhaupt keinen Engpass. Ein Stein hat – soweit wir wissen – weder innere Wünsche noch Entwicklungsengpässe.

Für das System entscheidend ist, dass, wenn auf dem Weg zur Wunscherfüllung ein Hindernis auftritt, dieses nicht aufgrund einer objektiven Analyse wahrgenommen wird, sondern durch das bestehende Wahrnehmungsmuster subjektiv empfunden wird. Und auf Basis dieser subjektiven Wahrnehmung bzw. dieses subjektiven Erklärungsmusters wird gehandelt oder nach einer Lösung gesucht.

Das kann man sehr schön bei Stubenfliegen beobachten, die stundenlang durch die Scheibe fliegen wollen. Das subjektive Erklärungsmuster ist vielleicht ›starker Gegenwind‹, die Lösung dann ›schneller fliegen‹. Die subjektive Wahrnehmung des Engpasses aus Innensicht ist identisch mit dem brennendsten Problem. Das brennendste Problem erscheint also grundsätzlich und immer vor dem Filter des internen Wahrnehmungsmusters.

Das objektive Erklärungsmuster ist uns Menschen im Fall der Fliege und der Scheibe bekannt. Dummerweise verhalten wir uns in vielen anderen Situationen genauso wie die Fliege. Zum Beispiel ist der erste Reflex bei vielen Unternehmern angesichts eines Umsatzeinbruchs: ›Mehr Energie in den Verkauf‹. Aber oft ist einfach nur die Strategie falsch. Und mit mehr Verkaufsenergie kommen Sie nicht durch die Strategiescheibe.«

»Klar«, grinste ich. »Aber wie stellen Sie jetzt den Bezug zu unserer Engpass-Suche her?«

»Nun, jedes Unternehmen hat seine Existenzberechtigung dadurch, dass es den globalen Engpass eines übergeordneten Systems löst. Zugleich hat das übergeordnete System einen Wunsch, ein Bedürfnis, einen Traum. Und dabei steckt es fest. Gerne hätte es dafür eine Lösung und ist bereit, dafür sehr viel Energie, also Geld oder Aufmerksamkeit, zu investieren. Leider hat das übergeordnete System in der Regel ein Wahrnehmungsproblem, sodass die Energie nicht in die Lösung fließt, also z. B. nicht in die Strategieentwicklung, sondern in Vertriebsschulungen. Wäre dem nicht so, dann wären die meisten Engpässe schnell beseitigt. Das übergeordnete System wüsste ja sofort, wo angesetzt werden müsste.

Mit anderen Worten: Das brennendste Problem erscheint als ›Vertriebsschulung‹, der wirkliche Engpass hingegen liegt in ›mangelnder Strategie‹. Ihr Erfolg als Anbieter liegt also in dem Spagat, sich dort zu präsentieren, wo das übergeordnete System, also die Zielgruppe, den Engpass sieht, und dann das Problem dort zu lösen, wo der Engpass wirklich liegt.

Im obigen Fall also, indem Sie zum Beispiel als Vertriebsunterstützung auftreten und zur Implementierung dieser Vertriebsunterstützung Strategieworkshops hineinmogeln. Das Problem dabei: Entweder Sie müssen den Kunden aus der Zielgruppe von Ihrer Sicht der Dinge überzeugen – was zumindest per Argumentation häufig schwer bis aussichtslos ist (›Ich sehe hier keine Strategiescheibe …‹) oder er darf nicht mitbekommen, was Sie da tun. Wenn er es nämlich mitbekäme, wäre er ja überzeugt, dass Sie ihm nicht helfen: ›Ich habe kein Problem mit Scheiben, sondern mit Gegenwind. Ich brauche einen stärkeren Motor und nicht das Wissen, um nicht-existente Scheiben zu öffnen!‹

Letzten Endes funktioniert das dort am besten, wo Ihr übergeordnetes System (Ihre Zielgruppe) in einer handfesten Krise ist. Nun existiert auch eine Krise nicht wirklich. Eine Krise entsteht nur dort, wo eine falsche Sichtweise falsches Handeln verursacht. Ein Satz, den man schon fast nicht mehr hören kann, heißt: ›In der Krise liegt die Chance.‹ Das ist richtig, aber viel zu global. Die Chance beginnt an einem spezifischen Punkt. Nicht dort, wo man angesichts der Krisenprobleme vor sich hin jammert. Sondern genau dort, wo man beginnt, das Problem anders wahrzunehmen. Mit anderen Worten: Krisen, Probleme, Engpässe usw. sind immer Wahrnehmungsprobleme. Und die Weiterentwicklung erfordert eine andere Form der Wahrnehmung. Das bedeutet kurz und knackig:

Der Kern einer jeden guten strategischen Idee ist eine Veränderung der Wahrnehmung. Darin liegen der Wert der Strategie, der Gewinn für Sie und der Nutzen für den Kunden.

Mit anderen Worten: Sie brauchen drei Dinge: Erstens das brennendste Problem (Wunsch, Ziel, Traum etc.) aus subjektiver Kundensicht. Das ist das, was Sie nach außen tragen. Sonst bekommen Sie gar keine Kunden. Zweitens den wirklichen Engpass. Das ist eine Analyse dessen, was dem Kunden wirklich helfen würde und einen Beitrag zur Entwicklung des Ganzen leistet. Was meist – nicht immer – etwas völlig anderes ist als das brennendste Problem. Drittens brauchen Sie einen mentalen oder emotionalen Weg, der die Wahrnehmung des Kunden so verändert, dass er angesichts seines brennenden Problems Ihre Lösung seines Engpasses frisst. Das ist die Positionierung.«

Der Kern einer jeden guten strategischen Idee ist eine Veränderung der Wahrnehmung.

»Gut«, versuchte ich zusammenzufassen, »wir hatten anfangs das Beispiel mit dem armen, verletzten Arbeitslosen auf der Toilette. Das ist sozusagen der Idealfall: Der Kunde hat ein brennendes Problem, weiß um dieses brennende Problem und widmet dann dem Anbieter, der sein Problem löst, die volle Aufmerksamkeit.

Nun haben wir eine erste Einschränkung dieses Idealfalls. Nämlich die simple Tatsache, dass die Sicht auf das Problem oft etwas anderes ist als das Problem selbst. Dann kann ich nicht mehr einfach die Problemlösung anbieten, also zum Beispiel Strategieworkshops, wenn das Problem als Vertriebsproblem gesehen wird. Sie sprachen vorher aber von zwei Aspekten, die wir berücksichtigen müssen. Was ist der andere?«

»Den anderen Aspekt hatten wir schon mehrfach – wenn auch aus einer anderen Perspektive heraus – angesprochen. Schauen wir uns mal die Wirklichkeit eines Einkaufs an.

Meine Frau geht einkaufen und kommt mit fünf Paar Schuhen zurück. Diese wollte sie ursprünglich überhaupt nicht kaufen und sie lösen auch kein Problem. Sie schaffen höchstens eines: Wir brauchen nämlich einen größeren Schuhschrank. Oder: Ich selbst will ein bestimmtes Buch bei Amazon kaufen und zwei Tage später kommt der

Postbote mit einem drei Kilo schweren Päckchen. Und ich bin mir ziemlich sicher, dass das gesuchte Buch keine drei Kilo wog.«

»Das geht mir bei iTunes auch so«, nickte ich. »Obwohl ich nicht mal alle Stücke höre, die ich kaufe. Aber«, überlegte ich, »ist das bei Firmen nicht anders? Wir verkaufen ja an Firmenkunden.«

»Haben Sie schon darauf geachtet, wie viel Büromaterial bei Ihrer Sekretärin herumliegt? Glauben Sie, das braucht sie alles? Oder haben Sie sich schon mal gefragt, warum die EDV-Anlage, die Ihr Systemadministrator anschafft, so sündhaft teuer ist? Und hatten Sie schon einmal Fälle, in denen Sie genau wussten, dass ein Mitarbeiter Ihres Kunden ein Event nur durchzieht, weil er sich in das Konzept verliebt hat? Völlig unabhängig davon, was seine Firma bräuchte?«

»Ja, in vielen Firmen ist das so«, bestätigte ich. »Aber einige haben da leider auch ein ziemlich gutes Controlling.«

Kopfschüttelnd lachte Herr Radies: »Controlling bewirkt nicht, dass rationaler gekauft wird, sondern nur, dass die Mitarbeiter noch mehr Zeit mit Begründungen verschwenden. Sie erinnern sich an das Zitat mit dem Regierungssprecher? Ein gutes Controlling ist wie eine kritischere Meute Journalisten für den Regierungssprecher: Er muss sich eben bessere Begründungen ausdenken.«

»Ich verstehe schon, worauf Sie hinauswollen, glaube ich. Das hängt wieder daran, dass wir glauben, der Mensch entscheidet rational aufgrund eines Nutzens oder wenigstens eines eingebildeten Nutzens wie im vorher betrachteten Fall der Vertriebsschulung angesichts von Strategieproblemen.«

»Genau«, nickte Herr Radies. »Oft entscheidet der Mensch, also auch der Mensch in seiner Rolle als Kunde, nicht nach Nutzenkriterien. Diese werden meist nachträglich erfunden, wenn uns ein externer Controller oder wir selbst uns als interner Controller zur Rede stellen. Wir entscheiden aus unserem Selbstbild, aus unseren Glaubenssätzen, aus unserer Zugehörigkeit, aus vielen Gründen heraus, die alle ursprünglich *nicht* auf Nutzenabwägungen basieren.

Und wenn das so ist, dass ein Mensch in seiner Rolle als Käufer eben nur in Ausnahmefällen nutzenorientiert entscheidet, dann sollten wir das in unserer Strategie auch berücksichtigen. Er rechtfertigt sich lediglich nutzenorientiert.

Damit sind Engpässe und brennende Probleme Sonderfälle von etwas anderem. Und man läuft immer Gefahr, dem Regierungssprecher zu glauben, was er sagt. Die einheitliche Klammer ist die Aufmerksamkeit des Kunden!

Idealerweise spreche ich meinen Kunden dort an, wo seine Aufmerksamkeit bereits am größten ist. Das kann beim Engpass in der Toilette, aber auch im Schuhgeschäft sein. Die Aufmerksamkeit orientiert sich manchmal am Nutzen, aber meist eben nicht.«

»Stimmt eigentlich«, überlegte ich, »die EKS-Leute begründen ihre Idee, sich auf das brennendste Problem zu konzentrieren, ja damit, dass beim brennendsten Problem die Aufmerksamkeit am größten wäre und deshalb die Kunden aus der Zielgruppe viel schneller kaufen würden. Da kann ich mich ja auch gleich auf die Aufmerksamkeit konzentrieren!«

Der zentrale Ansatzpunkt liegt *nicht* im Engpass oder dem brennendsten Problem, sondern im Punkt der größten Aufmerksamkeit. Das kann sich decken, muss aber nicht.

»Ja«, nickte Herr Radies. »Jetzt haben Sie zwei Arten der Aufmerksamkeit. Entweder sie ist schon da oder sie wecken sie. Ein Beispiel für die erste Art ist wieder mal unser Verletzter auf der Toilette, aber auch mein Besuch bei Amazon. Ich will ja Bücher lesen.

Wenn Sie hingegen die Aufmerksamkeit erst wecken müssen, dann gibt es wiederum zwei Möglichkeiten. Entweder Sie treffen eine latente Aufmerksamkeit oder Sie versuchen die Aufmerksamkeit mit Gewalt zu erzwingen.«

»Wie meinen Sie das?«

»Zum Beispiel traf der iPod auf eine latente Aufmerksamkeit. Zuvor wollte niemand einen iPod. Aber als er dann da war, alle. Meist liegt dem ein Bedürfnis oder ein Lebensgefühl zugrunde – beim iPod sicher am Anfang das Gefühl, damit zu einer Avantgarde zu gehören, später das Gefühl, überhaupt dazuzugehören.«

»Meinen Sie mit Lebensgefühl auch so etwas wie die Musik Ende der 1960er? Keiner brauchte sie. Sie löste auch kein Problem und keinen Engpass. Aber sie brachte ein Lebensgefühl zum Ausdruck und verstärkte es noch. Und hatte deshalb die volle Aufmerksamkeit und schlug ein wie eine Bombe?«

»Ja, das ist ziemlich gut erfasst. Der Erfolg ist mit Nutzenkategorien einfach nicht zu beschreiben. Es war ein latentes Lebensgefühl und indem die Musik dies zum Ausdruck brachte, wurde sie erfolgreich.

Natürlich gibt es auch einen latenten Nutzen, den man vorher nicht sieht. Ein Beispiel dafür ist die schöne Geschichte* des Kaufmanns Francesco di Marco Datini aus dem 14. Jahrhundert. Während einer seiner Reisen kam er auf eine Insel namens Canaria. Dort wurde er vom König zum Essen eingeladen. Neben jedem Platz lagen armlange, hölzerne Prügel, deren Zweck unser Kaufmann nicht ergründen konnte. Als das Essen kam, erschienen solche Scharen von Mäusen, dass die Gäste sie erst mithilfe der Prügel verjagen mussten, bevor sie überhaupt essen konnten.

Am nächsten Tag wurde der Kaufmann wieder eingeladen und hatte eine Katze unter seinem Gewand versteckt. Als das Essen kam, ließ der Kaufmann die Katze frei, die sofort 25 oder 30 Mäuse erlegte. ›Das Tier ist fürwahr göttlich‹, sagte daraufhin der König und der Kaufmann schenkte es ihm. Bei seiner Abreise erhielt er als Gegengeschenk Schmuck im Wert von 4000 Scudi.

Im Jahr darauf war er wieder auf der Insel und brachte einen Kater mit. Das brachte ihm 6000 Scudi und er kehrte als reicher Mann zurück.«

»Lustige Geschichte«, grinste ich. »Aber mir ist klar, was Sie mei-

---

* Zitiert nach Alex Glöggler. Aus dem Nachlass von Francesco di Marco Datini sind noch 140000 (!) Dokumente und Briefe sowie einige hundert Geschäftsbücher, Verträge etc. erhalten.

nen. Der König träumte nachts nicht von Katzen, bevor der Herr Datini kam. Und er suchte auch nicht nach einer Lösung, denn er hatte ja eine: die Knüppel. Erst als er sozusagen eine neue Lösung für sein Problem sah, ergab sich die Aufmerksamkeit von allein. Deswegen kann man das als latente, nutzenorientierte Aufmerksamkeit beschreiben.

Erzwungene Aufmerksamkeit wäre gegeben gewesen, wenn beim Häuptling nur hin und wieder eine Maus vorbeigeschaut hätte, Datini aber das ganze Schiff voller Katzen gehabt hätte, die er loswerden wollte.«

»Ja«, nickte Herr Radies, »ein solcher Unternehmer ist eigentlich nicht eine Sekunde bei der Aufmerksamkeit seines Kunden, sondern will eigentlich nur noch sein eigenes Problem lösen. Das ist in der Wirklichkeit leider die übergroße Zahl aller Unternehmer.

Diese letzte Art des Herangehens ist die am wenigsten effektive. Die Frage, die sich uns nun also stellt, ist die, wo die offene oder latente Aufmerksamkeit Ihrer Zielgruppe am größten ist.«

»Und wie finde ich das heraus?«

»Indem Sie so leben wie die Menschen aus Ihrer Zielgruppe und indem Sie mit den Menschen sprechen oder indem Sie selbst aus der Zielgruppe kommen«, grinste Herr Radies.

»Sie meinen mit dem Leben das Beispiel mit dem Kaufmann und dem König?«

»Genau«, erwiderte Herr Radies. »Wenn Sie nämlich mit dem Häuptling über seine Probleme gesprochen hätten, dann hätte er Ihnen bestimmt irgendetwas über das Wetter erzählt. Bevor er die Katze kennengelernt hat, hatte der Häuptling ja, wie Sie bereits erkannt haben, eine Lösung für die Mäuse: nämlich die Knüppel. Befragungen der Art: ›Wo liegt dein Problem?‹ können Sie im Allgemeinen vergessen*. Das hilft nur in den Fällen, in denen das Toilettenpapier fehlt.

---

* Das berühmteste Beispiel hierfür ist Chester Carlson, der Erfinder der Xerografie (also des Kopierers), der die Marktforschung, dass kein Mensch fünf Cent für eine Kopie ausgeben würde, einfach ignorierte.

Umgekehrt springt Ihnen, wenn Sie so leben wie Ihre Zielgruppe, Sie aber wie unser Kaufmann Datini einen anderen Erfahrungshintergrund haben, die Lösung sofort ins Auge. Viele erfolgreiche Unternehmer waren sogar früher Mitglied ihrer Zielgruppe, entwickelten dann eine Lösung für ihr Problem und machten sich mit dieser Lösung selbstständig.«

»Und am ehesten lebe ich so wie meine Zielgruppe, wenn ich sie mag oder liebe. Dann bin gegenüber ihren Problemen am aufmerksamsten. Das heißt, auch hier zeigt sich wieder, dass das Gefühl, seine Kunden zu lieben, so wichtig ist. Ich verstehe immer mehr, warum Sie so darauf pochen, dass man seine Kunden liebt. Liebt man sie nicht, kommt man bei der Suche nach der Aufmerksamkeit nur sehr viel schwerer vorwärts. Man nimmt viele Dinge einfach gar nicht wahr.

Aber«, überlegte ich, »wieso haben Sie eben gesagt: ›Indem Sie mit den Menschen sprechen‹? Und zwei Sätze später haben Sie gesagt, dass Befragungen nichts bringen. Das erscheint mir ziemlich widersprüchlich.«

»Wenn Sie die Menschen direkt fragen, dann sind das oft Fragen, über die sie noch nie nachgedacht haben. Und dann erfinden sie einfach etwas, was sich in dem Moment für sie stimmig anfühlt. Wenn Sie einen Unternehmer fragen: ›Was ist das brennendste Problem für dich?‹, dann haben die allermeisten darüber noch nie nachgedacht. Je nachdem, in welcher Situation er sich gerade befindet, antwortet er Ihnen: die Bank, die Kunden, die Mitarbeiter, die fehlende Zeit, das Chaos im Unternehmen usw. Damit können Sie nichts anfangen!

Sie müssen wissen, worauf Sie achten müssen.«

Und Herr Radies schrieb folgende Fragen ans Flipchart:

- **Worüber jammert er?**
- **Welche Geschichten erzählt er?**
- **Welche Regeln gelten für ihn?**
- **Wie sieht sein Raum, seine Kleidung, sein Auto etc. aus?**
- **Welche Wünsche äußert er und welche Bedürfnisse stecken hinter diesen Wünschen?**
- **Wer sind seine Freunde? Wer ist in seinem Umfeld?**

»Das heißt, dass ich noch wesentlich tiefer einsteigen muss? Dass mir zum Beispiel das Grundmotiv nicht reicht?«

»Stimmt, das Grundmotiv ist zwar wichtig, reicht aber nicht. Ein Beispiel: Wenn ich z.B. herausfinde, dass meine Zielgruppe sehr sicherheits- bzw. sehr balanceorientiert ist, dann weiß ich natürlich schon mal mehr als die meisten anderen Unternehmer. Aber mir fehlt noch etwas ganz Entscheidendes.

Jeder Mensch hat nämlich Vorstellungen, Regeln, Erfahrungen, Bilder etc., also Glaubenssätze, im Kopf, wie er zum Beispiel sein Sicherheitsbedürfnis erfüllen kann. Manche erfüllen dies über Geld. Der Glaubenssatz dazu: Je vermögender ich bin, desto eher kann ich auf Krisensituationen reagieren und bin für die Zukunft abgesichert. Andere erfüllen dies über einen möglichst großen Freundeskreis. Der Glaubenssatz: Wenn es mir schlecht geht, ist immer jemand da, der mir hilft. Wieder andere erfüllen dies über möglichst hohe Kompetenzen in bestimmten Krisensituationen. Der Glaubenssatz: Je höher meine Fähigkeiten, desto weniger kann ich durch irgendetwas überrascht werden. Und wieder andere erwarten diese Sicherheit einfach von außen. Der Glaubenssatz: Der Staat oder die Familie ist für meine Sicherheit verantwortlich.

Diese Glaubenssätze erkennen Sie ziemlich einfach an den Geschichten, die die Menschen erzählen – wenn Sie darauf achten. Das bekommen Sie jedoch nie über Fragen heraus!

Wohlgemerkt: Allen ist die Sicherheit wichtig! Aber dem Ersten kann ich eine Lebensversicherung, dem Zweiten ein enges Wohnumfeld, dem Dritten ein Seminar und dem Vierten die SPD verkaufen. Mit anderen Worten: Kenne ich das Grundbedürfnis meiner Zielgruppe, dann fängt die Arbeit eigentlich erst richtig an: Welche Vorstellungen und Ideen hat diese Zielgruppe im Kopf, wie sie dieses Grundbedürfnis befriedigen kann? Welche Geschichten ›beweisen‹ den Mitgliedern meiner Zielgruppe, dass ihr Weg der richtige ist? Hören Sie zu! Um sich selbst die Richtigkeit ihrer Vorstellungen zu beweisen, erzählen Menschen ständig Geschichten, die ihre Glaubenssätze beinhalten.

Und erst, wenn ich es schaffe, mein Produkt und meine Produktpräsentation auf eine Art und Weise zu gestalten, die nicht nur kompatibel ist zu den Grundbedürfnissen, sondern auch zu den Glaubenssätzen und Geschichten meiner Zielgruppe, habe ich wirklich einen Zugang.«

»Aber da sind doch alle Menschen oder Kunden unterschiedlich«, wandte ich ein.

»Nein, wenn das so erscheint, dann haben Sie den ersten Fehler bei der Suche nach der Aufmerksamkeit der Zielgruppe gemacht. Ihre Zielgruppe ist nämlich dann noch zu groß. Eine Zielgruppe ist ja eine Gruppe mit ähnlichen Problemen, Wünschen oder Träumen, kurz, eine Gruppe von Menschen, die gegenüber ähnlichen Dingen aufmerksam sind.«

»Aber Menschen richten ihre Aufmerksamkeit doch mal hierhin und mal dahin. Da müsste ich ziemlich viele Punkte sammeln!«

»Das ist der zweite Fehler«, grinste Herr Radies. »Es geht um die Aufmerksamkeit in einer bestimmten Situation zu einer bestimmten Zeit. Das müssen Sie ziemlich genau definieren. Dann wissen Sie nämlich nicht nur, womit Sie die Aufmerksamkeit gewinnen, sondern auch wann und wo. Und zwar nur einen einzigen Punkt!«

»Gut«, versuchte ich es, »wir bieten also Events an. Im Mittelpunkt soll dabei der Unternehmer stehen. Wie bei Apple und Steve Jobs.

Wann sind die Unternehmer, die das machen würden, für meine Botschaft aufmerksam?«

Kopfschüttelnd sah mich Herr Radies an: »Sie verhalten sich, wie wenn Sie eine Ladung Katzen an Bord hätten und diese unbedingt loswerden wollten. Das ist nebenbei der dritte Fehler bei der Suche nach der Aufmerksamkeit. Vergessen Sie einfach Ihre bisherige Lösung!«

Verflucht, war das schwer. Wenn ich mich auf die Lösung vor der Problemanalyse konzentrierte, dann erhob ich mich gedanklich in gewisser Weise über meine Kunden. Ich wusste besser, dass der andere Katzen brauchen würde. Der andere hatte es nur noch nicht kapiert! Ich sah es wohl, aber ich kehrte immer wieder automatisch zu der alten Denkweise zurück.

»Wenn Sie nur an Ihre Lösung denken, dann sehen Sie nicht, wo die Hauptaufmerksamkeit Ihres Gegenübers liegt.«

»Aber was soll ich denn machen, wenn ich eine Ladung Katzen habe?«

»Wenn ihr Lieblingskunde keine Mäuse hat? Und keine Kinder, die gerne mit einer Katze spielen wollen? Dann haben Sie nur zwei Möglichkeiten: Entweder Sie suchen andere Kunden, die Mäuse haben. Oder Sie finden jemanden, der einen Kunden mit Mäusen hat, verkaufen dem die Katzen und hören dann wieder Ihrem eigenen Lieblingskunden zu.

Die klassischen Strategen würden Ihnen den ersten Weg empfehlen. Ich empfehle Ihnen den zweiten Weg. Beim ersten lieben Sie nämlich Ihre Katzen mehr als Ihre Kunden und daraus folgt ein ganzer Rattenschwanz an Problemen, wie wir ja schon am ersten Tag besprochen hatten.«

»Das würde ja heißen, dass ich am Ende des Tages vielleicht gar keine Events mehr anbiete?«

»Korrekt«, nickte Herr Radies und schwieg.

Langsam sickerte es nun durch. Die Tätigkeit meiner Firma war überhaupt nicht wichtig. Es waren immer nur meine Lieblingskunden, die den Fixpunkt bildeten. Und wenn ihre Aufmerksamkeit sich auf einen anderen Punkt als auf mein Angebot fokussierte, dann hatte ich dem zu folgen. Alles andere war der Versuch, mit dem Kopf durch die Wand zu rennen.

»In Ordnung«, nickte ich schließlich. »Ich versuche das jetzt mal bei Marc.«

Herr Radies lächelte und forderte mich mit einem Nicken auf, weiterzusprechen.

»Also, wir haben den ganzen Abend geredet. Bestimmt die Hälfte davon über alte Zeiten. Das ist also nicht wichtig. Die andere Hälfte ...«

»Stopp«, unterbrach Herr Radies, »wenn die Hälfte mit den alten Zeiten nicht wichtig gewesen wäre, hätten Sie nicht darüber gesprochen. Worüber haben Sie gesprochen?«

»Aber das diente doch nur der Beziehungspflege«, wandte ich ein.

»Beziehungspflege klappt am besten, indem man gemeinsame Emotionen weckt. Und wir suchen nach Emotionen. Emotionen steuern unsere Aufmerksamkeit.«

»Na gut, wenn Sie meinen«, erwiderte ich. »Wir haben über unsere Band damals gesprochen.«

»Was genau?«

»Wie toll das war! Und wir haben uns allerlei alte Geschichten erzählt.«

»Gut, dann erzählen Sie mir diese jetzt auch«, forderte mich Herr Radies auf.

»Alle?«

»Ein paar.« Grinsend ergänzte er: »Ich sage dann Stopp!«

Die nächste halbe Stunde erzählte ich alte Geschichten, ohne dass mir richtig klar war, wozu das dienen sollte. Je mehr ich mich aber wieder auf die Vergangenheit einließ, desto wohler fühlte ich mich und desto stärker wurde mir bewusst, was mir eigentlich fehlte. Und was offensichtlich auch Marc fehlte.

Es war das Bedürfnis, wieder auf der Bühne zu stehen. Wir waren, wie Marc sich ausdrückte, Rampensäue. Er noch viel mehr als ich. Aber mir war immer noch nicht klar, wie mir das helfen sollte.

Ich hatte vom letzten Treffen die Idee, Unternehmer ins Rampenlicht zu bringen. Mein Motiv war Simon, der Selbstmord begangen hatte, weil er es nicht schaffte, seine Produkte zu vermarkten. Ich war der festen Überzeugung, dass Produkte sich durch einen Kult, der sich rund um den Unternehmer rankt, vermarkten ließen. Noch weiter gehend bedeutet das, dass sich fast so etwas wie eine Religion entwickeln kann, wenn der Unternehmer ins rechte Licht gerückt wird. Steve Jobs, Richard Branson, die Leute von Harley-Davidson und viele andere haben es vorgemacht.

Dann hatten wir unsere Zielgruppe auf Unternehmer, die ein neues Produkt präsentieren wollen, eingeschränkt. Und zwar auf Produkte, die in bestimmten Szenen gekauft werden und die auch einen Avantgarde-Charakter haben. Aber das passte für mich alles noch nicht zusammen. Vor allem irritierte mich, dass ich zu der Idee, einen Kult um den entsprechenden Unternehmer herum aufzubauen, so oft negatives Feedback bekommen hatte. Und merkwürdigerweise von denen, die es am meisten gebrauchen konnten.

Ich schilderte dieses Unbehagen Herrn Radies.

»Erinnern Sie sich an unseren ersten Tag?«, fragte er.

»Ja, was meinen Sie?«

»Die Art und Weise, wie Menschen entscheiden. Ich brachte das Beispiel mit dem Kaminreinigungsmittel.«

»Als Sie sagten, dass Menschen nicht nach ihrem Nutzen entscheiden, sondern oft nach ihrer Identität. Und dass sich das – beim Beispiel mit den Parteien – sogar widersprechen kann und dass dann die Identität stärker sei?«

»Ja«, nickte Herr Radies langsam. »Und das ist einer der entscheidenden Gründe, warum auch bei der engpasskonzentrierten Strategie oft Konzepte herauskommen, die gar nicht funktionieren können. Und ich denke, wir haben hier dasselbe Problem.«

»Das heißt für mich«, dämmerte es mir langsam, »dass ich gar keine Unternehmer ansprechen sollte, die es wirklich nötig hätten, ihre Produkte mit ihrem eigenen Namen zu verbinden. Die hätten zwar den größten Nutzen, aber vermutlich entspricht es gar nicht ihrer Identität.«

»Vermutlich«, sinnierte Herr Radies. »Es gibt Umfragen, die belegen, dass die größte Angst der meisten Menschen die vor dem öffentlichen Reden ist. Und zwar ist diese Angst witzigerweise noch größer als die vor dem eigenen Tod. Diese Menschen sind nach ihrem Selbstbild keine Redner und schon gar keine charismatischen Kultfiguren wie Steve Jobs.«

»Ich glaube, jetzt bekomme ich langsam ein Gespür dafür, warum ich bei so vielen Telefonaten aufgelaufen bin. Die meisten Menschen hassen es, wie Sie sagen, vor großem Publikum zu stehen. Und wenn ich denen dann noch vorschlage, das gezielt und freiwillig zu machen, dann halten sie mich für einen Irren. Selbst dann, wenn es ihnen bei der Platzierung ihrer Produkte wirklich helfen würde.«

»Stimmt«, grinste Herr Radies. »Dann stellt sich doch die Frage: Welche Menschen genießen es, vor großem Publikum zu stehen?«

Mit einem Mal fiel es mir wie Schuppen von den Augen. Erstmals hatte ich das Gefühl, den entscheidenden Punkt getroffen zu haben. »Das sind Menschen, die bereits häufiger vor großem Publikum gestanden haben und sich auch nicht davor drücken. Zum Beispiel Menschen, die in Bands gespielt oder geschauspielert haben. Oder die in Politik und Verbänden Funktionen innehatten, bei denen sie vorne stehen mussten. Rampensäue wie Marc und keine introvertierten Bastler wie Simon.

Das sind Menschen, die es erstens genießen, vorne zu stehen, und die zweitens wissen, was für eine große Bedeutung die eigene Person für das, was man vermitteln möchte, hat.

Kein Wunder, dass Marc sofort neugierig war. Er fällt in diese Kategorie. Und kein Wunder, dass der eine Unternehmer, mit dem ich mich lange übers Schlagzeugspielen unterhalten habe, wenigstens etwas interessiert war und ich ein gutes Gespräch mit ihm führen konnte.«

»Ja, und wir haben auch schon einen ganz wichtigen Anknüpfungspunkt für die Aufmerksamkeit: Diese Menschen würden gerne wieder auf der Bühne stehen. Sie *sind* Rampensäue. Und Sie geben ihnen die Chance dazu!«

»Diese Menschen haben wirklich ein Bewusstsein dafür, wie viel Arbeit es ist, jemanden gut in Szene zu setzen. Und dass alle, die Technik, das Licht, die Leute im Hintergrund, gekonnt zusammenarbeiten müssen. Denen muss ich gar nicht mehr viel erklären, weil sie ein natürliches Verständnis und eine Wertschätzung dafür haben. Ich muss niemanden mehr bekehren!

Mann, Herr Radies, dieser Hinweis mit der Identität war genial! Ich wäre sonst ewig mit meinem Nutzen auf Mission gegangen und hätte mir die Zunge fusselig geredet. Es geht nicht nur um die brennendsten Probleme oder Wünsche, sondern es geht auch um den Kern der Identität und des Selbstbilds.«

»Ja«, nickte Herr Radies langsam. »Und dieses Selbstbild ist oft viel wichtiger als der Nutzen. Gerade bei komplexen Produkten oder Dienstleistungen.«

»Und«, ergänzte ich begeistert, »jetzt sind wir auch bei unserer Zielgruppe weitergekommen: Es sind all die Unternehmer aus den Bereichen, die wir schon identifiziert hatten, die zusätzlich in einer Band gespielt haben, geschauspielert haben oder in Politik oder Verbänden in öffentlichen Rollen aktiv waren. Es sind also alle Unternehmer, die vom Charakter her Rampensäue sind. Jetzt verstehe ich auch genauer, was Sie mit dem Zirkel meinten. Dadurch, dass wir uns mit dem Problem – und der Identität meiner zu großen Zielgruppe – beschäftigten, schafften wir es, diese Zielgruppe noch genauer zu beschreiben.

Aber«, fragte ich mich, »eine Zielgruppe ›Unternehmer, die auch in Bands gespielt haben‹ ist doch ziemlich bescheuert! So eine Zielgruppendefinition habe ich noch nie gehört.«

»Das ist ja das Schöne daran«, lachte Herr Radies, »eine solche Definition klingt ziemlich seltsam. Und deswegen wird vorerst keiner Ihrer Wettbewerber auf die Idee kommen, dieselbe Zielgruppendefinition zu verwenden. Und wird dadurch von vornherein in dieser Gruppe erfolgloser sein.

Zudem würde ich diese enge Definition Ihrer Zielgruppe tendenziell eher unter Verschluss halten. Die Zielgruppe und die Gründe, die zu dieser Zielgruppe geführt haben, sind das strategische Geheimnis Ihrer Firma. Legen Sie es nur so weit offen, wie es nötig ist, um gezielt an diese Gruppe heranzutreten bzw. deren Aufmerksamkeit zu wecken.

Das kann auch indirekt geschehen. Wenn Sie z.B. auf Ihrer Website in Ihre Selbstbeschreibung aufnehmen, dass Sie einmal in einer Band Schlagzeug gespielt haben, dann nehmen das alle Wettbewerber als ein unwichtiges Detail aus den Hobbys Ihrer Vergangenheit wahr, alle potenziellen Kunden, die auch in einer Band gespielt haben, haben hingegen sofort eine Gemeinsamkeit mit Ihnen.

Aber, da die Zielgruppendefinition so schön schräg ist, brauchen Sie das mit der Geheimhaltung überhaupt nicht so bierernst zu nehmen: Es käme sowieso vorerst keiner auf die Idee, das zu kopieren.«

»Klingt gut«, nickte ich. »Aber noch mal zur Frage zurück: Womit errege ich am ehesten die Aufmerksamkeit dieser Zielgruppe? Wie kann ich mit dem Wunsch, dass die sich auf die Bühne zurücksehnen, arbeiten?«

»Wir erstellen noch eine Mindmap, in der wir erfassen, was wir alles in Bezug auf die Aufmerksamkeit gesammelt haben. Einiges wissen wir sicher, manches können wir derzeit nur raten. Das finden Sie in weiteren Gesprächen oder vielleicht auch beim gemeinsamen Konzertbesuch heraus. Das wird nebenbei viel zu selten gemacht! Immer nur mit seinen Kunden zu quatschen, eröffnet uns nur einen einzigen Kanal. Da bekommen wir die meisten Dinge gar nicht mit. Wenn Sie wirklich etwas über die Aufmerksamkeit Ihrer Kunden erfahren wollen, dann machen Sie das, was Ihre Kunden machen – auch wenn es Wildwater-Rafting, Pogo tanzen oder im Kloster eine Woche lang schweigend meditieren ist.«

»Gut, beginnen wir«, erwiderte ich voller Elan und riss ein Blatt vom Flipchart. Zuerst notierte ich unsere Zielgruppe und die Eingrenzung auf Rampensäue ein. Dann den Wunsch, wieder auf der Bühne zu stehen.

»Wie weiter?«

»Nun, wir hatten bei Ihnen das Grundmotiv der Bedeutsamkeit. Ich vermute mal, dass das bei der überwiegenden Mehrzahl der Rampensäue ziemlich identisch sein dürfte, richtig?«

»Ziemlich richtig«, nickte ich und trug auch das ein.

»Und Bedeutsamkeit gehört«, fuhr Herr Radies fort, »wenn wir das Zürcher Modell der sozialen Motive zugrunde legen, in den Dominanzbereich. Und erinnern Sie sich noch, dass wir zwischen Emotionen und Gefühlen unterschieden* hatten? Gefühle sind unsere Wahrnehmungen der Erfüllung oder Nichterfüllung unserer Emotionen oder Motive.«

Ich nickte wieder.

»Emotionen aus dem Dominanzbereich sind mit ganz bestimmten Gefühlen verbunden. Stolz, Wichtigkeit und Siegesgefühl auf der positiven Seite; Ärger, Ungeduld, Wut, Frust, Jähzorn und Machtlosigkeit auf der negativen Seite. Wenn wir die Zielgruppe durch das Grundmotiv bestimmen, dann werden die Mitglieder unserer Zielgruppe auch bestimmte Gefühle häufiger haben als andere Menschen.

Und wenn wir das Modell von Tony Robbins zugrunde legen, dann ist Bedeutsamkeit der Gegenpol zu Liebe und Verbindung. Wenn ich bedeutend sein will, dann will ich mich ja gerade von anderen abheben. Das bedeutet, dass ich auf einer gewissen Ebene automatisch eine Trennung schaffe. Und eine Trennung geht mehr oder weniger mit dem Gefühl der Einsamkeit einher.

Was ich damit sagen will, ist Folgendes: Durch die Bestimmung eines Grundmotivs haben Sie bereits starke Indizien für das Vorherrschen bestimmter Gefühle.

Und damit haben Sie weitere Informationen, wie diese Menschen ticken und worauf sie ansprechen werden. Ihnen ist klarer, worauf diese Menschen ihre Aufmerksamkeit richten. Und Sie haben eine Vorstellung davon, welche negativen Gefühle Sie mit Ihrem Ange-

---

* Vgl. dazu Fußnote auf Seite 73

bot beseitigen und welche positiven Sie besonders hervorrufen müssen.«

»Sie meinen, Menschen, denen Bedeutsamkeit wichtig ist, fühlen häufiger Stolz oder Ärger als Menschen, die, sagen wir, stimulanzgetrieben sind?«

Herr Radies nickte: »Ja, die Stimulanzgetriebenen werden dafür häufiger Langeweile oder Freude an der Entdeckung spüren.«

»Spannend!«, erwiderte ich und trug auch das in der Mindmap ein. »Können wir noch mehr eintragen?«

»Ja, wir können die Glaubenssätze sammeln. Das ist zu Beginn ein bisschen schwierig, wenn man es nicht geübt hat. Und noch schwieriger, wenn man selbst aus der Zielgruppe kommt. Es wirkt dann alles so selbstverständlich.«

Da hatte Herr Radies wohl recht. Obwohl wir fast 20 Minuten suchten, kamen wir nur auf ein paar triviale Glaubenssätze.

Aber als ich dann noch einmal auf die Mindmap schaute, fiel es mir plötzlich auf. Marc wollte nicht nur wieder auf die Bühne, sondern er hatte mir sogar sein Problem genannt: Er hatte mit seinem eigenen Unternehmen einfach keine Zeit dazu. Der Wunsch, ein erfolgreiches Unternehmen zu führen, und der Wunsch, auf der Bühne zu stehen, schienen sich zu widersprechen. Und ich könnte diesen Widerspruch auflösen …

Also trug ich auch das ein. Herr Radies nickte anerkennend: »In solchen Widersprüchen liegt fast immer Potenzial. Letztlich basieren diese Widersprüche auf einem Glaubenssatz. Im konkreten Fall darauf, dass berufliche Erfordernisse und persönliche Wünsche meist unvereinbar sind. Das ist glücklicherweise ein Glaubenssatz, der sich mit dem entsprechenden Angebot und emotionalen Bild dahinter recht schnell auflösen lassen dürfte.«

Wir suchten nach weiteren typischen Fragen, die sich unsere Zielgruppe stellte, fanden aber nicht mehr viel heraus.

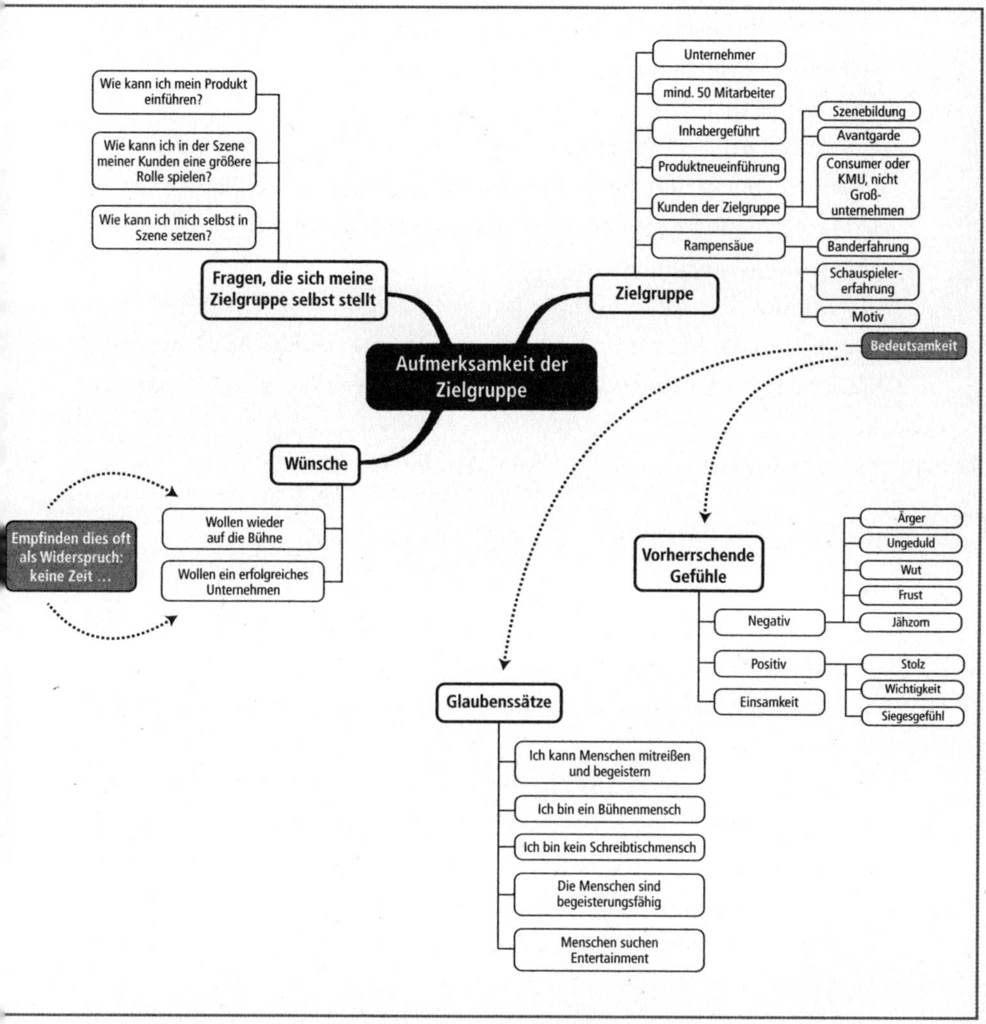

Schließlich brach Herr Radies ab: »Pause! Und Sie haben wohl wieder eine Hausaufgabe: Finden Sie 20 Kunden aus dieser engeren Zielgruppe und sprechen Sie mit ihnen! Achten Sie auf die Glaubenssätze und nehmen sich nochmals die Mindmap zur psychografischen Bestimmung der Zielgruppen heraus. Achten Sie vor allem darauf, ob Sie diesen Widerspruch, den wir bei Marc festgestellt haben, erhärten können.«

»Was ich fragen soll, ist mir jetzt schon einigermaßen klar, aber wie soll ich die Leute aus dieser Zielgruppe denn finden?«, fragte ich etwas konsterniert.

»Setzen Sie Ihre Praktikantin dran. Die soll Xing durchsuchen. Die Leute schreiben dort auch ihre Hobbys und ehemaligen Hobbys rein. Und ob jemand ein Musikinstrument in einer Band gespielt hat, sollte sich wohl herausfinden lassen.«

»Stimmt, das sollte funktionieren«, nickte ich. Dann zog ich mein Handy heraus, rief im Büro an und gab meiner Praktikantin den entsprechenden Auftrag, damit ich am nächsten Tag gleich beginnen könnte.

Danach machten wir eine halbe Stunde Pause.

* * *

»Wow, das klingt wirklich spannend«, brachte mich Sofia wieder zurück in die Gegenwart. »Am Anfang dachte ich, dass ihr nie vorankämt. Aber langsam verdichtet sich das alles zu einem schlüssigen Bild.«

»So ging es mir vor zwei Monaten auch. Zuerst hatte ich vieles für Umwege gehalten. Aber letztlich hatte Herr Radies mit mir gemeinsam nur geduldig ein Fundament errichtet. Und Fundamente sieht man am Anfang schlecht, weil sie in der Erde gebaut werden. Plötzlich steht dann ein Gebäude da und man fragt sich ganz erstaunt, wo das nun herkommt.«

»Ja«, nickte Sofia. »Aber was ich mich die ganze Zeit frage, ist Folgendes: Meine anfängliche Feststellung war, dass du dich verändert hast. Und jetzt erzählst du mir dauernd von deiner Firma. Wie geht das zusammen?«

»Das ist der Punkt, den ich selbst an dieser Stelle auch noch nicht gesehen hatte. Wir hatten einen Ansatzpunkt für die Firma. Aber das Wesentliche kam erst noch. Rückblickend betrachtet würde ich sagen, dass ich vor zwei Monaten noch gar nicht reif dafür war. Ich musste erst noch meinen von Herrn Radies angesprochenen Umweg weiter gehen.«

»Da bin ich gespannt«, blickte mir Sofia in die Augen und forderte mich zum Weiterreden auf.

5.6 Innovation

Nach der Pause fragte ich Herrn Radies: »Wie machen wir weiter?«

»Wir kümmern uns um die Innovation.«

»Geht das denn, wenn wir nur grob wissen, worauf sich die Aufmerksamkeit unserer Zielgruppe richtet? Wir haben ja bei den Glaubenssätzen und einigen anderen Punkten noch richtige Lücken.«

»Je mehr wir wüssten, desto besser wäre es«, nickte Herr Radies. »Aber auch hier arbeiten wir immer auf einer unzureichenden Wissensbasis. Wir machen also weiter und kehren später auf diese Punkte zurück, sobald wir noch mehr über die Zielgruppe, ihren Engpass und ihren Aufmerksamkeitsfokus wissen.

Auch dieses Problem ist ein Grund dafür, warum die Trennung von Plan und Handlung in der Strategie nicht funktioniert: Wir lernen letztlich jeden Tag etwas Neues dazu! Während wir handeln, verfeinert sich auch unsere strategische Idee.

Für jetzt sollte vermutlich die Idee, dass es einen Widerspruch zwischen den beruflichen und privaten Wünschen Ihrer Zielgruppe gibt, schon reichen.«

»Ja, aber haben wir dann nicht schon die Innovation? Ich mache diese Unternehmer mit meinen Events zu Kultfiguren wie Steve Jobs.«

Herr Radies schüttelte lachend den Kopf: »So einfach geht's nun auch wieder nicht.

Ich möchte Ihnen zuerst eine Vorstellung über verschiedene Innovationsstrategien vermitteln. Im Prinzip gibt es zwei Hauptrichtungen mit jeweils zwei Unterteilungen. Damit legen Sie nicht nur fest, was

Sie tun werden, sondern Sie legen, was die wenigsten wissen, zugleich das Aussehen, die Chancen und die Grenzen Ihres zukünftigen Unternehmens fest.

Die zwei Hauptrichtungen sind folgende: die Richtung des Selbstständigen und die Richtung des Unternehmers. Ein Selbstständiger macht die fachliche Arbeit ja selbst, ein Unternehmer tut das nicht. Das hat Auswirkungen auf die Strategie.«

»Ich hatte mich doch schon entschieden«, wandte ich ein. »Ich will die Rolle des Unternehmers übernehmen.«

»Das weiß ich«, sagte Herr Radies. »Trotzdem sollten Sie den Unterschied in Bezug auf die Strategie kennen – sonst laufen Sie trotz Ihrer grundsätzlichen Entscheidung in die Falle. Ich hatte schon genügend Coachees, die Unternehmer werden wollten, dann aber, ohne den Unterschied zu kennen, eine Selbstständigen-Strategie gewählt haben. Das geht immer daneben.

Ein Selbstständiger, der die fachliche Arbeit selbst macht, muss sich zwingend positionieren und spezialisieren, um erfolgreich zu sein. Der Arzt, der sich nur auf Hodenkrebs spezialisiert, oder die Anwältin, die nur Unternehmerscheidungen vertritt, gehören dazu. Aufgrund ihrer Spezialisierung sind sie in ihrem Bereich besser als jeder andere.

Und wenn es sich um ein Problem handelt, das für den Kunden eine immense Bedeutung hat, können sie einen riesigen Nutzen bieten. Damit sind dann auch enorme Honorare gerechtfertigt. Das bedeutet aber, dass sie sich ausschließlich auf den komplexen Teil ihrer Spezialisierung konzentrieren müssen. Wenn sie beispielsweise damit Zeit verschwenden, auch ihre eigene Buchhaltung zu erledigen, können sie in ihrem Spezialgebiet niemals so gut werden.

Die Komplexität und extreme Spezialisierung sind zugleich – zusammen mit der Bekanntheit – der entscheidende Konkurrenzschutz. Es dauert oft viele Jahre, bis sich andere auf ein vergleichbares Niveau hochgearbeitet haben. Mit anderen Worten: *Ein Selbstständiger sollte eine Innovation suchen, die sich vor allem durch ihre Komplexität auszeichnet.*

Das führt zugleich an eine Grenze: Der selbstständige Experte ist niemals ersetzbar. Er wird keinen gleichwertigen Mitarbeiter finden – und falls er doch einen findet, läuft er immer Gefahr, seine eigene Konkurrenz auszubilden. Der selbstständige Experte wird immer auf seine wenigen Zuarbeiter und sich selbst beschränkt bleiben.«

»Gibt es da keine Ausnahmen?«

»Nicht wirklich«, verneinte Herr Radies. »Wenn Sie an Zusammenschlüsse von spezialisierten Ärzten oder Rechtsanwälten denken, dann sind das oft Experten aus unterschiedlichen, mehr oder weniger nahe beieinander liegenden Bereichen. Den Vorteilen, gemeinsam Büro und Zuarbeiter zu nutzen und ein größeres Schild am Büro anbringen zu können, steht der Nachteil der Verwässerung bei der Positionierung gegenüber. Letztlich könnte jeder der Beteiligten auch allein tätig sein. Will man dennoch ein solches Expertennetzwerk aufbauen, dann muss man sich vor allem um eines Gedanken machen: Wie schafft man möglichst starke, wenn nicht sogar zwingende Bindungskräfte? Bindungskräfte, die jedem Beteiligten dauerhaft enorme Vorteile bringen, wenn er im Netzwerk bleibt, und dauerhaft enorme Nachteile, wenn er ausscheidet.

Es gibt viele Beispiele von Experten, die über ihren Namen noch weitere Produkte verkaufen. Bekannte Redner verkaufen Info-Produkte, ein Gesundheitspapst Nahrungsergänzungsmittel und ein Sportler verkauft irgendwelche Sportartikel oder betreibt Fitness-Studios.

Aber dabei handelt es sich um ein zweites Unternehmen, das völlig unabhängig funktioniert, von einem Manager betrieben werden kann und nur die vorherigen Positionierungserfolge des Experten für das eigene Marketing nutzt. Der Gesundheitspapst bleibt als Gesundheitspapst Experte und besitzt ein von einem Management geführtes Unternehmen, das mit seinem Namen Nahrungsergänzungsmittel verkauft. Als selbstständiger Experte benötigt er ein möglichst komplexes Wissen, als Unternehmensinhaber eine möglichst einfache Struktur.«

»Das heißt«, überlegte ich, »Der Unternehmer will ein Unternehmen aufbauen, das wachsen kann und in dem die Facharbeit von anderen ausgeführt wird. Das heißt weiter, dass die Tätigkeiten zwingend eine gewisse Komplexitätsgrenze nicht überschreiten dürfen. Sonst finde ich keine Mitarbeiter mehr. Das heißt schließlich, ich suche im Gegensatz zum selbstständigen Experten eine Innovation, die möglichst einfach ist, richtig?«

»Genau«, nickte Herr Radies anerkennend.

»Und wenn ich nur eine einzige Innovation finde?«, warf ich ein. »Dann zwingt mich diese doch in die eine oder andere Richtung.«

»Dann überprüfen Sie, ob diese einfach oder komplex ist und ob das mit Ihrer Entscheidung, Selbstständiger oder Unternehmer zu sein, zusammenpasst. Falls nicht, bekommen Sie garantiert ein Problem. Der Ignorant beginnt trotzdem und läuft zielsicher in die Falle. Jemand, der das Problem kennt, sucht weitere Ansatzpunkte für eine Innovation.

In vielen Coachings mit ›Unternehmern‹ kam ich immer wieder an diesen Punkt. Die Unternehmer waren in Wirklichkeit selbstständige Experten, teils mit sehr guter Strategie und Positionierung. Die Basis dieser Strategie und Positionierung war immer eine hochgradig komplexe Fachkenntnis. Diese Experten wollten aber Unternehmer werden. Das geht nur mit einem kompletten Strategiewechsel hin zu einem einfachen Innovationskonzept. *Ein Wechsel der eigenen Rolle unter Beibehaltung der Strategie funktioniert nicht!*«

Ich meinte nachdenklich: »Das bedeutet, dass ich auf dem Weg zum Unternehmer zwingend meine Strategie überarbeiten muss. Eine Innovation, die auf meinen persönlichen Stärken und Erfahrungen aufbaut, würde mich in die falsche Richtung, nämlich die des Selbstständigen, führen. Eigentlich noch ein Grund, bei der Strategie meine Stärken nicht zu berücksichtigen, oder?«

»Ja«, stimmte Herr Radies zu. »Sie brauchen eine Innovation, die einfach von Mitarbeitern umgesetzt werden kann.«

»Das bedeutet aber auch, dass sie einfach von Konkurrenten kopiert werden könnte, oder?«

»Theoretisch ja. Deswegen gibt es für Unternehmerstrategien zwei

Untergruppen. Die eine Strategie nenne ich die System- und Markenstrategie, die andere die Kulturstrategie.«

»Was ist der Unterschied?«

»Man kann es anhand von Beispielen sehr einfach deutlich machen: Eine System- und Markenstrategie ist etwa die von McDonald's oder Marlboro, die Kulturstrategie die von Starbucks oder von Harley-Davidson.

Im ersten Fall ist der entscheidende Wettbewerbsvorteil in zwei Bereichen zu finden: zum einen in einem perfekt ausgearbeiteten System, das immer weiter verbessert wird. Im Idealfall kann jede noch so unfähige und ungebildete Person Mitarbeiter in diesem System werden und dieselben Produkte und Leistungen in derselben Qualität erzeugen wie jeder andere Mitarbeiter.

Aber letztlich sind Systeme austausch- und kopierbar. Zumal viele Systeme heute mit Standardprodukten oder Standardsoftwaresystemen abgebildet werden. Damit ist kein wirklicher Konkurrenzschutz gegeben. Um diesen zu schaffen, wird unter Einsatz gigantischer Werbeetats zusätzlich noch eine Marke oben draufgeklebt, um auch der Erste in den Köpfen zu sein.

Diese Marke hat aber in der Wirklichkeit nicht das Geringste mit dem Unternehmen und den Mitarbeitern zu tun. Es ist nicht abenteuerlich, bei Marlboro zu arbeiten, und die Mitarbeiter kommen auch nicht als Cowboys auf ihren Pferden zur Arbeit. Die Mitarbeiter bei McDonald's lieben im Allgemeinen weder die Hamburger noch ihre Arbeit noch die Kunden – auch da ist kein innerer Bezug zum Werbeslogan vorhanden.

Im Gegensatz dazu beginnt eine Kulturstrategie innen. Viele, wenn nicht die meisten Mitarbeiter bei Harley-Davidson oder Porsche sind selbst Harley- oder Porsche-Fans oder fahren sogar damit. Starbucks gibt mehr Geld für die Mitarbeiterfortbildung aus als für Marketing. Die Mitarbeiterinnen bei The Body Shop glauben an das, was sie tun, und nutzen auch die Produkte. Zumindest galt das, bevor die Gründerin Anita Roddick das Unternehmen verkauft hat.

Unternehmen mit einer Kulturstrategie besitzen Glaubwürdigkeit nach außen. Das heißt nicht, dass alle diese Unternehmen mögen müssen, aber das heißt, dass viele oder alle glauben, dass diese Unternehmen echt und ehrlich sind.«

»Und was bedeutet das jetzt in Bezug auf meine Strategie?«

»Dass Sie an unterschiedlichen Stellen mit Ihrer Innovation beginnen. Im Falle der System- oder Markenstrategie beginnen Sie bei den Abläufen und beim Marketing. Nachgeordnet noch beim Controlling und beim Verkauf. Im Falle der Kulturstrategie beginnen Sie bei sich selbst als Unternehmer. Dann setzen Sie diese bei den Mitarbeitern fort. Und irgendwann später beschäftigen Sie sich auch mit Systemen, Controlling usw. Bei McDonald's ist eine Innovation ein anderer Hamburger oder ein anderer Ablauf in der Küche oder ein anderer Werbeslogan. Bei Starbucks ist eine Innovation eine bessere Beziehung zum Kunden und ein angenehmeres Gefühl des Kunden.«

»Finden Sie Starbucks so toll?«, fragte ich verwundert.

»Nein«, schüttelte Herr Radies schmunzelnd den Kopf. »Aber im Vergleich zu McDonald's wird daran der Unterschied zwischen einer System- und einer Kulturstrategie sehr deutlich.

Es bedeutet nebenbei auch, dass Sie als Unternehmer unterschiedliche Fähigkeiten und Kompetenzen benötigen. Für die erste Art von Unternehmen benötigen Sie eher klassische Managerfähigkeiten. Sie müssen sich mit Systemen, mit Controlling, mit Verkauf oder Markenführung beschäftigen. Das sind alles klassische Manageraufgaben. Für die Kulturstrategie benötigen Sie Selbstreflektion, Verständnis für Kultur und Beziehungen, also all das, was gemeinhin als ›weiche Faktoren‹* bezeichnet wird.

---

* Normalerweise vermeide ich diesen Begriff, wo es nur geht, weil im Allgemeinen die Anhänger der »weichen Faktoren« nur Nebel verbreiten. Und weil damit umgekehrt suggeriert wird, andere Dinge wie etwa Geld wären irgendwie »hart«. Man hat das ja schön während der »Finanzkrise« gesehen, wie schnell sich das harte Geld in Nichts auflösen kann. Aber in diesem Zusammenhang macht der Begriff »weiche Faktoren« zumindest deutlich, was ich meine.

Und die beiden Innovationsrichtungen des Unternehmers führen auch dazu, dass Sie unterschiedliche Mitarbeiter benötigen. In einem Unternehmen, das nach der Kulturstrategie arbeitet, benötigen Sie eigentlich ausschließlich Mitarbeiter, die für Ihr Grundmotiv und Ihre Vision brennen und die zwingend Ihre Zielgruppe auch lieben. Alle anderen passen nicht ins Unternehmen. Wohingegen es in der Systemstrategie im Normalfall reicht, wenn die Mitarbeiter im Sinne des Systems ›funktionieren‹.«

»Das heißt, dass wir Apple und Steve Jobs ziemlich eindeutig als Kulturstrategie charakterisieren können«, warf ich ein.

Herr Radies nickte bestätigend.

»Ich glaube, dass ich auch gerne eine Kulturstrategie in meinem Unternehmen etablieren würde.«

»Das halte ich bei Kleinunternehmen auch für das effektivste Herangehen. In Systemen sind die meisten Großen besser. In Bezug auf die Glaubwürdigkeit des Unternehmers und die gemeinsame Kultur der Mitarbeiter haben hingegen die kleinen Unternehmen klar die Nase vorn. Zumindest dann, wenn sie gezielt danach handeln.

Und speziell bei Ihrer Idee halte ich eine Kulturstrategie für zwingend. Sie verkaufen letztlich Ihren Kunden eine gewisse Kultur. Das können Sie dann am besten, wenn Sie diese selbst haben.«

»Gut«, sagte ich. »Und wie geht es weiter?«

»Ziemlich einfach«, grinste Herr Radies. »Sie haben eine Zielgruppe: Innovative Unternehmer, deren Kunden zur Szenenbildung neigen und die selbst Rampensäue sind. Diese haben zwei scheinbar gegensätzliche Wünsche: ein erfolgreiches Unternehmen aufzubauen und wieder auf der Bühne zu stehen.

Nun stellen wir uns einfach vor – völlig unabhängig von Ihren Fähigkeiten – wie das ideale Angebot aussehen würde, um diesen scheinbaren Widerspruch aufzulösen.«

»Dazu machen wir am besten wieder eine Mindmap«, schlug ich vor und riss noch ein Blatt vom Flipchart ab.

»Wir erbringen also eine Leistung«, begann ich. »Und zwar Events.

Diese müssen geplant werden, es müssen Einladungen verschickt und es muss Werbung gemacht werden. Dann müssen die Veranstaltungen perfekt durchgeführt werden.«

»Das ist alles richtig, Herr Steinbach«, nickte Herr Radies, »aber Sie denken zu eng. Wenn Sie ein *perfektes* Event organisieren, entwickelt sich dann ein Kult um den Unternehmer und seine Produkte? Ich nehme mal an, die Events der Deutschen Bank sind zum Beispiel ziemlich perfekt. Aber sind deshalb die Straßen voller begeisterter Fans?«

»Nein, natürlich nicht. Dazu bräuchten wir noch einen charismatischen Unternehmer, eine begeisterungsfähige Szene und eine Verbreitung des Events im Anschluss. Aber das können wir alles nicht. Wir sind eine Eventagentur!«

Aber Herr Radies schüttelte den Kopf: »Wenn Sie mit der Entwicklung einer strategischen Idee beginnen, dann gehen Sie das Risiko ein, dass Sie hinterher keine Eventagentur mehr sind. Eine neue strategische Idee bedeutet immer auch eine Veränderung des Unternehmensselbstverständnisses, eine Veränderung der Unternehmensidentität. Strategie ist immer auch eine neue Art, die Dinge – und vor allem sich selbst – zu sehen. Deswegen ist es so wichtig, dass Sie in dieser Phase alles zulassen. Wie denken Sie zum Beispiel, dass Steve Jobs und Apple vorgehen?«

»Steve Jobs ist einfach eine charismatische Führungspersönlichkeit und die Events sind perfekt inszeniert.«

»Und Charisma ist dann gemäß der Begriffsherkunft aus dem Griechischen eine göttliche Gnadengabe und in die Wiege gelegt? Und Steve Jobs war schon als Kind charismatisch?«

»Mmmh, weiß nicht«, überlegte ich.

»Eine Denkhilfe: Nelson Mandela beschreibt sich in seiner Autobiografie als ursprünglich schüchtern. Elvis Presley war zu Beginn seiner Karriere schüchtern. Marilyn Monroe war anfangs …«

»Halt, ist ja gut«, unterbrach ich lachend, »Sie haben ja recht. Unsere Ausstrahlung als Band war zu Beginn auch fürchterlich. Wir haben sehr viel geübt, um besser und wirkungsvoller zu werden. Nach einiger Zeit hatten wir eine Fan-Gemeinde, die bei fast jedem Konzert dabei war und uns natürlich auch nach oben gepusht hat.«

»Jetzt sind wir auf dem richtigen Weg«, war Herr Radies zufrieden. »Der Aufbau eines Unternehmers zur charismatischen Persönlichkeit und seiner Produkte zu Kultprodukten sind ein Prozess, der langfristiger Arbeit und Übung bedarf. Ein Kult muss aufgebaut werden! Anfang der 1980er-Jahre gab es bei Apple und der Macintosh-Division wirkliche Kultzeiten. Die Techniker, die Programmierer, die Kunden und die Verkäufer waren gläubig!

Ich habe selbst damals mit meiner zweiten Firma Apple-Produkte verkauft. Das war eine Religion. Aber diese Religion ist nicht zufällig entstanden. Der Unternehmer und Redner Guy Kawasaki war damals bei der Macintosh-Division angestellt. Und auf seiner Visitenkarte stand ›Software Evangelist‹. Sein Job war es, diesen Kult zu schaffen. Der Kult wurde langfristig, bewusst und gezielt aufgebaut. Und nur diesem Kult ist es zu verdanken, dass Apple in den späten 1980ern und frühen 1990ern nicht wie die ganzen Wettbewerber Commodore, Atari usw. völlig vom Microsoft-PC zermahlen wurde. Es gab eben einige Gläubige, die lieber den Märtyrertod gestorben wären, als sich an einen PC zu setzen.

Wenn Sie aus Unternehmern charismatische Persönlichkeiten machen und Ihre Produkte zu Kultprodukten machen wollen, dann müssen Sie studieren, wie es solche Unternehmen wie Apple, Harley, Virgin und andere machen. Und zwar hinter den Kulissen.«

»Wenn wir uns um das ganze Umfeld, um die Szene, um die Entwicklung des Charismas, um das Training des Unternehmers, also um all dies kümmern, dann sind wir wirklich keine Eventagentur mehr«, überlegte ich laut. Merkwürdigerweise fühlte sich dieser Gedanke gut an. Ich fühlte mich, als ob ich plötzlich eine Aufgabe hätte – auch wenn ich noch keinerlei Ahnung hatte, wie ich das umsetzen könnte.

»Das gefällt mir«, freute ich mich und vervollständigte die Mindmap. »Ich habe dann wohl die Aufgabe, bei ein paar dieser Unternehmen hinter die Kulissen zu schauen, richtig?«

»So ist es«, bestätigte Herr Radies. »Bitte notieren Sie es sich gleich als Aufgabe für die nächste Zeit.

Bevor wir weitergehen, noch ein kleiner Punkt: Wann, denken Sie, sind die Kunden aus Ihrer Zielgruppe besonders aufmerksam?«

»Wenn sie den Widerspruch am deutlichsten empfinden«, antwortete ich.

»Und wann ist das?«

»Weiß nicht genau. Bei Marc war es während unseres Gesprächs. Ich glaube nicht, dass er vorher eine bewusste Sehnsucht nach Bühnenauftritten hatte.«

»Also dann, wenn Erinnerungen und Sehnsüchte an vergangene Zeiten hochkommen? Und wann ist das?«

»Na ja, vermutlich immer, wenn eine solche Person an die Vergangenheit erinnert wird, also wenn sie sich in einem Rahmen bewegt, der Assoziationen an diese Zeit entstehen lässt. Bei Konzertbesuchen. Oder bei Gesprächen mit alten Band-Kumpels in der Kneipe. Oder beim Lesen einer Musikzeitschrift.

Dann müsste ich meine Zielgruppe am besten in diesem Rahmen ansprechen?«

Herr Radies bekräftigte: »Auch eine andere Ansprache, oder vielleicht dieselbe Ansprache an einem anderen Ort, kann eine Innovation sein. Das wird uns bei der Positionierung weiter beschäftigen. Hier legen wir die Grundlagen.«

Ich nickte, weil ich das Gefühl hatte, dass alles immer mehr Gestalt annahm, und trug auch noch diese Erkenntnisse in meine Mindmap ein.

»Ich möchte, dass Sie eine Sache noch schriftlich festhalten, bevor wir weitermachen«, fuhr Herr Radies fort.

»Welche?«

»Einer der wichtigsten Punkte bei Ihrer Strategie ist, dass Sie Ihre Sichtweise auf Ihre Kunden, auf deren Aufmerksamkeit, auf Ihre Lösung und vor allem auf Ihre eigene Identität verändern. Nehmen Sie einen Friseur. Seine Identität ist Haare schneiden. Nun kann er sich

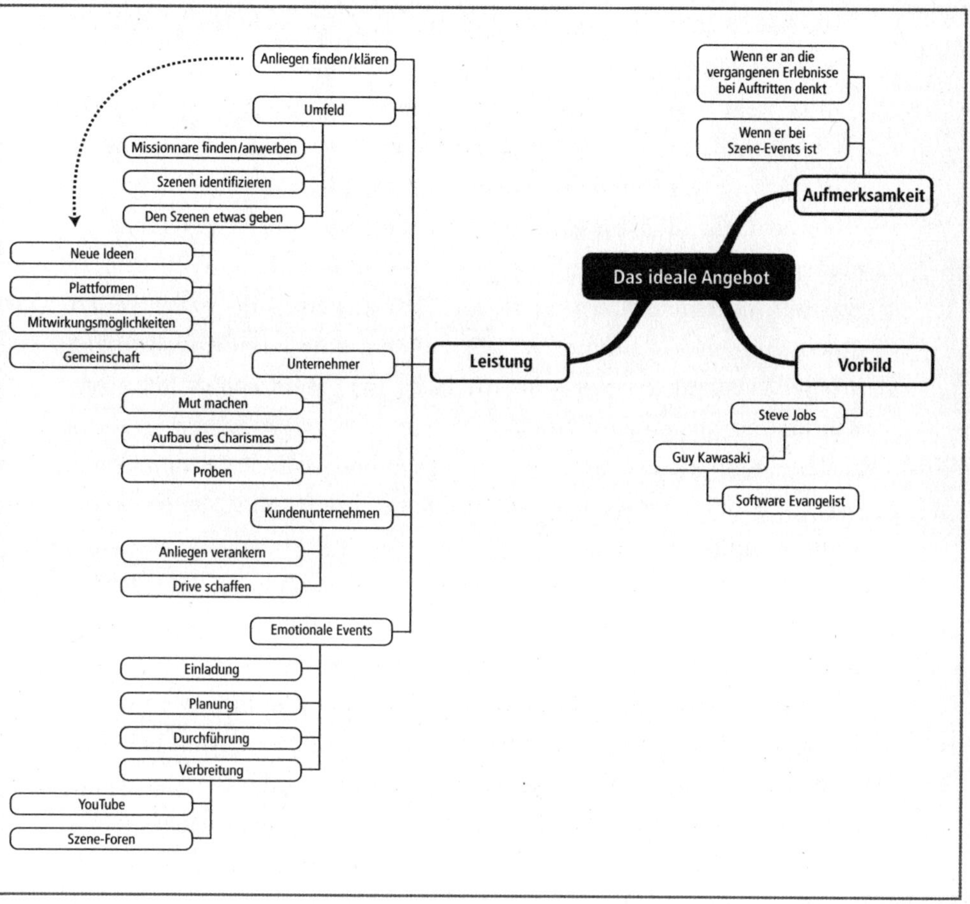

neu positionieren und zum Beispiel sagen, dass seine Kunden sich hinterher zehn Jahre jünger fühlen.

Das hat zur Konsequenz, dass er nicht mehr nur die Haare im Blick hat, sondern auch das ganze Ambiente seines Salons, die Gesichtshaut seiner Kunden und vieles mehr. Schließlich bietet er einen völlig neuen Service: Er verkauft nicht mehr kurze Haare, sondern ein anderes Gefühl. Da kann er keinesfalls ›Friseur‹ außen an seinen Laden schreiben. Und er kann sich auch nicht mehr als Friseur sehen. Diese alte Wahrnehmung oder Selbstzuschreibung oder Identität würde nämlich ein mentales Beharrungsvermögen erzeugen.

Sie haben doch bestimmt eine Visitenkarte von sich dabei, oder?«

Verwundert reichte ich Herrn Radies eine Karte.

»Da steht ›Eventagentur‹«, stellte Herr Radies fest. »Das ist jetzt offensichtlich falsch. Bitte streichen Sie es durch und ersetzen Sie es durch etwas, was Ihnen nun besser zu passen scheint.«

Ohne nachzudenken strich ich ›Eventagentur‹ durch. Zwei Sekunden später stand dort: ›Cult Factory‹. Das fühlte sich cool an! Und es war mir mit einem Mal klar, dass ich um uns als ›Cult Factory‹ auch einen Kult entwickeln musste. Wir mussten selbst zum Kult werden! Wieder verstand ich einen Schritt tiefer, was Herr Radies mit einer Kulturstrategie gemeint hatte.

Aber dennoch erschien mir das Ganze noch wie ein Traum: »Wie soll ich das alles denn umsetzen? Ich werde wieder eine Menge davon streichen müssen!«

»Es hat niemand gesagt, dass Sie das allein machen sollen!«, schüttelte Herr Radies den Kopf. »Alles, was zum engeren Bereich der Events gehört, können Sie natürlich allein machen. Wobei noch nicht einmal klar ist, ob Sie das auch in Zukunft tun sollten. Für alles Weitere benötigen Sie entweder externe Partner oder qualifizierte Mitarbeiter.

Wenn die fehlenden Fähigkeiten in Bereichen liegen, in denen Sie eher engen und direkten Kontakt zum Kunden haben und in denen Sie die Beziehung zum Kunden verbessern und etwas über ihn lernen können, dann erwerben Sie diese Fähigkeiten nach Möglichkeit selbst. Wenn es jedoch sehr lange dauern würde, diese Fähigkeit selbst aufzubauen, dann suchen Sie sich nach Möglichkeit einen Partner, der diese Fähigkeit schon in der von Ihnen gewünschten Qualität besitzt.

Und«, fuhr Herr Radies fort, »die beiden einzigen Kriterien, etwas zu streichen, sind, wenn es Ihrem Kunden nicht nutzt oder er es nicht als Nutzen empfindet. Für alles Weitere ist es Ihr Job, Lösungen zu finden. Manche sofort und manche später.«

Als ich in mich hineinspürte, bemerkte ich, dass ich mit dem Streichen eigentlich nur bezweckt hatte, zur Bequemlichkeit meines alten Zustands zurückzukehren. Ein großer Traum hatte ganz offensichtlich eine innere Unruhe zur Folge. Und diese würde, wie Herr Radies schon am ersten Tag bemerkte, zu neuen, kraftvollen Handlungen oder zu neuen Ausreden führen.

Als ich mich an diesen ersten Tag erinnerte, wurde mir wieder bewusst, dass die Verpflichtung, eine Strafe zu bezahlen, mich in eine Situation gebracht hatte, in der die Alternative ›Ausreden erfinden‹ unmöglich war. Oder zumindest mit schmerzhaften Kosten verbunden. So fragte ich Herrn Radies: »Wie kann ich mich jetzt verpflichten, an diesem anderen Selbstverständnis der ›Cult Factory‹ dranzubleiben und alles umzusetzen? Ich weiß ja zum Teil noch nicht mal, was ich umsetzen werde.«

Herr Radies lächelte anerkennend: »Was wären die nächsten Schritte?«

Ich blätterte nochmals meine Unterlagen durch. Bislang hatte ich nur zwei zentrale Aufgaben aufgeschrieben: Zum einen, mit 20 Unternehmern aus der engeren Zielgruppe zu sprechen. Meine Praktikantin sollte dazu eine Liste erstellen und Telefontermine vereinbaren. Meine Aufgabe war es, noch genauer herauszufinden, wie diese Unternehmer ticken, was ihre Glaubenssätze sind, wo ihre Aufmerksamkeit liegt usw. »Vielleicht sollte ich mich auch mit dem einen oder anderen treffen?«, schlug ich vor.

»Gute Idee«, nickte Herr Radies. »Aber machen Sie kein offizielles Verkaufsgespräch daraus. Treffen Sie sich lieber zum Mittag- oder Abendessen oder beim Konzert. Da ist das Ganze lockerer und es kommt mehr dabei heraus.«

»Stimmt«, bestätigte ich. »Die andere Aufgabe war zu studieren, wie Star-Unternehmer und Kultprodukte zu solchen wurden. Und welche Maßnahmen die wichtigsten waren. Wie soll ich da rangehen?«

»Über Bücher, übers Internet und am allerbesten, indem Sie Leute, die damals dabei waren, direkt kontaktieren und befragen.«

»Na, die werden gerade auf meinen Anruf warten«, zögerte ich.

»Genau«, grinste Herr Radies. »Diese Leute warten auf Ihren Anruf! Ich habe mit vielen erfolgreichen Unternehmern gesprochen.

Zum Teil mit solchen, die Preise von nationaler Bedeutung gewonnen haben. Glauben Sie, es ruft jemand bei denen an? Ich sprach mit einem, der vier Jahre zuvor den Preis für die beste Kundenorientierung Deutschlands gewonnen hatte. Abgesehen von ein paar Journalisten unmittelbar nach der Preisverleihung hatte nie ein anderer Unternehmer angerufen, um zu fragen, wie er das gemacht hatte. Dabei wollen diese Unternehmer oft ihre Erfahrung weitergeben. Also, wenn Sie so fragen: Ja, diese Leute warten auf Ihren Anruf und auf diese Weise bekommen Sie schneller mehr heraus als mit jedem Buch.«

5.7 Die Vision

Die letzten Minuten, während ich erzählt hatte, war Sofia sehr nachdenklich geworden. Schließlich sagte sie, dass das für sie noch nicht ganz stimmig sei. Und ich befand mich wieder in der Gegenwart am Strand.

»Wieso nicht?«, fragte ich sie.

»Dein Ausgangsmotiv war doch Simon, der Physikstudent. Er konnte nicht verkaufen und schmorte immer im Saft seiner eigenen Ideen. Du wolltest den Simons dieser Welt helfen und kamst deshalb auf die Idee, den Unternehmer selbst ins Rampenlicht zu stellen und einen Kult um ihn zu entwickeln.

Dann hast du festgestellt, dass du bei deinen Telefonaten nicht gerade offene Türen einrennst. Und plötzlich kümmerst du dich nicht mehr um die Simons, sondern um die Marcs, die sowieso schon immer im Rampenlicht standen und auch erfolgreich sind. Habt ihr euch da nicht verlaufen?«

Ich lächelte sie an, da ihre Aufmerksamkeit mir schmeichelte. Es gefiel mir, wie genau sie zuhörte und den Haken an der Sache fand. Sie war schon immer ziemlich klug gewesen. »Ja, genau das ist mir auch aufgefallen, als ich die Zwischenergebnisse festhielt.«

»Und wie habt ihr das gelöst?«, fragte sie neugierig.

»Ich sprach Herrn Radies auf diesen Widerspruch an«, erklärte ich und tauchte wieder hinab in die Vergangenheit.

»Stimmt, das scheint ein Widerspruch zu sein«, nickte Herr Radies. »Aber ich habe zwei Fragen. Erstens: Ihr Grundmotiv ist Bedeutsamkeit. Ist das auch das Grundmotiv von Simon und vergleichbaren Menschen?«

Ich schloss meine Augen und versuchte mir Simon vorzustellen. Warum hatte er das damals alles gemacht? In gewisser Weise ging es ihm auch um Bedeutsamkeit. Aber anders als mir. Simon wollte recht haben und das Urteil über seine eigene Bedeutsamkeit fällte er selbst. Er wusste immer schon vorher, dass seine Entwicklungen die Welt umkrempeln würden.

Die Anerkennung anderer Menschen, die sein Konzept sowieso nicht verstanden, war ihm nicht wichtig. Es war eine introvertierte Art der Bedeutsamkeit. Mir hingegen ging es um die Bedeutung für andere. Ich versuchte Herrn Radies diesen mehr gefühlten als analysierten Unterschied deutlich zu machen.

Schließlich erwiderte er: »Das schränkt auch Ihr Motiv der Bedeutsamkeit nochmals ein. Schreiben wir bei Ihnen ›extrovertierte Bedeutsamkeit‹, um das abzugrenzen?«

Ich nickte. »Und die zweite Frage, die Sie mir stellen wollten?«

»Die zweite Frage lautet: Simon ist in der Meditation nicht bei Ihren drei Lieblingsmenschen erschienen. Hätte er dort erscheinen können?«

Als ich in mich hineinspürte, fühlte ich deutlich: »Nein, ich glaube, mittelfristig würden mich solche Menschen wie Simon wahnsinnig machen. Ihr Erfindergeist ist zwar eine tolle Begabung, die mich fasziniert, aber ihren Autismus könnte ich auf Dauer nicht ertragen.«

»Das heißt, dass wir mit dem, was wir machen, auf dem richtigen Weg sind. Marc teilt Ihr Motiv und gehört zu Ihren Lieblingsmenschen. Simon tut das nicht.

Wir haben nun ein Problem: Sie hatten am Anfang ein Anliegen, fast schon eine Vision. Nämlich den Simons dieser Welt zu helfen. Jetzt haben Sie kein Anliegen mehr. Das passiert auf dem Weg, alles konsistent zu machen, immer mal wieder. Also werden wir uns im nächsten Schritt drum kümmern müssen.«

»Ich habe doch mein Grundmotiv. Reicht das nicht?«

»Nein«, schüttelte Herr Radies den Kopf. »Das Grundmotiv ist eine psychologische Kategorie. Ihr Grundmotiv hat meist sehr wenig mit der wirklichen Welt zu tun. Ein Anliegen basiert immer auf etwas Wirklichem, auf Ereignissen, die Sie miterlebt haben, auf etwas, das starke Emotionen ausgelöst hat oder noch auslöst. Und es steht natürlich in Ihrer Macht, diesen Ereignissen eine Bedeutung zu geben. Eine Vision ist ein konkretes Bild der Zukunft, das auf diesem Anliegen basieren sollte.

Ein Beispiel: Beginnen wir mit dem Anliegen. Ein Anliegen könnte für einen Menschen im Rollstuhl sein, dass behinderte Menschen sich überall selbstständig hinbewegen können. Hinter diesem Anliegen können unterschiedliche Grundmotive liegen, je nachdem, was für ein Mensch es ist. Es kann das Motiv der Gleichheit / Gerechtigkeit sein, es wäre aber genauso gut Freiheit und Unabhängigkeit denkbar.

Schließlich gibt es noch die Vision. Eine Vision könnte sein, alle Gebäude behindertengerecht auszustatten. Diese Vision passt eher zum Gleichheitsmotiv. Eine andere Vision könnte sein, dass alle Rollstühle oder allgemein Transportmittel sicher Treppen hoch- und runterkommen und am besten auch noch geländegängig sind. Das würde eher zum Motiv der Freiheit passen.«

»Verstehe«, überlegte ich. »Dann habe ich zwar ein Motiv und eine unscharfe Vision, aber eigentlich kein Anliegen mehr, nachdem Simon als Anliegen weggefallen ist.

Und«, überlegte ich weiter, »das ist immens wichtig, da eigentlich jeder Kult ein Anliegen hat. Wenn ich meinen Kunden Kultstatus verkaufen will, dann müssen sie auch ein Anliegen haben. Und das kann ich ihnen nur glaubwürdig verkaufen, wenn ich selbst eines habe.«

»Gute Beobachtung«, unterstützte mich Herr Radies. »Es gibt unendlich viele Visionen, aber viele davon haben kein wirkliches Anliegen. Und wenn die Menschen kein Anliegen teilen können, wieso sollten sie dann die Vision teilen? Es gibt genügend egozentrische oder völlig abgehobene Visionen, die aufgrund des fehlenden Anliegens niemals Kraft entfalten.«

»Da fallen vermutlich alle Visionen wie ›Wir wollen in fünf Jahren unseren Umsatz verzehnfachen‹ oder ›Unser Datenbanksystem soll in fünf Jahren der Marktführer im Bereich XY sein‹ oder ›Unsere Kunden sollen die flexibelsten Bankprodukte haben‹ usw. drunter, oder?«

»Richtig«, nickte Herr Radies. »Diese Visionen sind so kraftlos, dass Sie sie nicht einmal aufschreiben müssten. Allen fehlt das Anliegen! Höchstens aus der letzten von Ihnen genannten Vision hätte etwas werden können, wenn Bankprodukte ähnlich kompliziert wären wie die deutschen Steuerprodukte. Dann hätte die Vision ein Anliegen und wäre kraftvoll. Aber Bankprodukte sind den meisten Menschen schon flexibel genug.«

»Gut, und wie entwickelt man eine solche Vision mit einem Anliegen?«

»Das ist von Unternehmer zu Unternehmer unterschiedlich. Manche schleppen in irgendeinem Bereich ein Schlüsselerlebnis mit sich herum, das so zentral ist, dass man Anliegen und Vision drum herumbauen kann. Bei anderen ist das eher diffus. Da kann man sich sowohl vom Anliegen als auch von der Vision aus annähern. Es gibt ein Buch aus den 1970er-Jahren mit dem schönen Titel: ›Der Erleuchtung ist es egal, wie du sie erlangst‹. Ich habe es nie gelesen, aber ich denke, dasselbe trifft auch auf das Anliegen und die Vision zu. Es ist sowieso eine schrittweise Annäherung.

Eine Vision ist gut, wenn man sie einmal in seinem Leben hört und dann nie wieder vergisst.

Vielleicht klären wir im ersten Schritt, was für eine Vision wir suchen. Es gibt eine tolle Definition für eine gute Vision: Eine Vision ist gut, wenn man sie einmal in seinem Leben hört und dann nie wieder vergisst.«

»Das klingt in der Tat ziemlich anspruchsvoll. Aber wie gehen wir vor?«

Herr Radies dachte kurz nach: »Wir gehen in zwei Schritten vor. Zuerst machen wir eine Meditation. Ich gebe Ihnen dabei Bilder vor, Sie führen diese Bilder assoziativ fort.«

Obwohl mich die Meditation bei meinen Lieblingsmenschen weitergeführt hatte, war ich noch nicht wirklich von dieser Methode überzeugt. Schließlich beschloss ich, mich überraschen zu lassen, und nickte: »Also gut, lassen Sie uns beginnen.«

Mit ruhiger Stimme führte mich Herr Radies in eine Meditation 30 Jahre in die Zukunft. Schon nach kurzer Zeit verlor ich mich in den Bildern und war ganz überrascht, als Herr Radies die Meditation plötzlich beendete. Ein Blick auf die Uhr verriet mir, dass über eine halbe Stunde vergangen war.

Neugierig blickte mich Herr Radies an. Noch ganz unter dem Eindruck meiner Bilder begann ich zu erzählen: »Ich stand vor einer großen Halle. Draußen standen viele Kunden. Ich ging durch eine Tür und kam in einen sehr großen Raum. Vorne war eine Bühne. Einer meiner Kunden war dort oben und probte. Ich setzte mich hin und sah drei meiner Mitarbeiter, drei Coaches, die ihn mit Feedback unterstützten. Ich setzte mich dazu und beobachtete interessiert die Szene.«

Ich hielt einen Moment inne. »Aber dann wechselte die Szenerie plötzlich und ich saß bei ›Deutschland sucht den Superstar‹.« Irritiert ergänzte ich: »Ich finde diese Casting-Shows ätzend, aber in meiner Meditation waren diese auf einmal positiv besetzt. Das habe ich nicht verstanden. Fast den ganzen Rest meiner Meditation sprach ich dann mit den Teilnehmern dieser Casting-Show.

Zuerst wollte ich sie davon überzeugen, dass das doch kompletter Schwachsinn sei. Aber ich spürte ihre Begeisterung. Und das steckte auch mich immer mehr an!

Ganz zum Schluss wurde auf einmal ich auf die Bühne gerufen. Man dankte mir, dass ich solch eine tolle Sendung ins Leben gerufen hätte. Bis zu dem Moment dachte ich, dass ich Zuschauer wäre. Aber plötzlich erkannte ich, dass ich die Ursache der Begeisterung war.

Und da haben Sie mich auch schon unterbrochen.«

Herr Radies nickte langsam. »Ziemlich versponnen, aber da lässt sich was draus machen.« Nach kurzem Nachdenken fuhr er fort: »Erklären Sie mir zuerst, warum Sie die Sendung ätzend finden?«

»Weil das alles so künstlich ist«, versuchte ich es. »Vielleicht auch, weil da Menschen durch den Kakao gezogen werden, die dann später nie mehr einen Versuch starten.«

»Aber irgendetwas fanden Sie offensichtlich auch gut?«

»Ja«, nickte ich nachdenklich. »Es war die Begeisterung! Die Jugendlichen waren alle voll dabei! Zehntausende von Jugendlichen stellen sich nachts um drei Uhr vor die Tür und warten auf Einlass, nur damit sie sich zum Affen machen dürfen. Das ist offensichtlich etwas, das zum Beispiel unsere Schulen nicht schaffen. Aber stellen Sie sich dieses Land mal vor, wenn zehntausende Schüler nachts um drei vor der Schule anstehen würden, nur um dort mitmachen zu dürfen!«

Herr Radies ließ sich anstecken: »Wenn die Schulen es schaffen würden, eine solche Begeisterung zu entfesseln, dann wäre dieses Land nicht wiederzuerkennen!«

»Ja«, stimmte ich begeistert zu. »Wenn man davon etwas in andere Bereiche übertragen könnte!«

»Sicher könnte man«, meinte Herr Radies. »Die Mechanismen dieser Shows sind ziemlich einfach. Heben Sie die künstliche Trennung von Leben und Schule auf! Sorgen Sie dafür, dass es um etwas geht, das den Schülern oder Teilnehmern wichtig ist. Setzen Sie an deren Lebenswelt an. Integrieren Sie einen Leistungs- und Wettbewerbsgedanken, bei dem die Besten belohnt werden – nicht der Durchschnitt.

Dann werden diejenigen, die weiterkommen wollen, ziemlich hart rangenommen. Das betrifft nicht nur das Training, sondern auch das Auswahlverfahren. Je besser sie werden, desto besser werden auch die Trainer. Und desto härter die Bedingungen. Dem unterwerfen sich die Jugendlichen freiwillig!

Offensichtlich scheint von der Möglichkeit, ein Star werden zu können, eine gewisse Anziehungskraft auszugehen, die in vielen anderen Bereichen wie Schule oder Arbeitsleben eher fehlt.«

»Stimmt«, nickte ich nachdenklich. »Wenn man diese Begeisterung auf sinnvollere Bereiche übertragen könnte, dann wäre das klasse! Aber ich will ja keine Schule gründen. Wie wird daraus jetzt eine Vision?«

»Nun«, wiegte Herr Radies den Kopf, »so weit weg ist das gar nicht. Sie fühlen sich zu einer bestimmten Sorte von Unternehmern zugehörig. Zu solchen, die im Rampenlicht stehen. Solche Menschen schaffen, indem sie das tun, Identität und Kultur. Solche Menschen könnten Vorbilder sein.«

Ich ließ die letzten Worte von Herrn Radies auf mich einwirken. »Ja, wenn Menschen, möglichst meine Kunden, nachts um drei Uhr anstehen würden, um bessere Unternehmer werden zu können – das wäre klasse!«

»Das wäre toll«, bestätigte Herr Radies, »aber warum sollten sie das tun?«

Ich versuchte zu übertragen: »Beim Wunsch, Popstar zu werden, gibt es bereits andere Stars als Vorbilder. Stars, denen man nacheifern möchte. Viele Jugendliche wollen so werden wie diese Stars.«

»Und sie wollen *nicht* so werden wie die Unternehmer, deren Bild in der Öffentlichkeit gezeigt wird«, ergänzte Herr Radies. »In der öffentlichen Wahrnehmung gibt es ein klassisches Double Bind, das Gerald Hörhan schön auf den Punkt brachte: ›Wenn sich jemand selbstständig macht und Misserfolg hat, gilt er als Versager. Wenn er es schafft, gilt er als Arschloch.‹ Egal, was der Selbstständige oder Unternehmer macht, in der öffentlichen Wahrnehmung in Deutschland wirkt er negativ.«

»Wir bräuchten positive Vorbilder«, überlegte ich. »Solche, die cool und anziehend sind. Wir bräuchten mehr Unternehmer wie Steve Jobs oder Richard Branson.«

Ich schwieg einen Moment. Dann platzte ich plötzlich heraus: »Ich schaffe diese Vorbilder! Ich produziere mit meinem Unternehmen Unternehmer-Stars, die dann als Vorbild wirken. Ich will, dass zehntausende von Jugendlichen nachts um drei anstehen, um Unternehmer-Star werden zu können! Das ist doch eine Vision, oder?«

Herr Radies blickte mich mit wachen Augen an: »Ja, das klingt nach einer spannenden Ausgangsbasis! Ich glaube, daraus lässt sich eine Vision machen, die man nach einmaligem Hören nie wieder in seinem Leben vergisst.«

»Super«, nickte ich begeistert. »Wie geht's jetzt weiter?«

»Eine Vision sollte neben diesem einen zentralen Punkt, sie nie wieder zu vergessen, acht Kriterien genügen. Die gehen wir jetzt der Reihe nach durch. Und dann gibt es noch ein ganz zentrales Geheimnis, damit die Vision auch wirklich Kraft entfaltet.«

»Geheimnis?«, fragte ich neugierig.

»Ja«, lächelte Herr Radies. »Eigentlich liegt es auf der Hand, wenn Sie einmal die historisch wirkkräftigen Visionen anschauen. Aber dennoch weist niemand darauf hin. Aber«, fuhr er lächelnd fort, »zuerst die acht Kriterien. Sie müssen sich also noch ein kleines bisschen gedulden!«

»Gut, schießen Sie los!«

»**Eine gute Vision** muss **erstens** anderen, Ihren Kunden nutzen. Oder ihnen ein neues, besseres Gefühl ihrer Selbst geben, also eine Identität und Zugehörigkeit bieten. Tut sie das nicht, ist sie für niemanden attraktiv.«

»Das ist das, was wir eben schon besprochen hatten, mit den egoistischen Visionen wie Gewinnsteigerungen oder ›Wir werden der Marktführer in unserer Branche‹, richtig?«

»Richtig. Gewinnsteigerungen sprechen nur die Inhaber an. Das Ziel, Marktführer zu werden, vielleicht noch die Mitarbeiter. Aber keinesfalls die Kunden. Damit wirken sie erstens nur begrenzt nach außen. Und, da diese Visionen zudem auch keine strategisch förderlichen Emotionen wecken – so etwas wie Liebe gegenüber den Kunden wird dadurch nicht gestärkt –, führt ein großer Teil der sowieso schon begrenzten Kraft auch noch in die falsche Richtung.

Aber Ihre Vision, Unternehmer zu Vorbildern für die Jugend zu machen, nützt anderen. Wenn diese Unternehmer Vorbilder sind, dann haben sie eine positive Ausstrahlungskraft und damit gleichzeitig mehr Erfolg.«

»Damit haben wir das erste Kriterium erfüllt: Ich biete meinen Kunden einen Nutzen und eine Identität, fast schon ein Lebensgefühl. Was ist das **zweite Kriterium**?«

»Hatten wir schon kurz angesprochen. Sie benötigen ein Anliegen. Wenn Sie glauben, dass das unternehmerische Handeln der Weg ist, eine bessere Zukunft zu gestalten, dann wirken Sie durch eine Stärkung dieses Handelns, durch die Schaffung von Vorbildern an der Gestaltung dieser besseren Zukunft mit. Und alle Kunden, Mitarbeiter und Geldgeber auch. Sie schaffen Nutzen und Identität. Auch der Unternehmer Guy Kawasaki schrieb, der beste Grund für eine Unternehmensgründung sei, etwas Sinnvolles zu schaffen, ein Produkt oder eine Dienstleistung anzubieten, durch die die Welt ein bisschen besser wird.«

»Mein Anliegen wäre demnach, dafür zu sorgen, dass Unternehmern in dieser Gesellschaft die Bedeutung zugesprochen wird, die ihrer Rolle entspricht. Ohne Unternehmer gäbe es nicht einen einzigen Arbeitsplatz. Ohne Unternehmer in diesem Land würde nicht ein einziges Problem gelöst. Ohne Unternehmer in diesem Land würde alles in bürokratischer Erstarrung versinken. Was mich wirklich ärgert, ist, dass Unternehmer angesichts dieser Bedeutung ein solches Schattendasein führen und ein solch negatives Image haben.«

»Damit hätten Sie ein Anliegen, das Ihrer Vision Kraft gibt«, nickte Herr Radies.

»Aber dieses Anliegen beschwört doch auch Gegner herauf?«, wandte ich ein.

»Kommen wir später noch dazu«, grinste Herr Radies. »So schlecht ist das nicht. Fürs Erste reicht uns die Feststellung, dass fast jede gute Vision auch Gegner hat.«

»Damit hätte ich auch das zweite Kriterium erfüllt«, freute ich mich. »Und das **dritte Kriterium**?«

»Eine gute Vision muss mitreißen. Sie muss vom Ziel her emotional sein. Zumindest für die Menschen, die Sie ansprechen wollen.«

»Also bei der Vorstellung, dass nachts um drei zehntausende Jugendliche begeistert anstehen, um Unternehmer werden zu dürfen, bin ich schon ziemlich aufgedreht! Stellen Sie sich die Energie vor, die da zum Ausdruck kommt und neu entsteht! Zehntausende Jugendliche, die willens sind, ihr Leben selbst in die Hand zu nehmen und die Welt neu zu gestalten. Die sich nicht mehr von einer Fürsorgepolitik blenden und kleinhalten lassen. Oder in den vorgefertigten Käfigen fester Ausbildungsberufe oder Studiengänge ihre Begeisterung und Energie verlieren.«

»Ich sehe schon«, lachte Herr Radies. »Die Vision hat Sie gefangen. Das heißt, wir können auch beim dritten Kriterium einen Haken machen.

Kommen wir zum **vierten Kriterium**. Ist die Vision groß genug?«

»Wie meinen Sie das?«

»Was passiert bei Ihnen, wenn Sie sich vorstellen, dass nicht zehntausende Jugendliche anstehen, sondern nur einer?«

»Dann wäre ich gescheitert! Das wäre gar nichts!«

»Gut, dann drehen wir das Ganze um. Diese Casting-Shows gingen ja um die Welt. Was würde bei Ihnen passieren, wenn Sie sich vorstellen, dass weltweit, in jedem Land, zehntausende Jugendliche anstehen würden?«

»Das wäre der Hammer«, entfuhr es mir. »Das wäre eine grundsätzliche Kulturänderung hin zum Besseren!«

»Dann wäre es schlauer, Ihre Vision noch größer zu machen und auf die ganze Welt auszudehnen, wenn Sie das noch mehr anspricht«, warf Herr Radies ein.

»Ja, aber ist das nicht ein bisschen zu groß für mich?«, warf ich ein. »Ich könnte das nicht mehr glauben, dass ich das schaffe.«

»Angst?«, fragte Herr Radies.

Ich horchte in mich hinein: »Ja, das auch. Aber vor allem erscheint es mir nicht realistisch.«

»Warum nicht?«

»Ich bin doch nicht Gandhi, der eine weltweite Bewegung auslösen konnte. Ich bin nur Oliver Steinbach, der Inhaber einer kleinen Eventagentur.«

»Sie meinten Inhaber einer kleinen ›Cult Factory‹«, korrigierte Herr Radies grinsend. »Inhaber einer kleinen Firma ist doch schon mal eine gute Ausgangsbasis. Besser jedenfalls, als farbiger Rechtsanwalt in einem rassistischen Land zu sein und aus jedem Zugabteil, in dem nur Weiße mitfahren dürfen, zu fliegen«, stellte Herr Radies fest.

Das saß. »Aber ich glaube trotzdem nicht, dass ich das schaffen könnte.«

Herr Radies hielt dagegen: »Ich halte solche unrealistischen Visionen für die besten Visionen überhaupt! Gerade dann, wenn Sie selbst nicht dran glauben. Ihr Geist mag nämlich keine solchen Widersprüche. Erinnern Sie sich an den Abschluss unseres ersten Tages? Bei solch scharfen Widersprüchen gibt es zwei Möglichkeiten: Entweder Sie verabschieden sich von Ihrer Vision. Oder Sie verabschieden sich von Ihrer Inkompetenz und werden zu dem, der eine solche Vision verwirklichen kann.

Wenn die Verwirklichung Ihrer Vision für Sie eine unumstößliche Tatsache ist, dann bleibt Ihnen nur noch ein Weg: die fehlerhafte Realität Ihrer Vision anzupassen.

Die meisten verabschieden sich leider von ihrer Vision. Damit sie sich danach nicht allzu schlecht fühlen, erklären sie sich, dass das doch nur Hirngespinste waren. Und weil sie in einem ganz geheimen Winkel ihrer selbst wissen, dass sie sich doch nur belügen, müssen sie sicherstellen, dass auch sonst niemand seine Vision verwirklicht. Das wäre ja ein Affront. Deshalb ziehen sie alle um sich herum herunter.«

»Verstehe ich schon«, nickte ich etwas niedergeschlagen. »Aber ich glaube immer noch nicht, dass ich das schaffen könnte.«

»Tun Sie so, als hätten Sie es bereits geschafft. Stellen Sie sich mehrfach täglich die Verwirklichung Ihrer Vision als Tatsache vor. Das fällt die ersten vier bis sechs Wochen schwer. Danach ist es eine Tatsache für Sie und Sie haben nur noch eine Möglichkeit, dieses Problem aufzulösen: indem Sie die fehlerhafte Realität Ihrer Vision anpassen.«

»Ja, aber die Vision nur für Deutschland ist doch auch schon groß genug, oder?«

»Das entscheiden letztlich Sie allein!«, erwiderte Herr Radies. »Kommt Ihnen denn Ihre Vision bezogen auf Deutschland glaubwürdig vor?«

Ich horchte in mich hinein. Schließlich nickte ich: »Ja, merkwürdigerweise schon. Zehntausende Jugendliche dazu zu bringen, nachts um drei irgendwo anzustehen, ist ja kein Pappenstiel, aber bezogen auf Deutschland habe ich das sichere Gefühl, das schaffen zu können.

Ich würde gerne mit dieser Vision beginnen. Vergrößern kann ich dann ja immer noch, oder?«

»Natürlich. Vergrößern können Sie immer noch. Nur verkleinern sollten Sie nie. Verkleinern ist eine andere Form des sich Herausredens.«

* * *

»Warum hat er da so schnell nachgegeben?«, unterbrach mich Sofia in meiner Erzählung. »Er wollte doch ganz offensichtlich, dass du größer denkst.«

»Das war mir da gar nicht aufgefallen«, erwiderte ich. »Ich war froh, dass ich mich auf Deutschland konzentrieren konnte. Mittlerweile habe ich aber zwei Dinge verstanden.«

»Welche sind das?«, fragte sie.

»Ich glaube, Herr Radies hat die weltweite Verbreitung angesprochen, da im Verhältnis dazu die Vision bezogen auf Deutschland klein erschien. Und damit realistischer. Es war wie Stretching. Und zweitens wusste er, glaube ich, dass die internationale Ausdehnung von allein in mir arbeiten würde. Es war wie ein Stachel, der mich die letzten Monate nicht mehr verließ. Noch traue ich mich nicht, das als meine

›offizielle Vision‹ zu nutzen. Aber ich kann auch nicht mehr davon lassen.«

Langsam nickte Sofia: »Ja, ich glaube, wer nicht nach den Sternen greift, kommt auch nicht bis zu den Baumwipfeln. Und jetzt scheinen wir langsam an die Punkte zu kommen, wo nicht nur deine Firma umgekrempelt wird, sondern auch du dich umkrempeln musst.

Wie ging's dann weiter?«

»Ich fragte nach dem **fünften Kriterium**«, erwiderte ich und schweifte in Gedanken wieder zurück zu meinen Erinnerungen.

»Eine Vision sollte klar fokussiert sein«, fuhr Herr Radies fort. »Das ist manchmal gar nicht so einfach. Bei den falschen Visionen von Rendite oder Wachstum können Sie klare Zahlen angeben – das macht diese Visionen wenigstens noch ein bisschen attraktiv. Auch J.F. Kennedy gab die Vision aus, bis zum Mond zu fliegen und nicht einfach zu gucken, wie weit man käme.

Aber bei wert- oder motivorientierten Visionen ist das oft schwierig. Wenn Menschen die Vision haben, dass sich die Menschen mehr lieben sollten oder aufmerksamer miteinander umgehen sollten, dann ist dem sicher zuzustimmen, aber es ist einfach nicht fokussiert. Niemand weiß, was er konkret tun soll. Und es weiß auch niemand, wann die Vision verwirklicht ist. Ohne Fokus keine Kraft!«

»Das heißt, wenn ich einfach nur sagen würde, dass ich will, dass mehr Menschen ihr eigenes Ding machen und mit ihrer ganzen Person dafür einstehen, dann würde das zwar einige Menschen anziehen. Aber es gäbe keine klare Handlungsaufforderung und keine Kriterien der Zielerreichung. Wohingegen, wenn ich sage, dass ich Unternehmer so zu Vorbildern machen will, dass zehntausende Jugendliche begeistert Unternehmer werden wollen, dann habe ich ein klares Bild und ein klares Kriterium. Insofern bin ich fokussiert. Richtig?«

»Ja, richtig!«, nickte Herr Radies. »Das ist nebenbei der Vorteil von solchen bildhaften Verfahren wie einer Meditation. Der Fokus ist dort meist schon mehr oder weniger offen enthalten. Wohingegen man sich bei einer abstrakt-theoretischen Annäherung Kriterien ausdenken müsste, die aber meist ziemlich beliebig wirken und deshalb auch keine wirkliche Kraft haben.«

»Gut, da können wir also auch einen Haken dahinter machen. Was ist das nächste Kriterium?«

»Das **sechste Kriterium** ist Einfachheit. Die Vision muss einfach und schnell zu verstehen sein und eine gewisse Geradlinigkeit aufweisen. Wenn Sie fünf Stunden erklären müssen, warum Ihre Vision toll ist und warum Sie jenen Weg nehmen und nicht diesen und warum Sie nicht ein Ziel anstreben, sondern eine ganz speziell ineinander verwobene Form von sieben Zielen, dann können Sie Ihre Vision gleich entsorgen.«

»Das haben wir aber auch erfüllt«, antwortete ich. »Ich will emotionale Vorbilder schaffen, die eine bestimmte Wirkung auf Jugendliche haben. Fertig!«

»Na ja, ein bisschen erklärungsbedürftiger ist Ihre Vision schon«, wiegte Herr Radies den Kopf hin und her. »Der Idealfall wäre, wenn Sie Ihre Vision in sieben Worten zusammenfassen könnten. Das ist extrem schwer. Drei Sätze wären schon ziemlich gut.«

»Das schaffe ich nicht«, überlegte ich. »Aber ich habe da auch meine Zweifel. Wenn ich an diese tollen, superkurzen Visionen wie ›Innovate‹ oder so ähnlich denke, dann sind die zwar kurz, haben aber keinerlei Gehalt mehr.«

»Das stimmt natürlich! Bevor Sie die Vision so verkürzen, dass der Gehalt verloren geht oder nur noch für die Insider, die die Vision entwickelt haben, verständlich ist, erzählen Sie lieber zwei oder fünf Sätze mehr. Dennoch spricht dies nicht gegen die Kürze. Die Kürze so zu schaffen, dass der Gehalt bleibt, ist jedoch die hohe Kunst. Und dauert sehr lange.

Rein praktisch gehen Sie so vor: Sie erstellen eine Mindmap mit allen Aspekten Ihrer Vision. Dann hängen Sie diese Mindmap an einen Platz, an dem Sie dauernd vorbeikommen. Darunter legen Sie ein paar Stifte, um sie permanent überarbeiten zu können. Nach einiger

Zeit kristallisiert sich heraus, was wirklich wichtig ist und enthalten sein soll und was nicht. Und noch einige Zeit später können Sie dies problemlos in ein bis drei Sätze gießen.«

»Gut«, seufzte ich. »Also eine weitere Hausaufgabe.«

»Ja«, lachte Herr Radies. »Kommen wir zum **siebten Kriterium**: Entspricht das Ihrer Leidenschaft? Nicht als Fachkraft, sondern als Unternehmer!«

»Sicher! Ich habe doch dann mit den Menschen zu tun, die ich mag. Ich kann ihnen das geben, was ich kann. Das Ganze ist abwechslungsreich und herausfordernd. Ich sehe nicht, was dagegensprechen sollte.«

»Also können wir auch da einen Haken dranmachen. Und ich glaube, das können wir auch beim **achten Kriterium**.«

»Und das wäre?«

»Konsistenz. Ist Ihr Weg mit Ihrem Ziel identisch?«

»Wie meinen Sie das?«

»Nun, wenn Sie an den einen oder anderen Politiker oder Manager denken, haben Sie da nicht manchmal den Eindruck, dass die ihren Berufsweg nur gewählt haben, um sich die Taschen zu füllen? Dass das, was sie vordergründig tun, und das, was sie eigentlich wollen, zwei unterschiedliche Dinge sind?«

»Klar. Machen doch fast alle so.«

»Viele«, relativierte Herr Radies. »Würden Sie diesen Menschen folgen?«

»Solange ich nicht muss, nein!«, schüttelte ich den Kopf.

»Stimmt«, nickte Herr Radies. »Und da Sie nicht die Machtbasis haben, die Menschen dazu zu zwingen, Ihrer Vision zu folgen, müssen Sie dafür sorgen, dass es die Menschen freiwillig tun. Das tun sie nur, wenn Sie glaubwürdig und authentisch sind. Und das sind Sie, wenn Ihre Worte, Ihre Taten und Ihre Ziele übereinstimmen.

Gandhi hatte Gewaltlosigkeit zum Ziel und der Weg dorthin hieß ebenfalls Gewaltlosigkeit. Deshalb war er glaubwürdig. Die RAF gab zwar vor, ein sozialistisches Endziel anzustreben, das einem Paradies auf Erden recht nahe kommen sollte. Aber der Weg dorthin war nicht paradiesisch. Und damit nicht glaubwürdig.«

»Das heißt also, ich müsste auf dem Weg, andere zum Vorbild zu machen, selbst zum Vorbild werden? Das hatte ich ja sowieso schon vor. Wenn ich glaubwürdig um meine Kunden einen Kult bauen will, wenn ich sie zum Vorbild machen will, dann muss ich selbst Vorbild werden.«

»Ja, ich denke schon.«

»Das ist sehr anspruchsvoll!«, sinnierte ich.

Herr Radies ließ mich eine halbe Minute nachdenken, bevor er fragte: »Wollen Sie diese Herausforderung annehmen?«

Langsam nickte ich. Und war mir der Schwere dieser Entscheidung sehr bewusst. Schließlich blickte ich auf und nickte nochmals klar und fest: »Ja, ich werde diese Herausforderung annehmen. Aber jetzt haben wir alle acht Kriterien und ich bin auf das Geheimnis gespannt!«

»Ach ja, das Geheimnis«, lachte Herr Radies. »Das umfasst eigentlich zwei miteinander zusammenhängende Aspekte. Mal sehen, ob Sie's herausbekommen.«

»Also Rätselstunde?«, erwiderte ich grinsend.

»Nehmen wir mal die Vision von Karl Marx. Es sollte am Ende der Geschichte eine kommunistische Gesellschaft geben, in der jeder nach seinen Bedürfnissen leben kann. Jetzt war Marx Philosoph und Nationalökonom. Er hat sich seine Vision nicht aus den Fingern gesaugt, sondern sie war für ihn der Endpunkt einer logischen, historischen Entwicklung: Indem der Kapitalismus die Arbeiterklasse schuf, schuf er damit zugleich die revolutionäre Klasse, die seinen Untergang bewirken würde.

Nehmen wir nun ein weiteres Beispiel: Einen Jesuiten und Theologen namens Teilhard de Chardin. Er war einer der Ersten, die die Evolutionstheorie mit dem Christentum verbanden. Er sieht die Evolution als einen beständigen Prozess der Vergeistigung an. Der Motor dieses Prozesses sei die Liebe. Und insofern ist es auch die Aufgabe des Menschen, Liebe zu üben, um die Evolution voranzubringen.

Sehen Sie etwas Gemeinsames zwischen den beiden Visionen?«

»Nein, eigentlich nicht«, schüttelte ich den Kopf. »Haben Sie noch eine dritte Vision?«

»Natürlich«, nickte Herr Radies. »Im Jahr 1429 machte sich ein 16-jähriges Bauernmädchen in Frankreich auf den Weg, um die Engländer, die seit 100 Jahren in Frankreich wüteten, militärisch zu besiegen und dafür zu sorgen, dass der ungekrönte König von Frankreich, der Dauphin, gekrönt wurde. Von ihrem Aufbruch bis zur Krönung des Dauphin in der Kathedrale von Reims dauerte es gerade mal ein gutes halbes Jahr. Ihr Name war Jeanne d'Arc. Nun kam sie aber nicht einfach auf die Idee, dass es jetzt an der Zeit wäre, die militärisch klar überlegenen Engländer aus Frankreich zu werfen, sondern ihr waren in einer Vision Heilige erschienen, die ihr das auftrugen.«

»Langsam erkenne ich ein Muster«, überlegte ich. »Alle diese Visionen erscheinen nicht willkürlich gewählt worden zu sein, sondern irgendwie von außen vorgegeben.«

»Richtige Spur«, nickte Herr Radies. »Alle diese Visionen stehen im Dienst einer übergeordneten Macht. Oder anders: Die Vision wird einer höheren Kraft zugeschrieben. Ob das die Geschichte, die Evolution, Gottes Wille, ein Heiliger, die liebende Kraft des Universums – oder eine Nummer kleiner, die eigene Nation oder sonst etwas ist, ist eigentlich egal.

Entscheidend ist schlicht die Tatsache, dass sehr viele der historisch wirksamsten Visionen einer solchen Kraft untergeordnet werden.

Es gibt allerdings noch eine Steigerung. Das ist der zweite Teil des Geheimnisses. Nehmen Sie zum Beispiel Jeanne d'Arc und Jesus. Bei beiden ist es nicht nur eine übergeordnete Kraft, der die Vision dient, sondern es geht noch einen Schritt weiter: Beide Personen wurden sozusagen von dieser übergeordneten Kraft *erwählt*, ihre Aufgabe zu erfüllen.«

»Warum ist das so wichtig?«

»Weil dieses mentale Konstrukt dafür sorgt, dass Sie erstens keine egoistische Vision verfolgen – Sie dienen ja dieser höheren Macht.

Das ging bei den Calvinisten so weit, dass der geschäftliche Gewinn als ursprünglich egoistisches Motiv als gottgefällig erschien. Ihr Motiv verändert sich dadurch und wird zu einem der Liebe.

Und weil der Glaube, durch eine übergeordnete Kraft erwählt zu sein, zweitens eine Sicherheit und eine Willensstärke nach sich zieht, die alles mitreißt*.«

»So, wie Sie das beschreiben, glauben Sie aber an keine höhere Kraft. Macht man sich dann nicht selbst etwas vor?«

»Glauben Sie an eine höhere Kraft?«, fragte Herr Radies zurück. »Ob ich das tue, spielt ja für Sie keine Rolle.«

»Nein, eigentlich nicht«, erwiderte ich nach kurzem Nachdenken.

»Das ist auch egal«, grinste Herr Radies. »Zuerst einmal beschreibe ich ja nur das Phänomen, dass Visionen eine größere Durchschlagskraft besitzen, wenn sie im Dienste einer übergeordneten Kraft formuliert werden. Und dass die Durchschlagskraft nochmals höher ist, wenn die Visionäre glauben, sie seien von dieser Kraft auserwählt.

Zudem kann ich beobachten, dass der Glaube der meisten Menschen durch ihre Kultur bestimmt ist. Aber eine Minderheit wählte ihren Glauben irgendwann im Laufe ihres Lebens selbst. Sie können also wählen, ob Sie an nichts, an Gott, an die Geschichte, an das Universum oder an sonst etwas glauben.«

»Aber wie glaube ich, wenn ich nicht glaube?«

»Wie bei allen Glaubenssätzen ist es auch bei dieser Art des Glaubens so, dass wenige – meist hochgradig emotionale – Ereignisse die Wahl des Glaubens bestimmen und dem Glauben die Sicherheit und die Basis geben.

Und wie bei jedem Glaubenssatz können Sie auch diesen Glauben

---

* Freilich gibt es auch genügend Beispiele in der Geschichte, in denen erwählte Gotteskrieger nicht gerade zum Besten der Menschen agiert haben. Letztlich handelt es sich bei diesem mentalen Konstrukt um ein Werkzeug, das man wie alle Werkzeuge zum Guten wie zum Schlechten einsetzen kann. Mit der Gefahr allerdings, dass demjenigen, der das Werkzeug einsetzt, der Einsatz immer gut erscheint.

bewusst ändern. Einen letztendlichen Beweis haben Sie nirgends. Mein Vorschlag ist nur der: Wenn Sie an etwas glauben, dann wäre es sehr hilfreich, wenn Sie Ihre Vision so formulieren, dass Sie unter Ihren Glauben untergeordnet erscheint. Und wenn Sie an nichts glauben, dann ist jetzt ein guter Zeitpunkt, einen Glauben zu wählen, der es erlaubt, Ihre Vision unterzuordnen.«

Ich war verwirrt. Das war wieder einmal so ein typisch Radies'scher Gedankengang! Glaubte ich wirklich nichts? In meiner Kindheit war ich immer in die Kirche gegangen. Aber das war eher auf Gängelung als auf Glauben zurückzuführen gewesen. In den letzten 20 Jahren hatte ich mich kaum mehr mit Glauben beschäftigt. Mal abgesehen von den Auseinandersetzungen mit Julia über den Buddhismus. Aber Herr Radies schien das weiter zu fassen. Glaubte ich wirklich gar nichts?

Ich begann, in mich hineinzuhorchen. Was war mir wichtig? Woran glaubte ich? Plötzlich kam ich zu einem ganz anderen Bereich. Ich glaubte an so etwas wie die Menschenrechte. An einen immer größeren Zuwachs an Freiheit und Eigenständigkeit und Eigenverantwortlichkeit. Ich glaubte an so etwas wie die Aufklärung.

In dem Moment wurde es mir schlagartig bewusst: Meine Vision war bereits in eine übergeordnete Idee eingebettet. Meine Vision sorgte dafür, dass sich die Gesellschaft zum Besseren ändern würde. Es ging nicht nur darum, meinen unmittelbaren Kunden zu nutzen, sondern das Ganze hatte einen höheren Zweck.

Aber war ich auserwählt? Ich hatte ganz und gar nicht das Gefühl und so fragte ich Herrn Radies: »Wie kann ich das Gefühl haben, auserwählt zu sein?«

»Wenn Ihre übergeordnete Macht irgendetwas Geistiges ist, also ein Gott, das Universum oder etwas Vergleichbares, dann wird diese übergeordnete Macht zu Ihnen sprechen. Im Gebet, in der Meditation oder wo auch immer Sie Kontakt mit diesem übergeordneten geistigen Wesen haben.

Wenn es etwas Weltliches ist, wie ein geschichtlicher oder evolutionärer Prozess, die Interessen eines Landes etc., dann werden es Ihnen andere Menschen irgendwann sagen, dass Sie diese Aufgabe ausführen müssen. Je länger Sie daran arbeiten, desto mehr Bestätigung erhalten Sie und desto größer wird Ihre Gewissheit, dass Sie auserwählt sind.

Letztlich können Sie aber auch einfach hergehen und all die Beweise, die in Ihrem Leben dafür sprechen, dass Sie bereits auserwählt sind, zusammensuchen und in einem neuen Zusammenhang sehen. Es geht also wiederum nur darum, die eigenen Glaubenssätze zu ändern.«

»Wie meinen Sie das?«

»Nun, Ihr ganzes Leben wirkte auf Sie bislang wie eine mehr oder weniger zufällige Aneinanderreihung von Dingen, die Sie getan haben: Eishockey, Theater, Unternehmensführung, Band usw. Vor dem Hintergrund Ihrer neuen Vision und Strategie bekommt auf einmal alles einen Sinn. Es scheint plötzlich zielgerichtet darauf hinzuführen. Und das ist nur bei Ihnen so. Andere Menschen haben ein anderes Leben und sind deshalb auch für anderes auserwählt.

Ergibt das für Sie einen Sinn?«

»Ja«, murmelte ich nachdenklich. »Sie meinen, dass alles, was ich tat, eine Bedeutung hat und für das, was ich jetzt als Vision anstrebe, notwendig war. Und insofern habe ich – und nur ich – die Aufgabe, diese Vision zu verwirklichen. Richtig?«

»Fühlt es sich für Sie richtig an?«

Langsam nickte ich: »Ich weiß jetzt, was Sie mit der Kraft der Vision meinen! Ich spüre sie!«

»Gut! Aber machen wir erst einmal eine Pause, bevor wir zum letzten Teil des heutigen Tages kommen«, war Herr Radies zufrieden.

Ich sah auf die Uhr. Es war schon nach 19 Uhr und eigentlich war ich fix und fertig. Aber im positiven Sinn. Ich war gespannt, was jetzt noch kommen würde.

5.8 Positionierung

Nach einem kurzen Imbiss machten wir weiter.

Herr Radies begann: »Wir haben eine große Strecke auf dem Weg zu Ihrer strategischen Idee hinter uns gebracht. Wir haben eine kleine Zielgruppe identifiziert, die Sie lieben. Wir haben identifiziert, wo die Aufmerksamkeit Ihrer Zielgruppe liegt. Wir haben eine grobe Richtung für ein Angebot, das auf die Aufmerksamkeit und die Wünsche dieser Zielgruppe zugeschnitten ist. Da müssen Sie sicher noch dran arbeiten. Das ist aber eher Ihr Spezialgebiet als meines. Deshalb werde ich dort nur zwischendurch feinjustieren, aber nicht federführend mitarbeiten.

Was jetzt noch fehlt, ist Ihre Positionierung.«

»Was genau meinen Sie damit?«

»Ich hatte an unserem ersten Tag gesagt, dass es für die Strategie grundlegend ist, dass Sie Ihre Kunden lieben. Für Ihren Erfolg hingegen ist es grundlegend, dass auch Ihre Kunden Sie lieben. Positionierung ist ein bisschen wie der Beginn einer Liebesbeziehung: Sie kennen die Angebetete, Sie wissen vielleicht schon, was sie mag und was nicht. Aber jetzt muss sie auf Sie aufmerksam werden. Sie muss neugierig werden. Wo, denken Sie, ist die richtige Gelegenheit, sie zu treffen? Wann ist sie aufmerksam? Bei der Arbeit? Bei Freunden?

Sprechen Sie sie direkt an oder ist es besser, einer ihrer Freunde oder Freundinnen bringt Sie ins Gespräch und macht Sie bekannt? Beginnen Sie mit einer Standarderöffnung? Sagen Sie etwas Witziges? Machen Sie ein Geschenk? Provozieren oder frotzeln Sie? Laden Sie sie irgendwohin ein? Positionierung ist analog die Kunst, sich an der Stelle zu präsentieren, an der die Erfolgswahrscheinlichkeit am größten ist. Und zwar auf eine Weise, bei der die Erfolgswahrscheinlichkeit am größten ist. Diese Präsentationsweise muss darauf angelegt sein, dass Ihr Angebot intuitiv mit der größten Aufmerksamkeit des Kunden zusammenpasst.«

»Dann umfasst die Positionierung ziemlich viele unterschiedliche Dinge. Zum Beispiel die Frage, wo und wie man wirbt, die Eigendarstellung, ja sogar die Argumentationsketten, die man im Verkauf nutzt. Richtig?«

»Ja, unter Positionierung wird oft auch Unterschiedliches verstanden. Der amerikanische Strategiewissenschaftler Henry Mintzberg schreibt das Thema Positionierung vor allem Michael Porter zu. Dabei geht es darum, der Erste im Markt zu sein. Dann gibt es Positionierungskonzepte in Folge von Jack Trout und Al Ries. Bei denen geht es darum, der Erste im Kopf der Kunden zu sein. Das sind zwei völlig unterschiedliche Dinge! Die deutschen Positionierungsansätze kommen meist direkt oder indirekt über Peter Sawtschenko, der die EKS mit den Konzepten von Ries und Trout verbindet. Im deutschen Sprachraum verstehen viele unter Positionierung auch die ganze Strategie, nicht nur ein Element davon. Und je nachdem, was man unter Positionierung versteht, passen natürlich auch unterschiedliche Dinge wie Marketing, Eigendarstellung usw. darunter oder eben nicht.«

»Und Ihre Meinung dazu?«, fragte ich.

»Ähnlich wie Sawtschenko, Ries und Trout. Wobei ich analog zum Konzept der Neurostrategie® weniger darauf abzielen würde, der Erste im Kopf des Kunden zu sein, sondern der Erste im Herzen des Kunden. Das ist so ähnlich wie in der Liebe. Da gibt es auch welche, die sind immer nur der beste Freund. Die haben die Köpfe erreicht. Und andere sind die Lover oder Partner. Die haben die Herzen erreicht.«

»Gut, verstanden«, grinste ich. »Ich kenne einige solcher ewigen besten Freunde. Die sind nicht wirklich glücklich. Wege in die Herzen einer zukünftigen Partnerin kenne ich ein paar. Wie ist das mit den Wegen in die Herzen der Kunden?«

»Letztlich ähnlich«, erwiderte Herr Radies. »Denn der wichtigste Punkt liegt nicht in irgendwelchen Methoden. Der eine gewinnt mit einem Geschenk die Herzen, der andere fliegt auf die Nase. Der eine holt sich mit einem blöden Spruch einen Korb, beim anderen wirkt derselbe Spruch süß. Der Unterschied, mal abgesehen von Punkten, die völlig unterhalb der Wahrnehmung liegen, wie Geruch, Pheromone usw., liegt in der Aufmerksamkeit, in der Zugewandtheit. Wenn die

Frau – oder umgekehrt der Mann – das Gefühl hat, dem anderen geht's wirklich um mich persönlich, dann ist das schon mehr als der halbe Weg. Das erklärt auch, warum es beim Lieben der Kunden nicht unbedingt um Friede, Freude, Eierkuchen geht. Man kann sich genau wie in einer Liebesbeziehung auch streiten, necken, herausfordern etc.«

»Das heißt, der Kunde muss das Gefühl haben, dass es uns wirklich um ihn geht. Und das hat er wieder dann am ehesten, wenn wir ihn sowieso lieben, richtig?«

»Ja«, nickte Herr Radies. »Methoden sind dann nur noch begleitend! Sie sind sogar ab einem bestimmten Punkt gefährlich und falsch. Wenn Sie sich mit einer todsicheren, aber komplizierten Methode einer potenziellen Partnerin nähern, dann ist das ein todsicheres Verfahren, zu scheitern. Sie sind nämlich dann mit Ihrer Aufmerksamkeit bei Ihrem Plan und nicht bei ihr.

Und todsichere Methoden haben immer die Angewohnheit, sehr komplex zu werden. Das liegt daran: Zu Beginn sind sie einfach. Dann funktionieren sie manchmal nicht, weil keine Methode immer funktioniert. Aber weil es ja eine todsichere Methode sein soll, muss dieser eine Fall auch funktionieren und dann baut man diesen in die Methode ein. Und dann kommt ein zweiter Fall und ein dritter und so weiter. Die Methode wird immer komplexer und umständlicher. Und zum Schluss haben Sie so was Ähnliches wie die deutsche Bürokratie: Jeder, der kann, läuft weg.«

»Mit anderen Worten: Eine gute Positionierung ist immer einfach! Sonst hält sie uns davon ab, uns auf unsere Kunden zu konzentrieren und uns diesen zuzuwenden! Aber wie gehen wir nun vor?«

»Es ist schon halb acht und wir wollen heute zumindest noch ein paar Ansätze finden«, entgegnete Herr Radies. »Ich habe hier eine Liste mit einer ganzen Menge Fragen. Die Fragen bringen Sie auf Ideen und mit den Ideen können Sie dann weiter arbeiten. Aber denken Sie beim Weiterarbeiten daran: Halten Sie es einfach! Konzentrieren Sie sich auf wenige Dinge, aber machen Sie diese richtig!«

»In Ordnung«, nickte ich. »Zeigen Sie mir die Liste mal!«

Ich blätterte die Liste durch und entdeckte unter anderem folgende Fragen*:

- **Können Sie besondere Erfolge vorweisen?**
- **Können / wollen Sie besondere Sicherheiten / Garantien geben?**
- **Können oder wollen Sie mit anderen kooperieren, die mit derselben Zielgruppe zu tun haben?**
- **Wer davon ist am bekanntesten und berühmtesten?**
- **Wer würde Ihnen den Zugang zu Ihrer Zielgruppe öffnen?**
- **Wer kann oder will in der Zielgruppe positiv über Sie berichten? Warum würde er das tun?**
- **Was machen wir keinesfalls?**
- **Welcher Feind ist lohnenswert?**
- **Wann wollen Ihre Kunden von Ihrem Angebot erfahren?**
- **Wie wollen Ihre Kunden von Ihrem Angebot erfahren?**
- **Über welche Sinneskanäle und welche Submodalitäten wollen Ihre Kunden angesprochen werden?**
- **Welche Story nutzen Sie, in der Ihr Anliegen, Ihr Grundmotiv und vielleicht Ihre Vision zum Ausdruck kommt?**
- **Wie können Sie Ihre markante und vielleicht provozierende Identität zum Ausdruck bringen?**
- **Was können Sie tun, damit Ihre Kunden Ihnen oder Ihrem Unternehmen einen größeren Expertenstatus verleihen?**
- **Was können Sie tun, um Ihr Unternehmen zum Star zu machen?**

---

* Die komplette Liste erhalten Sie mit den Coachingbriefen für Unternehmer www.unternehmercoach.com/coaching-briefe.htm.

- Können oder wollen Sie sich über den Preis positionieren (sehr niedrig, sehr hoch, Zahlungs- und Kaufmodalitäten)?
- Können Sie Ihr Produkt weiter aufwerten?
- Haben Sie ein Einstiegsangebot, das die Hürde sehr niedrig steckt?
- Was können Sie tun, damit sich Ihre Kunden zu Ihrem Team gehörig fühlen?
- Welche Kunden oder welche Experten können Ihnen bei Ihrer regelmäßigen Positionierungsarbeit helfen?
- Wer sind Ihre Konkurrenten?

Ich hielt beim Blättern inne: »Warum beschäftigen wir uns eigentlich erst jetzt mit meinen Konkurrenten?«, wunderte ich mich.

»Das ist einfach«, grinste Herr Radies. »Wenn Sie die anderen Strategieschritte wirklich konsequent umgesetzt haben, dann haben Sie zu diesem Zeitpunkt keine Konkurrenten mehr. Die Strategie ist dann nämlich so auf Ihr Anliegen, Ihre Lieblingsmenschen und deren Hauptaufmerksamkeit zugeschnitten, dass sie sich von der Strategie aller anderen Unternehmer unterscheidet.

Und ich vermute mal, ohne jetzt allzu viel Energie in die Recherche zu investieren, dass Sie mit Ihrer Idee, Unternehmer-Stars zu machen, keinen Konkurrenten haben dürften. Die Frage nach den Konkurrenten ist eigentlich nur ein Notnagel, falls Sie vorher nicht konsequent genug waren.«

»Wie soll ich jetzt vorgehen? Soll ich das alles beantworten? Dann sitze ich ja um Mitternacht noch da.«

»Überfliegen Sie die Liste«, riet mir Herr Radies. »Einige Fragen werden Sie nach unserer Vorarbeit sofort beantworten können, andere noch gar nicht. Und wieder andere werden Sie fast intuitiv zu neuen Erkenntnissen führen. Auf diese Letzteren sollten wir uns jetzt konzentrieren!«

Ich ging etwa eine halbe Stunde lang die Fragen durch. Manches konnte ich sehr einfach beantworten: Ich wollte mich zum Beispiel nicht als Billiganbieter positionieren oder ich wollte keinesfalls mehr die Häppchen im rechten Winkel auslegen. Schließlich konzentrierte ich mich auf vier Punkte, die ich mit Herrn Radies besprechen wollte.

»Je länger ich über diese Fragen nachgedacht habe, desto klarer wurde mir, dass meine Firma bei meinen Kunden auch einen Kultstatus benötigt. Und ein Kultstatus ergibt sich erstens über ein Anliegen und zweitens über missionarische Fans.«

»Klingt gut«, nickte Herr Radies. »Weiter?«

»Das heißt, ich brauche eine gute Story, um mein Anliegen zu transportieren. Dann muss ich es zweitens schaffen, dass meine Kunden sich zu meinem Team zugehörig fühlen, dass sie eine Aufgabe, eine Mission darin sehen, uns zu unterstützen.

Dann hatten wir drittens als Event-Anbieter immer das Problem, dass wir gleich die ganze Organisation des Events verkauft haben. Das war teuer und bedeutete für den Kunden immer ein Risiko, dies mit einem unbekannten Anbieter zu machen. Jetzt würden wir ja noch mehr anbieten. Damit würde das Risiko für den Kunden steigen und uns den Verkauf weiter erschweren. Das ist ein bisschen so, wie wenn Sie den Flirt mit dem Kauf eines gemeinsamen Hauses beginnen wollten. Da muss die Frau schon extrem neugierig sein, damit das klappt.«

»Das stimmt«, schmunzelte Herr Radies. »Sie spielen darauf an, dass Sie eine niedrige Einstiegsschwelle brauchen, die die Annäherung ganz natürlich wirken lässt, richtig?«

»Ja, genau. Und dann habe ich noch einen vierten Punkt. Welche Partner können uns helfen, schneller in der Zielgruppe einen Namen zu bekommen. Wer bedient unsere Zielgruppe also noch?«

»Gut, diese Fragen scheinen weiterzuführen und es ergibt sich eine ziemlich klare Orientierung: Die eigentliche Verbreitung machen Sie nicht selbst, sondern Ihre Anhänger. Beginnen wir bei Ihrer ersten Frage, der Frage nach einer Story für Ihr Anliegen.

Sie müssen eines wissen: Solche Storys werden immer konstruiert*.«

»Sie meinen, die sind erfunden?«, fragte ich enttäuscht.

»Nein«, schüttelte Herr Radies den Kopf, »aber sie werden nachträglich ausgewählt und mit einer Bedeutung versehen.«

»Wie meinen Sie das?«

»Richard Branson zum Beispiel erzählt die Geschichte, wie seine Tante ihm als kleinem Jungen eine Belohnung versprochen hat, wenn er im Sommerurlaub schwimmen lernen würde. Er versuchte es die ganzen Sommerferien durch, aber es klappte nicht. Dann kam der letzte Tag des Urlaubs und auch da schaffte er es nicht, zu schwimmen. Andere hätten jetzt vielleicht aufgegeben, aber Richard Branson bat sogar noch auf der Rückfahrt seine Eltern, an einem kleinen Fluss anzuhalten, und probierte es ein letztes Mal. Da gelang es ihm endlich und er bekam die Belohnung.«

»Nette Geschichte, aber was ist damit?«

»Oh, diese Geschichte hat eine Funktion! Sie gehört zum Selbstbild von Richard Branson. Sie beweist ihm, dass er es auch bei der allerletzten Möglichkeit noch einmal probiert. Nun war Richard Branson damals ein Kind. Und Kinder erleben eine Menge Dinge. Manchmal beißen sie die Zähne zusammen und erreichen etwas, was sie vorher nie geglaubt hätten. Und manchmal geben sie bei einfachen Dingen schon auf, bevor sie überhaupt angefangen haben. Wie jeder von uns. Auch ein Richard Branson hat in seiner Kindheit manche Dinge aufgegeben.

Der Unterschied besteht nicht darin, dass Richard Branson schon als Kind so war. Sondern er besteht ausschließlich darin, welche

---

* Wie diese Storys konstruiert werden, lernen Sie in meinem Seminar Storytelling. http://www.unternehmercoach.com/unternehmer-seminar-storytelling-positionierung-fuehrung.htm

Geschichte Sie mit welchem Ziel wiederholt erzählen. Es gibt einen Grundsatz in den Sozialwissenschaften: ›Was Sie glauben, wird wahr in seinen Konsequenzen.‹ Das heißt, die Geschichte selbst wird nicht wahrer oder unwahrer, aber Ihre Handlungen verändern sich.

Wenn die Menschen beispielsweise glauben, dass die katholische Kirche Sünden vergeben kann, weil sie mehrere entsprechende Geschichten gehört haben, dann wird dadurch, dass sie es glauben, nicht die Tatsache, dass die Kirche das vielleicht kann, wahrer oder falscher. Aber wenn sie es glauben, dann kann jemand einen Ablasshandel beginnen. Und gerade dadurch, dass Sie Ablässe gekauft haben, verstärken Sie Ihren Glauben noch.« *

»Und was hat das mit Positionierung zu tun?«

»Dass Ihre erste Aufgabe darin besteht, in Ihrem Geschichtenfundus zu graben, welche Geschichten Ihr Anliegen transportieren könnten. Und mit den richtigen Geschichten dafür zu sorgen, dass die Handlungen der Zuhörer sich verändern.«

»Müssen das selbst erlebte Geschichten sein?«

»Nein«, schüttelte Herr Radies den Kopf. »Nicht zwingend. Aber es wirkt besser. Nehmen Sie Bodo Schäfer. Seine Story ist: Er war mit 26 pleite. Dann nahm er sich einen Coach. Dieser brachte ihm viel bei und verlangte ihm viel ab. Nach zweieinhalb Jahren war er Millionär. Und nun trägt er dieses Wissen in die Welt, weil sein wichtigster Glaubenssatz ist, dass Wohlstand unser aller Geburtsrecht sei.

Er könnte stattdessen auch die Geschichte erzählen, wie toll es war, das Geld zu verballern, bis er pleite war. Oder er könnte erzählen, dass

---

* Was nebenbei auch die Ursache dafür ist, dass die Psychoanalyse in aller Regel schlechtere Ergebnisse bringt als gar keine Therapie: Dort werden gezielt die schädlichen Geschichten gesucht und durch das wiederholte Erzählen verstärkt. Die Anhänger behaupten zwar das Gegenteil, nämlich dass man die Geschichten genau dadurch loslassen könne. Aber im Ernst: Was ist Ihnen präsenter? Etwas – die gleiche emotionale Erlebnisintensität vorausgesetzt –, das Sie vor zehn Jahren erlebt und dutzende Male erzählt haben oder etwas, das Sie vor zehn Jahren erlebt und nie erzählt haben. In aller Regel das Erstere!

er selbst außergewöhnlich begabt dafür wäre, Geld zu machen. All das ist sicher nicht falsch. Aber diese Geschichten erzählt er nicht, weil es sein Anliegen nicht unterstützen würde.«

»Ich wüsste aber keine Geschichten, die mein Anliegen transportieren könnten«, wandte ich ein.

»Sie haben ja auch noch nicht begonnen, gezielt zu suchen«, erwiderte Herr Radies grinsend. »Ich erzähle Ihnen noch ein paar Beispiele. Nehmen Sie Microsoft. Das ist jetzt eher eine interne Geschichte für die Mitarbeiter: Als die Computer-Großmacht IBM 1980 die Entwicklung der Mikrocomputer fast verschlafen hatte, brachten sie einen PC auf den Markt. Dafür brauchten sie ein Betriebssystem. Damals lag das Geschäft zu 90 Prozent in der Hardware. Die Software war meist eine kostenlose Beigabe, damit der Kunde die Hardware nutzen konnte.

Nun bekam eine Firma voller Hippies die Chance, bei IBM zu präsentieren. Sie hieß Microsoft. Bill Gates erzählte, dass sie zum PC das passende Betriebssystem hätten – was gar nicht stimmte. Er erzählte außerdem, dass sie gar kein Geld für diese Software wollten, sondern nur ein paar Dollar Lizenzgebühren pro verkaufte Version. Damals wurde die Software normalerweise am Stück verkauft. IBM glaubte gar nicht an den PC. Sie verstanden den PC als Einstiegslösung für einen ›richtigen‹ Computer. Und so fanden sie diesen Deal prima. Sie mussten ja nicht so viel Geld in die Hand nehmen.

Bill Gates hatte also eine Software, die er noch gar nicht hatte, zu Konditionen verkauft, die Microsoft reich machen würde. Erst jetzt zog Steve Ballmer los und trieb einen Garagenprogrammierer auf, der bereits ein fertiges Betriebssystem hatte. Das kaufte er ihm für 50000 Dollar ab und der Rest ist Geschichte.«

»Und inwiefern kommt darin das Anliegen zum Ausdruck?«

»Das Anliegen ist, reich zu werden. Die Methode ist bluffen, zuerst Nichtexistierendes zu verkaufen und dann erst risikofrei einzukaufen. Schauen Sie sich Microsoft in den 1980ern an! Praktisch jede relevante Software wurde von außen dazugekauft. Bei Software wie Windows wurde über Jahre hinweg angekündigt, sie wäre demnächst verfügbar, ohne dass geliefert werden konnte. Es wurde sogar der Begriff ›Vapourware‹, also neben Hardware und Software auch noch Dunstware, die gar nicht existiert, geprägt.«

»Das ist jetzt aber keine Geschichte mit einem positiven Anliegen!«, wandte ich ein.

»Natürlich reicht uns dieses Anliegen nicht aus. Aber es ist eine funktionierende Geschichte für diejenigen, die schnell Geld machen wollen. Und auch hier ist wieder ganz wesentlich: Es hätten auch tausend andere Geschichten erzählt werden können. Diese bewusst auszuwählen, ist der entscheidende Punkt. Aber Sie fragten, wie Sie solche Geschichten finden könnten. Da gibt es verschiedene Methoden. Ich würde etwas namens Mindstorming nutzen.«

»Sie meinen Brainstorming?«

»Nein, nicht ganz. Beim Mindstorming nehmen Sie ein Blatt und schreiben oben eine Frage hin. In Ihrem Fall: ›Welche Geschichten unterstützen mein Anliegen, Unternehmer zu Stars zu machen und dafür zu sorgen, dass sie zum Vorbild für die Jugend werden?‹ Darunter schreiben Sie die Zahlen 1 bis 25. Dann beginnen Sie einfach. Fangen Sie zum Beispiel mit der Vorbildwirkung von Steve Jobs an, dann suchen Sie weiter.«

»Sie meinen zum Beispiel solche Unternehmer wie den Münsteraner Titus für Skater und solche Geschichten?«

»Ja«, nickte Herr Radies.

»Aber ich weiß keine 25 Geschichten«, wehrte ich mich.

»Das ist schon besser als eben«, lachte Herr Radies. »Da wussten Sie gar keine.

Mindstorming ist nichts, was Sie mal nebenbei in zehn Minuten machen. Legen Sie das Blatt neben Ihr Bett, nehmen Sie es mit, wenn Sie in ein Restaurant gehen, und legen Sie es im Büro auf Ihren Schreibtisch. Und hören Sie nicht auf, bevor Sie 25 Geschichten haben. Mindstorming ist damit wesentlich fokussierter als Brainstorming.«

»Also noch eine Hausaufgabe«, seufzte ich. »Muss ich auf noch etwas Bestimmtes achten?«

»Am besten sind Heldengeschichten«, erklärte Herr Radies. »Alle großen mythischen Geschichten und Märchen, also solche, die im Gedächtnis bleiben, sind Heldengeschichten. Ein Noch-nicht-Held erhält den Ruf eines Abenteuers, wehrt sich zuerst, bricht dann aber doch auf. Er will irgendetwas erreichen, was zunächst nicht klappt. Es kommt zu Problemen und Herausforderungen. Während der Held diese Herausforderungen annimmt, verändert er sich. Irgendwann kommt es zum Kampf gegen den inneren oder äußeren Widersacher, zum Sieg und zur Lösung. Der Held bekommt eine Belohnung – und wenn es nur eine Lehre ist – und macht sich mit dieser auf den Weg zurück in die normale Welt. Und auch diese normale Welt hat sich durch den Sieg des Helden gewandelt.

Ob das jetzt die Geschichte von Jesus, ein Kindermärchen oder die Geschichte eines Bodo Schäfer ist, alle guten Geschichten, die haften bleiben, gehorchen dieser Struktur. Suchen Sie also die Ideen gezielt heraus, zu denen Sie eine Geschichte mit dieser Struktur erzählen können.«

»In Ordnung«, stimmte ich etwas enttäuscht zu. Ich hatte gehofft, sofort noch eine Geschichte zu finden. Aber mir wurde klar, dass das eine langwierigere Aufgabe war.

»Kommen wir zum nächsten Punkt: Was mache ich, damit sich die Kunden zu meinem Team zugehörig fühlen? Ich will letztlich mit Empfehlungsmarketing arbeiten, da mein Geschäft sich auch in einer Szene abspielen wird.«

»Sie wollen also, dass Ihre Kunden für Sie verkaufen?«

»Genau.«

»Geben Sie Ihnen Provision«, erwiderte Herr Radies kurz.

Etwas irritiert erwiderte ich: »Das wird kaum funktionieren. Wenn ich an Marc denke, wird er mich sicher nicht empfehlen, weil er dafür zum Beispiel 1000 Euro bekommt. Ich fürchte, das würde sogar im Gegenteil dazu führen, dass er mich nicht empfiehlt.«

»Dann wollen Sie offensichtlich auch nicht, dass Ihre Kunden für Sie verkaufen«, lächelte Herr Radies.

»Wie meinen Sie das? Jetzt bin ich völlig irritiert.«

»Nun, wollen Sie, dass Ihre Kunden etwas *für Sie* tun oder wollen Sie, dass Ihre Kunden *etwas für sich tun*?«

Langsam dämmerte mir, dass ich mit dem Ansatz, dass meine Kunden für mich verkaufen sollten, wieder nur an mich dachte. Aber mir war immer noch nicht klar, worauf Herr Radies eigentlich hinauswollte. So schaute ich ihn fragend an.

»Nun, damit Ihre Kunden tätig werden, benötigen Sie drei Dinge: erstens ein Anliegen, zweitens eine Aufgabe und drittens ein Motiv. Das Anliegen haben Sie, müssen es aber noch besser in einer Geschichte ausarbeiten. Dann brauchen Sie konkrete Aufgaben. Was können Ihre Kunden tun, um Ihr Anliegen zu unterstützen, wenn sie es teilen? Sollen sie von Ihnen erzählen? Sollen sie ihre Freunde irgendwohin einladen? Sollen sie Sie mit anderen, die Sie unterstützen könnten, bekannt machen? Und drittens benötigen Sie ein Motiv, warum Ihr Kunde das tun sollte. Also zum Beispiel, weil er dazugehören will.«

»Moment«, unterbrach ich. »Sie sprachen von konkreten Aufgaben. Soll ich darum bitten, dass meine Kunden das tun?«

»Nein«, schüttelte Herr Radies den Kopf, »Sie sollen die Chancen aufzeigen, etwas zu tun und das gemeinsame Anliegen zu unterstützen! *Sie wollen nichts, sondern Sie geben!* Sie ordnen sich mit Ihrem ganzen Tun Ihrem eigenen Anliegen unter! Und am besten vermitteln Sie diese Chancen wieder ...«, grinste Herr Radies, »... mit Geschichten. Erzählen Sie, was andere Kunden gemacht haben, um Ihr gemeinsames Anliegen zu unterstützen. Jesus spielte auch nicht immer die Hauptrolle. Stattdessen gibt es auch den barmherzigen Samariter und viele andere, die dasselbe Anliegen unterstützen und Beispiele geben, was jeder tun kann.

Und erzählen Sie die Geschichten so, dass klar wird, dass die Belohnung in der Zugehörigkeit, im Motiv liegt.«

»Haben Sie ein Beispiel?«

»Nehmen Sie Apple. Als Apple den Macintosh herausbrachte, gab es keine Software dazu. Jetzt hätten sie natürlich betteln können: ›Bitte, bitte, liebe Programmierer, macht uns Macintosh-Software.‹ Zudem hätten sie versuchen können, sie mit Provisionen zu bestechen. Das hätte nicht sehr gut funktioniert.

Stattdessen schuf Apple einen gemeinsamen Feind, indem sie IBM mit dem totalitären Überwachungsregime in George Orwells *1984* verglichen. Dann erzählten sie Geschichten von heldenhaften Programmierern, die unter Aufbietung ihrer letzten Kräfte – und damals auch von Cannabis-Produkten – in monatelangen Nacht- und Rotwein-Programmiersessions eine ultracoole Software schufen. Und mit dieser ultracoolen Software wurden sie Teil der Apple-Gemeinde, die gegen das Böse in Form von IBM kämpfte. *Da* wollten dann die Programmierer dazugehören.«

»Ja, aber ich habe keinen so spektakulären Feind wie die IBM«, warf ich ein.

»Dann erfinden Sie einen!«, schüttelte Herr Radies fast schon resignierend den Kopf. »Es gab noch nie ein gutes Anliegen ohne einen guten Feind. Ihre Kunden sind Rampensäue, letztlich ein sehr eigenwilliges, buntes Völkchen. Der Gegenpol sind Bürokraten, Buchhalter, Langweiler und ihre Vertreter in Banken, Politik und Verbänden, ja selbst öffentlichkeitsscheue Unternehmer.

Suchen Sie sich etwas aus, was das Unternehmerbild des zahlenfressenden Langweilers mit Krawatte vertritt, der den lieben Tag lang Businesspläne erstellt und sie mit Banken verhandelt. Eine Bank, die IHKs, farblose Businessplan-Wettbewerbe, wen oder was auch immer. Die Feinde Ihrer Kunden liegen ja fast schon auf der Straße! Wählen Sie einen einzigen, einen großen, einen, den keiner mag, und dann gehen Sie ihn frontal an. Am besten, Sie machen diesen einen Feind noch größer und böser als er ist: Machen Sie wie Apple aus IBM George Orwells Big Brother.«

»Das hat jetzt aber nichts mehr mit Liebe zu tun«, grinste ich.

»Doch«, entgegnete Herr Radies, »weil Sie Ihre Zielgruppe lieben, gehen Sie diesen gemeinsamen Feind an. Das eine ist Strategie, das andere Taktik.

Sehen Sie, Herr Steinbach, in klassischen, gewinnorientierten Unternehmen haben Sie ein antagonistisches Verhältnis zwischen den Kunden und dem Unternehmen sowie zwischen den Mitarbeitern und dem Unternehmen. Alles, was Sie dem Kunden geben, scheint den Gewinn zu schmälern. Sie kämpfen gegeneinander. Und bezüglich der Mitarbeiter ist es dasselbe.

In dem Moment, in dem Sie das Anliegen ins Zentrum stellen, kämpfen Sie gemeinsam. Und ein Anliegen, etwas, was der Held will, hat immer einen Gegner. Das ist letztlich ein uralter Mechanismus: Gegen den gemeinsamen Feind rückt die Gruppe zusammen. Dann brauchen Sie auch keine Anreizsysteme mehr.

Der entscheidende Punkt ist: Durch den äußeren Feind, der sich durch Ihr Anliegen, das wiederum aus Liebe zu Ihren Kunden gespeist wird, ergibt, verlagern Sie den Antagonismus nach außen und schaffen mit Kunden und Mitarbeitern einen Zusammenhalt.

Allerdings, und das ist entscheidend, Kunden und Mitarbeiter sind nicht blöd: Wenn Sie das alles nur als Tarnung betreiben, um letztlich doch rein gewinnorientiert unterwegs zu sein, wird man Ihnen früher oder später auf die Schliche kommen und Ihnen die Rechnung präsentieren. Das ist kein Mittel zum Zweck, sondern Sie müssen diesen Feind wirklich bekämpfen, weil er Ihrem Anliegen im Weg steht!

Und«, wischte er meinen Einwand, dass das nichts mit Liebe zu tun hätte, vom Tisch, »ich habe nie gesagt, dass Sie heilig werden sollen und alle lieben müssen. Sogar im Gegenteil: Würden Sie alle lieben, dann würden Sie Ihren Fokus, den Sie mit dem Gefühl der Liebe zu einer *kleinen* Zielgruppe gewonnen haben, wieder verlieren.«

»Gut, ich gehe einen Feind frontal an«, erwiderte ich und dachte im Stillen an die IHK, weil die keiner mochte und weil die dort so was von verknöchert waren, »was dann?«

»Dann bieten Sie Ihren Kunden Möglichkeiten, sich daran zu beteiligen.«

»Und natürlich sind das auch Möglichkeiten, bei denen meine Kunden selbst ein kultiges Event machen müssen«, grinste ich.

»Das sicher auch«, nickte Herr Radies, »und das bringt uns fast schon zu Ihrem dritten Punkt. Die Einstiegsschwelle eines Events ist viel zu hoch. Sie müssen alle Möglichkeiten sammeln, was Ihre Kunden tun können. Auch hier sollten Sie wieder ein Mindstorming machen: ›Durch welche Aktivitäten können unsere Kunden das gemeinsame Anliegen unterstützen?‹«

»Ich wollte fast schon sagen, dass mir da nichts dazu einfällt«, musste ich zugeben. »Aber mit der Idee des Mindstorming kommen mir bestimmt einige Gedanken. Wenn ich zum Beispiel einen ersten Kunden mit seiner Person und seinen Produkten zum Kult gemacht habe, dann ändern andere Interessenten bereits das Unternehmerbild in der Gesellschaft, wenn sie von diesem ersten Kunden nur erzählen.«

»So ist es«, nickte Herr Radies. »Sie hatten heute Nachmittag noch Bedenken, ob Sie es als kleines Unternehmen überhaupt schaffen könnten, Unternehmer und ihre Produkte zu Kultstars zu machen. Das zugrunde liegende Problem ist folgendes: Sie dachten in den Grenzen Ihres Unternehmens. Ihr Unternehmen tut etwas und die Kunden konsumieren. In dem Maße, wie Sie ein gemeinsames Anliegen haben, verwischen die Grenzen zwischen Ihren Kunden und Ihrem Unternehmen. Ihr Einfluss wird viel größer!«

»Aber wenn die Kunden viele Dinge selbst machen, dann kann ich doch kein Geld dafür verlangen?«, wandte ich ein.

»Falsches Denken«, korrigierte Herr Radies. »In dem Maße, wie Sie das gemeinsame Anliegen vorantreiben, werden Sie immer unterstützenswerter. Ihnen wird immer mehr Energie zufließen. Und Geld ist nur eine Form der Energie. Andere Formen sind Vertrauen, Bekanntheit, Unterstützungsbereitschaft und so weiter. Was ich Ihnen vorschlage, ist Folgendes: Sie müssen sowieso die Liste mit all den Möglichkeiten, einen Star oder Kult zu schaffen, erstellen. Das wird ziemlich viel Arbeit sein. Gehen Sie die fertige Liste durch und überlegen Sie sich bei jedem einzelnen Punkt, ob diesen nicht die Kunden selbst in einer Art und Weise umsetzen könnten, dass sie am gemeinsamen Anliegen arbeiten und auch das Gefühl haben, das zu tun.

Nutzen Sie diese Aufgaben, die Ihnen zuerst als Ballast erschienen sind, weil Sie sie als kleine Firma unmöglich allein umsetzen können, als Chance für Ihre Interessenten, über eine möglichst niedrige Schwelle in die Unterstützung Ihres Anliegens einzusteigen. Machen Sie aus dem ursprünglichen Problem eine Chance!«

»Ich könnte also zum Beispiel Marc überzeugen, für unsere Events seine Elektronik bereitzustellen. Damit würde indirekt etwas vom Kultstatus auf ihn abfärben. Und für ihn wäre es zumindest teilweise Werbung. Manche unserer Kunden werden so oft Events machen, dass sie sich eigenes Equipment kaufen.

Ich glaube«, überlegte ich, »da kommen mir umso mehr Ideen, je mehr Kunden wir haben.«

»Und je klarer Ihnen wird, wie Sie das konkret anstellen wollen, aus den Unternehmern und ihren Produkten einen Kult zu machen«, nickte Herr Radies.

»Das auch. Aber wir benötigen zuerst ein paar Kunden. Marc allein ist zu wenig. Ich bräuchte Partner, die an dieselben Kunden herangehen und vielleicht sogar dasselbe Anliegen haben.

Ich dachte an Werbeagenturen oder Unternehmensberater. Was halten Sie von der Idee?«

»Prinzipiell halte ich die Idee, mit Partnern zusammenzuarbeiten, für sehr gut«, meinte Herr Radies. »Vorausgesetzt, sie teilen Ihr Anliegen. Und vorausgesetzt, sie sind ähnlich stark spezialisiert.«

»Wieso müssen die Partner auch spezialisiert sein?«

»Weil Partner, die nicht spezialisiert sind, meist von Angst getrieben sind. Wir hatten es an unserem ersten Tag davon. Sie setzen sich damit nicht nur deren permanent negativen Emotionen aus, sondern Sie werden früher oder später anfangen, sich zu verteidigen: Nicht spezialisierte Firmen tendieren dazu, ihren Bauchladen immer weiter auszudehnen. Irgendwann ist unweigerlich der Punkt erreicht, an dem diese Ausdehnung in Ihren Stammbereich eindringt. Und dann haben Sie ein Problem!«

»Das heißt, dass zum Beispiel die Zusammenarbeit mit Werbeagenturen, die sich ausschließlich auf die Arbeit mit und in sozialen Netzwerken im Internet spezialisiert haben, funktionieren würde, eine Zusammenarbeit mit einer Werbeagentur, die sich als Full-Service-Agentur versteht, aber nicht. Richtig?«

»Ja, das ist ein ziemlich gutes Beispiel«, nickte Herr Radies und fügte lachend hinzu: »Full-Service ist sowieso immer nur das Synonym für: ›Wir haben keine Strategie‹.«

»Am besten gehe ich dann meine Liste mit all den Möglichkeiten, einen Star- oder Kultstatus zu schaffen, durch und überlege, was davon potenzielle Partner machen könnten.

Das ist in der Tat völlig anders als mein bisheriges Herangehen. Da wollte ich immer alles selbst machen. Aber so kann ich eine viel größere Wirkung entfalten!

Ich könnte zum Beispiel auch Rhetoriktrainer ansprechen«, fiel mir plötzlich ein. »Unternehmer, die gut wirken wollen, lassen sich doch von denen trainieren. Und die Rhetoriktrainer wiederum haben kein Interesse daran, sich um das ganze Event zu kümmern. Man tritt sich nicht auf die Füße.

Dann könnte ich Rhetoriktrainer als einen Zugang zu meiner Zielgruppe nutzen. Und alle, die nicht über diesen Zugang kommen, könnte zum Beispiel«, fiel mir in diesem Moment ein, »meine Schwester Julia trainieren. Sie ist eine wirklich begnadete Schauspielerin und kann ihr Wissen auch weitergeben.« Ich konnte mich plötzlich vor Ideen kaum mehr halten.

»Zu Beginn mag das gehen«, räumte Herr Radies ein. »Aber eher früher als später wird eine solche Konstruktion zu Konflikten führen. Wenn Sie mit Julia dasselbe anbieten wie Ihre angestrebten Partner, die Rhetoriktrainer, dann treten Sie selbst in Konkurrenz. Das werden Ihre Partner nicht gut finden. Sie müssen sich perspektivisch entscheiden.

Zudem ist die vorgelagerte Frage folgende: Die Marcs dieser Welt wissen um die Bedeutung von Proben. Aber sind die Marcs dieser Welt das Standardpublikum von Rhetoriktrainern? Bieten Rhetoriktrainer überhaupt einen Marktzugang? Das müssen Sie testen! Oder mit Ihrer Zielgruppe sprechen: Wer von ihnen hat schon mal einen Rhetoriktrainer gebucht?«

5.9 Abschluss

»Gut«, erwiderte ich, während ich auf die Uhr schaute. »Es ist jetzt schon viertel nach neun. Ich habe genügend Input für die nächsten Wochen. Lassen Sie uns noch mal die Aufgaben durchgehen, bevor wir unseren Workshop beenden.«

Herr Radies nickte: »Schreiben wir die Aufgaben nochmals zusammen!«

Ich ging meine Unterlagen durch: »Wir haben erstens die Gespräche mit 20 Kunden aus der engeren Zielgruppe. Meine Praktikantin hat bis morgen über Xing alles Wissenswerte herausgesucht. Dabei geht es vor allem um die Frage der Aufmerksamkeit und der Glaubenssätze der Zielgruppe.

Zweitens werde ich recherchieren, wie Star-Unternehmer zu solchen werden und wie man Kultprodukte schafft. Das Ergebnis ist eine Liste mit allen möglichen Aktivitäten, die zu diesem Ziel führen. Darauf aufbauend kann ich dann meine Innovation und mein eigentliches Angebot festlegen.

Drittens erstelle ich eine Mindmap mit allen Aspekten der Vision. Ich arbeite regelmäßig daran, vor allem mit dem Ziel, diese Vision auf ein bis drei Sätze einzudampfen.

Viertens suche ich per Mindstorming nach 25 Heldengeschichten, die mein Anliegen transportieren. Diese sollten möglichst emotional und durch meine Kunden imitierbar sein.

Dann mache ich fünftens ein weiteres Mindstorming und sammle 25 Aktivitäten, die meine Kunden selbst ausführen können, um das gemeinsame Anliegen zu unterstützen. Dazu werde ich die Aktivitätsliste unter zweitens und die Geschichten unter viertens durchchecken.

Das müsste es gewesen sein!«, fasste ich zusammen.

Herr Radies sah ebenfalls seine Aufzeichnungen durch, verglich und nickte schließlich. Angesichts der Menge an Aufgaben, bei denen ich zum Teil nicht die geringste Ahnung hatte, wie ich sie umsetzen sollte, verließ mich aber doch etwas der Mut.

»Ich befürchte, Herr Radies, manches werde ich wohl nicht schaffen. Vor allem wegen meiner sehr kleinen Firma habe ich Zweifel, ob ich das hinbekomme.«

»Zum Abschluss erzähle ich Ihnen eine Geschichte, die ich selbst in einem Seminar* erlebt habe. Der Seminarleiter zeigte einen Holzblock, etwa so groß wie ein Ziegelstein. Oben in der Mitte war ein Loch, etwa einen guten halben Zentimeter im Durchmesser. Dann hatte der Seminarleiter elf Zimmermannsnägel dabei, jeder knapp 25 cm lang. Einen davon steckte er mit der Spitze nach unten in dieses Loch, sodass er genau passte.

Dann stellte er folgende Frage: Ist es möglich, die zehn restlichen Nägel so auf diesen einen stehenden Nagel zu legen, dass man den Holzblock durch den Raum tragen kann, ohne dass sie herunterfallen?«

»Wie soll das denn gehen?«, fragte ich.

»Von den anwesenden Unternehmern sagten 28, dass das nicht ginge, und 7 behaupteten, es ginge.«

»Die waren aber mutig«, warf ich ein.

»Jetzt wird es spannend: Der Seminarleiter bildete aus den Ja- und den Neinsagern zwei Gruppen, um die Aufgabe zu lösen. Beide Gruppen hatten nicht die geringste Ahnung, wie das gehen könnte. Aber jetzt kommt das Entscheidende! Die große Gruppe mit den 28 Teilnehmern stand um den Holzblock und die Nägel herum und popelte, übertragen gesprochen, in der Nase. Sie fingen nicht mal an zu probieren.

---

* Ein Seminar des SchmidtCollegs

Sie wussten ja bereits, dass es nicht gehen würde. Und nach wenigen Sekunden begannen sie, irgendwelche sonstigen Gespräche zu führen.

Die kleine Gruppe mit den sieben Teilnehmern wusste auch nicht, wie es gehen könnte, aber es dauerte vielleicht drei Sekunden, dann nahm jemand den Holzblock in die Hand, ein anderer einen Nagel. Wieder andere versuchten mit den Nägeln Türmchen zu bauen usw. Nach nur drei Minuten hatten sie die Lösung!

Damit will ich Folgendes ausdrücken: Wenn Sie bereits jetzt zweifeln, dass es geht, dann wird es nicht gehen. Wenn Sie hingegen felsenfest wissen, dass Sie es schaffen werden, dann haben Sie zumindest eine gute Chance. Nur dann werden Sie alles versuchen!«

Die Geschichte war wirklich schön und überzeugte mich halbwegs, aber es blieben trotzdem Zweifel. So fragte ich: »Herr Radies, glauben denn Sie, dass ich es schaffen kann?«

»Ja, selbstverständlich!« Und dann grinste er: »Wenn Sie sich wieder verpflichten.«

»Das hatte ich mir schon fast gedacht«, lachte ich gelöst auf. »Sie haben ja noch das Überweisungsformular über 5000 Euro.«

»Ich fürchte«, schüttelte Herr Radies den Kopf, »das wird nicht reichen. Das letzte Mal waren die Aufgaben vergleichsweise klein und einfach. Da sucht man nicht so viele Gründe, um vom Weg abzukommen. Dieses Mal müssen Sie ein absolutes Muss daraus machen.

Was darf keinesfalls passieren?«

»Dass ich 5000 Euro an die Linke überweisen muss«, erwiderte ich und mir wurde richtig schlecht bei dem Gedanken.

»Reicht mir noch nicht«, winkte Herr Radies ab. »Das ist letztlich auch nur Geld.

Was halten Sie von der Idee, diese Unterstützung der Linken dann auf Ihrer Website veröffentlichen zu müssen?«

»Spinnen Sie?«, fragte ich völlig entgeistert zurück. Das ging mir dann doch entschieden zu weit.

Aber Herr Radies entgegnete nur: »Die normale Erfahrung ist: Wenn wir heute einfach so den Abend beenden und uns in vier Wochen wieder treffen, ist nur ein Bruchteil der Aufgaben erledigt. Statt Ergebnissen bringen Sie 1000 Gründe mit, warum es nicht zu schaffen war. Etwa weil in zweieinhalb Wochen beispielsweise Weihnachten ist. Oder es kamen ähnliche, völlig unerwartete und unberechenbare Ereignisse dazwischen!

In der Regel handelt es sich immer nur um das, was ich Strategieentropie nenne: Irgendwelche Ängste oder andere negative Emotionen lassen Sie vom Weg abkommen. Bislang haben wir uns damit noch nicht beschäftigt und deshalb werden sie mit hundertprozentiger Sicherheit noch kommen.«

»Hätten wir dann nicht damit beginnen müssen?«

»Das habe ich früher ab und zu versucht. Es funktionierte aus zwei Gründen nicht. Erstens ist die Erwartung der Unternehmer, an ihrer Strategie zu arbeiten und nicht an ihren Gefühlen. Und zweitens wissen wir noch gar nicht, welche speziellen negativen Gefühle bei Ihnen zur Strategieentropie führen werden.

Sie werden leider in den nächsten vier Wochen einige Schmerzen haben. Aber daran werden wir erkennen können, an welchen Stellen Sie automatisch in eine andere Richtung laufen würden als der Ball, den Sie fangen wollen. Damit erkennen wir Ihre Motive und falschen Regeln.

Und so«, schloss Herr Radies, »können wir langfristig sicherstellen, dass Sie in die richtige Richtung laufen. Die unbedingte Voraussetzung ist, dass Sie die nächsten vier Wochen dranbleiben.

Tun Sie das nicht, dann ergibt auch eine weitere Zusammenarbeit keinen Sinn.«

Das war hart! Wenn ich diesen Weg mit Herrn Radies weiter gehen wollte, musste ich in vier Wochen Ergebnisse vorweisen. Und wenn ich tief in mich hineinhörte und mir meine Erfahrung mit meiner letzten Verpflichtung vergegenwärtigte, dann wusste ich, dass ich ohne Verpflichtung mit Sicherheit vom Weg abkommen würde.

Aber eine solche Verpflichtung? Mit dem Risiko dieser Spende an die Linke setzte ich meine Identität, meinen Ruf, meine Freundschaften aufs Spiel. Dafür würde niemand Verständnis haben. Und plötzlich war mir klar: Ich hatte es selbst in der Hand, ob ich diese Strafe bekommen würde oder nicht. Diese Strafe war so außerhalb von allem Denkbaren, dass ich selbstverständlich alles in meiner Macht Stehende tun würde, um sie zu vermeiden. Und wenn ich alles in meiner Macht Stehende tun würde, dann könnte ich auch Ergebnisse vorweisen. Vielleicht noch nicht endgültige Ergebnisse, aber viele Ergebnisse, die mich weiterbrachten. Plötzlich nickte ich einfach.

Und als ich nickte, passierte etwas Merkwürdiges: Die Spannung fiel von mir ab und ich wusste felsenfest, dass ich meinen Weg machen würde. Ich konnte gar nicht anders.

»Jetzt«, nickte Herr Radies mehrfach, »jetzt bin ich wirklich sicher, dass Sie Ihre Ziele erreichen werden. Wir sehen uns in vier Wochen wieder. Das ist kurz nach Neujahr, am 4. Januar. Kommen Sie zu mir in mein Haus in der Schweiz?«

Ich sagte zu und stand auf. Wir verabschiedeten uns. Und erst, als ich in die kalte Dezemberluft hinaustrat, spürte ich den getrockneten Schweiß auf meiner Haut.

* * *

»Jetzt kommen wir deiner Veränderung langsam näher«, lächelte Sofia. »Allein eine solche Verpflichtung einzugehen, verändert doch schon, oder?«

»Ja«, bestätigte ich nachdenklich. »Das habe ich, bevor du das jetzt ausgesprochen hast, gar nicht so genau erkannt. Ich glaube, ich wurde ernsthafter. Ich begann mir selbst mehr zu glauben, dass ich es schaffen würde. Letztlich glaube ich, dass diese Verpflichtung zu einem größeren Selbstbewusstsein führte.«

»Gut, dann lass uns morgen weiterreden. Ich bin schon ziemlich müde. In Ordnung?«

»In Ordnung«, nickte ich. Beim Abschied drehte ich mich um: »Sofia.«

»Ja?«

»Es tut mir ungeheuer gut, dass ich dir diese Geschichte erzählen kann. Ich bin wirklich sehr dankbar für dein Interesse und deine Aufmerksamkeit.«

»Oh, dankbar kann er auch sein«, lachte Sofia. »Du hast dich wirklich verändert, Olli. Gute Nacht! Bis morgen!«

6. Die Hölle

6.1 Das wirkliche Leben

Als ich am nächsten Nachmittag wieder zu unserer Bar ging, war Sofia schon da: »Ich will unbedingt wissen, wie es weiterging! Wie kommt es, dass du für die Aufmerksamkeit anderer dankbar sein kannst? Früher hast du diese nicht mal wahrgenommen.«

»Das stimmt wohl«, erwiderte ich. »Aber leider musst du dich noch ein paar Stunden gedulden, bis wir genau an diesen Punkt kommen.«

Sofia verzog das Gesicht. Ungeduld und Missfallen sprachen aus ihren Augen.

»Ich genieße so lange noch deine Aufmerksamkeit«, neckte ich sie und tauchte wieder in die Vergangenheit ein.

Am Morgen nach diesem zweiten Workshop setzte ich mich sofort an die Arbeit. Zuallererst erstellte ich mir aus den fünf Aufgaben einen Übersichtsplan, was ich nun alles im Detail zu tun hatte. Als ich das alles aufgeschlüsselt vor mir sah, verschlug es mir den Atem! Vor allem herauszufinden, wie Kultprodukte und Star-Unternehmer zu solchen wurden, war eine ziemlich umfangreiche Aufgabe. Ich würde mich mit den Biografien und Methoden dieser Leute beschäftigen müssen und daraus eine reproduzierbare Methode entwickeln, die ich wiederum als Dienstleistung anbieten könnte. Das allein war schon uferlos!

Während ich noch etwas ratlos vor meinem Plan saß, klopfte Dago an: »Und Olli, wie sieht's aus?«

Froh, mit jemandem reden zu können, begann ich zu erzählen, was ich am Tag zuvor mit Herrn Radies besprochen hatte.

Dago hörte einige Minuten zu, fragte hin und wieder nach und entgegnete schließlich: »Nette Idee, aber viel zu unkonkret! Wie soll das funktionieren? Was soll ich den Interessenten sagen? Und wie sollen überhaupt die Zahlen aussehen?«

Ich zuckte mit den Schultern. In dem Moment klingelte das Telefon. Es war Marc, dem ich bis Mittwoch, also morgen, das vereinbarte Konzept versprochen hatte! Und ich hatte immer noch keine Ahnung, was ich schreiben sollte. Obwohl das sicher zusätzlichen Stress geben würde, ging ich ans Telefon. Marc war ja gerade mein einziger konkreter Rettungsanker für die neue Strategie.

»Guten Morgen, Olli! Hast du einen Moment für mich?«, fragte Marc.

»Ja, einen Moment schon. Ich bin gerade im Gespräch mit meinem Vertriebler.«

»Das passt gut, dass er gerade dabeisitzt. Ich habe nämlich gestern Abend mit einem befreundeten Unternehmer gesprochen. Der hat so ein mittelgroßes Sportmode-Label mit vielleicht 25 Mitarbeitern. Und dem habe ich von unserer Idee erzählt. Das durfte ich doch, oder?«

»Ja, klar«, erwiderte ich. »Und was sagte er dazu?«

»Er ist interessiert. Er findet die Idee klasse, einen Kult um seine Person und damit auch um seine Produkte aufzubauen. Vor allem, um ein Gegengewicht zu schaffen, weil ihm einige wichtige Abnehmer weggebrochen sind. Du sollst ihn mal anrufen.«

»Echt?«, fragte ich völlig erstaunt. »Damit habe ich nach diesem Start in den Morgen gar nicht gerechnet. Ist ja super! Vielen Dank, Marc!«

»Du brauchst mir nicht zu danken. Ich finde die Idee doch auch klasse! Aber ich will dich jetzt nicht weiter stören. Ich maile dir seine Kontaktdaten und du rufst ihn dann an?«

Als ich aufgelegt hatte, war mir, als ob der Morgen doch nicht so schlecht beginnen würde. Ich wandte mich wieder Dago zu: »Das war ein alter Freund aus Bandzeiten. Der hat für die neue Idee vielleicht einen Kunden.«

»Wirklich?«, wunderte sich Dago. »Na ja, vielleicht ist die Idee doch nicht so blöd. Aber ich würde mich nie auf so eine risikoreiche Nische konzentrieren. Zwei Bereiche sind sicherer. Und ich habe in unserem Stammgeschäft ja auch noch ein paar Interessenten. Die Kohle können wir uns doch nicht einfach entgehen lassen.«

»Ja, da hast du recht«, stimmte ich zu. »Wir können nicht von einem Tag auf den anderen auf diese Interessenten verzichten. So dick ist unser finanzielles Polster nun auch wieder nicht. Du kümmerst dich weiter um die Interessenten, an denen du gerade dran bist?«

Dago nickte und wollte schon aufstehen.

»Aber, bevor du gehst«, hielt ich ihn zurück, »ich habe eine Liste mit Aufgaben gemacht, an die ich jetzt ran muss. Schau bitte mal kurz drauf, vielleicht hast du ja auch noch eine Idee?«

Dago nahm das Blatt und überflog die Liste: »Da fehlt ja noch alles! Marketingpläne, Verkaufswege, Zahlen, Investitionssummen, geplanter Return.« Dann grinste er: »Ich glaube, da hast du noch ein bisschen was vor dir, Olli.«

»Das glaube ich auch«, seufzte ich etwas desillusioniert. »Und ein Konzept für Marc muss ich auch noch bis morgen machen. Das gibt wohl wieder mal Überstunden.«

»Machen wir doch immer«, lachte Dago und wollte nun endlich den Raum verlassen.

Obwohl sich meine Gedanken fast ausschließlich um mich selbst und den großen Berg an Arbeit, der vor mir lag, drehten, hatte ich zum Schluss doch etwas zu stark Dagos Arroganz gespürt. Und so rief ich ihm hinterher: »Wenn wir sowieso Überstunden machen, dann kannst du dich ja locker noch um den Kontakt von Marc kümmern!«

»Klaro, Chef!«, war das Letzte, was ich von ihm hörte. Irgendwie hatte ich das Gefühl, dass er mich nicht mehr für voll nahm. Aber wenige Sekunden später hatte ich das schon wieder vergessen und fügte meiner To-do-Liste weitere Aufgaben hinzu: Marketingpläne, Verkaufswege, Zahlen, Investitionssummen, geplanter Return.

Als ich gegen 22 Uhr mein Büro verließ, war das Konzept für Marc fertig. Außerdem hatte ich ein paar Excel-Tabellen ausgedruckt, in denen ich mir Gedanken über die Umsätze und Kosten unseres neuen Angebots gemacht hatte. Das sah eigentlich gar nicht mal schlecht aus. Bloß immer mal wieder zwischendurch hatte ich das Gefühl, dass da doch nur Wunschzahlen auf dem Papier standen.

Andererseits gab es mir eine gewisse Sicherheit, die Zahlen vor mir zu sehen und Klarheit darüber zu haben, was ich an Werbung investieren müsste.

In den nächsten Tagen widmete ich mich der Frage, wie man aus Unternehmern Stars machen könnte, und überflog dazu einige Bücher über bekannte Unternehmer, Musiker und Schauspieler.

Je länger ich mich mit diesem Thema beschäftigte, desto mehr bekam ich den Eindruck, dass in den Büchern nicht das Wesentliche stand. Nach einigen Tagen wurde mir klar: Die Bücher beschrieben die Entwicklung dieser Personen immer nur rückblickend. Das heißt, sie beschrieben viel eher, wie sich diese Stars den Erfolg selbst erklärten, als sein tatsächliches Zustandekommen. Beispielsweise fixierten die Stars ihre Selbstdarstellung meist völlig auf ihre eigenen Aktivitäten. Aber die Empfehlungen, das Marketing von tausenden oder gar Millionen Fans wurden nicht einmal gestreift.

Zudem wurde mir in Bezug auf Unternehmer klar: Nicht jeder bekannte Unternehmer ist auch ein anziehendes Vorbild. Da gab es Unternehmer wie Rockefeller, die in ihrem Vorgehen alles andere als zimperlich gewesen waren und anschließend noch dämonisiert wurden.

Aber es gab auch viele Familienunternehmer gerade in Deutschland, die bekannt und in gewisser Weise auch vorbildlich, aber trotzdem kein anziehendes Vorbild waren. Ihnen fehlte einfach der Glamour, der notwendig war, um Jugendliche vom Unternehmersein zu begeistern.

Im Ernst, bei allen Verdiensten und Leistungen, wer fände es denn cool, beispielsweise so zu werden wie die Aldi-Brüder? Von ihnen weiß man nichts, außer dass sie zurückgezogen leben bzw. lebten und in der Dämmerung das Licht ausschalten, um Strom zu sparen. Sie taugen als Beispiel, wie man aus einer winzigen Firma in jahrzehntelanger Arbeit ein großes Unternehmen machen kann. Aber Anziehung üben sie nicht aus. Sie sind einfach nicht sexy.

Gerade die letzte Erkenntnis brachte mich bei meiner emotionalen Achterbahn, die ich in diesen Tagen fuhr, wieder nach oben: Ganz offensichtlich bestand der Bedarf! Mit neuem Schwung setzte ich mich an meine Sammlung von Aktivitäten, die aus Unternehmern Stars machen sollten.

Nach überraschend kurzer Zeit hatte ich schließlich Folgendes als Ergebnis meines Mindstormings beisammen:

Wie »macht« man Unternehmer-Stars?

1) Viele Auftritte in Öffentlichkeit
2) Fan-Produkte
3) Perfektes Training der Auftritte
4) Richtige Location für Auftritte
5) Richtige Ankündigung
6) Fan-Clubs
7) Medien und Räume, die für Fans über Stars berichten (und diese in gewisser Weise machen)
8) Andere Stars im Umfeld färben ab
9) Eindeutiges Erkennungsmerkmal (Schrullen)
10) Nutzung emotionaler Musik bei Auftritten
11) Aktive Beteiligung der Kunden und Fans (Belohnung durch Nähe, VIP-Programm)

12) Story und Legende (auch von Teilen des Privatlebens) für die Öffentlichkeit
13) Sex
14) Protest und Abgrenzung
15) Neuer Ausdruck eines Lebensgefühls
16) Stars sind nicht etabliert oder bewegen sich zumindest außerhalb der Reihenhaus-Lebenswelt
17) Stars haben fast immer dasselbe Outfit (Ausnahme Mode: Lebt vom Wandel)
18) Stars haben starke und bekannte Botschafter / Herolde
19) Stars betteln nicht, dass man zu ihnen kommt, sondern nehmen Geld für Auftritte
20) Bei Musik fast immer Tournee – bei Unternehmern Roadshows?
21) Nicht notwendigerweise politically correct, siehe »Sex Pistols«
22) Bekannte Geschichten und Anekdoten um die Stars
23) Gerüchte (Geheimnisse)
24) Werden Projektionsfläche für unerfüllte Wünsche der Fans (Neurostrategie®: Wer sind meine Fans? Welche Wünsche haben sie? Wie kann ich meine Kunden zur Projektionsfläche für diese Wünsche machen?)
25) Stars halten Distanz
26) Stars haben Fehler

Dabei wurde mir klar: Wenn man als Unternehmer erst mal ein Star ist, dann kann man dies auf alles übertragen – oder zumindest auf fast alles. Davidoff kam von den Zigarren und landete beim Duschgel, Branson von der Musik und landete beim Flug in die Schwerelosigkeit.

Das erschien mir schon mal nicht schlecht. Die Fokussierung auf die Einzigartigkeit des Unternehmers schien es zu erlauben, eine ganze Menge strategischer Fehler beim Unternehmen machen zu können.

Am Ende holte ich noch einmal meine Visitenkarte heraus, strich »OS Event GmbH« durch und schrieb stattdessen nicht »Cult Factory«, sondern »Unternehmer-Star GmbH« hin. Ich ließ dies einen Moment auf mich wirken und spürte, dass es sich noch besser anfühlte als vorher. Einen Kult wollten tausende von Werbeagenturen auch erzeugen. Da wäre ich von einem vergleichbaren Markt in den nächsten geraten. Aber Unternehmer-Star GmbH sagte erstens viel deutlicher, was ich wollte, und hob mich zweitens vom Wettbewerb ab. Das würde funktionieren! Außerdem war es auch viel konkreter als das Angebot der vielen Rhetoriktrainer, die Charisma verkauften.

Schließlich überflog ich die Liste nochmals und verabredete mich daraufhin mit Julia zum Essen. Mir war wieder meine Idee vom letzten Treffen mit Herrn Radies bewusst geworden.

Als wir zusammensaßen, schilderte ich ihr meine Idee, nämlich Punkt drei meiner Liste. »Julia, ich würde gerne Unternehmer zu Stars machen. Dazu habe ich ziemlich viele Ideen gesammelt.«

»Die meisten Unternehmer sind aber ziemlich farblos«, warf Julia ein. »Und viele sind, wie unser geschätzter Herr Vater, auch noch ziemlich ätzend. Da hast du dir echt was vorgenommen!«

»Deshalb will ich nur die, die schon einmal auf der Bühne gestanden haben, die schon Musik gemacht oder geschauspielert haben.«

»Das ist was anderes«, überlegte Julia laut. »Die haben schon eine Grundlage, auf der man aufbauen kann. Aber ich glaube, das braucht trotzdem noch immens viel Training. Schau dir doch mal die meisten Firmenpräsentationen an! Haben die denn Zeit für so was?«

»Na ja«, versuchte ich zu erklären, »wenn ich solche nehme, die Musiker oder Schauspieler waren, dann haben die wenigstens ein Bewusstsein dafür, wie viel Zeit das benötigt.

Ich glaube, das Problem liegt eher beim Geld, wenn's so lange dauert.«

»Okay, Olli«, lachte Julia, »ich kenne dich jetzt lange genug! Spuck deine Idee schon aus!«

»Ertappt«, grinste ich. »Du kennst doch noch Marc, also Hopf, oder?«

»Ja«, nickte sie verwundert. »Ich habe schon ewig nichts mehr von Hopf gehört. Ich mochte ihn immer ganz gerne.«

»Ich habe Marc vor Kurzem wieder getroffen. Er hat eine eigene Firma. Und deshalb habe ich ihm von der Idee erzählt. Er sprang sofort darauf an. Meine Überlegung ist, dass du mit ihm einen Auftritt aufbaust und probst. Vermutlich werde ich dafür aber nicht so viel Geld verlangen können.«

»Ach weißt du, Olli«, erwiderte Julia, »Geld war mir noch nie wichtig – solange es mal eben so reicht. Ich habe gerade nichts zu tun und ich finde die Aufgabe spannend. Klingt nach Neuland. Und mit Hopf macht das bestimmt Spaß. Du musst mir nur eins versprechen, ja?«

»Was denn?«

»Dass ich nichts mit diesem Widerling Dago zu tun habe.«

»Das kann ich dir sofort versprechen. Er hat mit diesem Projekt überhaupt nichts zu tun.«

»Gut, und wann geht's los?«

»In den nächsten Tagen«, erwiderte ich, froh, dass ich auch das in trockenen Tüchern hatte.

Zwischenzeitlich hatte die Praktikantin die Telefonnummern von rund 20 Unternehmern aus meiner Zielgruppe recherchiert und so konnte ich an die Telefonate gehen. Nach knapp zehn Telefonaten war mir jedoch die Lust gründlich vergangen. Ich fand zwar mit allen über die Band-Vergangenheit einen schnellen Einstieg. Und im ersten Moment waren auch die meisten neugierig und fanden die Idee gut. Aber dann schaffte ich es aus mir nicht ersichtlichen Gründen nicht, sie bei der Stange zu halten. Ich probierte meine ganze Liste mit den Möglichkeiten, einen Unternehmer zum Star zu machen. Aber nichts verfing so richtig. Spätestens wenn ich auf das intensive Training zu sprechen kam, war die Antwort: ›Keine Zeit‹ oder ›kein Geld‹. Auch der Hinweis, dass wir ganz billige Schauspieltrainer – nämlich Julia – hätten, half nicht weiter.

Deshalb hatte ich den Verdacht, dass ich nur vorgeschobene Gründe zu hören bekam. Nicht bewusst vorgeschobene, aber doch nicht die wirklichen. Vielleicht war es so wie in Herrn Radies' Beispiel vom Bewusstsein des Regierungssprechers, der die wahren Gründen gar nicht kannte.

Während ich so vor mich hin brütete, um hinter das Geheimnis zu kommen, erschien Alexa in der Tür. Als sie hereinkam, fiel mir auf, dass sie es war, die gerade meine Firma am Laufen hielt, dass sie das Bäumler-Projekt gut zum Abschluss gebracht hatte. Und dass sie den Neujahrsempfang, den Dago noch so kurzfristig angeschleppt hatte, auch ganz gut im Griff zu haben schien. Dafür lobte ich sie ganz spontan. Ich glaube, es war das erste Mal überhaupt, dass ich sie gelobt habe. Was natürlich prompt mit einem prüfenden Blick quittiert wurde.

Wortlos legte sie mir ein Blatt Papier auf den Tisch. Ich blickte das Papier an, dann sie, dann wieder das Papier. Schließlich fragte Alexa: »Was ist das?«

Ich schaute kurz drauf und erkannte mein Konzept für Marc: »Das Konzept für Marc. Warum? Stimmt etwas nicht damit?«

»Du bist vielleicht witzig, Olli! Ob etwas damit nicht stimmt?«, schüttelte sie den Kopf. »Die Idee ist schon spannend, aber bislang lese ich da nur Luftblasen. Ich soll deine Projekte managen. Das mache ich so gut ich kann – obwohl du und Dago es mir nicht gerade leicht macht.

Aber das da«, und damit zeigte sie nochmals auf mein Konzept, »lässt sich nicht umsetzen. Kannst du mir sagen, wie groß der Raum sein muss? Was für ein Equipment ich brauche? Wie viele Tische da hin sollen? Was die Leute essen? Wer da hinkommt? Wie viele Hostessen wir brauchen? Da wäre ich wirklich mal neugierig!«

Das war wirklich zum Verzweifeln! Dago hatte keine Lust, die neuen Ideen zu verkaufen, und Alexa wollte sie nicht umsetzen. Ganz offensichtlich fehlte beiden die visionäre Kraft. Die musste ich Alexa einfach vermitteln. Und so erzählte ich ihr von meinem zweiten Treffen mit Herrn Radies, von meiner Vision, meinem Anliegen.

»Olli«, wandte Alexa ein. »Das klingt zwar alles schön und faszinierend. Vielleicht hätte ich sogar Lust, in einer Firma zu arbeiten, die genau das macht. Aber schau, die Musik spielt hier auf dem Boden und ich habe nicht die leiseste Vorstellung davon, wie du das mit deinen visionären Wolken zusammenbringen willst.«

»Gut«, nickte ich, vielleicht ein bisschen genervt, »wir beginnen ja auch nicht perfekt. Du hast mein Konzept für Marc …«

»… dein Luftschloss für Marc, meinst du …«, unterbrach Alexa.

»… das Konzept für Marc. Und ich kann dir hier noch eine Liste mit Ideen geben, was man tun kann, um aus einem Unternehmer einen Star zu machen. Mach dir bitte einfach ein paar Gedanken, was davon sich einigermaßen im Kostenrahmen realisieren lässt.

Und sag mir nicht, dass gar nichts geht! Julia sitzt nämlich schon an einem Punkt dran.«

»Wenn du damit leben kannst, dass nur zehn Prozent deines Luftschlosses nachher am Boden stehen, dann ist das in Ordnung. Du bist echt schlimmer als Dago: Der hat nur das Blaue vom Himmel versprochen. Das ist wenigstens dort oben. Du versprichst gleich Schlösser und die sind gar nicht da.«

Mit diesen Worten verließ sie den Raum. Hatte sie vielleicht recht und alles war nur ein Luftschloss? Ich konnte mir gerade auch nichts mehr richtig vorstellen.

In dem Moment klingelte das Telefon. Ich nahm ab.

Marc war dran: »Sag mal, Olli, was hast du dir eigentlich dabei gedacht, meinem Bekannten, den ich dir empfohlen habe, so die Daumenschrauben anzulegen? Bist du verrückt?«

Völlig verdattert fragte ich zurück: »Marc, wovon sprichst du eigentlich?«

»Tu doch nicht so, als ob du nichts wüsstest! Dein Verkäufer hat sich bei ihm gemeldet.«

»Ja, stimmt«, verstand ich langsam. »Ich war mit dem Konzept für dich beschäftigt. Da habe ich ihm die Aufgabe übergeben. Was ist damit?«

»Was damit ist? Dieser Typ ist da in seinen Nobelklamotten aufgelaufen und erklärte meinem Bekannten erst mal seine Situation. Keine Ahnung, wo er die ganzen Informationen herhatte, aber er hat haarklein aufgeschlüsselt, welche Abnehmer ihm weggebrochen sind, wie viel Umsatz ihm dadurch flöten gehen würde und wie lange er noch überleben könnte.«

»Wo hat Dago die Information her?«, fragte ich entgeistert. Ich ließ die Situation noch mal Revue passieren. »Dago stand neben mir, als wir telefonierten. Er kann dabei doch nur gehört haben, dass überhaupt Abnehmer weggebrochen sind.«

»Interessiert mich überhaupt nicht, woher er die Information hat«, würgte mich Marc ab. »Fakt ist, dass er meinem Bekannten mit folgenden Worten zum Schluss einen Vertrag vorlegte: ›Wenn Sie nicht heute hier unterschreiben, dann sind Sie in fünf Wochen pleite!‹ Und indirekt vermittelte er außerdem, dass die Zahlen ja auch in die Hände von anderen gelangen könnten und es dann ein klein wenig schneller gehen würde.

Kannst du dir vorstellen, wie ich jetzt vor ihm dastehe? Wenn wir nicht eine alte Freundschaft hätten und ich dich nicht anders kennen würde, dann würde ich sofort jeden Kontakt zu dir abbrechen und du könntest dir dein Konzept sonst wohin schieben!«

»Das tut mir wirklich leid, Marc«, erwiderte ich völlig erschüttert. »Ich hatte keine Ahnung, dass Dago so vorgehen würde. Natürlich werde ich bei deinem Bekannten anrufen, mich entschuldigen und mir Dago zur Brust nehmen.«

»Das will ich hoffen! Wenn mir noch einer aus deiner Firma unangenehm auffällt, dann bist du wirklich weg. Klar?«

»Ja, Marc. Völlig klar.«

»Gut«, erwiderte Marc versöhnlich, »ich glaube, du hast es begriffen. Dann noch ein kleines Lob: Die Arbeit mit Julia macht richtig

Spaß und Alexa scheint zwar ein wenig pedantisch und detailverliebt, aber doch sehr kompetent zu sein.«

»Lass uns in den nächsten Tagen mal einen trinken gehen«, schloss ich das Gespräch. Marc stimmte zu und wir verabschiedeten uns. Danach saß ich erst einmal völlig perplex in meinem Büro. Es war einfach unglaublich, was für ein Idiot Dago war. Vermutlich hatte Alexa neulich recht gehabt, als sie behauptete, dass Dago Gerburg nur an die Provision von Dago Gerburg dachte. Vielleicht war es auch so, dass eine Provision aus manchen Menschen überhaupt erst Dagos machte.

Schon wenige Tage nach dem Workshop mit Herrn Radies fühlte ich mich völlig verwirrt. Manches schien zu funktionieren. Das meiste nicht. Und jeder zerrte an mir herum und wollte seine eigene Suppe kochen. Außer vielleicht Julia. Und, in diesem Moment fiel mir mein dritter Lieblingsmensch ein, außer Thomas.

Spontan nahm ich meinen Hörer, wählte seine Nummer und fragte, ob er heute Abend Zeit hätte. »Wenn du ohne deinen Kölsch-Vorsprung ins Rennen gehst, wie beim vorletzten Mal, dann gerne«, erwiderte Thomas. Und so verabredeten wir uns wieder in meiner Lieblingsbar.

Leider war ich wieder einige Minuten vor Thomas da. So hatte ich schon ein halbes Glas Vorsprung, als er kam. Thomas grinste mich schief an, aber ich wehrte ab: »Alles im grünen Bereich.«

»Noch!«, lachte er. »Was ist es dieses Mal?«

»Ich brauche mal wieder deinen Rat«, begann ich. »Ich habe einen Verkäufer, den ich bislang immer als Adler eingestuft habe.«

»Die sind selten!«, nickte Thomas. »Aber so, wie du das sagst, bist du nicht glücklich mit ihm. Verkauft er nichts mehr? Oder ist das der mit den fragwürdigen Methoden, von dem du mir schon bei unserem letzten Treffen erzählt hast?«

»Ja«, nickte ich. »Die Art und Weise, wie er verkauft, ist mehr als bedenklich.«

»Erzähl!«

Ausführlich schilderte ich ihm alles, was vorgefallen war. Zuerst schilderte ich noch einmal Dagos Idee, die Kunden unserer Kunden zu einer noch gar nicht geplanten Veranstaltung einzuladen, um unsere Kunden unter Zugzwang zu setzen, die Veranstaltung doch durchzuführen. Dann die Geschichte mit dem MDAX-Unternehmen, das er über die fingierte Verwunderung des Journalisten, der im Jahr zuvor über das Event berichtet hatte, so unter Druck gesetzt hatte, dass er einen Auftrag bekam. Und zuletzt die Sache von heute mit dem Bekannten von Marc.

»Wirf ihn raus! Vorgestern!«, waren die einzigen Worte von Thomas.

»Aber du verstehst nicht, er ist mein bester Verkäufer!«, erwiderte ich hilflos. »Wenn ich ihn rauswerfe, habe ich ein richtiges Problem!«

»Wirf ihn raus! Vorgestern!«, entgegnete Thomas wieder.

»Aber dann muss ich verkaufen und habe keine Zeit, meine Strategie weiterzuentwickeln. Ich bin doch diese völlig idiotische Verpflichtung gegenüber Herrn Radies eingegangen.« Und ich erzählte ihm auch von der drohenden Spende an die Linken und der Veröffentlichung.

»Da hat der Alte ja mal hingelangt!«, war Thomas erstaunt. »Da war meine Verpflichtung damals ein richtiger Spaziergang dagegen.« Er dachte einen Moment nach: »Wann seht ihr euch das nächste Mal?«

»Am vierten Januar«, entgegnete ich.

»Da hast du doch Weihnachten und die Zeit bis Neujahr, um an deiner Strategie weiterzuarbeiten. In dieser Zeit kannst du doch sowieso nichts verkaufen, oder?«

»Ja, das stimmt auch wieder«, überlegte ich. »Aber ich habe noch zehn Telefonate mit meiner Zielgruppe zu führen.«

»Jetzt aber, Olli!«, schüttelte Thomas seinen Kopf. »Du würdest wegen zehn Telefonaten, die du an einem halben Tag führen kannst, einen solchen Idioten wie diesen Dago Gerburg weiter beschäftigen? Schau, der mag dir kurzfristig Umsätze bringen. Aber nur auf Kosten der Kundenbeziehungen. Langfristig bringt er nur Probleme: genervte Kunden, Stress bei den Mitarbeitern, die umsetzen müssen, was er angeschleppt hat. Schließlich Demotivation. So viele Aufträge kann er gar nicht bringen, um die anderen Nachteile auszubügeln.«

»Aber dann habe ich ab spätestens März ein richtiges Auftragsloch«, versuchte ich es noch einmal.

»Du glaubst, du bist ein schlechterer Verkäufer als dieser Dago«, stellte Thomas fest.

»Ja, das auch«, gab ich kleinlaut zurück. »Ich würde nur die Hälfte der Aufträge holen.«

»Und wie lange könntet ihr damit leben?«

»Vielleicht bis in den Sommer hinein.«

»Wirf ihn raus! Sofort!«, wiederholte Thomas noch einmal. »Du machst dir einen solchen Stress, obwohl du noch ein halbes Jahr vor dir hast?«

»Ja, aber vielleicht schaffen wir es ohne ihn nicht!«, beharrte ich.

»Olli, du denkst zu kurzfristig! Die Sache ist die: Ihr schafft es *mit* ihm nicht!«

So ging unser Gespräch über fast zwei Stunden. Am Ende war ich so weit, dass mir klar war, dass ich ihn kündigen musste. Aber das brachte mir nicht etwa Ruhe. Ich wälzte mich danach stundenlang in meinem Bett herum und dachte an die Risiken, die damit verbunden waren. Das Risiko, dass meine Umsätze richtig einbrachen. Das Risiko, meine Verpflichtung gegenüber Herrn Radies vielleicht nicht einhalten zu können.

Am frühen Morgen war ich schließlich weichgekocht und traf im vollen Bewusstsein dieser Risiken meine Entscheidung. Danach kehrte eine merkwürdige Ruhe ein und ich schlief noch etwa zwei Stunden tief und fest. Um halb neun Uhr ging ich voller Elan ins Büro.

Dort sagte ich meinen anderen Mitarbeitern, dass sie Dago zu mir schicken sollten, sobald er käme. Und die Art, wie ich es sagte, provozierte in einigen Gesichtern ein Grinsen. Offenbar hoffte hier die Mehrheit, dass Dago eine Abreibung bekommen würde.

Gegen zehn klopfte Dago schließlich an meine Tür: »Und, was liegt an, Chef?«

»Gestern hatte ich einen Anruf von Marc«, eröffnete ich ruhig.

»Hat er dir noch mal jemanden empfohlen?«, fragte Dago. »Der andere ist schon butterweich. Der wird bestimmt bald abschließen.«

»Der andere ist vor Wut explodiert, als du weg warst«, konnte ich nicht mehr an mich halten.

»Wirklich?«, fragte Dago ungläubig. »Was macht so ein zartbesaitetes Wesen im Business? Ich hab ihn doch kaum angefasst!«

»Ich glaube, du begreifst nicht, was ich dir sagen will«, wurde ich immer ärgerlicher. »Wir hätten fast Marc als Kunden verloren. Deine Methoden sind unerträglich! Ich dulde das nicht mehr!«

»Du hast wieder mit deinem Kuschel-Berater, dem mit der Liebe und so, telefoniert, stimmt's?«, grinste Dago.

Angesichts dieser völligen Ignoranz war ich wirklich fassungslos. Und so entgegnete ich leise und ganz ruhig: »Ich glaube, du hast es immer noch nicht kapiert. Dann sage ich es dir eben langsam und deutlich zum Mitschreiben.«

Und dann schrie ich so laut, dass es bestimmt im ganzen Büro zu hören war: »DU – BIST – GEFEUERT!!!«

Mann, tat das gut!

Dago wurde einen Moment bleich. Dann erwiderte er mit beißender Stimme: »Du wirst scheitern. Du bist eine Null, Olli, und du weißt das! Ohne mich wirst du keinen einzigen Verkauf abschließen. Und ich gehe jede Wette ein, dass einige der Kunden, die ich gebracht habe, mir zu meinem neuen Arbeitgeber folgen werden.«

Der Typ trieb mich fast in den Wahnsinn. Aber auf einmal war ich trotzdem ganz ruhig.

Und entgegnete kalt: »Wissen Sie, Herr Gerburg, das hat mir mein Vater auch schon immer gesagt, dass ich scheitern werde. Die letzten vier Jahre hatte er unrecht und er wird auch die nächsten vier Jahre unrecht haben.

Ich habe sogar schon einen Vorschlag für Ihren neuen Arbeitgeber. Bewerben Sie sich einfach bei meinem Vater. Sagen Sie ihm, dass ich Sie rausgeworfen habe, weil Sie den Kunden mit Foltermethoden das

Blaue vom Himmel herunter verkauft haben. Das sollte für ihn Qualifikation genug sein. Sie würden sicher gut zusammenpassen.

Und jetzt haben Sie genau fünf Minuten, um Ihre Sachen zu packen und zu verschwinden. Alexa wird Sie dabei beaufsichtigen.«

Einen Moment herrschte Stille. Herr Gerburg drehte sich um, ging Richtung Türe und sagte über die Schulter: »Jetzt hat also die Ente das Sagen! Wundert mich nicht.«

Er wollte mit allen Mitteln sein Gesicht wahren. Aber so einfach ließ ich ihn nicht davonkommen. Deshalb rief ich ihn, als er schon draußen war, nochmals zurück. Er streckte den Kopf zur Tür herein – im Hintergrund hörte ich die anderen Mitarbeiter tuscheln.

Und dann sagte ich so laut, dass es auch auf dem Flur zu hören war: »Ach ja, Herr Gerburg, das hätte ich fast vergessen: Ich will mein iPhone und den Schlüssel für meinen Audi TT. Und zwar flott!« Damit hielt ich ihm meine offene Hand hin und wartete.

Ich genoss es förmlich, wie er bleich im Gesicht wurde. Das hatte offenbar getroffen.

»Und wie soll ich jetzt nach Hause kommen?«, fragte er völlig schockiert.

»Sehen Sie, ich bin großzügig«, entgegnete ich süffisant, während ich meinen Geldbeutel aus der Tasche zog und ihm mit den Fingerspitzen 20 Euro reichte: »Für ein Taxi!«

Wie hatte ich nur so lange mit so einem Idioten zusammenarbeiten können?

Den ganzen Tag über ritt ich auf einem Hochgefühl. Nach und nach kamen alle derzeit sieben Mitarbeiter und Praktikanten zu mir und beglückwünschten mich zu meiner Entscheidung. Vor allem Alexa konnte man die Genugtuung ansehen: »Gut, dass du die zwei Monate, die ich dir gegeben habe, gar nicht ausschöpfen musstest!«

Das erste Mal seit Jahren, wenn nicht, seit ich überhaupt denken konnte, hatte ich ein völliges Hochgefühl der Freiheit. Ich wusste, ich hatte etwas ganz Entscheidendes richtig gemacht. Es war anders als meine Befreiungsschläge bei Herrn Bäumler und Herrn Kronau.

Ich glaube, der Unterschied war der: Ich hatte meine Entscheidung dieses Mal im völligen Bewusstsein des Risikos getroffen. Es war nicht im Affekt, sondern eine klare, eindeutige und überlegte Entscheidung. Zudem meinte ich, dieses Mal auch den richtigen Adressaten getroffen zu haben. In diesem Hochgefühl führte ich meine restlichen zehn Telefonate mit meiner neuen Zielgruppe. Und dieses Mal erinnerte ich mich daran, dass Herr Radies gesagt hatte: Gehen Sie mit den Leuten essen oder auf ein Konzert! So zielte ich vor allem auf die gemeinsame Band-Vergangenheit an, deutete etwas in Richtung Unternehmer-Stars an und verabredete mich tatsächlich mit zwei Unternehmern zum Essen und mit einem zum Konzert.

Rückblickend würde ich sagen, dass ich das nur aufgrund meines Hochgefühls hinbekam. Ist ja, bei Lichte besehen, völlig bescheuert, einen unbekannten Unternehmer anzurufen, um mit ihm auf ein Konzert zu gehen. Aber ich lernte: Auch das geht!

In den Folgetagen jedoch, als ich weiter an meinen Aufgaben arbeitete, wurde mir nach und nach bewusst, dass mich diese Gespräche auch nicht weitergeführt hatten.

Die größte Schwierigkeit in den Tagen bis Weihnachten lag allerdings darin, dass ich den Verkauf von Dago übernehmen wollte, aber praktisch nichts durch ihn dokumentiert worden war. In seinem iPhone fanden sich nur einige Stichworte, wie er die einzelnen Kunden unter Druck setzen konnte. Dann gab es ein paar Mails und ein paar Angebote auf seinem Notebook, aber das war alles ziemlich bruchstückhaft. Ich konnte schlicht nicht erkennen, wie der jeweilige Bearbeitungsstand war.

So hatte ich zu Beginn meiner Vertriebsanrufe immer ein ziemlich schlechtes Standing – ich wusste ja im Grunde genommen gar nichts. Nachdem ich das zweite oder dritte Mal voll aufgelaufen war, weil sich alle über Dago beschwerten, versuchte ich es anders. Ich rief die Leute nicht an, um zu verkaufen, sondern um sie zu fragen, ob sie mit unserem Verkäufer zufrieden seien, und bot ihnen damit natürlich ein Ventil, um erst einmal Luft abzulassen.

Das nutzten sie dann auch weidlich aus. Leider fand ich trotzdem keinen Dreh, die Interessenten wieder einzufangen. Ich glaube, sie identifizierten meine Firma einfach mit Dago. Wenn ein Chef einen solchen Verkäufer einstellt, dann muss er denselben Charakter haben, so die Wahrnehmung. Erst durch diese Anrufe wurde mir nach und nach klar, wie viel verbrannte Erde Dago hinterlassen hatte.

Allerdings gab es auch ein paar Interessenten, die mit Dago gut klargekommen waren. Nur erinnerten mich diese Interessenten dann wieder an Herrn Bäumler.

Schließlich gab ich den Verkauf an Neukunden in unserem alten Segment entnervt auf – die Kontakte waren verbrannt oder passten nicht zu uns. Wir würden von vorne anfangen müssen. Aber das wollte ich erst im neuen Jahr.

So setzte ich mich wieder an meine Strategie-Aufgaben, sammelte Heldengeschichten für mein Anliegen, machte mir Gedanken, was wir praktisch tun könnten, und überlegte, wo ich meine Kunden – also Marc – aktiv einbinden könnte.

War mein Hochgefühl schon durch die Erfolglosigkeit beim Verkauf deutlich reduziert, so schwand es nun vollends. Je länger ich an meinen Aufgaben arbeitete, desto verwirrter wurde ich.

Vermutlich hätte ich auch an Weihnachten durchgearbeitet, wenn mir nicht Julia vorgeschlagen hätte, gemeinsam Weihnachten zu feiern.

Auch wenn ich mich gedanklich nicht völlig lösen konnte, war es doch viel besser, als ganz alleine zu sein. Und Julia überredete mich schließlich auch, zwei Tage gar nichts zu tun und ein bisschen Ruhe und Distanz zu gewinnen. Das permanente Auf und Ab würde mich auch nicht weiterführen, meinte sie.

Immerhin war wenigstens sie von meinem Ansatz begeistert und erzählte mir, wie sie mit Marc vorankam.

Als ich mich am 27. Dezember wieder an meine Aufgaben setzte, wusste ich, dass ich bald eine Lösung brauchte. Ich musste Umsatz machen. Und so ging ich meine ganzen Skizzen nochmals durch, um das herauszufinden, was klein genug war, um einfach und schnell umgesetzt zu werden.

Schließlich blieben zwei Punkte übrig. Die erste Idee war, ein eigenes kleines Event zu machen. Dazu vielleicht etwas bekanntere Unternehmer, die vielleicht zum Star taugten, einzuladen. Zum Beispiel den Gründer von Xing, Lars Hinrichs, oder Titus Dittmann von der titus GmbH oder noch ein paar andere. Mein Anliegen greifbar in Form von Personen zu transportieren, schien mir eine gute Idee.

Die zweite Idee war folgende: Im Musikbereich leben Stars von Fans. Und Fans brauchen Informationen, Geheimnisse, Fotos usw. Das alles liefern Magazine, Zeitschriften, Webportale usw. Um Unternehmer-Stars zu machen, brauchte ich so etwas auch. Schließlich konkretisierte sich dieser Gedanke zu einer Website www.unternehmer-stars.de, auf der regelmäßig neue Stars vorgestellt und Infos zu bekannten Stars publiziert werden würden.

Ich hatte zwar keine Ahnung, wie man ein solches Portal aufbaut, aber das würde bestimmt Thomas wissen – der ja aus dem Web-Bereich kommt.

Die letzten Tage bis Silvester nutzte ich, um diese beiden Ideen auszuarbeiten. Dabei fokussierte ich mich mehr und mehr auf das Portal. Einfach deshalb, weil mir hierfür eine Möglichkeit des Geldverdienens einfiel: Zu jeder Star-Vorstellung könnte noch ein kostenpflichtiges ›How-to‹ mit den wichtigsten Tipps, wie man genau so ein Star wird, angeboten werden.

Das Event hingegen würde vor allem erst einmal Geld kosten. Geld für die Teilnehmer, für die Räume, die Einladungen etc. Dennoch verwarf ich diesen Gedanken nicht ganz. Plastischer könnte man die Idee kaum präsentieren.

So begann ich das neue Jahr mit der Weiterentwicklung dieser konkreten, umsetzbaren Projektideen, von denen ich auch Alexa würde überzeugen können. Ich schwebte nicht mehr mit dem Kopf in den Wolken, sondern hatte festen Boden unter den Füßen.

6.2 Strategische Muster

In diesem Bewusstsein fuhr ich zu Herrn Radies in die Schweiz. Ich war einerseits neugierig, was jetzt noch kommen würde. Andererseits hatte ich mir fest vorgenommen, am Boden zu bleiben und keine wabernden Höhenflüge mehr mitzumachen. Herr Radies hatte mich in seine kleine Villa eingeladen. Außerhalb eines malerisch gelegenen Bergdorfs schmiegte sich das Haus an den Hang und versprach einen wundervollen Blick ins Tal Richtung Westen.

Kaum hatte ich geklingelt, öffnete mir seine Assistentin und führte mich in ein schlichtes, im japanischen Stil eingerichtetes Zimmer mit einem fantastischen Blick durch die Fensterfront auf die gegenüberliegenden Dreitausender.

Während ich noch diese Aussicht genoss, spürte ich plötzlich den Blick von Herrn Radies in meinem Rücken. Ich drehte mich um und bemerkte, wie er mich musterte. Ich hatte keine Ahnung, wie lange er schon da gestanden hatte.

»Sie sind noch nicht am Endpunkt angelangt«, eröffnete er das Gespräch etwas rätselhaft. Und im selben Augenblick spürte ich, dass er recht hatte. Ich war zwar am Boden angelangt, aber es fühlte sich nicht so an, als ob ich da wäre, wo ich sein wollte.

»Haben Sie Ihre vereinbarten Aufgaben erfüllt?«, fragte Herr Radies weiter.

»Ja«, nickte ich. »Ich habe an allen Aufgaben gearbeitet. Aber ich glaube nicht, dass alles so gelaufen ist, wie es geplant war.«

»Das habe ich auch nicht erwartet«, grinste Herr Radies. »Beim Militär gibt's den schönen Spruch: ›Kein Plan übersteht den Feindkontakt.‹«

»Wieso haben Sie dann überhaupt auf der Verpflichtung bestanden, wenn Sie sowieso schon wussten, dass nicht alles so funktionieren würde wie geplant?«, fragte ich verwundert.

»Erinnern Sie sich noch an unseren ersten Tag?«, fragte Herr Radies listig.

»Ja, klar. Sie haben mir unseren ersten Tag ja das letzte Mal schon dauernd wieder in Erinnerung gerufen.«

»Gut. Dann vergegenwärtigen Sie sich bitte nochmals das Bild mit dem Ball. Wir hatten festgehalten, dass Strategie nicht so funktioniert, dass man vorab das Ziel bestimmt und dann dort hinläuft. Sondern man entscheidet sich für einen Ball und trifft dann während des Laufens aufgrund einiger weniger simpler Regeln permanent Entscheidungen.«

»Daran erinnere ich mich. Unser Plan war also falsch, weil wir das Ziel bestimmt hatten?«

»Nein«, schüttelte Herr Radies den Kopf. »Dass das Ziel nicht sonderlich genau bestimmt war, dürften Sie in den letzten vier Wochen ja selbst herausgefunden haben.«

»Allerdings!«, bestätigte ich. »Wir hätten das durchaus noch genauer bestimmen können.«

»Ja, das hätten wir«, nickte Herr Radies ernsthaft. »Nur hätte uns das nichts gebracht!«

»Wieso?«

»Ganz einfach deshalb, weil uns heute überhaupt nicht interessiert, wo das Ziel ist. Wirklich interessant ist nur herauszufinden, nach welchen Regeln Sie laufen! Und diese gegebenenfalls zu verändern.«

»Moment Mal!«, unterbrach ich, »Sie wollten also gar nicht, dass ich meine Ziele erreiche, sondern Sie wollten schauen, wie ich mich abstrample?«

»Ich wollte in der Tat, dass Sie an Ihrer Strategie arbeiten«, nickte Herr Radies. »Ohne eine Verpflichtung wären Sie beim ersten unerwarteten Ereignis komplett vom Weg abgekommen und hätten mir heute erzählt, dass Sie leider bei Ihrer Strategieumsetzung nicht weitergekommen seien. Sie hätten auch sicher alle möglichen Entschuldigungen mitgebracht. Die habe ich von Unternehmern vor Ihnen schon viel zu oft gehört. Ich wollte, dass Sie permanent auf die Spur zurückgebracht werden. Nur damit können wir nun mit der eigentlichen Arbeit beginnen.«

»Mit der eigentlichen Arbeit?«, fragte ich verblüfft. »Und die wäre?«

»Sie erzählen mir, was in den letzten vier Wochen geschehen ist. Warum Sie etwas gemacht haben und warum Sie etwas nicht gemacht haben. Es geht mir nicht um Rechtfertigungen, sondern einfach nur um eine nüchterne Beschreibung Ihrer Tätigkeiten.«

»Und dann?«

»Dann suche ich in Ihren Beschreibungen nach strategischen Mustern.«

»Strategische Muster?«

»Ja, strategische Muster sind Ihre Regeln, nach denen Sie in Ihrem Unternehmen handeln. Strategische Muster sind, wenn Sie es mit dem Fangen des Balls vergleichen, die Regeln, die festlegen, wohin Sie sich bewegen, wenn sich der Ball nach rechts oder links bewegt. Haben Sie die falschen Regeln, werden Sie den Ball nie fangen. Ganz egal, wie gut das Ziel definiert ist.

Ich schaue also in Ihrer Beschreibung nach den Abweichungen.«

»Jetzt verstehe ich«, dämmerte es mir. »Sie brauchen genügend Abweichungen, um Muster erkennen zu können. Deswegen mussten Sie mich immer wieder an die Strategie zurückzwingen. Ohne Verpflichtung hätte es nur eine einzige Abweichung gegeben und dann wäre ich sonstwohin gelaufen. Daraus hätten Sie nur sehr wenig erkennen können.

Aber«, fragte ich mich, »was machen wir dann mit den Abweichungen?«

»Es gibt zwei Möglichkeiten: Entweder wir suchen uns einen Ball in der Richtung, in die Sie automatisch abweichen. Oder wir ändern Ihre Regeln.«

Als Herr Radies das sagte, dämmerte mir langsam, dass ich dafür unter Umständen in einen Abgrund schauen müsste, in den ich gar nicht schauen wollte. Und dass ich vielleicht noch einmal ganz von vorne anfangen müsste. »Geht das nicht auch anders?«, fragte ich mit wenig Hoffnung.

»Leider nein«, schüttelte Herr Radies den Kopf.

»Also gut«, nickte ich resigniert. »Wie beginnen wir?«

»Sie erzählen und ich stelle Fragen«, entgegnete Herr Radies einfach. »Am besten, Sie beginnen ganz von vorn. Was geschah am Morgen nach unserem letzten Treffen?«

Die nächsten zwei Stunden erzählte ich ausführlich, was geschehen war. Herr Radies hörte zu, stellte Fragen und machte unglaublich viele Notizen. An einigen Stellen hätte ich mir gerne eine Bestätigung erhofft, aber er weigerte sich einfach, etwas als positiv oder negativ zu bewerten.

Als ich fertig war, nahm Herr Radies seine Notizen und begann zu erklären: »Alle Ihre Handlungen, die Sie mir gerade geschildert haben, befördern Ihre strategische Idee oder eben auch nicht. Selbst ganz unscheinbare Dinge wie Ihre anfängliche Bereitschaft, Herrn Gerburg weiter bei der alten Kundengruppe akquirieren zu lassen, oder Ihre Überlegung, die Leistungen Ihrer Schwester Julia sehr preiswert zu verkaufen, gehören dazu. Letztlich gibt es nur sehr wenige Handlungen, die keine strategische Relevanz haben. Deswegen wollte ich auch alles so ausführlich wissen.«

»Aber ich musste doch Dago auf meine alten Kunden loslassen«, verteidigte ich mich. »Ich kann doch nicht von jetzt auf gleich so tun, als ob die neue Strategie schon funktionieren würde.«

»Stopp«, erwiderte Herr Radies. »Ich mache Ihnen keinen Vorwurf. Ich beobachte! Solche Handlungen sind nicht per se gut oder schlecht. Erstens: Sie finden eben einfach statt. Und zweitens: Manche davon führen zu tollen Ergebnissen und manche nicht. Spannend ist jetzt zu wissen, welche davon zu tollen Ergebnissen führen und welche nicht. Dann kann man nämlich gezielter eingreifen, umlernen oder zumindest seine Aufmerksamkeit erhöhen. In den letzten zwei Stunden habe ich Ihnen zugehört und Fragen gestellt. Ich habe nicht bewertet. Wenn ich das getan hätte, dann hätte ich sehr wenig von Ihrer Geschichte vernommen und sehr viel von Ihren Rechtfertigungen. Ich hätte Ihre Motive nicht gesehen, sondern nur gehört, was Ihr ›Regierungssprecher‹, Ihr Bewusstsein, erfindet, um Ihre Handlungen zu erklären.

Ich habe also identifiziert, an welchen Stellen Sie vom Plan abgewichen sind. Und zwar nicht nur in negativer, sondern auch in positiver Richtung. Dann habe ich mir – und zum Teil Ihnen – zu jeder dieser Abweichungen einige Fragen* gestellt:

1) *Wer* hat die Entscheidung gefällt? Sie, ein Mitarbeiter oder sonst jemand?
2) Fiel die Entscheidung *unbewusst oder geplant?* Das ist entscheidend, um eventuell einhaken und ändern zu können.
3) Welche *Alternativen* wurden durchdacht? Oftmals sind das gar keine. Das ist aber auch nicht schlimm, solange das Ergebnis gut ist.
4) Wurden *Tests* durchgeführt? Haben Sie vor der Entscheidung getestet, ob es funktionieren könnte? Oder haben Sie einfach gemacht? Beides kann in bestimmten Situationen seine Vor- und Nachteile haben.
5) Wurden die Entscheidungen *allein oder gemeinsam* getroffen? Kann Einfluss auf die Umsetzungsbereitschaft haben, aber auch zu Verwässerungen führen.
6) Ganz zentral: *Aus welcher zugrunde liegenden Emotion heraus* haben Sie (bzw. der Mitarbeiter) entschieden? War es Neugier, Angst, Hilflosigkeit, Bequemlichkeit, Wut, Leistungslust? Etwa aus Angst die Preise ohne nachzudenken zu reduzieren ist nicht gut, das steht fest. Bei der Neugier kommt es auf den Grad der Neugier an usw.

* Die Vorlagen dazu sind Teil der Coachingbriefe für Unternehmer: www.unternehmercoach.com/coaching-briefe.htm

7) Wurde *konsequent umgesetzt*? Viele Strategien – vor allem ohne starke, dauerhafte, zugrunde liegende Emotionen – werden nie umgesetzt oder bleiben zwischendurch in der Verwirklichung hängen. War das bei Ihnen so?
8) Die zweitwichtigste Frage: Hatte die Entscheidung den erwünschten *Erfolg*? Vielleicht einen noch größeren Erfolg als erwartet? Oder hat sie eher geschadet? Diese Frage ist deshalb so zentral, weil sie die Grundlage dafür ist, Muster herauszuarbeiten. Schließlich wollen Sie nur wiederholen, was fantastisch funktioniert hat.
9) Was haben Sie *rückblickend gelernt*? Die wichtigste Frage überhaupt! Was Sie aus einer strategischen Entscheidung lernen, beeinflusst Ihre zukünftigen (auch intuitiven) Entscheidungen. Insbesondere dann, wenn Ihre Lernerfahrung mit einem starken emotionalen Erlebnis verbunden ist.«

»Das klingt spannend«, nickte ich, als ich mir diese Fragen nochmals durch den Kopf gehen ließ. »Und was haben Sie jetzt festgestellt?«

»Zuerst einmal, dass Sie tendenziell auf der richtigen Spur sind.«

»Wie kommen Sie darauf?«, fragte ich verblüfft.

»Wir haben einige positive Abweichungen. Ereignisse, die wir so nicht erwartet haben. Die Empfehlung von Marc ist solch ein Ereignis. Oder die Bereitschaft Ihrer Schwester, zu schlechten Konditionen bei Ihnen zu arbeiten. Auch die Gesprächsbereitschaft und Unterstützung von Thomas konnte so nicht eingeplant werden. Immer dann, wenn Dinge von alleine zu geschehen scheinen, ist das ein gutes Indiz dafür, auf dem richtigen Weg zu sein.

Selbst die Tatsache, dass Sie Herrn Gerburg gekündigt haben, könnte man noch als positive Abweichung ansehen. Sie brachte eine gewisse Dynamik und forcierte die weiteren Ereignisse. Zudem vermute ich, dass die Energie und das Klima unter Ihren anderen Mitarbeitern sich dadurch deutlich verbessert haben. Auch das wird sich positiv auswirken. Und nicht zuletzt können Sie vielleicht noch einen Deal mit der Leasinggesellschaft machen und den Audi zurückgeben. Auch das hilft Ihnen weiter.«

»So habe ich das noch nie gesehen«, grübelte ich. »Normalerweise betrachtet man doch nur negative Abweichungen?«

»Und übersieht die Hälfte«, grinste Herr Radies. »So können wir aber erst einmal festhalten, dass Ihre Idee, auch wenn sie noch nicht fertig ist, bei Ihren drei Lieblingsmenschen gut ankommt und von diesen unterstützt wird. Das erhöht die Wahrscheinlichkeit, dass Ihre Idee auch durch Menschen unterstützt wird, die so ähnlich wie Ihre Lieblingsmenschen ticken.«

Hoffnungsvoll nickte ich.

Dann jedoch sagte Herr Radies: »Aber natürlich haben wir auch ein paar Abweichungen in die andere Richtung.

Erstens erstellten Sie unmittelbar nach unserem Treffen Pläne mit Finanzzahlen ...«

»... Ja, das war ein Rat von Dago«, warf ich ein.

»Bitte, Herr Steinbach, es war von mir nicht als Vorwurf gedacht, also verteidigen Sie sich auch nicht dadurch, dass Sie einen anderen Schuldigen benennen. John Wooden sagte einmal: ›Man ist erst dann ein Versager, wenn man beginnt, anderen die Schuld zu geben.‹ Also: Sie haben die Pläne gemacht und keiner sonst!«

Autsch! Ich biss mir auf die Lippen. Der war ja heute mal wieder hart drauf.

Herr Radies fuhr fort: »Versuchen Sie an diese Bestandsaufnahme so heranzugehen, als würden Sie das Verhalten eines anderen betrachten.«

»In Ordnung«, nickte ich. Auch wenn ich den Eindruck hatte, dass mir das nicht ganz leichtfallen würde.

»Also, die Erstellung von Finanzplänen zu diesem Zeitpunkt war Zeitverschwendung. Erste negative Abweichung.

Zweitens sind Sie auf den Vorschlag von Herrn Gerburg eingegangen, dass er weiter an die bisherige Zielgruppe verkauft. Und nachdem Sie ihn gefeuert hatten, haben Sie selbst versucht, an Ihre bisherigen Kunden zu verkaufen.«

»Aber ich kann doch nicht von einem Tag auf den anderen ...«, versuchte ich einzuwenden.

»Kein ›aber‹«, unterbrach Herr Radies. »Wir stellen nur Abweichungen fest.

Drittens lästerten Sie vorher, als Sie über diese Kunden sprachen, ohne Punkt und Komma über die egoistischen Bäumlers und Kronaus. Eigentlich wollten Sie Ihre Kunden lieben. Auch das ist eine Abweichung.

Dann sprachen wir viertens beim letzten Mal davon, dass Sie selbst in gewisser Weise Star werden müssen, um Ihr Anliegen glaubwürdig zu vertreten. Und Stars machen eines ganz gewiss nicht: Sie reduzieren keine Preise und verkaufen auch nichts ganz billig, wie Sie es mit Ihrer Schwester gemacht haben.

Fünftens wirkte das meiste, was Sie mir aus den letzten vier Wochen beschrieben haben, auf mich wie ein ziemlich panisches Hin- und Herspringen zwischen verschiedenen Brandherden und Tätigkeiten. Auch das war so nicht beabsichtigt.

Sechstens ist das, was Sie mir als Ergebnis präsentiert haben, also die Website und Ihre Veranstaltung, zwar am Boden, aber da ist auch keine Emotion mehr dahinter. Und ohne Emotion hat das Ganze keinen Sinn, keine Bedeutung und keine Energie. Auch da sind Sie irgendwo vom Weg abgekommen.«

Je länger Herr Radies redete, desto kleiner wurde ich. Ich hatte das Gefühl, überhaupt nichts richtig gemacht zu haben. Wieso war ich nicht einmal in der Lage, einen simplen Plan abzuarbeiten und mich an die Vorgaben zu halten? Ich schien den Boden unter meinen Füßen zu verlieren.

Herr Radies beobachtete mich aufmerksam. Als hätte er meine Gedanken gelesen, meinte er dann: »Ihr Problem ist nicht, dass Sie sich nicht an den Plan gehalten haben. Ihr Problem ist vielmehr, dass Sie vermutet haben, Sie würden den Plan einhalten. Sie haben die Emotionen, Regeln und Glaubenssätze, die Ihren Handlungen zugrunde liegen, ignoriert. Oder genauer: Sie sind Ihnen gar nicht bewusst.«

Schweigend hörte ich Herrn Radies zu.

»Ich verspreche Ihnen«, fuhr er fort, »dass Sie heute Nachmittag wieder Boden unter den Füßen haben. Wir schauen uns jetzt im Detail die Abweichungen an. Was sind die tieferen Ursachen dieser Abweichungen? Können wir diese Ursachen für uns nutzen? Müssen wir die Ursachen verändern?«

6.3 Die Illusion der Sicherheit durch Pläne

»In Ordnung«, nickte ich schließlich. Wohl wissend, dass das, was jetzt kommen würde, nicht einfach für mich werden würde. »Beginnen wir mit der ersten Abweichung? Den Plänen?«

»Genau. Versetzen Sie sich bitte in den Moment, bevor Sie beschlossen haben, die Finanzpläne zu machen. Wie haben Sie sich dabei *gefühlt*?«

»Das war am ersten Tag nach unserem letzten Treffen«, versetzte ich mich in die Situation zurück. »Ich fühlte mich an dem Morgen etwas ratlos, nachdem mir die Komplexität und Größe der Aufgaben klar geworden war.«

»Das klingt ein bisschen nach dem Gefühl, erschlagen zu werden«, warf Herr Radies ein.

»Ja«, bestätigte ich.

»Wenn die Aufgaben sich vor einem auftürmen, dann fühlt man sich im Angesicht dieser Aufgeben selbst klein – zumindest bei mir ist das immer so.«

»Das beschreibt es ziemlich gut«, nickte ich verlegen. »Wenn ich mir überlege, dass ich Dago um Rat gefragt habe, dann war ich wohl auch ziemlich verunsichert und suchte Sicherheit.«

»Und Sie glaubten, dass die Pläne Ihnen Sicherheit bieten würden?«

»Ja. Es macht doch einfach einen Unterschied, ob ich einen Plan auf dem Tisch habe und weiß, wie es weitergeht, oder ob ich das nicht habe.«

»Da habe ich so meine Zweifel«, wiegte Herr Radies den Kopf hin und her. »Ich glaube wohl, dass Papiere vielen Menschen die Illusion der Sicherheit geben. Das sieht man schon daran, dass viele Menschen glauben, die Selbstständigkeit sei riskanter als das Angestelltendasein – nur weil sie als Angestellter einen Vertrag haben. Aber: Gerät ein Unternehmen in die Krise, dann geht zuerst der Angestellte und erst dann der Unternehmer. Faktisch ist die Selbstständigkeit also viel sicherer.«

»Moment«, hakte ich ein. »Das klingt mir ein bisschen wie Judo, was Sie da eben gesagt haben.«

»Guter Vergleich«, grinste Herr Radies. »Warum, meinen Sie, befinden wir uns wohl in einem japanisch eingerichteten Raum?«

»Beschreiben Sie das bitte noch einmal!«, bat ich.

»Sie haben eine Kraft, die Emotion. Ein Glaubenssatz lenkt diese Kraft in eine bestimmte Richtung, im konkreten Fall gegen Sie. Sie ändern also den Glaubenssatz, sodass dieselbe emotionale Kraft dann für Sie wirkt. Wie im Judo nutzen Sie die Kraft des Angriffs für Ihre eigene Verteidigung, indem Sie diese umlenken.

Führte Sie Ihr Sicherheitsbedürfnis zuerst zu einem Angestelltendasein, so führt Sie nun dasselbe Sicherheitsbedürfnis zur Selbstständigkeit und zum Unternehmertum.«

»Das erscheint mir alles ziemlich logisch, aber auch ein bisschen zu einfach.«

»Nun ja«, lächelte Herr Radies. »Die Methode ist einfach: Sie erzählen Geschichten, die den neuen Glaubenssatz stützen. Ich habe gerade die Geschichte erzählt, was passiert, wenn es einem Unternehmen schlecht geht. Da Sie tendenziell die Selbstständigkeit sowieso besser finden als das Angestelltendasein, konnte ich Sie bereits mit einer einzigen Geschichte in eine andere Richtung lenken. Bei Angestellten dürfte diese eine Geschichte nicht ausreichen. Da benötigen wir manchmal vier oder fünf Geschichten und bei wirklich hartnäckigen Glaubenssätzen einen etwas intensiveren Prozess*.

Ich möchte Ihnen eine Geschichte** erzählen, die Sie vielleicht schon kennen, die aber dennoch sehr lehrreich ist:

In einem kleinen Dorf lebte einmal ein Bauer, der ein Pferd hatte. Dieses Pferd war sein einziger Besitz. Es half ihm, die Ernte einzufahren, das Feld zu pflügen und die Früchte zum Markt zu bringen.

Eines Tages zog ein fürchterliches Gewitter herauf, ein Blitzschlag erschreckte das Pferd so sehr, dass es sich losriss und fortlief. Ein Nachbar hatte das mitbekommen und sagte zu dem Bauern: ›Armer Mann, jetzt hast du deinen wichtigsten Besitz verloren. Jetzt bist du arm. Welch ein großes Unglück.‹ Der Bauer hörte geduldig zu und erwiderte dann: ›Vielleicht ist das so, vielleicht aber auch nicht.‹

Überraschend kam das Pferd am nächsten Tag aus eigenen Stücken zum Bauern zurück. Im ›Schlepptau‹ hatte es drei junge Wildpferde, die ihm direkt folgten. Schnell schloss der Bauer das Gatter, als auch schon die Nachbarn ganz aufgeregt herbeigelaufen kamen: ›Was bist du nur für ein Glückspilz. Jetzt hast du sogar vier Pferde.‹ Wieder hörte sich der Bauer die Reden an und sagte: ›Vielleicht ist das so, vielleicht aber auch nicht.‹

Am nächsten Tag wollte der Sohn des Bauern eines der jungen Wildpferde zureiten. Doch kaum hatte er das Pferd bestiegen, da warf es ihn schon ab. Er stürzte so schwer, dass er sich beide Beine brach. Natürlich ließen die Nachbarn nicht lange auf sich warten – sie kamen herbei und sagten mitleidig: ›Du armer Mann, welch schrecklicher Unfall. Vielleicht wird dein Sohn nie wieder richtig gesund. Welch schreckliches Leid. Etwas Schlimmeres hätte ja nicht passieren kön-

---

* Den Teilnehmer in meinem Storytelling-Seminar erleben können.

** Zitiert nach Bodo Schäfer

nen.‹ Der Bauer sagte gelassen: ›Vielleicht ist das so, vielleicht aber auch nicht.‹

Kurze Zeit später brach ein Krieg aus. Beamte des Kaisers erschienen, um die jungen Männer des Dorfes in die Armee einzuziehen. Natürlich nahmen sie nur die gesunden Männer mit. Der kranke Sohn des Bauern blieb verschont. Dieses Mal beglückwünschten die Nachbarn den Bauern: ›Da hast du ja wirklich viel Glück gehabt. Du bist der Einzige, der seinen Sohn behalten kann. Das Schicksal meint es wirklich gut mit dir.‹ Der Bauer hörte den Nachbarn geduldig zu und antwortete: ›Vielleicht ist das so, vielleicht aber auch nicht.‹«

»Diese Geschichte kannte ich zwar schon«, sagte ich. »Aber unter diesem Aspekt habe ich sie noch nicht gehört. Jetzt verstehe ich, was Sie damit meinen, dass die Ereignisse und die Interpretation der Ereignisse zwei unterschiedliche Dinge sind. Die Interpretation hängt immer davon ab, was wir glauben. Und die Geschichte bietet im Fortgang immer neue Geschichtenfragmente, die dazu führen, dass wir immer wieder andere Dinge glauben. Und je nach Interpretation fühlen wir anders und handeln im Endeffekt anders.«

»Ja, und die Geschichte zeigt uns auch sehr gut, wie sich solche Glaubenssätze ändern lassen. Nicht durch Argumentation, sondern ganz schlicht durch neue Geschichten und neue Geschichtenfragmente*.«

»Gut«, nickte ich, »die Idee habe ich verstanden. Zurück zu meinem Thema. Ich habe Pläne gemacht, weil ich aus dem Gefühl der Unsicherheit heraus handelte. Ich wollte mir also Sicherheit verschaffen. Wie können wir damit jetzt umgehen?«

»Wir könnten uns dem Gefühl der Unsicherheit widmen, was aber eher ein langfristiges Thema ist, zu dem wir nachher noch kommen. Das ist deshalb wichtig, weil Unsicherheit uns ja immer wieder von den vier Strategieprinzipien abbringt.

---

* Weswegen strategisches Storytelling eine der Schlüsselkompetenzen für Unternehmer ist.

Allerdings wird Unsicherheit öfters mal an den unterschiedlichsten Stellen und in unterschiedlichsten Stärken auftauchen. Wir schauen also zuerst, wie wir das Gefühl der Unsicherheit positiv nutzen können.«

»Geht das denn?«

»Ja, natürlich«, nickte Herr Radies. »Zuerst aber: Wo kommt die Unsicherheit her?«

»Im konkreten Fall?«, überlegte ich. »Dass ich nicht weiß, ob die neue Strategie greift.«

»Was passiert, wenn sie nicht greift?«

»Dann bin ich irgendwann pleite.«

»Das heißt, wenn jetzt die gute Fee käme und Ihnen versichern würde, dass Sie keinesfalls pleitegehen, hätten Sie dann auch Finanzpläne* gemacht?«

»Vermutlich ja«, überlegte ich. »Ich will ja nicht nur nicht pleitegehen, sondern auch Erfolg haben.«

»In Ordnung. Angenommen, die gute Fee macht Überstunden und garantiert Ihnen zusätzlich auch den Erfolg. Hätten Sie dann Finanzpläne gemacht?«

»Nein, natürlich nicht«, erwiderte ich, überrascht von mir selbst. »Dann hätte ich ja die gewünschte Sicherheit.

Vielleicht«, grinste ich, »hätte ich noch eine Zahl mit dem gewünschten Ergebnis aufs Papier geschrieben, damit die gute Fee weiß, was sie zu tun hat. Aber mehr hätte ich sicher nicht gemacht.«

»Kluge Idee«, nickte Herr Radies ernsthaft. »Aber leider muss ich

---

* Es geht hier nicht um Finanzpläne, die das Ziel haben, Kapital für Investitionen zu bekommen. Die sind erforderlich, weil sich die Investoren damit sicherer fühlen ;-) Es geht auch nicht um Finanzpläne, die Sie erstellen, um herauszufinden, wann Sie genug haben (z.B. bei welchem Betrag Ihre persönliche finanzielle Freiheit liegt). Und es geht nicht um Pläne, die Sie in Ihrer Disziplin unterstützen – auch diese sind hilfreich. Es geht nur um Finanzpläne, die mit dem Ziel erstellt werden, eine größere Sicherheit zu erlangen. Denn dazu taugen sie nicht!

Sie enttäuschen. Eine so perfekte gute Fee gibt es nicht. Es gibt nur ein paar Feen, die Sie ein bisschen unterstützen.

Zuerst einmal: Ein Finanzplan ist keine solche Fee. Wenn Sie Zahlen aufs Papier schreiben, hat sich weder an der Wahrscheinlichkeit, pleitezugehen, noch an Ihrer Erfolgswahrscheinlichkeit etwas geändert.

Eher trifft sogar das Gegenteil zu. Menschen mit einem genauen Plan sehen nach einiger Zeit, ob sie diesen erfüllen können oder nicht. Bis dahin macht es keinen Unterschied, dann aber schon. Kommen sie mit ihrem Plan ins Hintertreffen, verwenden viele Menschen ihre Energie darauf, Ausreden oder Gründe dafür zu finden. Sind sie hingegen besser als der Plan, lehnen sich die meisten zurück. Beides verändert die Erfolgswahrscheinlichkeit eher negativ.«

»Das sehe ich schon. Aber was ist die Alternative?«

»Jetzt kommen wir zum spannenden Punkt! Wie viel Geld müssten Sie auf dem Unternehmenskonto haben, um sich sicher zu fühlen, nicht pleitezugehen? Wir messen das allerdings nicht in Euro, sondern in Monaten. Also: Wenn Sie von heute auf morgen keine Umsätze mehr machen würden, wie lange müsste das Geld reichen, damit Sie sich sicher fühlen?«

»Sie meinen, diese Zeitspanne müsste reichen, um mich neu zu orientieren und neue Kunden zu gewinnen?«

»Exakt.«

»Vielleicht neun Monate«, überlegte ich. »Bei monatlichen Fixkosten von knapp 30000 Euro wären das rund 250000 Euro.«

»Das heißt, wenn Sie eine viertel Million frei verfügbarer Mittel hätten, dann würden Sie sich sicher fühlen?«

Ich spürte in mich hinein. Dann antwortete ich: »Ja, auf jeden Fall! Merkwürdig, wie eine solcherart berechnete einfache Zahl Klarheit bringt. Nur, ich habe keine viertel Million. Da fehlen noch gut 150000 Euro.«

»Dafür stellen wir eine einfache Regel auf: Jedes zukünftige Angebot machen Sie ein paar Prozent teurer. Diese paar Prozent fließen in die Rücklagen, bis Sie Ihre Viertelmillion zusammen haben.«

»Aber das ist doch auch ein Plan?«, fragte ich verwirrt.

»Nein«, schüttelte Herr Radies den Kopf. »Das ist eine Regel! Wir beschreiben lediglich, was wir angesichts bestimmter Ereignisse, nämlich neuer Aufträge, tun. Wir beschreiben nicht, wann Sie welche Umsätze machen, denn das wäre Fiktion. Und wir beschreiben auch nicht, bis wann Sie die viertel Million haben werden. Das ist wie beim Fangen des Balls. Wir haben zwar den Ball bestimmt und die Regel, wie wir diesem Ball näherkommen wollen. Aber wir haben nicht den Ort und Zeitpunkt festgelegt, an dem wir ihn fangen.

Ich möchte Ihnen dazu eine Geschichte erzählen. In meinen Coachings dachte ich früher auch, man würde klare Pläne benötigen. Diese Coachings sind sehr genau vorbereitet und so weiß ich, dass weniger als zehn Prozent aller Unternehmer solche klaren Pläne haben und nutzen – einmal abgesehen von der Pflichtübung, wenn man mit Banken und anderen Geldgebern zu tun hat. Jetzt hätten die Unternehmer mit den Plänen nach der gängigen Theorie die erfolgreicheren sein müssen. Nach einigen hundert Coachings stellte ich jedoch fest, dass dem nicht so war.

Eher im Gegenteil: Die meisten der erfolgreichsten Unternehmer, mit denen ich zu tun hatte, hatten keinen Finanzplan.«

»Das ist jetzt aber ziemlich überraschend«, warf ich verblüfft ein.

»Das fand ich auch. Und so wollte ich wissen, was das Geheimnis dieser Unternehmer war. In einem Buch von Theo Lieven, dem Gründer von Vobis, fand ich einen ersten Hinweis, als er über Ziele lästerte – er hätte bei Vobis nie welche gehabt. Er hielt sich nur an eine Regel: Mehr einzunehmen als auszugeben.

Schaut man mit diesem Blick genauer hin, so erkennt man zum Beispiel in Tagebüchern von Unternehmern, dass vielfach die Ziele erst nachträglich in die Welt getragen oder völlig verwaschene Ursprungsideen nachträglich so umformuliert wurden, dass sie zu dem Erreichten passten.«

»Spricht das nicht auch gegen eine langfristige Vision?«, fragte ich nach.

»Nein, eigentlich nicht«, erwiderte Herr Radies. »Bei der langfristigen Vision geht es um die Sinngebung. Es geht um die Frage, welche Bedeutung Ihr Unternehmen für die Welt hat. Es geht nicht um die Frage, welche Umsätze Sie nächstes Jahr im Dezember machen werden. Und das Motiv hinter einer Vision ist auch nicht das eigene Sicherheitsgefühl.

Ich spreche auch nicht generell gegen Finanzpläne. Man muss die Unternehmensentwicklung mit einem Projekt vergleichen. Und Projekte unterscheiden sich in der Stabilität der Rahmenbedingungen. Wenn ich eine Brücke bauen will, dann kann ich davon ausgehen, dass der Fluss auch morgen noch an derselben Stelle sein wird. Da kann ich langfristig planen. Im Wirtschaftsumfeld kann ich das eher selten.

Zudem ist der Grad der nachträglichen Änderbarkeit entscheidend. Wenn ich einen Satelliten zum Jupiter schießen will, dann muss ich vorher alles planen, weil ich, abgesehen von Software-Updates, nicht mehr eingreifen kann, wenn das Ding erst unterwegs ist. Auch das ist im Unternehmensumfeld meist* anders.«

»Gut, verstehe ich«, nickte ich, »aber wie komme ich jetzt zum Gefühl der Sicherheit ohne Pläne?«

»Die Idee ist folgende: Ich kann Sicherheit erreichen, indem die Umwelt stabil gehalten wird. Oder durch das Bewusstsein, auf Umweltänderungen angemessen reagieren zu können. Pläne bieten die Illusion, dass die Umwelt gleichbleibt. Das tut sie aber nicht. Letztlich gewinnen Sie nur Sicherheit aus der Fähigkeit, angemessen auf Änderungen reagieren zu können. Ich möchte Ihnen hier ein Beispiel aus dem Management von Softwareprojekten geben. Die Gemeinsamkeit von langfristigen Plänen bei Softwareprojekten und bei Unternehmen

---

* Je stärker ich mein Kapital in langfristigen Investitionen binde, die ich kaum mehr verkaufen kann, desto langfristiger muss ich natürlich planen. Da heutzutage die meisten Unternehmen jedoch im Dienstleistungsbereich ohne große und langfristige Kapitalbindung tätig sind, wird dieser Zwang immer geringer.

liegt darin, dass sie fast nie funktionieren. Früher – und auch in vielen Bereichen noch heute – wurden Softwareprojekte mit aufwändigen Planungsverfahren vorbereitet. Man versuchte bis ins letzte Detail zu erfassen, was die Anforderungen ans System sind, und dies in umfangreichen Lasten- und Pflichtenheften zu definieren.

In manchen Fällen war das Planungsverfahren aufwändiger als die eigentliche Software-Entwicklung. Die Vorteile liegen auf der Hand: Man erlebt kurz vor dem Projektabschluss seltener böse Überraschungen. Die Nachteile hingegen sind: Das System ist unflexibel und setzt bei allen Beteiligten voraus, sich auf eine extrem abstrakte, detailorientierte Weise mit der Zukunft auseinandersetzen zu können. Zudem ändern sich – durch Gesetze, neue Erkenntnisse, Arbeitsmethoden und Kundenwünsche – pro Monat zwischen 1,5 und 4 Prozent der Anforderungen. Bei einem Projekt, das über etwa ein Jahr geht, heißt das, dass 20 bis 50 Prozent der Planung für den Mülleimer waren! Das ist durchaus vergleichbar mit der Situation eines Unternehmens im Markt.

Vor diesem Hintergrund wurden in den 1990er-Jahren und Anfang dieses Jahrtausends im Softwarebereich neue »leichtgewichtige« Planungsverfahren entwickelt. Ein bekannter Vertreter davon ist das »Extreme Programming«. Dieses zeichnet sich durch eine Vielzahl superkurzer Planungszyklen (zwei bis vier Wochen) und einige grundlegende Regeln aus. Mit anderen Worten: Es wird im Vorfeld *kein* detaillierter Plan gemacht, was die Software irgendwann können muss. Was sind das nun für Regeln?

Erstens: Es wird nur geplant und entwickelt, was sich in zwei bis vier Wochen umsetzen lässt. Dies reduziert die Änderungen der Anforderungen auf ein Minimum und spielt nebenbei die Stärken der Planung, die in kleinen, übersichtlichen, abgeschlossenen Einheiten liegen, voll aus.

Zweitens: Am Ende eines jeden Entwicklertages muss ein lauffähiges System stehen. Dies wird mit entsprechenden Testroutinen sichergestellt.

Drittens: Der Kunde nimmt mindestens an den zwei- bis vierwöchigen Iterationsplanungen teil. Im Idealfall sitzt ein Vertreter des Kunden mit den Entwicklern in einem Raum und kann permanent Einfluss nehmen.

Viertens: Jeder kann jederzeit alles ändern. Dabei gilt jedoch das Vier-Augen-Prinzip.

Fünftens: Das Design wird so einfach wie möglich gehalten. Um dies sicherzustellen und krebsartige Wucherungen zu vermeiden, wird ein permanenter Redesign-Prozess vorgenommen.

Sechstens: Es wird nirgends schlechte Qualität akzeptiert.

Siebtens: Best Practices bzw. Erfolgsstorys werden systematisch erfasst und allen zur Verfügung gestellt.

Achtens: Es erfolgt intensive und offene Kommunikation. Diese wird jedoch auf das Wesentliche begrenzt, indem Meetings z. B. nur im Stehen durchgeführt werden.

Das heißt, und das ist das Interessante daran, dass die Programmierung zwar ohne einen langfristigen Plan, dafür jedoch mit klaren Regeln, die äußerst diszipliniert eingehalten werden müssen, auskommt.

Im betrieblichen Umfeld geht der kontinuierliche Verbesserungsprozess ebenfalls in diese Richtung. Dieser bleibt jedoch meist auf ein Vorschlagswesen begrenzt und arbeitet ohne in solchem Grade feste Regeln.

Eine Rücküberprüfung bei einigen erfolgreichen Unternehmern, die ohne Ziele arbeiten, ergab, dass diese genau mit solchen festen Regeln arbeiten – und sich darin von der erfolglosen Planlosigkeit unterscheiden. Diese **Regeln*** lassen sich ansatzweise – und an vielen Fällen verblüffend analog zum Extreme Programming – folgendermaßen auf den Punkt bringen:

Erstens ist diesen Unternehmern völlig bewusst, welche Zielgruppe sie haben. Mit dieser Zielgruppe befindet sich der größte Teil ihres

---

* Eine Abwandlung dieser Idee findet sich auch im Buch von Fried und Hansson: *Rework*.

Unternehmens in intensivstem Kontakt und Austausch. Jede kleinste Änderung wird zuvor mit Kunden besprochen oder gar an einer kleinen Pilotgruppe getestet. Das aktuelle (möglichst dringende) Kundenbedürfnis ist das alleinige (!) Entscheidungskriterium, ob etwas gemacht wird oder nicht.

Zweitens haben diese Unternehmer ein klar strukturiertes Betriebshandbuch, das extrem zeitnah und häufig (auch von den Mitarbeitern) geändert wird. Und weil es auch von den Mitarbeitern geändert wird, wird es auch von diesen gelebt. D. h. zu jedem beliebigen Zeitpunkt ist allen Mitarbeitern bekannt, wie im Unternehmen gearbeitet wird. Wenn neue Mitarbeiter im Unternehmen beginnen, haben diese eine aktuelle Dokumentation.

Drittens: Alles Überflüssige und Ineffektive wird häufig und regelmäßig entfernt. Das Ziel ist, die Firma immer so schlank und damit auch so kostengünstig wie möglich zu halten.

Viertens haben diese Unternehmen immer einen extrem hohen Qualitätsanspruch. Es gilt das Prinzip: ›Wenn einer besser ist als wir, dann sind wir es selbst!‹

Fünftens haben solche Unternehmen eine – oft nicht geplante – ausgeprägte Kultur, die durch eine Vielzahl von Erfolgsgeschichten geprägt ist, die sich die Mitarbeiter immer wieder erzählen. Dadurch wird nicht nur eine positive Identität und Einstellung geschaffen, sondern es wird auch Erfahrungswissen transportiert, das sich nur schlecht oder gar nicht in Betriebshandbüchern systematisieren lässt.

Sechstens geben diese Unternehmen – abgesehen von einigen grundlegenden Investitionen – vom ersten Tag an weniger aus, als sie einnehmen. Sie haben zwar keine absolute Kontrolle über die Einnahmen, aber Sie haben sie über die Ausgaben. So schaffen diese Unternehmen ab dem ersten Tag ihrer Existenz ausreichend finanzielle Reserven und erhalten sich damit in jeder Situation ihre Handlungsfähigkeit.

Siebtens legen diese Unternehmen ein extrem großes Augenmerk auf die permanente Weiterentwicklung und Ausbildung aller Beteiligten, um sich veränderten Bedingungen schneller und besser anpassen zu können.

Zudem lässt sich beobachten, dass in solchen Unternehmen weniger (!) kommuniziert wird als in anderen Unternehmen. Diese Kommunikation findet jedoch auf einem völlig anderen Niveau statt. Zeit- und energiefressende Rückfragen, Schuldzuweisungen und Bestandsschutzdebatten gibt es praktisch überhaupt nicht.«

Ich dachte einige Zeit über das Gesagte nach: »Ich glaube, ich verstehe langsam. Unternehmer, die nach diesen Regeln handeln, sehen in diesen Regeln eine Methode, um ihre Unsicherheit zu verringern.

Wenn ich jetzt an den ersten Tag nach unserem letzten Treffen zurückdenke, hätte es mit den sieben von Ihnen genannten Regeln sieben Methoden gegeben, meine Unsicherheit zu reduzieren. Ich hätte zum Beispiel mit der siebten Methode meine Strategiekompetenz weiterentwickeln können. Oder nach der dritten Methode Überflüssiges entfernen können. Oder ich hätte nach der ersten Methode noch mehr oder noch engeren Kontakt zu meinen Kunden suchen können.

All diese Methoden bieten mir faktische Sicherheit, während mir meine Pläne nur eine Illusion vorspiegelten. Aber«, überlegte ich weiter, »das ist zwar einleuchtend, aber denke ich an diese Methoden, wenn ich Unsicherheit verspüre?«

»Nein, im Augenblick natürlich noch nicht«, schüttelte Herr Radies lächelnd den Kopf. »Andererseits kamen Sie ja auch nicht von allein auf die Idee, einen Finanzplan zu erstellen. Dago brachte Sie auf die Idee und Sie setzten diese dann um. Ich schätze, im konkreten Fall hilft, wenn Sie einfach dafür sorgen, dass Ihnen diese sieben Regeln immer wieder vor Augen stehen. Malen Sie ein Plakat mit der Überschrift ›Wie wir Sicherheit gewinnen‹, und schreiben Sie darunter die sieben Regeln. Gegenüber Ihrem Schreibtisch aufgehängt, sollte das im Zweifelsfall reichen, um auf den richtigen Gedanken zu kommen, wenn Sie Unsicherheit verspüren.

Das ist nebenbei die erste wichtige Möglichkeit, mit negativen Abweichungen in Ihrer Strategieentwicklung umzugehen. Identifizieren

Sie Ort und Zeitpunkt, wo Sie abweichen, und bringen Sie dort eine Erinnerung an, anders zu handeln. Ich hatte eine extrem kreative Grafikerin als Kundin. Sobald ein Kunde eine neue Anforderung an sie herantrug, ging sie sofort darauf ein, weil sie das so spannend fand. Sie skizzierte dann immer die neuen Ideen auf ihrem Block. Das ist leider nicht sehr förderlich für eine klare Strategie. Also entwarfen wir einen neuen Block, auf dem ein Kästchen zum Ankreuzen war: ›Entspricht meiner Strategie‹. Dieses simple Kästchen brachte sie dazu, innezuhalten und die neuen Anforderungen abzulehnen, wenn sie nicht zur Strategie passten.«

»Das klingt wirklich einfach«, nickte ich und war innerlich sehr überzeugt, dass das auch funktionieren würde. Zumindest mittelfristig, wenn ich ein paarmal die Erfahrung gemacht hätte, dass diese Maßnahmen wirklich mein Sicherheitsgefühl erhöhen. Und davor brauchte es eben ab und zu die externe Erinnerung durch das Plakat.

»Ja, das mache ich«, nickte ich nochmals. »Ist das bei den anderen Abweichungen auch so einfach?«

6.4 Das Risiko vieler Zielgruppen

»Das schauen wir uns jetzt an. Ihr zweite zentrale Abweichung war, dass Sie Herrn Gerburg eine zweite Zielgruppe zugestanden haben und nach seiner Kündigung selbst weiter an Ihren bisherigen Kunden drangeblieben sind.«

»Aber war das nicht vernünftig, weil die neue Strategie noch nicht fertig ist?«, wandte ich ein.

»Hat Sie das weitergebracht?«

»Nein«, musste ich zugeben, »aber die Telefonate mit meiner kleinen neuen Zielgruppe haben mich auch nicht weitergebracht. Obwohl sie immerhin angenehmer waren.«

»Das mag so sein. Und es ist sicher richtig, bestehende Kundenbeziehungen zur alten Gruppe erst einmal aufrechtzuerhalten, solange die neue Gruppe noch keine Erträge bringt. Aber neben dem *Bestandskundengeschäft* ist die Frage doch folgende: Bei welcher der beiden Gruppen hätten Sie beim selben Aufwand den größeren Erfolg in der *Neukundengewinnung*?«

Ich dachte einen Moment nach. Dann schlug ich mir an den Kopf: »Natürlich bei der neuen Zielgruppe. Eigentlich hätte ich da auch selbst drauf kommen können.«

»Ich glaube, für dieses verbreitete Herangehen gibt es zwei wichtige Ursachen«, begann Herr Radies. »Zum einen erscheint uns nach Ergebnissen der Gehirnforschung die Angst vor einem Verlust etwa doppelt so groß wie die Aussicht auf einen möglichen Gewinn.

Üblicherweise wird die bisherige Kundengruppe als eine Art Besitz gesehen, die man dann verlieren würde. Obwohl die Neukunden aus dieser Gruppe ja gar kein Besitz sind.«

»Das stimmt«, überlegte ich, »aber das geschieht doch auch automatisch. Oder sollte ich ein Plakat aufhängen, auf dem oben ›Unser Besitz‹ steht? Und wo unten dann alle Bestandskunden aufgelistet sind? Dann würde deutlich werden, dass dort die Neukunden aus unserer alten, viel zu breiten Zielgruppe gar nicht dazugehören.«

»Das wäre eine Möglichkeit«, nickte Herr Radies. »In diesem Fall habe ich aber eine bessere. Wenn wir wissen, dass die Aussicht auf Gewinn emotional nur halb so stark wirkt wie die Angst vor einem Verlust, dann müssen wir doch nur dafür sorgen, dass Ihr erwarteter Gewinn mindestens doppelt so groß ist wie der mögliche Verlust!

Mit anderen Worten: Ihr möglicher Verlust wäre 2 Millionen Euro Umsatz. Ihr möglicher Gewinn müsste also über 4 Millionen Euro liegen. Zusätzlich zu den bestehenden 2 Millionen müssten Sie also Ihren Umsatz auf rund 6 Millionen erhöhen. Meine Frage an Sie ist: Glauben Sie, dass Sie mit Ihrer neuen strategischen Idee Ihren jetzigen Umsatz auf über 6 Millionen Euro erhöhen könnten?«

»Nein«, antwortete ich spontan.

»Dann müssen wir daran wohl noch arbeiten«, grinste Herr Radies.

»Der Punkt ist: Solange Sie das nicht glauben, ist die Wahrscheinlichkeit recht groß, dass Sie immer wieder automatisch zu Ihrer alten Zielgruppe zurückkehren werden. Warum meinen Sie, dass alle wirklich erfolgreichen Unternehmer große Träume hatten? Große Träume haben eine höhere Wahrscheinlichkeit, verwirklicht zu werden, als kleine Träume. Mit kleinen Träumen kommen Sie nicht über die Hürden des Bestehenden. Sie lassen nicht los.

Ich möchte das aber bis heute Nachmittag zurückstellen. Wir werden noch einmal darauf zurückkommen. Ich sprach von zwei Ursachen, die zur Beibehaltung der alten Zielgruppe führen können. Die eine ist das eben erwähnte Beharrungsvermögen. Die andere liegt an einer anderen Stelle. Wie fühlen Sie sich denn beim Gedanken an die Spezialisierung auf eine kleine Zielgruppe?«

»Schlecht«, erwiderte ich spontan. Und war von mir selbst überrascht. Ich war doch Herrn Radies durch die beiden vorangegangenen Workshoptage inhaltlich absolut gefolgt. Die kleine Zielgruppe und alles, was er dazu gesagt hatte, waren nachvollziehbar. Und trotzdem fühlte es sich schlecht an.

»Wie kommt das?«, fragte Herr Radies.

»Die Zielgruppe ist mir zu klein«, überlegte ich. »Das Risiko ist mir zu groß, mich auf eine solch winzige Gruppe zu konzentrieren! Die Bearbeitung von zwei Gruppen erscheint mir sicherer. Falls dann eine nicht funktioniert, habe ich immer noch die andere.«

»Ah«, lächelte Herr Radies, »jetzt kommen wir der Sache näher! Wenn Sie Risiko sagen, dann sprechen Sie Ihre Angst vor der Spezialisierung an, richtig?«

Jetzt kam er schon wieder mit diesem Angst-Thema! Aber wie ich es auch drehte und wendete, Risiko hatte mit Angst zu tun. So nickte ich notgedrungen.

»Ich weiß, dass gerade Männer die Angst oft nicht einmal zur Kenntnis nehmen wollen«, fuhr Herr Radies fort. »Aber nur dann können wir etwas ändern. Wir hatten schon darüber gesprochen, dass nicht die Ereignisse unmittelbar Angst auslösen, sondern nur die Interpretation der Ereignisse. Angst entsteht nur, wenn Sie glauben, dass Spezialisierung mit einem hohen Risiko verbunden ist.«

»Ist sie ja auch«, beharrte ich.

»Nein«, lehnte Herr Radies ab. »Das ist auch wieder ein Glaubenssatz. Sie könnten auch den gegenteiligen Glaubenssatz haben: ›Spezialisierung ist mit hoher Sicherheit verbunden.‹ Wenn Sie diesen glauben würden, dann wäre Ihre Angst doch weg. Und vermutlich würden Sie sich ganz automatisch mit großer Zielsicherheit spezialisieren. Oder?«

»Ja, sicher!«, erwiderte ich sarkastisch. »Dann hätte ich keine Angst mehr vor der Spezialisierung. Die Sache hat nur einen Haken: Ich glaube den Satz nicht. Und ich fürchte, daran ändert sich auch nichts, wenn ich ein Plakat in mein Büro hänge: ›Spezialisierung ist mit hoher Sicherheit verbunden.‹ Glauben Sie diesen Satz etwa?«

Herr Radies nickte: »Ja, ich glaube diesen Satz!«

»Schon immer? Das kann ich mir nicht vorstellen! Das ist doch so was von anti-intuitiv«, erwiderte ich verblüfft.

»Anti-intuitiv nicht, nur gegen die herrschende Meinung. Aber natürlich haben Sie recht. Ich habe diesen Satz nicht immer geglaubt.«

»Und wie haben Sie das geändert?«, wollte ich nun wissen.

»Das ist kein großes Geheimnis. Angenommen Sie glauben, jemand sei Ihr Freund. Dann hören Sie von jemand anderem, dass Ihr Freund schlecht über Sie geredet hätte. Das gefällt Ihnen nicht. Ein paar Wochen später brauchen Sie Hilfe. Aber genau dieser Freund hat zufällig gerade keine Zeit. Da kommen Ihnen erste Zweifel an der Freundschaft. Noch ein paar Wochen später sehen Sie, wie er mit jemandem lachend im Café sitzt, den Sie auf den Tod nicht ausstehen können. Sie fragen sich ernsthaft, ob dieser Mensch noch Ihr Freund sein kann.

Dann kaufen Sie ihm ein gebrauchtes Auto ab und werden dabei auch noch übers Ohr gehauen. Spätestens dann glauben Sie nicht mehr, dass dieser jemand Ihr Freund ist. Und spätestens dann empfinden und verhalten Sie sich gegenüber diesem Ex-Freund automatisch völlig anders als vorher – und zwar ohne dass Sie sich in der jeweiligen Situation auch nur einen Gedanken machen müssten!

So ist es mit jedem Glaubenssatz. Er wird, wie schon mehrfach ausgeführt, nur durch ein paar wenige Erlebnisse gestützt, meist drei bis fünf Ereignisse. Und er kann durch drei bis fünf Erlebnisse erschüttert und ins Gegenteil verkehrt werden. Manchmal, wenn das neue Erlebnis hochgradig emotional ist, reicht schon ein einziges Erlebnis aus, um den Glaubenssatz in sein Gegenteil zu verkehren. Manchmal reicht es sogar, wenn Sie nur von Ereignissen hören. Sie waren ja im eben genannten Beispiel nicht einmal dabei, als Ihr Freund schlecht über Sie geredet hat. Entscheidend ist allein, dass Sie emotional involviert sind.«

»Klingt einleuchtend. Aber ich habe keine Beweise für den Satz ›Spezialisierung ist mit hoher Sicherheit verbunden‹«, warf ich ein.

»Falsch!«, widersprach Herr Radies vehement. »Sie haben bislang keine Gegenbeweise für Ihren bisherigen und Beweise für den neuen Glaubenssatz *gesucht*! Aber das scheint ein etwas hartnäckigerer Glaubenssatz zu sein als der vorherige. Deswegen widmen wir uns diesem intensiver.

Um solche **Glaubenssätze** zu **ändern**, können Sie mit den nachfolgenden Fragen arbeiten. Dabei spielen konkrete, emotionale Geschichten die Hauptrolle. Mit Abstraktionen klappt es nicht.

1) **Wie kommen Sie zu diesem Glaubenssatz?**
2) **Sind für diese Ereignisse auch andere Erklärungen denkbar?**
3) **Was für negative Konsequenzen hätte es, wenn Sie diesen Glaubenssatz beibehalten würden?**
4) **Welche Erlebnisse widersprechen diesem Glaubenssatz?**
5) **Wie lautet ein produktiverer Glaubenssatz?**
6) **Welche vier Beweise stützen diesen Glaubenssatz?«**

»Das überzeugt mich zwar nicht ganz«, erwiderte ich, »aber probieren wir das mal für meinen Glaubenssatz mit der Spezialisierung aus. **Schritt eins**: Wie ich dazu komme? Das ist gar nicht so einfach. Es erscheint mir als logische Überlegung: Wenn ich mich nur auf einen Teil konzentriere, dann bin ich von diesem Teil viel abhängiger. Und damit steigt mein Risiko.«

»Ist mir zu abstrakt«, unterbrach Herr Radies. »Ich suche konkrete Geschichten. Haben Sie sich mal auf nur eine Sache konzentriert und das ist schiefgegangen?«

Ich dachte nach: »Mein Club in Berlin zum Beispiel. Ich hatte mich zu 110 Prozent darauf konzentriert. Es gab nichts anderes in meinem Leben als meinen Club. Oder als ich vor zehn Jahren meine paar tausend Euro in Pixelpark, eine Aktie des Neuen Markts, investiert und dann fast alles verloren habe. Meinen Sie solche Beispiele?«

»Klingt schon besser. Es sind jedenfalls emotionale Erlebnisse, die bei Ihrer unbewussten Mikroentscheidung für zwei Zielgruppen eine hohe Wahrscheinlichkeit haben, als Referenz herangezogen zu werden. Vielleicht sind das noch nicht alle Erfahrungen. Aber schreiben wir diese einmal auf. Andere finden wir eventuell später im Prozess.

Nun zum **zweiten Schritt**: Gibt es für diese Ereignisse auch andere Erklärungen? Könnte etwas anderes als die Spezialisierung die Ursache für das hohe Risiko sein?«

»Ja«, nickte ich nachdenklich. »Bei meinem Club war sicher meine jugendliche Ahnungslosigkeit und geschäftliche Unerfahrenheit die Ursache. Ich hatte ja überhaupt keinen Plan.

Aber bei Pixelpark? Da habe ich wirklich nicht diversifiziert.«

Herr Radies schüttelte den Kopf: »Der weltweit erfolgreichste Investor Warren Buffett hält überhaupt nichts von Diversifizierung. Er fragt: ›Warum sollte ich mir denn auch schlechte Aktien in mein Depot legen, wenn eine gute reicht?‹ Der Unterschied ist freilich, dass Warren Buffett meist nur solche Aktien kauft, bei denen er die Unternehmensstrategie nicht nur überschauen und verstehen, sondern auch kontrollieren kann.«

»Mit anderen Worten: Ich hatte mir einfach die falsche Aktie ausgesucht?«, fragte ich zweifelnd.

»Haben Sie etwa durchschaut, was die machen? Und deren Strategie und Zahlen verstanden?«

»Nein, nicht wirklich. Die waren cool und wurden mir empfohlen. Aber wenn ich ehrlich bin, war es genau so: Ich verstand weder den Markt noch die Firma.

Aber wenn ich jetzt in mich hineinfühle, hat sich immer noch nicht wirklich etwas geändert. Gut, ich sehe jetzt, dass die Spezialisierung selbst meist gar nicht das Problem ist. Es ist die mangelnde Beschäftigung, die falsche Methode und, wenn ich Warren Buffets Einflussnahme hinzuziehe, auch die fehlende Kontrollmöglichkeit. Aber das ist ein eher rationales Verständnis der Vorgänge. Ich glaube nicht, dass diese Erkenntnis etwas bei mir ändern würde.«

»Selbstverständlich nicht«, bestätigte Herr Radies. »Bislang geht es auch eher darum, Ihren festen Glauben, dass Spezialisierung ein höheres Risiko bedeutet, aufzubrechen.

Kommen wir zur **dritten Frage**: Welche Konsequenzen hätte es, wenn Sie den alten Glaubenssatz beibehalten würden?«

»Das ist einfach: Ich würde immer wieder von der Spezialisierung und der richtigen Strategie abkommen. Und damit würde ich meinen Erfolg verspielen und mir eine Menge weiterer Probleme einhandeln.«

»Also wäre es besser, einen anderen Glaubenssatz zu haben«, fasste Herr Radies zusammen. »Dann kommen wir zur **vierten Frage**: Welche Erlebnisse widersprechen dem Glaubenssatz?«

Kaum hatte er diese Frage gestellt, wurde mein Kopf von einer Vielzahl von Geschichten überflutet, von der ich selbst überrascht war.

»Wenn ich mich beim Flirten voll und ganz auf das Gegenüber konzentriere, sind meine Chancen viel größer, als wenn ich nebenbei anderen Frauen hinterherschaue.

Wenn ich mich in der Schule zu 100 Prozent auf eine Arbeit vorbereitet hatte, waren meine Ergebnisse viel besser.

Wenn ich beim Eishockey-Spiel voll und ganz auf den Puck konzentriert war, war ich viel besser, als wenn ich auch nach dem Publikum schaute.«

»Stopp, stopp«, unterbrach Herr Radies lachend. »Da scheint Ihnen zwar eine Menge einzufallen, aber wir haben es wieder mit der alten Krankheit zu tun: Das sind Abstraktionen, die Sie mir da erzählen. Kein emotionaler Gehalt! Abstraktionen werden nicht als Referenz bei automatischen Handlungen herangezogen, sondern Emotionen.

Ich will den einen erfolgreichen Flirt, die eine Klassenarbeit in der Schule, bei der Sie alles gegeben haben. Ich will den einen Torschuss, bei dem Sie zu 100 Prozent konzentriert waren!«

Kaum versetzte ich mich in die wirkliche und konkrete Situation, begann ich eine emotionale Änderung zu spüren. Es schien mir fast so, als ob alle meine Erfolge gerade durch die Fokussierung eingetreten waren. Ja, dass mir die Fokussierung eine viel größere Einflussnahme überhaupt erst erlaubte. Durch die Fokussierung hatte ich die Dinge unter Kontrolle. Die Welt erschien einfacher. Es fühlte sich gut an.

Aber die Gefahren der Fokussierung aus meinen ersten Geschichten, die den alten Glaubenssatz stützten, waren noch immer präsent. Als ich dies Herrn Radies sagte, erwiderte er: »Angenommen, Sie ändern nun in einem **fünften Schritt** den neuen Glaubenssatz ab in: ›Spezialisierung ist mit hoher Sicherheit verbunden, wenn ich die richtige Methode verwende und sowohl Einfluss als auch Kontrolle schaffe und behalte.‹ Wie fühlt sich das nun für Sie an?«

»Etwas verklausuliert«, entgegnete ich. »Aber inhaltlich könnte ich jetzt voll unterschreiben«, ergänzte ich verblüfft. »Dennoch handle ich doch jetzt nicht automatisch anders? Das käme mir ziemlich merkwürdig vor.«

»Ja, stimmt«, bestätigte Herr Radies. »Sie brauchen noch, das ist der **sechste Schritt**, umfassendere Beweise oder Geschichten, die den neuen Glaubenssatz stützen. Einige haben Sie ja schon erzählt. Sammeln Sie solche Geschichten bei sich oder bei anderen, indem Sie sich täglich einen solchen neuen Glaubenssatz vornehmen und sich selbst dazu jeden Tag zwei oder drei konkrete, emotionale Geschichten erzählen.

Eigene Geschichten sind meist besser und emotionaler als fremde. Fremde können Sie aber natürlich auch nehmen. Zum Beispiel die Fabel vom Hund, der mit einem Stück Fleisch im Maul einen Fluss überquert, von Äsop. Er sieht sein Spiegelbild und das des Fleischs. Da er nicht begreift, dass es sich bei dem vermeintlichen zweiten Stück Fleisch um ein Spiegelbild handelt, schnappt er gierig danach und das erste, reale, geht unter. Er hat nur noch Wasser im Maul! Aber diese Geschichten sind nicht so emotional wie die eigenen. Deswegen bräuchten Sie einfach mehr davon. Allerdings können Sie solche Geschichten durchaus als Raster nehmen, um eigene vergleichbare Geschichten zu suchen.

Wiederholen Sie die Geschichten durchaus auch einmal – wir lernen durch Wiederholungen und durch Emotion. Erzählen Sie diese Geschichten auch anderen, um sie zu stärken. Damit *verankern* Sie die Geschichten und Emotionen. Und über einen Zeitraum von vier, sechs oder acht Wochen handeln Sie dann tatsächlich anders.«

Im ersten Moment war ich etwas enttäuscht, dass wir den Glaubenssatz nicht wirksam bis zum Ende geändert hatten. Aber als ich mir dann vergegenwärtigte, dass ich vor zehn Minuten noch steif und fest behauptet hatte, dass eine Spezialisierung das Risiko erhöhen würde, war ich verblüfft über das Erreichte. Und beschloss, diese Übung* jeden Morgen auszuführen.

* * *

* Die Wirksamkeit solcher Übungen wird regelmäßig unterschätzt. Das liegt zumeist daran, dass viele Menschen Vergleichbares selbst schon einmal ein paar Tage lang ausprobiert haben. Und nachdem es nach ein paar Tagen noch keine Wirkung zeigte, haben sie damit aufgehört und rechtfertigen dies dann damit, dass sie die Methode an sich anzweifeln.

»Hat das denn etwas gebracht?«, fragte Sofia skeptisch.

»Die erste Woche überhaupt nicht«, antwortete ich. »Ehrlich gesagt habe ich auch nicht wirklich daran geglaubt. Ich habe es nur getan, weil ich mich Herrn Radies gegenüber dazu verpflichtet hatte.

Aber dann ist etwas Eigentümliches passiert. Etwa zehn Tage nach dem Treffen mit Herrn Radies, also vor drei Wochen, wollte einer unserer alten Bestandskunden, mit dem wir immer ganz gut klargekommen waren, dass wir auch die Organisation seiner Seminare übernehmen sollten. Früher hätte ich mich da riesig gefreut. Es wäre ja ein völlig neues Standbein gewesen. Aber da kam mir plötzlich das Bild eines Jongleurs in den Sinn, der immer mehr Bälle jonglieren sollte.«

»Wieso denn ein Jongleur?«

»In meiner Zeit in Berlin habe ich ein bisschen jonglieren gelernt. Mit drei Bällen ging das irgendwann einigermaßen, aber mit fünfen fielen sie mir dauernd runter. Ich nahm das als Geschichte, dass die Konzentration auf Weniges zum Erfolg führt, und hatte mir dieses Bild vom Jonglieren in Berlin schon mehrfach in Erinnerung gerufen. In der Situation mit unserem Kunden kam das Bild einfach hoch. Warum genau, weiß ich auch nicht.«

»Und dann?«

»Habe ich mich bei der Vorstellung, noch einen Ball mehr in der Luft halten zu müssen, unwohl gefühlt und habe abgelehnt.«

»Echt?«, fragte Sofia ungläubig. »Du hast dich wirklich anders gefühlt? Das muss ich auch mal ausprobieren. Jetzt erahne ich langsam, wo deine Veränderung herkommt.«

Ich nickte langsam: »Rückblickend muss ich auch sagen, dass sich in den letzten vier Wochen meine Emotionen drastisch verändert haben. In einer Form, wie ich es anfangs nicht für möglich gehalten hätte.«

Völlig fasziniert fragte sie mich: »Und was ist dann passiert?«

Wieder tauchte ich ein in die Vergangenheit.

6.5 Liebe

Ich bat Herrn Radies, den nächsten Punkt anzugehen, das Lästern über meine bisherigen Kunden. Allerdings war mir die Abweichung an dieser Stelle auch noch nicht so ganz klar.

Deshalb fragte ich: »Herr Radies, Sie sagten, ich solle meine Neukunden lieben, aber ich habe doch nur über meine Altkunden gelästert.«

Herr Radies schüttelte den Kopf: »Ich sagte, Sie sollten Ihre Kunden lieben. Bestenfalls machen wenigstens Sie selbst einen Unterschied zwischen Alt- und Neukunden. Aber Ihre Mitarbeiter machen diesen Unterschied sehr wahrscheinlich schon nicht mehr. Und Ihre Kunden machen diesen Unterschied ganz sicher nicht.

Wenn Sie mir gegenüber über Ihre Kunden lästern, dann tun Sie es sehr wahrscheinlich auch anderen gegenüber. Und dann strahlen Sie gegenüber Ihren Mitarbeitern aus, dass Sie Ihre Kunden für Idioten halten. Ihre Mitarbeiter übernehmen diese Haltung. Das hat letztlich wieder mit den bereits am ersten Tag erwähnten Spiegelneuronen zu tun. Im Ergebnis strahlen sowohl Sie als auch Ihre Mitarbeiter aus, dass Sie Ihre Kunden für Idioten halten. Und Ihre Kunden spüren das. Meinen Sie, das ist hilfreich?«

»Nein, sicher nicht«, erwiderte ich zerknirscht. »Aber was soll ich dann mit meinen Altkunden machen?«

»Sie haben nur zwei Möglichkeiten: Entweder Sie lieben sie oder Sie trennen sich von ihnen.«

»Ich kann darauf verzichten, weitere Kunden aus meiner alten Zielgruppe zu gewinnen. Das hatten wir ja eben besprochen. Aber von meinen Bestandskunden kann ich mich nicht auch noch trennen.

Bleibt nach Ihrer Definition nur, sie zu lieben. Aber wie liebt man, wenn man nicht liebt?«

»Sehr gute Frage«, lächelte Herr Radies. »Zumindest zum jetzigen Zeitpunkt des Prozesses. Zuerst mussten wir fragen, wen wir sowieso schon lieben. Das gab uns einen einfachen und langfristig wirkungsvollen Ansatzpunkt. Nun stellt sich die Frage, wie wir stärker lieben können. Das intensiviert diesen Ansatzpunkt. Ich möchte Ihnen eine Geschichte von Stephen Covey* erzählen:

Zwei Männer unterhalten sich über ihre Ehen.

›Ich mache mir wirklich Sorgen. Meine Frau und ich haben einfach nicht mehr die gleichen Gefühle füreinander wie früher. Ich glaube, ich liebe sie einfach nicht mehr, und sie mich auch nicht.‹

›Das Gefühl ist nicht mehr da?‹

›Richtig! Und wir haben drei Kinder, um die wir uns sorgen. Kannst du mir einen Rat geben?‹

›Liebe sie!‹

›Aber ich sagte doch, das Gefühl ist einfach nicht mehr da!‹

›Liebe sie!‹

›Du verstehst nicht. Das Gefühl der Liebe ist einfach nicht mehr da.‹

›Dann liebe sie! Wenn das Gefühl nicht mehr da ist, dann ist das ein guter Grund, sie zu lieben.‹

›Aber wie liebt man denn, wenn man nicht liebt?‹

›Lieben ist ein Verb, mein Freund. Liebe – das Gefühl – ist eine Frucht des Liebens, des Tuns. Also liebe sie. Diene ihr. Bringe Opfer. Höre ihr zu. Fühle mit ihr. Schätze sie. Bestätige sie. Bist du dazu bereit?‹«

Herr Radies wurde still. Und ich spürte in mich hinein. Die Geschichte hatte so viel zum Klingen gebracht. Meine letzte gescheiterte Beziehung tauchte aus meiner Erinnerung auf und ich wusste mit einem Mal, dass ich nichts, aber auch gar nichts zum Gelingen dieser Beziehung beigetragen hatte.

Schließlich nickte ich: »Ja, ich spüre die Tiefe dieser Idee. Und ich fühle, dass ich einiges in meinem Leben anders machen muss. Aber wie hilft mir dies bei meinen Kunden?«

»Wir machen eine kleine Übung«, erwiderte Wolfgang Radies ruhig. »Erinnern Sie sich an eine Zeit, als Sie bis über beide Ohren verliebt

---

* Zitiert nach Cay von Fournier

waren. Versetzen Sie sich ganz hinein. Und schreiben Sie dann auf, was Sie damals getan haben! Oder vielleicht auch, was Ihre Partnerin getan hat, um Sie zu lieben, wenn Ihnen das leichter fällt. Gehen Sie nacheinander mehrere solcher Zeiten durch.«

Mit diesen Worten reichte er mir ein großes Blatt Papier und verschwand aus dem Zimmer. Und ich war mit meinen Gedanken allein, blickte aus dem Fenster in die fast schon unwirkliche Schneelandschaft und ließ meine Gedanken zurückschweifen.

Später, ich weiß nicht, ob zehn Minuten oder zwei Stunden vergangen waren, öffnete sich die Türe und Herr Radies trat ein: »Und, Oliver, was hast du gefunden?«

Das Du verblüffte mich nur kurz. Fast schon schien es mir die logische Konsequenz dessen, was ich die vergangenen Minuten oder Stunden aufgeschrieben hatte. So erwiderte ich: »Das war mit das Spannendste, was ich in den letzten Jahren gemacht habe, Wolfgang. Zuerst habe ich einfache Dinge aufgeschrieben wie Komplimente zu machen, Kleinigkeiten zu schenken, mich zu öffnen und dadurch Vertrauen zu signalisieren. Auch gegenseitiges Necken und Spaß miteinander haben. Oder viel Zeit miteinander verbringen. Dann natürlich körperliche Dinge und Erotik. Darüber kam ich zu meinem Äußeren: Ich wollte attraktiv für meine Partnerin sein, ging sogar ins Fitness-Studio und achtete viel stärker auf meine Kleidung als sonst.

Dann kam ich bei den Dingen an, die mir wirklich wichtig zu sein scheinen: Mich wirklich für die Frau zu interessieren, ihr zuzuhören, aufmerksam zu sein, eher in den vielen Kleinigkeiten und nicht so sehr in der großen symbolischen Handlung einmal im Jahr. Sie zu ehren. Die Neugier und die wirkliche innere Beteiligung aufrechtzuerhalten. Ihre Entwicklung, ihre Träume und Bedürfnisse im Blick zu haben. Meine eigenen Gefühle mitzuteilen. Nicht am anderen herumzubiegen, sondern sie so zu nehmen, wie sie ist, und so toll zu finden, wie sie ist. Und zugleich das Beste in ihr sehen zu können, sie so zu sehen, wie sie sein könnte. Ich glaube, die wichtigste Grundlage ist die absolute Präsenz und Aufmerksamkeit. Einfach da zu sein.

Als ich dann die Perspektive wechselte und mich fragte, wann ich mich geliebt fühlte, sprang es mir mit einem Mal in die Augen. Ich fühlte mich geliebt, wenn mir mein Gegenüber das Gefühl gab, wichtig und bedeutsam zu sein. Da ist ein Zusammenhang zwischen meinem Grundbedürfnis und der Liebe. Und, ich glaube, du erwähntest es am ersten Tag, aber da habe ich es nicht verstanden, der Weg ist umgekehrt: Ich komme über die Liebe zur Bedeutsamkeit, aber nicht über die Bedeutsamkeit zur Liebe.

Als ich dann weitersuchte und noch tiefer ging, spürte ich mit einem Mal, dass dies alle Lebensbereiche betraf. Wenn ich mich an meine Band-Zeit zurückerinnere, waren die besten Auftritte die, bei denen wir absolut da waren. Wir als Band fühlten uns am besten und das Publikum tat es auch.«

Wolfgang hatte mir aufmerksam zugehört. Dann nickte er schließlich: »Halte dieses Gefühl fest! Versetz dich immer wieder hinein, indem du dich immer wieder an diese wertvollen Situationen erinnerst.«

»Warum machen wir das nicht sowieso immer?«, fragte ich erstaunt.

»Ich glaube, weil wir, um uns von früheren Partnerinnen zu lösen und den Trennungsschmerz zu überwinden, den dummen Trick anwenden, uns vor allem deren schlechte Seiten in Erinnerung zu rufen. Dann sind diese natürlich präsenter und wir können uns einfacher trennen.«

Nachdenklich nickte ich. Schließlich stellte ich die Frage, die in den letzten Minuten in mir aufgetaucht war: »Muss ich jetzt mein Grundmotiv ändern? Von Bedeutsamkeit zu Liebe?«

Wolfgang dachte einen Moment lang nach. Dann schüttelte er seinen Kopf: »Müssen? Nein, ich denke, solange dir der Zusammenhang präsent ist, nicht. Du kannst Bedeutsamkeit verkaufen und diese durch Liebe ganz wesentlich erzeugen. Und du kannst Bedeutsamkeit erlangen durch die Liebe deiner Kunden.

Ich denke, das ist auch das Wesentliche an dieser Übung. Sie diente dazu, dass du weißt und spürst, dass du selbst lieben kannst und Liebe etwas Aktives ist. Du kannst jetzt deine vielen Stichpunkte durchgehen und dir überlegen, was du davon auf deine Kunden übertragen möchtest. Was willst du tun, um deine Kunden zu lieben?«

Was willst du tun, um deine Kunden zu lieben?

»Also, Erotisches schon mal nicht«, begann ich lachend.

»Es war auch nicht die Frage, was du *nicht* tun willst«, grinste Wolfgang zurück.

»Schon klar«, schmunzelte ich weiter. »War auch nicht ganz ernst gemeint. Mehr Zeit mit meinen Kunden verbringen, ihnen aufmerksam zuhören, ihnen meine Gefühle zeigen. Meinst du solche Dinge?«

Wolfgang nickte.

»Das wird nicht immer gehen«, erwiderte ich.

»Das war auch *nicht* die Frage«, schüttelte Wolfgang grinsend den Kopf. »Das ist eine graduelle Angelegenheit. Genauso wie du einer unbekannten Frau nicht nach fünf Minuten von deinem etwas komplizierten Verhältnis zu deinem Vater und Julia erzählst, wirst du nicht jedem Kunden sofort um den Hals fallen und deine Liebe zum Ausdruck bringen. Aber manche Dinge kannst du vom ersten Moment an tun! Du kannst aufmerksam sein. Du kannst den anderen so nehmen, wie er ist. Du kannst präsent sein. Ich nehme mal an, all das machst du bei Marc völlig automatisch.«

Nachdenklich nickte ich: »Ja, ich glaube, du hast recht. Indem ich von vornherein an die alten Kunden mit der Einstellung herangehe, dass das sicher wieder ein Herr Bäumler sein wird, beginne ich unterschwellig schon an meinem Kunden herumzunörgeln. Und ich bin von vornherein unaufmerksam, weil ich bereits zu wissen glaube, wie der andere sein wird: So wie Herr Bäumler eben.

Und wie nutze ich dieses Wissen jetzt, um es wirklich zu verankern und nicht in drei oder vier Tagen wieder über den nächsten Kunden zu lästern?«

»Die wirkliche Verankerung kommt von innen. Das, was wir oft fühlen, wird zu einer Gewohnheit und die Gewohnheit formt unseren

Charakter. Die wichtigste Änderung funktioniert deshalb nicht nach dem Muster: Tue dies und jenes, dann bekommst du ein bestimmtes Ergebnis. Es gibt viele Business-Bücher, die Liebe als Methode verkaufen. Davon abgesehen, dass es eine Methode zur Gewinnmaximierung und damit schon an sich falsch ist, ist es keine Liebe, wenn es auf einer Schritt-für-Schritt-Anleitung basiert. Das spürt dein Gegenüber!

Ein Beispiel: Schenke jemandem ein Strauß Rosen. Dein Gegenüber spürt genau, ob das Geschenk wirklich aus Liebe oder aus Gewohnheit oder aus einer Art Pflichtgefühl oder Berechnung heraus gemacht wurde. Es gibt keine fertige Anleitung wie etwa: ›Schenke ich Rosen, dann freut sich mein Gegenüber‹ oder: ›Lächle ich den Kunden an, dann ist er glücklich‹. Der Kunde spürt, ob es echt gemeint ist oder nicht.«

»Wie dann?«

»Einfach, indem du dich oft in dieses Gefühl versetzt. Durch Erinnerungen, durch neue Erlebnisse. Schaff Gelegenheiten, in denen du deinen Kunden gegenüber aufmerksam und offen sein kannst. Wir hatten es ja schon: Geh mit ihnen essen, geh auf Konzerte. Es ist wie ein Muskel, der trainiert werden will, oder Nervenbahnen, die gestärkt werden, indem man sie gebraucht.«

»Und es reicht, sich einfach nur in dieses Gefühl zu versetzen?«

»Ja, das ist das Wesentliche! Du kannst natürlich immer, wenn du in diesem Zustand bist, darüber nachdenken, was du tun könntest, um deine Kunden noch mehr zu lieben. Dabei kannst du alle Kundenkontaktpunkte durchgehen und jede Kleinigkeit beachten. Gerade, indem du das tust, drückst du ja auch wieder deine Achtsamkeit und Wertschätzung gegenüber deinen Kunden aus.«

»Du meinst mit Kundenkontaktpunkten zum Beispiel den Erstkontakt, das Angebot, den Projektabschluss usw.?«

»Genau. Du kannst dir zum Beispiel bei der Angebotsabgabe überlegen, wie es wirkt, nur einen Packen mit zehn Seiten Papier zum Kunden zu schicken. Oder – je nachdem, wie der Kunde gestrickt ist, persönlich hinzugehen und alles mit ihm zu besprechen. Oder versuch ein Gummibärchen in Krötenform zu bekommen – und lege es dem Angebot mit der Notiz bei: ›Ich weiß, dass das jetzt eine Kröte ist, die Sie schlucken müssen. Dann soll sie wenigstens süß sein.‹«

»Kann man das denn machen?«, fragte ich etwas irritiert.

»Klar«, grinste Wolfgang. »Manche kommen sich veralbert vor. Das sind dann nicht deine Kunden. Manche sehen es als nette Geste und Aufmerksamkeit für ihre inneren emotionalen Kämpfe. Dann hast du gewonnen – die zehn Seiten liest ja sowieso fast keiner. Zumal sie, wenn sie die Kröte geschluckt haben, auch nicht mehr über Preise verhandeln.

Viele trauen sich solche Handlungen nicht. Und machen lieber gar nichts. Das erscheint sicherer. Und ist auch genauso sicher, wie in der Disco, wenn die anderen tanzen, am Rand zu stehen. Sicher – erfolglos.

Ich möchte dir noch eine Geschichte erzählen. Ein Experiment, das in den 1970er-Jahren in Kanada durchgeführt wurde. Über einen Fluss führte dort die höchste Fußgängerhängebrücke der Welt. Eine ziemlich wacklige Angelegenheit, für die man ein bisschen Mut brauchte und dafür mit einer Extraration Adrenalin belohnt wurde. Einige hundert Meter weiter war eine schöne feste Brücke für die Autos, über die aber auch Fußgänger gehen konnten.

Am Ende der Fußgängerhängebrücke wurde eine hübsche Studentin platziert, die unter den jungen Männern, die gerade über die Brücke gegangen waren, eine Umfrage machte. Nachdem sie für den Mann den Fragebogen ausgefüllt hatte, gab sie ihm immer eine Visitenkarte mit ihrer Telefonnummer und dem Hinweis, dass sie sich bei ihr melden könnten, um die Ergebnisse der Untersuchung zu bekommen.

Am nächsten Tag stellte sich dieselbe Studentin an die Autobrücke und wiederholte ihre Befragung. Der Witz war: Der Fragebogen war völlig belanglos. Das Einzige, was ausgewertet wurde, war die Anzahl der jungen Männer, die unter der genannten Nummer anriefen. Das war im Fall der Autobrücke etwa ein Achtel, bei der Hängebrücke war es etwa die Hälfte.

Nun ist es nicht so, dass über die Hängebrücke mehr Statistiker gelaufen wären, die ein natürliches Interesse an Fragebogenauswertungen mitbringen, sondern es war so, dass die Jungs, die anriefen, natürlich mit der hübschen Studentin plaudern wollten. Was dabei geschah, war Folgendes: Diejenigen, die über die Hängebrücke gelaufen waren, spürten eine innere Aufregung. Es ist einfach spannender, über Hängebrücken zu laufen. Für eine solche Aufregung sucht unser Gehirn eine Erklärung und findet in den seltensten Fällen die richtige. Im konkreten Fall fand das Gehirn dieser jungen Männer die hübsche Studentin als Erklärung und brachte die Jungs dann dazu, dort auch anzurufen. Solche Effekte sind nebenbei die Basis für die meisten Bekanntschaften: Warum ist es im Urlaub einfacher, jemanden kennenzulernen? Weil der Urlaub spannender ist als der Alltag. Warum empfahl schon Ovid die Rennbahn oder die Gladiatorenarenen, um jemanden kennenzulernen? Weil es dort spannender war als im Alltag.

Was ich damit sagen will: Mach spannende, mach ungewöhnliche Dinge! Die Wahrscheinlichkeit, dass sich die dabei entstehende Emotion überträgt, ist recht groß.«

»Lustige Geschichte«, meinte ich, »aber hat das was mit Liebe zu tun?«

»Ich denke schon«, nickte Herr Radies. »Du machst dir Gedanken über die andere Person. Du beweist Mut. Du schenkst der anderen Person ein schönes Gefühl. Wer am Rand steht, ist vor allem mit sich selbst beschäftigt – und nicht mit dem Gegenüber.

Wie du siehst, hat Liebe nicht unbedingt nur etwas mit Kuscheln und Weichzeichner zu tun.«

Ich dachte einige Zeit über das Gehörte nach. »Das bedeutet, dass ich wirklich alle Kundenkontaktpunkte danach durchgehen kann, welche Emotionen sie beim Kunden hervorrufen. Dass ich durchaus Risiken eingehen kann und auch sollte. Und dass ich unsere Handlungen an diesen Punkten ändern und verbessern kann. Das kann ich schließlich sogar aufschreiben und meinen Mitarbeitern als Vorgabe geben. In so einer Art Betriebshandbuch.«

»Ja und nein«, wiegte Wolfgang den Kopf. »Ja, du solltest dir darüber Gedanken machen. Und ja, du solltest es auch aufschreiben. Auch deine Mitarbeiter sollten es zur Kenntnis nehmen. Und nein, weil dies dann doch wieder nur eine Anweisung für deine Mitarbeiter wäre: ›Schenk einen Strauß Rosen, dann freut sich dein Gegenüber!‹

Die wirkliche Aufgabe, um deine Strategie wirksam werden zu lassen, ist, dafür zu sorgen, dass auch deine Mitarbeiter eure Kunden lieben.«

Als ich mir diesen letzten Satz noch einmal auf der Zunge zergehen ließ, wurde mir klar, dass ich ganz offensichtlich erst am Anfang stand. Ich war dabei mich zu ändern. Aber bis sich auch meine Firma geändert haben würde, war noch ein weiter Weg zu gehen. Bei diesem Gedanken wurde mir das erste Mal wirklich bewusst, wie naiv es ist, mal eben ein oder zwei Tage für ein Strategie-Meeting zu veranschlagen und zu erwarten, dass sich danach grundlegend etwas ändern würde.

Die wirkliche Aufgabe, um deine Strategie wirksam werden zu lassen, ist, dafür zu sorgen, dass auch deine Mitarbeiter eure Kunden lieben.

»Wie mache ich das? Wie bringe ich meine Mitarbeiter dazu, die Kunden aus meiner Zielgruppe zu lieben?«

»Da kommen wir nachher noch ein kleines bisschen ausführlicher dazu. Der wichtigste Punkt ist, dass *zuerst du* deine Kunden liebst. Das ändert dein direktes Verhalten gegenüber deinen Kunden. Das ändert deine Vorbildwirkung gegenüber deinen Mitarbeitern. Und ganz wesentlich: Es ändert auch deine Wahrnehmung.«

»Wie meinst du das mit der Wahrnehmung?«, fragte ich.

»Wenn du zum Beispiel in eine Frau verliebt bist, dann spürst du es doch sofort, wenn jemand anderes sie nicht ganz so behandelt, wie sie es verdient, oder?«

Ich nickte: »Klar!«

»Wohingegen du es bei Menschen, die dir egal sind, nicht siehst. Oder zumindest nicht so schnell und seltener.

Das heißt übertragen: Wenn du deine Kunden liebst, dann siehst du die Punkte, an denen deine Mitarbeiter eure Kunden nicht lieben, viel schneller und klarer. Entsprechend wirst du früher und fokussierter eingreifen.«

Um das Ganze auf mich wirken zu lassen, bat ich Wolfgang um eine kurze Pause.

* * *

Sofia atmete tief aus: »Ich hätte nie geglaubt, dass ein Gefühl wie Liebe im Business wirklich Platz hat.«

»Ich zuvor auch nicht. Aber diese Einstellung änderte wirklich alles. Und seit ich mit dieser Einstellung durch die Welt laufe, kann ich auch die Aufmerksamkeit anderer viel besser wertschätzen. Fast kommt es mir so vor, als ob die Liebe anderer Menschen an mich verschwendet war.«

»Na, so schlimm war es vor 20 Jahren auch wieder nicht«, lachte sie.

»Ja, aber schau, ich schätze deine Aufmerksamkeit jetzt viel stärker. Dein Interesse zeigt eine solche Wertschätzung, dass ich mich schon frage, wie ich das ausgleichen kann. Früher hätte ich deine Aufmerksamkeit einfach als selbstverständlich hingenommen.«

Sie schwieg einen Moment und sah mich mit ihren faszinierenden Augen an. Dann schmunzelte sie: »Ich werde mir was ausdenken. Und so ganz billig wirst du nicht davonkommen!

Aber jetzt will ich deine Geschichte zu Ende hören!«

Sie schien sich wieder in die Geschichte hineinzuversetzen. Dann fragte sie: »Dass du Marc gegenüber dadurch noch aufmerksamer wurdest, glaube ich. Aber wie ist das mit den Bäumlers? Die konntest du doch nicht ausstehen. Ich kann gar nicht glauben, dass sich dadurch sogar in der Beziehung zu denen etwas ändert.«

»So ging es mir auch in der Pause«, lächelte ich. »Ich hatte zwar das Gefühl, einen wichtigen Schlüssel in der Hand zu halten, aber dummerweise schien die Türe zwei Schlösser zu haben. Also fragte ich Wolfgang nach diesem Problem.«

Meine Gedanken schweiften zurück und ich tauchte wieder in die Vergangenheit ein.

Wolfgang dachte einen kurzen Moment nach. Dann erwiderte er: »Es gibt wirklich zwei Seiten. Die eine Seite haben wir gerade besprochen und du hast sie auch in dir gefühlt. Die andere Seite ist die, die der islamische Mystiker Dschalal ad-Din Muhammad Rumi im 13. Jahrhundert folgendermaßen beschrieben hat: ›Deine Aufgabe ist nicht, Liebe zu suchen, sondern eher, all die Barrieren zu suchen und zu finden, die du in dir dagegen aufgebaut hast.‹«

»Klingt interessant«, erwiderte ich etwas distanziert, »aber wie die Reden aller Mystiker doch eher dunkel. Was sollen das für Barrieren sein? Kommen wir jetzt zur verkorksten Kindheit und den Eltern?«

Aber Wolfgang grinste nur: »Wenn du dort suchen magst, kannst du das natürlich gerne tun.«

»Hast du einen anderen Vorschlag?«

»Natürlich«, erwiderte er. »Hast du schon mal im Zug gesessen und neben dir der Platz war frei? Weitere Leute kamen herein. Da du allein sein wolltest, hast du erst mal das Notebook auf den leeren Platz gestellt, dann deine Zeitung genommen und sie so ausgebreitet, dass du sicherheitshalber auch noch auf dem Nachbarplatz gelesen hast?«

»Ja«, druckste ich herum. »Aber das haben wir doch alle schon mal gemacht.«

»Sicher«, nickte Wolfgang Radies. »Ich auch. Aber ich will auf etwas anderes hinaus. Was hast du in diesem Moment in den anderen Menschen gesehen?«

»Eine Störung, ein Problem, so etwas in der Art.«

»Und waren die Bedürfnisse derjenigen, die noch einen Platz suchten, so wichtig für dich wie deine eigenen Bedürfnisse?«

»Nein, natürlich nicht!«

»Mir geschah neulich Folgendes«, begann Wolfgang. »Ich wollte mit meiner Frau Zug fahren und neben ihr sitzen. Es gab aber nur noch einzelne Plätze. Plötzlich stand jemand, der alleine saß, auf, kam auf uns zu und sagte, dass er gerne einen anderen Platz nehmen würde, dann könnten meine Frau und ich zusammen sitzen.

Meinst du, wir waren eine Störung für diese Person?«

»Nein«, schüttelte ich nachdenklich den Kopf. »Für diese Person waren deine Bedürfnisse mindestens so wichtig wie ihre eigenen.«

»Jetzt vergleiche mal: Wenn wir unsere Bedürfnisse als wichtiger ansehen, dann verdächtigen wir jeden der Störung. Wir haben negative Gefühle ihnen gegenüber. Und da in Wahrheit die Bedürfnisse aller gleich wichtig sind, müssen wir uns innerlich das Gegenteil beweisen.

In diesem Moment beginnen wir innerlich zu begründen. Der eine, der in die Nähe unseres freien Sitzplatzes kommt, ist zu dick, der nächste zu hässlich, der dritte zu dumm und die vierte sieht so aus, als ob sie die ganze Zeit quasseln würde. Wir suchen gezielt negative Attribute, um unsere eigene falsche Perspektive, dass unsere Bedürfnisse wichtiger seien, zu rechtfertigen. Das nennen die Leute vom Arbinger Institute ›in der Box sein‹*.

Nun wechselst du nochmals die Perspektive und versetzt dich in die Person, die den letzten freien Platz im Zug bekommt – den, den sie dir abringen muss. Was wird diese Person fühlen?«

»Ich denke, die Person wird spüren, dass sie unerwünscht ist. Vielleicht glaubt sie auch, dass ich sie nicht mag.«

»Und was wird die Person dann machen?«

»Sie wird mich auch nicht mögen«, erwiderte ich.

»Genau«, nickte Wolfgang. »Und vermutlich wird sie ihrerseits Gründe suchen, warum sie dich nicht mag. Zum Beispiel, weil du zwei Plätze besetzt hast. Oder weil deine Begrüßung viel zu kühl war, falls du die Person überhaupt begrüßt hast. Sie wird sich irgendwie re-

---

* Arbinger Institute: *Leben ohne Selbstbetrug. Wie Sie aus der Box herauskommen.* GABAL 2007.

vanchieren, um wieder ein Gleichgewicht herzustellen. Und wenn die Person schon einmal dabei ist, dann wird sie auch beliebig viele andere Gründe finden und irgendwann ihre Bedürfnisse wichtiger nehmen als deine. Zum Beispiel, indem sie beginnt, das komplette Care-Paket auf dem Tisch auszubreiten, oder indem sie dir Kaffee auf die Hose schüttet.«

»Langsam verstehe ich, was du meinst«, nickte ich. »In dem Moment, in dem ich beginne, meine Bedürfnisse über die der anderen zu stellen, geht der ganze Rattenschwanz hintendran automatisch los. Inklusive Selbstrechtfertigung, Heruntermachen des anderen und Start einer Negativspirale. Solange ich meine Bedürfnisse über die meiner Kunden stelle, kann ich sie nicht lieben. Das meinst du mit Blockaden?«

Wolfgang nickte.

»Ich habe zwar bei Herrn Bäumler meine Bedürfnisse über seine gestellt. Aber meine waren ja auch wichtiger, weil der mich sonst aufs Hemd ausgezogen hätte. In gewisser Weise hat er angefangen.«

»Bei Herrn Bäumler mag das so sein«, erwiderte Wolfgang. »Das kann und will ich nicht beurteilen. Aber wenn du bei potenziellen Neukunden davon ausgehst, dass diese genauso sind wie Herr Bäumler, dann beginnst *du*!«

»Du meinst, ich sollte mich Neukunden gegenüber freundlicher verhalten?«

»Nein«, lehnte Wolfgang überraschend ab. »Es ist mir völlig egal, wie du dich *verhältst*. Es ist ja kein Problem des Verhaltens. Selbst wenn du im Zug dann deinen Platz notgedrungen freundlich frei machst, wird dein neuer Sitznachbar trotzdem spüren, dass seine Bedürfnisse eigentlich weniger zählen als deine. Das Verhalten ändert fast gar nichts. Es ist die Einstellung, dass die Bedürfnisse des anderen genauso wichtig sind wie die eigenen, die alles verändert.«

»Im alltäglichen Leben mag das ja noch angehen. Aber hast du wirklich mal Unternehmen geführt?«

»Ja, mehrere«, bestätigte Wolfgang.

»Das ist doch Kampf! Du musst auf deinen Vorteil achten. Sonst bist du doch schneller pleite, als du schauen kannst.«

»Richtig. Bei meinen ersten beiden Firmen habe ich permanent gegen meine Kunden gekämpft. Und war schneller pleite, als ich schauen konnte. Bei den folgenden Firmen waren meine Kunden meine Freunde und wir wuchsen gemeinsam.«

»So habe ich das nicht gemeint«, wehrte ich mich.

Wolfgang grinste vor sich hin: »Weiß ich.« Und wartete.

»Bei all dem, was du sagst, Wolfgang, habe ich ein riesengroßes Problem!«, versuchte ich schließlich meine Gefühlslage deutlich zu machen. »Wenn ich meine Kunden in der Art und Weise liebe, wie du es forderst, dann führt das zur Selbstaufgabe. Ich muss doch auch an mich denken! Ich brauche einen Gegenpol.«

Wolfgang sah mich fragend an und schwieg weiter. Und so versuchte ich es anders deutlich zu machen: »Kennst du denn nicht diese Beziehungen, in denen sich ein Partner, meist die Frauen, für den anderen aus Liebe aufopfern und nachher ist nichts mehr von ihnen übrig? Kein eigenes Leben, kein Selbstbewusstsein, schlicht gar nichts? Ich muss als Gegenpol zur Liebe an mich selbst denken!«

Langsam und nachdenklich erwiderte Wolfgang: »Diesen Gedanken teilst du mit 99,5 Prozent der Bevölkerung. Übrigens auch mit denen, die sich selbst aufgeben. Und wenn dieser Gedanke die Selbstaufgabe nicht verhindern kann, ist er vielleicht einfach nicht so nützlich.«

Dann schwieg er wieder. Ganz langsam entstand bei mir die Frage: »Wie kann man das denn noch sehen?«

»Anders«, grinste Wolfgang. »Die Firmen, die sich nur um den Nutzen ihrer Kunden kümmern, lieben diese zu wenig. Genauso wie die Partner in Beziehungen, die sich selbst aufgeben, ihren Partner zu wenig lieben.«

»Zu wenig?«, fragte ich irritiert.

»Zu wenig!«, nickte Wolfgang fest.

»Wie meinst du das?«

»Nun, im von dir beschriebenen Fall haben wir ein Problem.«

»Ja, das Problem der Selbstaufgabe!«

Aber Wolfgang schüttelte den Kopf. »Die Art und Weise, wie du das Problem beschreibst, gibt bereits implizit die Lösung vor. Wenn du das Problem als Selbstaufgabe bezeichnest, dann scheint ja die Lösung, sich nicht selbst aufzugeben, geradezu auf der Hand zu liegen.

Lass uns das Problem anders beschreiben: Das Problem ist, dass jemand, der so wie von dir beschrieben handelt, sich selbst der Ressourcen beraubt, um in Zukunft ebenso oder gar noch besser handeln zu können. Wärst du mit dieser Beschreibung einverstanden?«

Ich ließ mir das einen Moment durch den Kopf gehen. Schließlich nickte ich: »Das klingt zwar etwas verklausuliert, aber damit kann ich auch leben.«

»Fein«, freute sich Wolfgang. »Damit haben wir ein völlig neues Bild.«

»Sehe ich nicht«, entgegnete ich.

»Nun, mit deiner Problembeschreibung haben wir zwei unterschiedliche Motive: Nutzen für den anderen und Nutzen für sich selbst. Damit bist du permanent dabei, Kompromisse zu schließen. Du raubst dir die Energie. Und bei allen unbewussten Entscheidungen gewinnt zudem bei den meisten Menschen der Eigennutz.

Die Konsequenz ist, dass du entweder etwas für den anderen tust, dabei aber permanent Angst hast, zu kurz zu kommen. Das wird dein Gegenüber spüren.

Oder du kümmerst dich um dich selbst. Das wird dein Gegenüber auch spüren. Zudem weißt du in dir drin, dass es nicht richtig ist. Um dem auszuweichen, wirst du deine eigennützigen Handlungen rechtfertigen. Und das geht, wie wir eben besprochen haben, immer dadurch, dass du deine eigenen Bedürfnisse als höherwertiger ansiehst als die Bedürfnisse deines Gegenübers. Du zwingst dich selbst, den anderen abzuwerten und dich aufzuwerten.

Da dir beide Varianten nicht gefallen, pendelst du dauernd zwischen beiden Möglichkeiten hin und her, hast bei beiden ein schlechtes Gewissen und bist unzufrieden.«

Nachdenklich erwiderte ich: »Ja, das trifft es schon ziemlich gut. Aber ich sehe noch immer nicht, wie das anders sein soll.«

»Nun«, fuhr Wolfgang fort, »erstens denke ich, dass man gar nicht zwischen ›etwas für mich‹ und ›etwas für dich‹ tun unterscheiden kann. Wenn ich etwas für dich tue, dann tue ich es zugleich für mich – wegen der Freude oder weil ich dabei lerne oder aus noch anderen Gründen. Und wenn ich etwas für mich tue, zum Beispiel mich erholen, dann tue ich das auch für dich, weil ich hinterher wieder mehr Energie habe. Wenn ich also etwas für mich tue, dann tue ich es immer zugleich für dich und umgekehrt.

Wenn ich das allerdings so benenne, als täte ich Dinge nur für mich oder für dich, dann verhindert man für sich selbst, beide Aspekte zu sehen. Man schneidet sich von der Energie darin ab. Handeln hat immer beide Bezugspunkte: mich und dich.

In Wirklichkeit handelt es sich gar nicht um den Konflikt zwischen den zwei Motiven Eigennutz und Nutzen für andere. Sondern es handelt sich um den Konflikt zwischen kurzfristiger und langfristiger Orientierung*.

---

* Entwicklung ergibt sich immer durch die Orientierung auf die Langfristigkeit. Natürlich ist der Konflikt zwischen lang- und kurzfristiger Orientierung auch nicht eitel Sonnenschein. In Wahrheit bildet er die Basis der meisten heutigen und historischen großen Konfliktlinien. Das beginnt bereits beim Übergang vom Jäger zum Ackerbauern: Die Langfristdenker mussten das Saatgut vor den anderen sichern – entweder in Verstecken oder zum Teil auch mit Waffengewalt.
Auch der klassische Konflikt zwischen »Arbeit und Kapital« beruht letztlich darauf: Der Lohn wird sofort gegessen und das Kapital langfristig in die Weiterentwicklung der Gesellschaft investiert.
Selbiges gilt für den Staatshaushalt: Wenn via Steuern ein großer Teil der Unternehmensgewinne in den sozialen Bereich verschoben wird, dann wird der langfristigen Entwicklung zugunsten der kurzfristigen Bestechung des »Stimmviehs« die Basis entzogen. Gleiches gilt nebenbei auch für die tollen Konjunkturprogramme, die nahezu durchgängig Konsumförderung darstellen und damit dem langfristigen, investiven Bereich Geld entziehen. Damit wirken Konjunkturprogramme kurzfristig wie eine Droge, sind aber langfristig die *Ursache* für den Niedergang.

Wenn ich jemanden liebe und mich dabei selbst aufopfere, dann nehme ich mir die Möglichkeit, diese Person auch in Zukunft zu lieben. Wenn ich mich selbst aufopfere, dann nehme ich meine Liebe nicht langfristig ernst. Wer sich aufopfert, liebt nicht wirklich. In Wahrheit ist die kurzsichtige Selbstaufopferung immer eine Angst und Bedürftigkeit, eine Sucht nach Bestätigung und Zuwendung, die sich nur als Liebe tarnt.

Und umgekehrt: Wenn ich jemanden wirklich liebe, dann ist es genau deshalb meine Pflicht, dafür zu sorgen, dass ich dies auch morgen noch kann. Wenn möglich, sogar noch intensiver.«

»Und was heißt das?«, fragte ich etwas irritiert.

»Das heißt zum Beispiel, dass du, wenn du es wirklich ernst damit meinst, deine Kunden zu lieben, Gewinne machen musst. Und zwar nicht obwohl, sondern weil du sie liebst. Weil du nämlich mit Gewinnen wesentlich besser dafür sorgen kannst, dass es deinen Kunden morgen noch besser geht. Das mag vielleicht ein Herr Bäumler nicht einsehen, aber die vielen Kunden morgen sind in diesem Fall – und nur in diesem Fall – wichtiger als der einzelne Kunde heute.«

Wenn du deine Kunden liebst, bist du verpflichtet, Gewinne zu machen. Einfach, weil du mit Gewinnen besser dafür sorgen kannst, das es deinem Kunden morgen noch besser geht.

»Wow!«, entfuhr es mir, als ich mir diesen Gedankengang nochmals vergegenwärtigte. »Dann ist ja der innere Konflikt wirklich weg! Ich habe nur ein Motiv, also die Liebe zum anderen – aber das nehme ich so ernst, dass ich radikal bis zum Ende denke.«

»Genau! Wie fast immer, ist auch hier der konsequente Fokus auf ein Motiv besser als der Kompromiss. Glaubst du, dass auch nur ein Mensch, der etwas Bedeutendes geleistet hat, dauernd zwischen zwei Werten oder Motiven hin und her schwankte und sich selbst lähmte oder seinen Handlungen jede Konsequenz nahm?

Außerdem haben wir mit der Fokussierung auf die langfristige Liebe gegenüber deinen Kunden auch eine emotionale Deckungsgleichheit mit der Aufgabe des Unternehmers. Die Aufgabe des Unternehmers ist ja, ein Unternehmen zu schaffen, das dem Nachfolger einen möglichst großen Nutzen bietet. Und der Nutzen für den Nachfolger ist, dass das Unternehmen den zukünftigen Kunden noch mehr nutzt. Mit anderen Worten: Deine Aufgabe als Unternehmer ist, dafür zu sorgen, dass du oder dein Nachfolger in Zukunft deine Kunden noch mehr lieben kannst.

Damit haben wir ein einziges Motiv. Und der Energieräuber ist weg.«

»Ich glaube«, spürte ich in mich hinein, »damit kann ich mit dem Konzept der Liebe, das du mir nahelegst, jetzt endlich etwas anfangen – die Emotionen, die mich daran hinderten, mich voll darauf einzulassen, verschwinden mit dieser Sichtweise.«

Nach einer Gedankenpause, in der ich versuchte, den bisherigen Tag nochmals Revue passieren zu lassen, fuhr ich fort: »Jetzt haben wir schon einige Stunden gesprochen. Über strategische Muster, über Sicherheit, über das Gefühl, das mich zu mehreren Zielgruppen führte, und zuletzt über die Liebe. Ich habe das Gefühl, dabei wirklich sehr viel über mich gelernt zu haben. Ich fühle mich gut und dafür bin ich dankbar.

Zugleich sind wir aber noch keinen Schritt mit meiner Strategie weitergekommen. Was mache ich morgen in meinem Unternehmen? Wie komme ich dort weiter?«

»Oliver, das, was wir gerade gemacht haben und machen, *ist* die Arbeit an der Strategie! Ich weiß, das ist schwer und widerspricht dem traditionellen Verständnis von Strategie. Gerade deshalb habe ich mir am ersten Tag so viel Zeit genommen, die neurowissenschaftlichen Grundlagen unseres Handelns darzustellen.

Schau, wenn wir das jetzt nicht machen würden, dann würde Folgendes passieren: Du würdest wieder mit einem großen Packen Aufgaben nach Hause gehen. Ich würde dir wieder eine Verpflichtung reinsemmeln, die sich gewaschen hat. Und in vier Wochen, wenn wir uns wieder treffen würden, wärst du wieder sonstwohin gelaufen. Würdest du dieser Vermutung zustimmen?«

Das war deutlich. Aber leider auch wahr. Nach einigem Zögern stimmte ich widerstrebend zu: »Ja, wahrscheinlich wäre das so.«

Aber stehen lassen konnte ich es auch nicht: »Aber das, was wir bis jetzt gemacht haben, führt mich ja auch nicht weiter!«

»Vielleicht nicht heute«, gab Wolfgang zu, »obwohl der Tag noch nicht vorbei ist. Vielleicht auch nicht morgen. Aber in einigen Wochen sehr wohl – vorausgesetzt, du versetzt dich regelmäßig in diesen Zustand der Liebe, und vorausgesetzt, du hängst das Plakat in dein Büro, und vorausgesetzt, du erzählst dir regelmäßig emotionale Geschichten zu den Vorteilen der Spezialisierung. Es macht eben mittel- und langfristig einen ganz entscheidenden Unterschied, ob du automatisch vom Weg abkommst oder automatisch draufbleibst. Und Unternehmer sollten immer den langfristigen Aspekt höher bewerten!

Ich kann es nur immer wieder betonen: Strategie ist nichts, was man einmal auf einem Strategie-Meeting macht und dann abschließt. Ob eine Strategie funktioniert, entscheidet sich an deinen Handlungen, Entscheidungen und Weiterentwicklungen im Alltag. Und diese sind zu 70 bis 99 Prozent eben emotional bestimmt. Das ist, auch wenn es allen gängigen Meinungen widerspricht, viel entscheidender als das Papier, auf dem steht, was deine Firma macht.«

6.6 Angst

»Nehmen wir uns deshalb die letzten drei wichtigen Punkte vor, die wir bei den strategischen Mustern herausgefunden haben.«

Ich blätterte zurück: »Wir hatten als vierten Punkt die niedrigen Preise für Julia. Als fünften Punkt mein inkonsequent erscheinendes Hin- und Herspringen. Und als sechsten Punkt meine Weiterentwicklungen, also die Website für Unternehmer-Stars und die Veranstaltung. Da meintest du, dass keine Emotion mehr dahinter wäre. Das sind drei unterschiedliche Punkte. Nehmen wir uns zuerst den vierten Punkt vor?«

»Ich habe den Verdacht, dass alle drei Abweichungen stark miteinander zusammenhängen. Und ich glaube, dass der fünfte Punkt am leichtesten zugänglich ist. Lass uns mit dem Hin- und Hergespringe beginnen.

Die Frage, die sich stellt, ist folgende: Was muss man fühlen, um automatisch hin und her zu springen?«

»Unsicherheit«, überlegte ich.

»Ja, auch. Aber das geht noch genauer. Stell dir mal ein Tier vor. Einen Hasen zum Beispiel. Wann springt der Hase hin und her?«

»Wenn der Fuchs hinter ihm her ist und er seinen Bau nicht findet«, antwortete ich. »Vielleicht, wenn noch ein Zaun drum herum ist.«

»Und was wird der Hase wohl fühlen?«

»Angst«, überlegte ich. »Und Ausweglosigkeit.«

»Beschreibt das dein Gefühl in den letzten vier Wochen?«, fragte Wolfgang mitfühlend.

»Ja, in gewisser Weise schon«, stimmte ich zu. Obwohl mir der Vergleich mit einem Hasen nicht wirklich gefiel. »Ich hatte das Gefühl, egal, wo ich hinlief, keinen Ausweg zu finden.«

»Was ja nicht so problematisch wäre, wenn es keinen Fuchs gäbe«, warf Wolfgang Radies ein. »Wer oder was ist dein Fuchs?«

»Ich will nicht noch mal scheitern«, erwiderte ich spontan. »Ich würde mich wie ein völliger Versager fühlen. Und so ein Ding wie mit meinem Club und meinem zeitweiligen Exil in den USA kann man vielleicht in seinen frühen Zwanzigern bringen, aber mit fast 40?«

»Aaah«, genoss Wolfgang sichtlich seine Erwiderung: »Mein Lieblingsfuchs!«

»Spinnst du? Was soll am Scheitern schön sein?«

»Sehr gute Frage«, nickte Wolfgang, »sehr gute Frage!« Dann grinste er: »Also deine zweite Frage, zumindest.«

»Wieso ist das eine gute Frage, wenn ich wissen will, was am Scheitern schön sein soll? Ich bin mit meinem Club gescheitert und es war nicht schön. Ich war mit einem Mal alle meine Freunde und Bekannten los. Mein Vater hielt mich für einen Versager. Ich hatte kein Geld. Und wenn mich jemand von denen, denen ich Geld schuldete, gefunden hätte, dann hätte ich weniger als kein Geld gehabt. Das war wirklich eine harte Erfahrung, die ich niemandem wünsche!

Und dann fragst du, was am Scheitern schön sein soll?«

»Moment, da komme ich gleich dazu. Zuerst noch eins: Angst und Ausweglosigkeit. Glaubst du, dass das auch deine bestimmende Emotion bei den niedrigen Preisen für Julia gewesen sein könnte?«

»Angst, dass Marc bei einem hohen Preis abgelehnt hätte, schon. Aber nicht Ausweglosigkeit.«

»Aber wenn er abgelehnt hätte, dann wäre die Ausweglosigkeit doch größer geworden, oder?«

»Ja«, stimmte ich widerwillig zu. »Und«, fuhr ich dann fort, »meine Weiterentwicklungen mit der Veranstaltung und der Website erschienen mir als Ausweg.«

»Und weil es dir als Ausweg erschien, hast du die erstbeste Möglichkeit genommen. Eine Mikroentscheidung mit genau einer Alternative also. Das heißt, dass für die letzten drei Punkte unserer strategischen Muster dieselben Emotionen die Grundlage bilden: Angst und Ausweglosigkeit. Würdest du dem zustimmen?«

Ich spürte in mich hinein. Und auch wenn es nicht einfach war, diese Gefühle vor mir selbst zuzugeben, nickte ich schließlich. »Ja, ich glaube, das waren die bestimmenden Emotionen.«

»Gut, Gegenprobe«, sagte Wolfgang. »Stell dir nun vor, du hättest keine Angst gehabt und hättest keine Ausweglosigkeit gefühlt. Stattdessen wärest du völlig optimistisch und mit Vertrauen an die Sache herangegangen. Hättest du dann andere Entscheidungen getroffen?«

»Weiß nicht«, zögerte ich.

»Gut, gut«, meinte Wolfgang. »Vielleicht war meine Frage zu allgemein gehalten: Wenn du nicht hättest scheitern können und du mit hundertprozentiger Sicherheit wüsstest, dass dein Unternehmen in einem Jahr drei Mal so groß wäre wie jetzt und eine gute Rendite abwerfen würde, hättest du dann für die Arbeit von Julia auch so niedrige Preise verlangt?«

»Natürlich nicht«, erwiderte ich spontan.

»Wärst du dann, wenn du diese Zukunft deines Unternehmens kennen würdest, auch permanent zwischen verschiedenen Aufgaben hin und her gesprungen oder hättest du die Dinge, die dir wichtig erschienen, einfach in Ruhe abgearbeitet?«

»Vermutlich Letzteres. Und,« ergänzte ich, bevor er mir die nächste Frage stellte, »ich wäre vermutlich auch nicht an der Idee einer Website hängen geblieben.«

»Also hättest du automatisch anders gehandelt, wenn du dich anders gefühlt hättest, richtig?«

»Ja«, bestätigte ich. »Es ist merkwürdig. Seit unserem ersten Treffen redest du permanent davon, dass unsere Gefühle unsere Handlungen bestimmen. Aber jedes Mal, wenn es dann um mich persönlich geht, dann erscheint mir diese Sichtweise wieder fremd. Wie kommt das?«

»Ich weiß nicht«, zuckte Wolfgang mit den Schultern, »manche sagen, dass es eine angeborene Funktion unseres Bewusstseins sei, uns andere Ursachen vorzuspiegeln. Zum Beispiel die schlechte Planung und die persönliche Inkonsequenz und dergleichen Selbstvorwürfe mehr, wenn man zwischen verschiedenen Aufgaben hin und her springt.

Andere sagen, dass diese rationale Betrachtungsweise, das Konzept des bewussten Entscheidens, seit den alten Griechen vor zweieinhalbtausend Jahren in unserer Kultur und in unserem ganzen Denken verwurzelt ist. Dieses Konzept zieht sich durch alle Lebensbereiche und ist die Grundlage für unsere Rechts- oder Regierungssysteme, die Grundlage für unser Selbstbild, einfach für alles.

Und da ähnliche Gedanken immer ähnliche Gedanken anziehen – das hat nichts Esoterisches, sondern einfach mit unserer assoziativen Art und Weise zu denken zu tun – und dieses Konzept in all unseren Gedanken verwurzelt ist, können wir es an einer Stelle durchbrechen, aber die Kraft der anderen Stellen wirkt dann wieder auf diese eine Stelle ein. Ich glaube, es ist ein sehr langwieriger Prozess, diese alten Denkmuster zu ändern.«

»Gut«, grinste ich. »Das wird jetzt vielleicht ein bisschen zu philosophisch. Du sagst, ich hätte automatisch anders gehandelt, wenn ich keine Angst und Ausweglosigkeit gefühlt hätte. Aber wie fühlt man keine Angst und Ausweglosigkeit, wenn man sie fühlt?«

»Da gibt es eine ganze Reihe von Möglichkeiten«, lächelte Wolfgang. »Welche dieser Möglichkeiten du nutzt, liegt bei dir, aber ein oder zwei dieser Möglichkeiten solltest du in jedem Fall regelmäßig verwenden.«

»Erzähl!«, forderte ich ihn auf.

»Gut, gehen wir darauf noch kurz ein, bevor wir zu deiner Frage, was am Scheitern schön sein solle, zurückkommen. Wichtig ist: Es handelt sich um mittelfristige Möglichkeiten. Diese Möglichkeiten werden heute gar nichts, bis in einem halben Jahr jedoch sehr viel ändern.

Die erste, simple Möglichkeit ist schlicht und ergreifend, mehr Sport zu treiben. Wer Sport treibt, schüttet andere Hormone aus und das macht auf Dauer zufriedener und glücklicher.«

Etwas enttäuscht erwiderte ich: »Hast du vielleicht auch noch bessere Möglichkeiten?«

»Unterschätz das nicht«, warnte Wolfgang. »Ich kenne viele Unternehmer, die früher Sport getrieben haben und mit großer Energie und Zuversicht ihr Unternehmen gegründet haben. Dann hatten sie auf einmal viel zu tun und keine Zeit mehr für den Sport und ein oder zwei Jahre später war die Energie und Zuversicht weg. Das fühlt sich dann an, wie einerseits mehr wollen und wissen, dass mehr geht, und andererseits mit der angezogenen Handbremse zu fahren.«

Mist, das Gefühl kannte ich nun wiederum zu gut. Aber dass das am Sport liegen sollte? Andererseits konnte ein bisschen Sport auch nicht schaden und so machte ich mir eine Notiz.

»Was ist die nächste Möglichkeit?«

»Was meinst du, ist das Gegenteil von Angst?«

»Mut«, schlug ich vor.

Aber Wolfgang schüttelte den Kopf: »Mut ist, wenn du etwas tust, obwohl du Angst hast. Dann ist die Angst aber trotzdem da.

Nein, das Gegenteil von Angst ist Dankbarkeit. Angst bezieht sich auf die Zukunft, Dankbarkeit auf die Vergangenheit. Angst bezieht sich auf etwas Negatives, Dankbarkeit auf etwas Positives. Angst bezieht sich auf etwas Eingebildetes, Dankbarkeit auf etwas Reales. Angst speist sich oft aus einem Mangel, Dankbarkeit aus der Fülle und dem Reichtum. Während du dankbar bist, kannst du nicht zugleich Angst haben!«

»Klingt ungewöhnlich«, überlegte ich. »Und was mache ich damit?«

»Du schreibst einfach jeden Tag fünf Dinge auf, für die du dankbar bist. Je emotionaler und intensiver die Dinge sind, die du aufschreibst, desto besser. Wie bei den Geschichten zur Spezialisierung.«

»Und wie soll mir das bei meiner Angst helfen?«

»Wenn du jeden Tag Dinge aufschreibst, für die du dankbar bist, dann sind da oft auch ganz triviale Dinge dabei. Du hast einen bettelnden Krüppel in der Fußgängerzone gesehen und bist dankbar für deine Gesundheit. Du hast einem Blinden über die Straße geholfen und bist dankbar für deine Fähigkeit, sehen zu können. Ein Freund erzählt dir, wie er in seiner Kindheit jeden Tag von seinem alkoholisierten Vater verprügelt wurde, und du bist dankbar für deine Kindheit.

Wichtig daran: Verknüpfe die Dinge, für die du dankbar bist, mit einem emotionalen Erlebnis. Einfach nur aufzuschreiben, dass du dankbar bist, dass du sehen kannst, hilft dir nicht wirklich.

Und was auch immer in der Zukunft geschehen wird: Die meisten dieser Dinge, für die du dankbar bist, werden dir nicht genommen. Wenn deine Firma pleitegeht, kannst du immer noch sehen und hattest immer noch eine schöne Kindheit.«

»Gut, für den Moment funktioniert das sicherlich, aber darüber hinaus?«

»Es gibt neuere Experimente, die bestätigen, wie sich eine Konzentration auf positive Dinge ganz unbewusst in der Praxis auswirkt. Das nennt sich Priming oder noch genauer affektives Priming. Viele Wissenschaftler haben dies seit den 1970er-Jahren immer wieder in Experimenten bestätigt.

Beispielsweise gaben Wissenschaftler Studenten die Aufgabe, aus Begriffen Sätze zu bilden. Die Studenten glaubten, es handele sich um eine Kombinationsaufgabe. In Wahrheit ging es jedoch um etwas anderes: Die einen Studenten hatten Begriffe, die mit Alter, Antriebslosigkeit, Langsamkeit zu tun hatten, die anderen hatten Begriffe, die mit Energie, Jugend und Geschwindigkeit zu tun hatten.

Nach dem Experiment wurde – natürlich ohne Wissen der Studenten – die Zeit gemessen, die die Studenten vom Labor bis zur Treppe brauchten. Und, große Überraschung: Die Studenten, die die Aufgabe mit den Begriffen rund um das Alter zu lösen hatten, waren viel langsamer als die Studenten, die sich vorher mit den Begriffen rund um die Jugend beschäftigt hatten.«

»Das wirkt nach, obwohl es unbewusst und auch schon vorbei war? Und obwohl es in einem völlig anderen Zusammenhang stand?«, wunderte ich mich.

Langsam nickte Wolfgang. »Ja, und das kannst du für dich nutzen. Mit der Übung, dich auf Dinge zu konzentrieren, für die du dankbar bist, primst du dich praktisch selbst. Wenn du das häufig tust, dann geschieht etwas, was Marc Aurel vor über 1800 Jahren so schön ausdrückte: ›Von den Gedanken, die du häufig hast, nimmt die Seele ihre Farbe an.‹ Modern ausgedrückt heißt das, dass sich die Nervenbahnen, die häufig genutzt werden, verstärken.

Wenn ich nur eine einzige Maßnahme gegen die Angst ausführen dürfte, dann wäre es diese: jeden Tag fünf Dinge aufschreiben, für die ich dankbar bin. Wirst du das auch tun, Oliver?«

»Ja«, nickte ich. »Das ist ziemlich einfach und ich hoffe, es hilft.« Auch hier machte ich mir eine Notiz. »Gibt es noch weitere Maßnahmen?«

»Ja, viele. Du musst einfach probieren, was dir hilft. Manchen hilft es, sich regelmäßig mit ihren langfristigen Visionen zu beschäftigen. Angesichts der großen langfristigen Visionen erscheint das meiste, was uns täglich Angst macht, nur noch als Marginalie.

Manche Menschen meditieren regelmäßig und schaffen sich so einen Ruhepol.

Wieder andere treffen sich mit fröhlichen und optimistischen Menschen. In deren Umfeld fällt es uns viel schwerer, Angst zu haben. Sie suchen bewusst Menschen, die ihnen guttun, und meiden die anderen.

Wieder andere schaffen sich ein ausreichend großes Vermögen neben ihrem Unternehmen. Anfangs reduziert das die Angst, aber oft schlägt das irgendwann um in die Angst, das Vermögen wieder zu verlieren. Diese Maßnahme ist also nicht ganz so effektiv.

Noch andere beschäftigen sich regelmäßig mit Geschichte. Wenn man sich vor Augen hält, dass während des Dreißigjährigen Krieges kurz mal zwei Drittel der Einwohner Europas umkamen, dann erscheinen die meisten heutigen Angstursachen winzig.

Andere stellen sich die Frage, was sie daraus lernen können. Geshe Michael Roach empfiehlt bei starken Wettbewerbern, sich nicht der Angst zu überlassen, sondern den Wettbewerbern zu danken, denn nur mit starken Wettbewerbern lernst du auch dazu und wirst selbst besser.

Dann gibt es noch ein witziges Phänomen: Wenn wir glücklich sind, dann lachen wir, ziehen die Mundwinkel nach oben und betätigen ganz allgemein unsere Gesichtsmuskeln auf eine gewisse Weise. Das funktioniert auch umgekehrt: Wenn wir die Mundwinkel nach oben ziehen, dann werden nach kurzer Zeit auch Glückshormone ausgeschüttet!

Wenn du Angst hast, geh aufs Klo und lach dich eine Minute lang im Spiegel an. So breit du nur kannst.«

»Stimmt«, erinnerte ich mich. »So was haben wir damals mit unserer Band manchmal vor einem Auftritt gemacht, wenn wir eigentlich keine Lust hatten. Wir sprangen und johlten wie die Irren hinter der Bühne rum. Nach spätestens zwei Minuten lagen wir vor Lachen auf dem Boden und wollten unbedingt raus auf die Bühne.«

»Umso besser! Wenn du damit schon Erfahrung hast, dann nutze das am besten auch. Wie gesagt: Jeder muss für sich herausfinden, was passt. Und sich dann für zwei oder drei Möglichkeiten entscheiden. Aber eins ist wichtig: Man kann dieses Gefühl der Angst nicht dem Zufall überlassen. Damit scheitert man!

Angst ist der größte Feind eines erfolgreichen Unternehmers und einer erfolgreichen Strategie. Ein ängstlicher Unternehmer ist der Garant dafür, dass auch die beste Strategie den Bach hinuntergeht!«

»Gut«, erwiderte ich. »Das sind mittelfristige Dinge. Ich werde Sport treiben, täglich fünf Dinge aufschreiben, für die ich dankbar bin, und vor wichtigen Entscheidungen wie damals vor den Auftritten einfach ein bisschen herumtoben.

Das alles wirkt mittelfristig. Ich will aber *jetzt* den Stier bei den Hörnern packen. Ich habe Angst zu scheitern. Und ich sehe, dass mich diese Angst in eine falsche Richtung treibt. Was kann ich konkret tun?«

»Jetzt ist der Zeitpunkt, zu deiner klugen Frage von vorhin zurückzukommen: Was soll am Scheitern schön sein?«

»Nichts!«, erwiderte ich vehement. »Das fühlt sich einfach nur schlecht an!«

»Oliver, wir hatten schon mehrfach eine wichtige Unterscheidung vorgenommen. Die zwischen einem Ereignis und deiner Interpretation des Ereignisses. Das Ereignis an sich ist neutral – das ist nebenbei eine über 2500 Jahre alte Erkenntnis des Buddhismus.«

»Du meinst, dass man es auch toll finden kann, wenn man pleitegeht? Jetzt übertreibst du aber ein bisschen!«

»Das ist ein Glaubenssatz wie jeder andere«, zuckte Wolfgang mit den Schultern. »Also können wir ihn wie jeden anderen Glaubenssatz angehen. Die ersten Fragen zur Änderung des Glaubenssatzes haben wir ja schon implizit gelöst. Der Glaubenssatz lautet etwa so: ›Pleitegehen ist fast so schlimm wie sterben.‹ Wir wissen, wo dein Glaubenssatz herkommt. Und du weißt, was passiert, wenn du den Glaubenssatz beibehältst.«

Ich nickte und war gespannt, was er jetzt aus dem Hut zaubern würde.

»Dann kommt die nächste Frage. Und das war die Frage, die du schon selbst gestellt hast: Was kann am Scheitern schön sein?«

»Nichts!«, erwiderte ich wieder.

»Okay, das verstehe ich«, nickte Wolfgang ernsthaft. »Als du das letzte Mal gescheitert bist, wurdest du sieben Jahre auf eine Galeere verbannt, jeden Tag dreimal ausgepeitscht und, falls du trotz allem noch auf die Idee kamst, zwischendurch mal deine Mundwinkel um einen halben Millimeter nach oben zu ziehen, wurde dir auch noch für eine Woche Essen und Trinken entzogen. Nach drei Tagen hatte dir die Sonne das Hirn aus dem Kopf gebrannt und du flehtest den Galeerentrommler auf Knien um ein Schnapsglas voll Wasser an. Richtig?«

»Nein«, lachte ich. »Du nimmst mich nicht ernst!«

»Wieso?«, fragte Wolfgang verblüfft. »Hast du also doch gelacht?«

»Ja, natürlich habe ich mal gelacht.«

»Das verstehe ich nicht. Wieso hast du gelacht, wenn Scheitern nur schrecklich war?«

»Weil das Leben weiterging. Es war nicht völlig schrecklich. Es war ziemlich schrecklich.«

»Ah, also dunkelgrau und nicht schwarz? Das gefällt mir schon besser. Beantworte dir jetzt bitte drei Fragen schriftlich:

Erstens: Welche schönen Erlebnisse hattest du nach deinem Scheitern? Meist fällt einem zu Beginn nicht gleich etwas ein. Aber, wenn man dann beginnt, sich damit zu beschäftigen, stellt man doch recht schnell fest, dass die Zeit unmittelbar nach der Katastrophe gar nicht so schrecklich war. Und spätestens ein halbes Jahr später war emotional meist alles wieder wie vorher.

Zweitens: Was hast du daraus gelernt? Damit meine ich keine ›Lernschritte‹, die deinen Wirkungskreis einschränken, sondern solche, die ihn erweitern. Also wenn du daraus ›gelernt‹ hättest, nie wieder eine

Firma zu gründen, dann hätte dich das eingeschränkt. Ich meine auch keine ›Lernschritte‹, die anderen die Schuld geben – in deinem Club-Beispiel vielleicht: Andere Menschen greifen immer in die Kasse.

Drittens: Warum bist du für diese Katastrophe dankbar?«

»Dankbar? Spinnst du? Wieso sollte ich dafür dankbar sein?«, entgegnete ich ärgerlich.

»Zum Beispiel, weil du etwas aus dieser Katastrophe lernen konntest. Oder, weil du frei für Neues warst. Kennst du nicht Situationen wie die folgende: Deine große Liebe hat sich von dir getrennt. Die Welt geht unter und alles ist eine einzige Katastrophe.

Zehn Jahre später siehst du sie unerwartet wieder. Zuerst erkennst du sie gar nicht: Ihr Lebendgewicht hat sich nämlich verdoppelt. Dann springen ein halbes Dutzend Taschenhunde um sie rum und kläffen sich zu Tode – und du hasst diese Viecher. Schließlich macht sie den Mund auf und du würdest am liebsten allen um dich herum erzählen, dass du diese Frau nie gekannt hast. Wärst du ihr da nicht unendlich dankbar dafür, dass sie vor zehn Jahren die Beziehung beendet hat?«

»Gut, verstehe!«, nickte ich. Und begann meine Antworten auf die drei Fragen aufzuschreiben. Zuerst fiel mir, wie Wolfgang vermutet hatte, nicht viel ein. Doch dann erschienen wieder die Ereignisse von damals vor meinem geistigen Auge.

Die Zeit in Amerika war hart, ich hatte ja kein Geld. Aber sie war auch unglaublich spannend. Ich begann abends in einer Bar zu jobben, lernte die Sprache …

* * *

»… und wir lernten uns kennen«, fiel Sofia lachend ein. »War das so grausam?«

»Nun ja«, grinste ich, »als du dann plötzlich weg warst, fühlte sich das fast so an wie beim Galeerentrommler.«

»Jetzt übertreibst du aber! Ich wette, du hast drei Tage später wieder auf dem Surfbrett gestanden.«

»Ertappt«, gab ich zerknirscht zu. »Das war damals in Kalifornien eine völlig andere Lebenswelt als die, die ich kannte. Ostberlin war zwar Aufbruch, aber zugleich auch völlig abgewrackt. Die Sonne und der Optimismus Kaliforniens waren etwas völlig anderes.

Eigentlich war es das erste Mal in meinem Leben, dass ich mich mit mir beschäftigte und meinen Gedanken nachhing.«

»Ja, das hatte ich gemerkt. Du warst sehr in dich gekehrt und hast dauernd irgendwelches für Außenstehende planlos wirkende Zeug gemacht. Ich kam gar nicht an dich ran. Und deswegen bin ich schließlich auch weggegangen.«

»Schön, dass wir uns jetzt wieder getroffen haben«, antwortete ich.

»Lenk nicht ab«, grinste sie. »Ich will jetzt endlich das Ende der Geschichte hören!«

Also tauchte ich wieder in die Vergangenheit ein.

Im Gegensatz zur Schlussphase in Berlin genoss ich die Zeit in den USA richtig: Es wollte nicht alle zwei Sekunden irgendjemand etwas von mir. Als ich jetzt zurückblickte, erschien mir diese Zeit plötzlich wie eine Art Traumzeit, die eigentlich alles andere als furchtbar war.

Was hatte ich gelernt? Mehr zu kontrollieren. Und dass ich überhaupt erst einmal etwas lernen sollte. Das war die Grundlage für meine Entscheidung zu studieren. Und schließlich: Wofür konnte ich dankbar sein? Plötzlich fiel es mir wie Schuppen von den Augen. Wenn ich mir vorstelle, ich hätte die letzten 20 Jahre so leben müssen wie in dieser Berliner Club-Zeit, dann wäre ich schon vor zehn Jahren gestorben. Das wäre ein furchtbares Leben gewesen. Dieser Stress, diese vielen Abhängigkeiten. Bei den letzten Gedanken schüttelte es mich.

Und dann sagte ich plötzlich: »Wolfgang, jedes Scheitern ist die Grundlage für einen Neuanfang.«

Lange schwieg er und sah mich eindringlich an. Dann sagte er: »Beweise es mir!«

»Weißt du, ich kann jederzeit wieder anfangen. Und die Zeit nach dem Scheitern ist nicht so schlimm, sondern im Gegenteil: Bei mir damals war es eine Zeit, in der ich überhaupt erst zu mir selbst kam.« Und dann erzählte ich ihm alles, was ich aufgeschrieben hatte. Als ich es nochmals erzählte, erschien es mir fast, als ob ich 20 Jahre lang ein schwarzes Tuch darüber ausgebreitet hätte.

Wolfgang nickte langsam: »Ich selbst habe damals zwei Pleiten gebraucht, bis ich das erkannt habe. Weißt du, in den Biografien vieler erfolgreicher Unternehmer verbirgt sich eine Pleite oder ein Scheitern. Oft sogar mehrere. Üblicherweise wird das unter dem Label verkauft: ›Er wurde erfolgreich, obwohl er einmal gescheitert ist.‹

Ich glaube, das trifft nicht die ganze Wahrheit. Die ganze Wahrheit ist die: ›Er wurde erfolgreich, *weil* er gescheitert ist, daraus gelernt hat und wieder aufgestanden ist.‹«

»Wie meinst du das?«, fragte ich, während sich langsam eine große Ruhe in mir ausbreitete.

»Weil man im Scheitern mehr lernen kann als in jeder anderen Lebensphase. Weil man im Scheitern offen ist für jede Neuorientierung und sämtlichen alten Ballast abwerfen kann. Und weil einem das Durchstehen einer solchen Phase ein riesiges Selbstbewusstsein verleihen kann. Wenn man das durchsteht, kann man alles durchstehen. Das Scheitern, richtig verarbeitet, nimmt einem die Angst. Und weil einen das Scheitern auch Demut lehrt.

Bei mir, das muss ich klar sagen, war das zweimalige Scheitern die Basis meines Erfolgs. Wenn ich nicht gescheitert wäre, hätte ich mir nicht Ende der 1980er-Jahre in den USA einen Coach gesucht und dann hätte ich danach keine erfolgreichen Unternehmen gegründet.«

Ich wusste, dass es wahr war, was er sagte, weil ich selbst schon einmal gescheitert war. Und ich fühlte, dass es keinen Grund gab, Angst vor etwas zu haben, das einen in dieser Weise weiterbringen kann. Es war wie eine Befreiung.

Und in dieser Befreiung sah ich meine Ideen mit der Website plötzlich als das, was sie waren: kleine Notlösungen eines Angsthasen.

Deshalb nahm ich all meinen Mut zusammen: »Wolfgang, was hast du ehrlich gedacht, als ich dir die Geschichte mit der Unternehmer-Stars-Website und der Veranstaltung erzählt habe?«

»Ehrlich?«, fragte Wolfgang.

»Ja!«

»Du hast mir bei unserem letzten Treffen von Unternehmer-Stars erzählt. Du wolltest, dass zehntausende Jugendliche nachts um drei irgendwo anstehen, um Unternehmer werden zu können. Du wolltest Vorbilder schaffen! Ich spürte, wie du branntest.

Und heute kamst du mit so einer Minimal-Lösung. Das entspricht nicht deinem Potenzial und ist deiner nicht würdig! Donald Trump hat mal gesagt, ›Groß zu denken, ist ...‹«

»›... genauso anstrengend wie klein zu denken. Also kann man auch gleich groß denken.‹ Das hat mir Dago auch dauernd gesagt«, unterbrach ich Wolfgang leicht genervt.

»Vielleicht hättest du ihn dann doch nicht kündigen sollen, wenn er auch so schlaue Sätze zitieren kann«, lachte Wolfgang Radies. Um dann ernsthafter fortzufahren: »Oliver, das ist alles Klein-Klein! Ich sprach zwar von kleinen Zielgruppen und kleinen, spitzen Angeboten, aber ich sprach nie von einer kleinen Vision. Obwohl manche EKS-Anhänger das auch gerne verwechseln.

Aber du erzählst mir von Stars! Stars sind die Rolling Stones oder Madonna – nicht irgendeine Kleinstadt-Band!«

»Was soll ich denn deiner Meinung nach machen?«, erwiderte ich, während mein voriges Hochgefühl, meine Angst vor dem Scheitern überwunden zu haben, schon langsam wieder schwand. »Soll ich etwa Steve Jobs oder Richard Branson zu einer Veranstaltung einladen?«

Wolfgang war einen Moment ruhig. Ich vermutete, er hatte bemerkt, dass meine Motivation langsam schwand. Und war schon gespannt, wie er die Kurve kratzen und die Energie zurückholen wollte. Doch dann erwiderte er: »Das ist gar keine so schlechte Idee! Lade Steve Jobs oder Richard Branson ein!«

»Das meinst du doch jetzt nicht ernst, oder?«, erwiderte ich fassungslos.

Wolfgang blickte mich weiter unverwandt an, ohne ein Wort zu sagen.

In diesem Moment fragte ich mich, ob ich Wolfgang überhaupt noch ernst nehmen sollte. »Also wirklich, Wolfgang. Das ist doch lächerlich und völlig unrealistisch.«

Aber Wolfgang blickte mich weiter unverwandt an. Schließlich erwiderte er: »Mein Lieblingszitat kommt von George Bernhard Shaw: ›Manche Menschen sehen die Dinge, wie sie sind, und sagen: Warum? Ich träume von Dingen, die nie waren, und sage: Warum nicht?‹

Warum also nicht? Stell dir das doch einmal vor! Du holst einen dieser Unternehmer-Stars zu einer Veranstaltung nach Deutschland. Mit der Zielstellung, die Vorbildwirkung auf Jugendliche und das Unternehmertum zu stärken. Das wäre der Hammer!«

Er meinte es wirklich ernst! Und in seiner Begeisterung wirkte er fast ansteckend auf mich. »Aber wie soll das gehen? Ich bin ein No-Name, den keiner kennt!«

Wolfgang war einen Moment ruhig. Dann begann er: »Richard Branson gründete im Alter von 15 Jahren eine Schülerzeitung. Das machen viele Schüler in seinem Alter. Aber er beschloss, gleich eine landesweite Schülerzeitung zu gründen. Für ganz England.

Er hatte nur ein paar Shilling in der Tasche. Keiner kannte ihn. Und er hat seine landesweite Zeitung gegründet!«

»Wie?«, wollte ich wissen.

»Er hat seine paar Münzen in einer Telefonzelle investiert, die Rolling Stones angerufen und ein Interview mit ihnen vereinbart. Er rief Jean-Paul Sartre an und überredete ihn, einen Beitrag zu bringen. Bevor er endgültige Zusagen hatte, rief er bei Coca-Cola und Marlboro an und verkaufte ihnen Werbeseiten. Was einfach ging, weil er nicht mit seinem Namen, sondern mit den Namen von anderen Großen warb.«

»Das würde heute nicht mehr gehen«, schüttelte ich meinen Kopf.

»Kennst du Hermann Scherer?«

»Nein, wer soll das sein?«, fragte ich.

»Nun, um das Jahr 2000 war er noch ein No-Name. Aber ein No-Name, der Bill Clinton zu einem Vortrag nach Deutschland holte.«

»Wie?«, wollte ich wieder wissen.

»Er wollte eine Veranstaltung machen. Und ein paar Stars dabei haben. Die Klitschkos und andere. Natürlich wollten alle ziemlich viel Geld, sodass das Budget irgendwann auseinanderbrach.

Dann entstand die Idee mit Clinton. Er rief an und Clinton war bereit zu kommen. Natürlich wollte er am meisten Geld von allen. Und Scherer sagte zu.«

»Wieso, ich dachte, das Budget flog auseinander.«

»Jetzt nicht mehr!«, schüttelte Wolfgang grinsend den Kopf. »Jetzt bezahlten all die B- und C-Promis viel Geld, um bei einer Veranstaltung mit Clinton dabei sein zu dürfen. Mit anderen Worten: Die B- und C-Promis bezahlten den einen sündhaft teuren A-Promi und das ganze Event sah kostenmäßig viel besser aus. Zudem war es keinerlei Problem mehr, die restlichen Tickets zu verkaufen.«

»Moment mal«, dachte ich nach. »Was du da sagst, heißt ja, dass es nicht genauso schwer ist, groß oder klein zu denken. Sondern es heißt, dass das größere Event sogar einfacher zu organisieren ist! Das ist der Hammer!«

»Einfacher, wenn du deine Angst im Griff hast, ja!«, nickte Wolfgang.

»Was wird so jemand wie Steve Jobs oder Richard Branson kosten?«, fragte ich.

»Ich habe keine Ahnung«, schüttelte Wolfgang seinen Kopf. »Aber das ist auch völlig egal. Sobald du eine Zusage hast, wird Geld kein Problem mehr sein. Man muss schon ziemlich bescheuert sein, um das mit einer Zusage noch in den Sand zu setzen. Und selbst wenn, dann ist das deine GmbH, die zahlen müsste. Sie kann aber nicht zahlen, und du hast dann die Chance, mit einer weiteren Erfahrung von vorne zu beginnen.«

»Das mache ich!«, hörte ich mich sagen. »Da ist vielleicht Energie drin! Es hält mich kaum mehr hier auf dem Stuhl.

Wie gehe ich da jetzt am besten ran?«

»Weißt du, das Schöne an dieser Herangehensweise ist, dass du nur einen einzigen Engpass hast: Entweder du bekommst einen der weltweit bekannten Unternehmer-Stars oder du bekommst ihn nicht. Du kannst deine ganze Energie genau auf diesen einen Punkt konzentrieren. Der ganze Rest, also die B- und C-Stars, der Ticketverkauf, die Presse, all das geschieht von ganz allein. Du musst dafür keinerlei Energie mehr aufwenden.

Wie du einen der großen Unternehmer-Stars bekommst? Lies das Buch von Hermann Scherer oder ruf ihn am besten gleich selbst an. Seine Erfahrungen sind bei dem, was du vorhast, Gold wert. Sammle alles, was du an Informationen über die zwei oder drei möglichen Unternehmer bekommen kannst. Lies ihre Biografien. Nutze deine Netzwerke. Jeder Mensch ist mit jedem anderen über maximal sechs Schritte bekannt. Das gilt auch für diese zwei oder drei Unternehmer. Finde raus, was ihr Anliegen ist, und verbinde es mit deinem.

Bei Richard Branson hilft es vielleicht, wenn du ähnlich frech bist wie er mit seiner Schülerzeitung damals. Vielleicht imponiert es ihm, wenn jemand genauso vorgeht wie er selbst vor über 40 Jahren.«

»Das ist es!«, konnte ich mich kaum mehr auf meinem Stuhl halten. »Jetzt weiß ich endlich, was ich zu tun habe. Es wird ein riesiges Unternehmer-Stars-Event geben. Da wird einer der weltweiten Größen kommen und den Eröffnungsvortrag halten. Es wird ein Begleitprogramm geben, Musik, Events. Es wird ein neues Unternehmer-Lebensgefühl geprägt und ausgedrückt. Und den Abschlussvortrag wird Oliver Steinbach halten. Der bundesweite Spezialist für Unternehmer-Stars. Ich werde dadurch einen Namen und eine Position bekommen und alle Unternehmer, die um sich selbst herum einen Starkult schaffen wollen – auch um ihre Produkte zu positionieren –, werden von allein zu mir kommen. Weil ich ja der bin, der sich im Umfeld von Stars bewegt!«

»Jetzt schau dir nochmals dein Mindstorming an, wie man Unternehmer-Stars macht«, forderte mich Wolfgang auf.

Ich suchte das Blatt* heraus und in wenigen Momenten schien es, als ob sich alle Puzzlestückchen nun in das Gesamtbild einordnen würden. Der Schlüssel war mein achter Punkt: »Andere Stars im Umfeld färben ab.« Aber ich konnte auch alle anderen Punkte in Bezug auf diese Veranstaltung und meine eigene Positionierung nutzen.

»Jetzt, Wolfgang, jetzt habe ich wirklich eine strategische Idee. Ich weiß zwar noch nicht genau, wie meine Dienstleistung über dieses Event hinaus aussehen wird. Aber das ist völlig egal. Einfach, weil die Kunden mit ihren Bedürfnissen zu mir kommen, wenn ich diese Bekanntheit und diesen Starglanz habe. Und weil ich von ihnen lernen kann und sich dann Angebote finden werden.«

»Und weil du, wenn du weiter deine strategischen Muster beobachtest, sicher sein kannst, dann in der entsprechenden Situation richtig zu entscheiden. Herzlichen Glückwunsch, Oliver!«

6.7 Die Mitarbeiter

Wir machten nochmals eine kurze Pause. Ich muss gestrahlt haben wie ein Honigkuchenpferd, so geil fand ich die Idee. Innerhalb weniger Minuten fügten sich alle Puzzlestückchen zusammen. Bis auf eines.

Und so begann ich: »Ich habe noch einen letzten Punkt.«

»Schieß los«, forderte mich Wolfgang auf.

»Ich stelle mir gerade vor, wie ich morgen in mein Unternehmen zurückkomme.«

»Ja, und?«

»Dann sitzen da Leute herum wie Alexa oder meine anderen Mitarbeiter, die in ihrer Pedanterie nicht weiterdenken als bis zur Größe des Raums für ein solches Event oder die Anzahl der Tische, die man dafür braucht. Das ist nicht die richtige Energie!«

---

* siehe Seite 259

»Falsche Herangehensweise«, schüttelte Wolfgang den Kopf. »Zuerst würde ich gerne wissen, wer eine solche Veranstaltung klasse fände.«

»Marc«, erwiderte ich wie aus der Pistole geschossen. »Und Julia. Und vielleicht auch Thomas. Vielleicht auch ein paar von den 20 Unternehmern, mit denen ich in den letzten Wochen telefoniert habe.«

»Dann schaff dir zuallererst einen Unterstützerkreis. Leute, die dafür sorgen, dass du die Energie hochhältst.

Und dann gehst du davon aus, dass deine Mitarbeiter etwas mit Begeisterung tun wollen, aber bisher nicht konnten. Es wurde ja nur von ihnen erwartet, die Schnittchen sauber im rechten Winkel auszulegen. Diese positive Erwartung ist deine Grundeinstellung. Mitarbeiter, die diese Grundeinstellung über einen längeren Zeitraum zu widerlegen scheinen, sind sicher nicht richtig bei dir.«

»Schon, aber wie bekomme ich meine Mitarbeiter vom einen Zustand in den anderen? Wie sorge ich dafür, dass sie langfristig mit Begeisterung im Sinne meiner Strategie handeln?«

»Nun ja«, grinste Wolfgang, »was wir vom ersten Tag an für dich besprochen haben, gilt genauso für deine Mitarbeiter. 70 bis 99 Prozent ihrer Entscheidungen sind emotional, unbewusst und Mikroentscheidungen mit genau einer Alternative. Wenn du möchtest, dass deine Mitarbeiter gemäß deiner Strategie handeln, dann musst du dafür sorgen, dass sie deine Zielgruppe genauso lieben wie du selbst.

Und du musst dafür sorgen, dass sie genauso ihre Angst überwinden wie du selbst. Der beste Weg dahin ist dein eigenes Vorbild – die Spiegelneuronen lassen grüßen.

Der zweitbeste Weg ist, Hinderungsgründe zu beseitigen. Einen Verkäufer, der persönlich pleite ist und einen großen Teil seiner Einnahmen durch Provision erzielt, kannst du nicht für eine nutzenorientierte Strategie einsetzen. Einfach, weil ihm im Zweifel der eigene Geldbeutel näher ist. Er ist Angst-motiviert und seine Emotionen werden durch seine persönliche Situation und durch seine Provisionsregel beeinflusst. Also kannst du dort ansetzen. Ändere die Provisionsregel und schick ihn zu einem dieser Geldgurus wie Bodo Schäfer ins Seminar, damit er seine persönliche finanzielle Situation in den Griff bekommt. Vorher kannst du reden, was du willst, es wird keine Wirkung haben.«

»Dann muss ich mich ja richtig intensiv mit meinen Mitarbeitern beschäftigen«, erwiderte ich entgeistert.

»Ach, das wird einfacher, wenn du deine Mitarbeiter auch liebst. Erst die Kunden, dann die Mitarbeiter. Ganz einfach«, lachte Wolfgang.

»Okay, und hast du noch einen dritten Weg?«

»Ja, Geschichten! Storytelling! Das ist eines der wichtigsten Steuerungsinstrumente überhaupt*. Weil Storys im Gegensatz zu Arbeitsanweisungen auf die Emotionen und das Unbewusste zielen. Und damit letztlich viel effektiver sind.«

»Wie meinst du das?«

»In den weitaus meisten Unternehmen kursieren Geschichten von Horrorkunden. Zum Beispiel die Geschichten, die du selbst über Bäumler erzählt hast. Und vielleicht, wie man diese Kunden dann auf den Topf gesetzt hat.

Ein Beispiel: Wenn dir ein Freund erzählt, wie seine Partnerin kürzlich einmal irgendwelche ungehörigen Forderungen gestellt hat, und er sie danach zusammengefaltet hat, erscheint dir dies als ein Ausdruck besonderer Liebe?«

»Nein«, schüttelte ich den Kopf. »Und ich finde weder ihn noch seine Freundin hinterher sympathischer.«

»Genau«, nickte Wolfgang. »Und wenn dir derselbe Freund erzählt, wie er seiner Partnerin eine Wellness-Reise geschenkt und sich in der Zwischenzeit um die Kinder gekümmert hat, weil seine Frau noch nie Urlaub von den Kindern hatte, wie wirkt das auf dich?«

»Ich glaube, das wirkt, wie wenn er sie sehr lieben muss. Und wie

---

* Siehe dazu auch mein Seminar »Storytelling« http://www.unternehmercoach.com/unternehmer-seminar-storytelling-positionierung-fuehrung.htm

wenn sie diese Zuneigung verdient hat«, erwiderte ich. »Aber ich verstehe noch nicht ganz, worauf du hinauswillst.«

»Nun«, lächelte Wolfgang, »dein Freund erzählt jeweils eine Geschichte. Aus tausend möglichen Geschichten. Diese Geschichten können beide wahr sein. Dein Freund trifft aber immer eine Auswahl, welche Geschichte er erzählt. Darüber nimmt er Einfluss, wie du gegenüber ihm und seiner Partnerin denkst und fühlst. Er nimmt Einfluss darauf, ob du die Wut oder die Liebe siehst.

Genauso nimmst du über die Geschichten, die du in deinem Unternehmen erzählst, Einfluss darauf, ob deine Mitarbeiter eure Kunden lieben oder nicht. Das ist strategisches Storytelling. Aber ich glaube, das ist eher ein Thema für unseren nächsten Termin. Du hast nun eine Menge zu tun und ich bin gespannt, was dabei herauskommt.«

»Ich bin wirklich überglücklich über das Ergebnis. Jetzt muss ich mich nur noch dir gegenüber verpflichten, einen der großen Unternehmer zu bekommen.«

Aber Wolfgang winkte völlig überraschend ab: »Das ist nicht nötig. Diese Idee ist völlig einfach, klar und fokussiert. Entweder diese Idee entfacht so viel Energie in dir, dass du wie ein Bullterrier dranbleibst, egal, was dir in den Weg kommt. Dann brauchst du keine Verpflichtung und schaffst es auch so. Egal, wie lange es dauert. Oder die Energie ebbt ab. Dann wirst du es auch mit Verpflichtung nicht schaffen.

Wenn du dich verpflichten möchtest, dann nur für die regelmäßigen Aufgaben, die du dir notiert hast. Dankbarkeit, Sport und die anderen Punkte.«

»Ja, das möchte ich«, nickte ich. Ich wusste genau, dass ich für meine neue Idee brannte. Und während dieser Begeisterung würden die anderen Dinge hinten runter kippen. Und was hätte ich dann davon, wenn ich einmal einen Erfolg gehabt hätte und danach wieder in die falsche Richtung laufen würde? Diese Aufgaben waren langfristig fast noch wichtiger, als einen dieser namhaften Unternehmer zu gewinnen.

Wir schlossen die Verpflichtung und es war für mich fast schon normal, dafür 50 000 Euro einzusetzen. Mit einem wunderbaren Gefühl verabschiedete ich mich und flog noch am selben Abend über Zürich nach Hause.

7. Das Paradies

»Wow!«, konnte Sofia nur noch sagen. Ich spürte, wie sie förmlich elektrisiert war. »Und jetzt? Diese Unternehmer kann man doch nicht einfach anrufen oder über Facebook kontaktieren?«

»Langsam, langsam«, bremste ich sie lachend. Ich wollte sie noch ein wenig auf die Folter spannen. »In der ersten Januarwoche kaufte ich Bücher, um zu lernen, wie man an solche Leute rankommt. Ich rief andere Leute an, die schon einmal Top-Redner oder Bands nach Deutschland geholt hatten, und versuchte möglichst viel von deren Erfahrungen zu lernen.

Dann begann ich im Internet zu recherchieren: Wer käme überhaupt infrage? Wen gibt es noch außer Steve Jobs und Richard Branson, die eine hohe Bekanntheit besitzen und einen Star-Status haben könnten? Ich recherchierte weltweit nach den jeweiligen ›Unternehmern des Jahres‹, ich identifizierte die wichtigsten Kultunternehmen und überprüfte die zugehörigen Unternehmer, ob sie in mein Raster fallen würden.«

»Das war sicher ganz schön viel Arbeit«, warf Sofia ein. »Was kam dabei heraus?«

»Es verblieb am Schluss nur eine ziemlich kleine Liste mit fünf weltweit bekannten Top-Unternehmern, die zum Vorbild, als Rockstars oder als Unternehmer-Stars taugten. Ich begann deren Biografien zu studieren und ihre Vorlieben systematisch in Mindmaps zu erfassen. Sind sie segelbegeistert? Wohin spenden sie? Wen kennen sie? Ich arbeitete Tag und Nacht wie besessen, unterbrach nur kurz für meine regelmäßigen Aufgaben, zu denen ich mich gegenüber Wolfgang verpflichtet hatte.

Hätte mir meine Schwester Julia nicht wenigstens ab und zu etwas zum Essen beim Lieferservice bestellt, dann wäre ich vermutlich verhungert.«

»Das scheint sie gut gemacht zu haben. Sonst wärst du jetzt nicht hier und das wäre schade«, schmunzelte Sofia.

»Bis zum Sonntag nach dem Treffen mit Wolfgang«, ignorierte ich ihre Annäherung, »musste ich mir eingestehen, dass ich mit fünf dieser Unternehmer nicht weiterkommen würde. Es würde viel zu komplex werden, alles zu erfassen. In meinen Mindmaps hatte ich jedoch herausgefunden, dass zwei dieser Unternehmer hin und wieder bei öffentlichen Anlässen außerhalb ihres Unternehmens auftraten.

Auf die konzentrierte ich mich. Es schien mir einfacher, diese zu gewinnen.«

»Und dann?«

»Dann kaufte ich mir erst mal große DIN-A0-Blätter und legte für beide Unternehmer Mindmaps an, die ich in meinem Büro aufhängte. Dort trug ich alles, was ich über die beiden schon wusste, ein. Außerdem sammelte ich dort alle Personen, die die beiden direkt oder zumindest indirekt kannten. Da waren dann wirklich einige darunter, die mir in erreichbarer Nähe schienen. Als das klar war und ich wusste, dass ich es schaffen könnte, trommelte ich am Montag, den 11. Januar, mein Team zusammen, um ihnen meine Idee zu präsentieren.«

»Die fielen doch bestimmt vor Schreck um?«, fragte Sofia.

»Ja, am Anfang schon. Aber bereits nach zehn Minuten hatte ich sie so weit, dass sie sich zumindest theoretisch auf ein Gedankenspiel einließen. Und nach einer halben Stunde hatte ich es geschafft, meine Energie auf sie zu übertragen.

Ich glaube, ich hatte ein bisschen was von einem Wahnsinnigen, der alles aus dem Weg räumt. Gemäß dem Spruch: ›Führe, folge oder geh aus dem Weg‹, war ich erstmals seit Langem wieder dabei zu führen.

Und meinen Mitarbeitern blieb eigentlich nur noch die Wahl zwischen folgen oder aus dem Weg gehen.«

»Das wiederum kann ich mir ziemlich gut vorstellen«, lachte Sofia. »Du konntest auch vor 20 Jahren schon ziemlich irre und besessen sein.«

»Als Nächstes begann ich, mit allen darüber zu sprechen. Am Anfang hatte ich noch Bedenken. Aber letztlich gab es keine andere Alternative: Du musst mit allen sprechen. Nur so kann die Hilfe zu dir kommen.«

»Das stimmt«, nickte Sofia. »Wünsche für sich zu behalten, hilft nur bei Sternschnuppen weiter. Und selbst da klappt das nicht immer.«

»Na ja, aber immerhin ist das noch romantisch«, lächelte ich. »Aber ich wäre bei meinem Projekt mit der Sternschnuppen-Methode kaum vorangekommen. Aber als ich an andere Menschen herantrat, entwickelte sich plötzlich eine ungeheure Kraft. Viele Menschen in meinem Umfeld fanden die Idee einfach nur geil! Sie waren wie berauscht davon, einen dieser Top-Unternehmer nach Deutschland zu holen und damit die Kultur hier zu verändern.

Vorher war Wolfgangs Gerede von der Idee, die größer ist als man selbst und der man sich verschreiben muss und für die man berufen ist, nur theoretisches Zeugs für mich. Aber plötzlich spürte ich diese Energie!

Alle möglichen Leute, die ich gar nicht kannte, riefen plötzlich an und boten mir ihre Unterstützung an. Viele dieser Unternehmer, Redner und Bands unterstützten mich mit Kontakten, weil sie auch dabei sein wollten.«

»Aber wäre das nicht superpeinlich gewesen, den Plan von dieser Veranstaltung in die Welt hinauszuposaunen und es dann nicht zu schaffen?«

»Ja«, schmunzelte ich. »Nachdem Wolfgang mich nicht darauf verpflichten wollte, war das mein eigener Verpflichtungsersatz. Was sogar noch viel effektiver war! Ab einem bestimmten Punkt hatte ich nur noch eine einzige Alternative: Es zu schaffen!«

Lange betrachtete mich Sofia, bis sie schließlich sagte: »Bei der Energie gibt es wirklich nur noch eine einzige Alternative. Aber trotzdem: Hattest du keine Angst vor dem Wettbewerb?«

»Nein, die meisten wissen, dass es viel einfacher und besser ist, sich da dranzuhängen und frühzeitig zu positionieren. Und da alle wissen, dass du genau so was machst, bist du in jedem Fall der Erste!«

Nachdenklich nickte Sofia: »Ja, sieht wirklich so aus, als ob du deine Angst besiegt hättest! Manchmal ist es wirklich wie der berühmte Korken aus der Flasche. Plötzlich ist er raus und alles geht von allein.«

»Zehn Tage später kam ich bereits an den engeren Kreis derjenigen, die diese beiden Unternehmer direkt kannten. Und nach einigen Dutzend Gesprächen schaffte ich es, diesen Kreis von der Veranstaltung zu überzeugen. Schließlich bekam ich bei einem der beiden einen Termin von zehn Minuten.«

»Echt?«, fragte Sofia begeistert.

»Ja«, nickte ich. »Die Sache hatte nur einen kleinen Haken. Der Termin fand bereits zwei Tage später in Singapur statt. Ich war im völligen Schockzustand. Das Flugzeug war zwar sofort gebucht, aber wie sollte ich in zwei Tagen meine Präsentation vorbereiten? Das war völlig unmöglich!«

»Was hast du dann gemacht?«

»Ich habe Wolfgang angerufen und ihn um Hilfe gebeten!«

»Wie hat er reagiert?«

»Er fragte nur, ob ich meine regelmäßigen Aufgaben gemacht hätte, um meine Angst zu reduzieren. Da konnte ich in dem Moment überhaupt nicht dran denken. Und er fragte nach den regelmäßigen Aufgaben!«

»Ist er so cool oder ist er völlig abgedreht?«, schüttelte Sofia ihren Kopf.

»Cool. Er insistierte und erklärte schließlich: ›Du hast die Sache mit der Dankbarkeit regelmäßig geübt und kannst dich nun besser in diesen Zustand hineinversetzen. Sei dankbar für den Weg, den du in nur drei Wochen gegangen bist. Sei dankbar für die Menschen, die dir geholfen haben. Sei dankbar, dass du überhaupt so weit gekommen bist.‹«

»Und das half?«

»Nicht gleich«, schüttelte ich den Kopf. »Ich war zu sehr in meiner Panik gefangen. Aber nachdem er eine Zeit lang auf mich eingeredet hatte, beruhigte ich mich und konnte sehen, wie wichtig diese Ruhe war.«

»Aber du hattest doch noch immer keine Präsentation?«

»War auch nicht wichtig, sagte mir Wolfgang.«

»Wieso das denn?«

»Weil es nur auf eine Kernidee und eine Story ankäme. Mehr ginge in zehn Minuten eh nicht. Was dieser Unternehmer sehen wolle, sei die Energie in mir, das Gefühl, dass ich es schaffen könne und wirklich etwas verändern wolle. Dann erzählte er mir noch die Geschichte von Jerry Kaplan. Das ist der, der den ersten Laptop entwickelte und verkaufte. Er ging mit seiner Idee zu einer der größten Venture-Capital-Gesellschaften. Vor dem Raum mit den Entscheidern saßen schon andere, die auch präsentieren wollten und Geld brauchten. Alle sortierten nochmals ihre Folien für die Präsentation und gingen nochmals die Zahlen durch. Jerry Kaplan fiel erst in diesem Moment auf, dass er das alles gar nicht hatte. Er hatte nur eine leere, kleine Aktentasche.

Als er dann schließlich an die Reihe kam, betrat er den Raum mit den Entscheidern. Etwa ein Dutzend Leute in Anzügen saßen vor ihm. Da war ihm klar, dass nur noch die Flucht nach vorne blieb. So sprang er auf den Tisch, warf mit einem lauten Knall seine kleine Aktentasche direkt vor die verdatterten Venture-Capital-Leute und rief: ›Das, meine Herren, ist der Computer der Zukunft!‹ Die guckten völlig perplex auf die Tasche und dann ging ihnen auf, was er da gesagt hatte: Einen so kleinen und tragbaren Computer gab es bislang nicht. Er bekam sein Investment.«

»So eine Methode passt doch zu dir«, frotzelte Sofia. »Du hast dir also eine Aktentasche gekauft und bist nach Singapur geflogen, richtig?«

»Nein. Zuerst war ich gar nicht fähig, mir das vorzustellen. Aber das griff Wolfgang dann auf, indem er sagte, dass ich jetzt vielleicht gar nicht fähig wäre, so eine Idee zu entwickeln. Dann forderte er mich auf, einfach die abgedrehtesten Leute in meinem Umfeld anzurufen und ihnen mein Problem und den Wunsch, mit etwas völlig Abgefahrenem aufzutreten, zu schildern.«

»Und, was hast du dann gemacht?«

»Ich war zu eng in meinem Denken. Obwohl ich alles über den Unternehmer wusste, fiel mir nichts ein.

Geholfen hat mir schließlich meine Schwester Julia, die mir beim Abschied am Flughafen sagte: ›Olli, du hast es immer geschafft, in schwierigen Situationen eine Lösung zu finden. Ich bin mir sicher, dass du auch dieses Mal im richtigen Moment die richtige Idee hast. Lass einfach los und genieß deinen Flug.«

»Du bist also völlig unvorbereitet da hingeflogen?«, schüttelte Sofia ungläubig den Kopf.

»In gewisser Weise schon. Andererseits gaben mir die Worte meiner Schwester eine solche Kraft und Ruhe, dass ich im Flugzeug sofort einschlief. Und als ich während des Landeanflugs geweckt wurde, fühlte ich die Energie in mir und wusste, dass ich es schaffen würde.

Schließlich ging ich zu ihm rein, erzählte ihm von meinem Traum, meiner Vision. Dass ich plante, im verkrusteten und verschlafenen Deutschland gewissermaßen eine Revolution anzuzetteln. So ähnlich wie damals die Beatles, die Rolling Stones oder später die Sex Pistols. Und dass ich ihn bräuchte, um genau dieses Lebensgefühl eines Unternehmers zu vermitteln. Dass jetzt die Zeit dafür reif sei.

Merkwürdigerweise wusste ich dabei vom ersten Moment an, dass ich keine Vorbereitung brauchte, weil die Vorbereitung die ganze Zeit in mir geschlummert hatte und in gewisser Weise mein ganzes Leben diese Vorbereitung gewesen war.«

»Und dieser Unternehmer?«

»Ich glaube, ich habe ihn vom ersten Moment an inspiriert. Als ich schließlich schloss – ich weiß noch nicht mal, ob ich zwei Minuten oder zwei Stunden geredet hatte –, fragte er, wieso ich das eigentlich nur in Deutschland machen wolle.«

»Wow«, entfuhr es Sofia, »da war es doch sicher gut, dass Wolfgang dir diese Frage schon einmal gestellt hatte. Was hast du geantwortet?«

»Ich hatte in dem Moment das Gefühl, dass er auf jeden Fall zustimmen würde. Und das gab mir einen solchen Schub, dass ich völlig überzeugt zurückfragte, woher er eigentlich meine nächsten Pläne kennen würde. Und mit einem Lachen haben wir dann unseren Deal besiegelt. In drei Monaten kommt er nach Deutschland!

Das wird ein Riesen-Event, über das alle berichten werden! Und eine ganz neue Form, das Lebensgefühl als Unternehmer auszudrücken.«

»Jetzt weiß ich auch«, lächelte sie, »warum deine Augen so geleuchtet haben, als ich dich vor ein paar Tagen wiedergesehen habe. Und warum du so klar und fokussiert wirkst. Das gefällt mir!«

Ich lächelte sie an. »Mir auch.«

»Aber was machst du dann noch hier auf Bali?«, fragte Sofia verblüfft. »Du hast doch jetzt bestimmt fürchterlich viel zu tun!«

»Ja, natürlich«, nickte ich, »aber ich hatte noch ein paar Tage Zeit, bevor es richtig losgeht. Auf dem Weg zum Flughafen in Singapur habe ich mir überlegt, dass Bali nicht weit ist, und mich kurzerhand für einen Zwischenstopp entschieden. Die nächsten Wochen werde ich bestimmt keine Erholung haben. Und Wolfgang hat ja gesagt, dass es wichtig sei, dafür zu sorgen, dass man seine Kunden noch mehr lieben könne. Da ist Bali, das Surfen und die Zeit mit dir genau das Richtige.«

Nach einer langen Pause fuhr ich fort: »Morgen muss ich ja schon abreisen. Und ich fände es überhaupt nicht schön, wenn du noch einmal einfach so aus meinem Leben verschwinden würdest. Vielleicht möchtest du mich zum Event in Deutschland besuchen und danach noch ein oder zwei Wochen bleiben? Dann kann ich mich für deine Aufmerksamkeit revanchieren.«

Sofia sah mich lange prüfend an und lächelte schließlich schelmisch:

»Scheint mir ein guter Deal zu sein. Drei Tage meiner Aufmerksamkeit gegen 14 Tage deiner Aufmerksamkeit? Abgemacht!«

Mit gespieltem Erstaunen schaute ich Ihr tief in die Augen: »Wenn das jetzt nicht einfach nur ein Handel ist, scheint es so, als hättest du intuitiv das Konzept von Wolfgang Radies besser verstanden als ich.«

Warum?

Im Jahr 2003 scheiterte ich nach über sechs Jahren mit meinem ersten Unternehmen, der blue orange Internet GmbH. Diese sechs Jahre waren angefüllt mit mindestens 80-Stunden-Wochen, Begeisterung und Enttäuschung, Erfolgen und Misserfolgen.

Fatal war, dass ich überhaupt nicht verstanden hatte, warum ich gescheitert war. Gut, auf dem Konto war ein dickes rotes Minuszeichnen, aber warum? Die Kunden kauften nicht mehr, aber warum? Alle Maßnahmen, die ich ergriff, um das Unternehmen zu retten, gingen ins Leere. Aber warum?

In den folgenden Jahren lernte ich, so viel ich nur konnte, über das Unternehmersein aus Büchern, von anderen Unternehmern, in Seminaren, von meinem Coach. Und ich verstand schließlich, dass ich in meinem ersten Unternehmen zwar alles Mögliche getan hatte, aber selbst nicht das Selbstbild und die Persönlichkeit eines Unternehmers gehabt hatte und auch die Aufgaben eines Unternehmers nicht ausgeführt hatte. Diese sind nämlich schlicht nirgends beschrieben.

Vor diesem Hintergrund entstand mein Buch *Der Weg zum erfolgreichen Unternehmer*. Das ist die Grundlage! Durch viele Zuschriften, viele Rezensionen, sei es bei Amazon oder woanders, viele Feedbacks in meinen Seminaren und Coachings erfahre ich immer wieder, dass ich mit diesem Buch einen Nerv bei Unternehmern aus kleinen und mittleren Unternehmen getroffen habe. Und viele Zuschriften bestätigen mir immer wieder die positiven und grundlegenden Änderungen, die durch mein Buch eingetreten sind. Dafür möchte ich den Schreibern danken!

Aber es gibt nicht nur Positives. Ich habe auch eine ganze Reihe Coachings erlebt, bei denen am Ende eine wundervolle strategische Idee entstanden ist. Und dann passierte nichts. Danach passierte immer noch nichts. Und dann war die Idee begraben. Ich könnte jetzt wie viele andere Berater und Coachs sagen, dass das nicht mehr in meiner Verantwortung liegen würde. Ich hätte alles getan und laufen müsse der Unternehmer schon selbst.

Es stimmt zwar, dass der Unternehmer selbst laufen muss. Aber ganz unleugbar gab es doch Gründe, warum er es nicht tat. Und die waren nicht in meinem Blickfeld. Also ging ich wieder zurück an den Bücherschrank und las – zum Teil wiederholt – wieder Strategiebücher von Sun Tsu über Macchiavelli, Clausewitz, Porter, Mewes, Jack Trout und so weiter und so fort. Und fand auch dort keine befriedigende Antwort.

Ganz offensichtlich ging es um etwas, was diese Bücher auch nicht im Blick hatten. Die Berater, die diese Bücher schrieben, beschäftigten sich nur mit dem Konzept, aber nicht mit dem, was bei der Umsetzung geschieht. Das war spannend! Die Frage entstand: Was ist der Unterschied zwischen einer guten und einer funktionierenden Strategie? Was macht den Unterschied zwischen einem tollen Strategiekonzept, das auf dem Papier allen Anforderungen genügt, aber nicht erfolgreich ist, und einer mittelmäßigen Idee, die zu einem riesigen Erfolg wird?

Die Antwort, die ich schließlich fand, ist folgende: Der Unterschied liegt im Strategen selbst, im Unternehmer. Der Stratege, das Subjekt des Strategieprozesses, taucht in fast allen Büchern über Unternehmensstrategie überhaupt nicht auf. Damit war die Idee geboren, die Psychologie des Strategen und die Strategiekonzepte zu verbinden. Der Ansatz, den Sie hier im Buch kennenlernen, wurde mit vielen Coaching- und Seminarkunden überprüft und verfeinert. Für das viele wertvolle Feedback möchte ich meinen Kunden herzlich danken!

Dieses Buch hätte ohne die Mithilfe vieler anderer nicht entstehen können. Deshalb bedanke ich mich besonders bei meinen Kunden und den anderen Unternehmercoachs der Unternehmercoach GmbH. Dann möchte ich mich vor allem bedanken bei Anja Frey, die mich seit vielen Jahren in der Diskussion begleitet und mich immer wieder auf wichtige Punkte aufmerksam machte.

Für die Entwicklung der Story des Buchs war entscheidend die Zusammenarbeit mit Susanna Mende. Ihr verdanke ich viele Ideen zum Storykonzept und den Figuren. Weiter möchte ich mich bedanken bei Kai Klinger, Barbara Sellke, Jan Geschke, Helena Keller, Thomas Schreier, Thimo Kilberth, Ute Flockenhaus, Marion Lang und meiner Lektorin Claudia Lange, die das Manuskript gelesen oder mich mit wichtigen Anregungen unterstützt haben.

Auch die Arbeit vieler Theoretiker, Autoren und Berater wie Wolfgang Mewes, Kerstin Friedrich, Peter Sawtschenko, Hans-Georg Häusel, Professor Günter Faltin und viele, viele andere waren für das Entstehen dieses Buches entscheidend und ich möchte auch ihnen meinen herzlichen Dank aussprechen.

Die Kunst seine Kunden zu lieben ist in gewisser Weise die Fortsetzung zum Buch *Der Weg zum erfolgreichen Unternehmer* und baut darauf auf. Wie bei jenem Buch handelt es sich auch hier um eine fiktive Geschichte. Das hat den einfachen Grund, dass wir uns Geschichten leichter merken, dass wir sie einfacher imitieren können. So folgt leichter ein Handeln, zudem sind Geschichten emotionaler. Und das ist auch eines der Hauptergebnisse: Strategie ist ein hochgradig emotionaler Prozess. Wer nur Konzepte und Checklisten sucht, wird mit diesem Buch kaum glücklich werden. Damit habe ich kein Problem.

Aber ich fürchte, so jemand bekommt auch das Wesentliche nicht mit. Weil sich das Wesentliche in Checklisten und Methoden nicht findet. Und weil sich Strategie nicht in sieben einfachen Schritten entwickeln lässt. Professor Günter Faltin vergleicht den Unternehmer mit dem Künstler. Und ich denke, das stimmt auch für die Strategie. Wie es nicht die sieben einfachen Schritte zum Kunstwerk gibt, gibt es diese auch nicht für die Strategie. Was es jedoch gibt, sind Erfahrungen, Sichtweisen, Anregungen, emotionale Haltungen. Und genau diese vermittelt dieses Buch.

Wer sich über dieses Buch hinaus mit dem Thema beschäftigen will, kann die Unternehmercoach-Website besuchen. Dort finden Sie über 400 Buchbesprechungen vom Unternehmer für Unternehmer, dutzende Fachartikel, unseren monatlichen Newsletter und einige Produkte (wie eBooks, Checklisten, Unternehmersystem etc.) – teils zum kostenfreien Download, teils zum Kauf. Ganz besonders kann ich die Coaching-Briefe für Unternehmer empfehlen – die ersten fünf Ausgaben gibt es im günstigen Probeabo.

Wie schon beim letzten Buch *Der Weg zum erfolgreichen Unternehmer* gilt auch hier: Mit einem Buch biete ich Ihnen meine Erfahrung zu einem bezahlbaren Preis. Umgekehrt bin ich auch auf Ihre Hilfe angewiesen. Zum einen freue ich mich natürlich über jede Weiterempfehlung dieses Buchs (und sei es nur in Form einer Amazon-Rezension *g*). Zum anderen freue ich mich, da ich auch von Ihnen lerne, über jedes Feedback unter s.merath@unternehmercoach.com.

Stefan Merath, Dezember 2010

Literaturhinweise

Zu den meisten der hier angeführten Bücher finden Sie ausführliche Besprechungen unter www.unternehmercoach.com.

Allen, David: Wie ich die Dinge geregelt kriege. Selbstmanagement für den Alltag

Altmann, Alexandra: Gesagt, getan! Business-Strategien und Pläne erfolgreich umsetzen

Altmann, Hans Christian: Kunden kaufen nur von Siegern

Andersen, Chris: The long tail. Der lange Schwanz

Arbinger Institute: Leben ohne Selbstbetrug. Wie Sie aus der Box herauskommen

Ariely, Dan: Denken hilft zwar, nützt aber nichts. Warum wir immer wieder unvernünftige Entscheidungen treffen

Assaraf, John; Smith, Murray: The Answer. Grow Any Business, Achieve Financial Freedom, and live an extraordinary life

Aurel, Marc: Selbstbetrachtungen

Birkner, Monika: Wachstumsstrategien für Solo- und Klein-Unternehmer. Mit neuem Denken und Handeln zu mehr persönlichem und geschäftlichem Erfolg

Blackmore, Susan: Die Macht der Meme. Oder die Evolution von Kultur und Geist

Blanchard, Ken: Full Steam Ahead – Die Kraft von Visionen

Brand, Heiner; Löhr, Jörg: Projekt Gold. Wege zur Höchstleistung – Spitzensport als Erfolgsmodell

Brandes, Dieter: Einfach managen
Branson, Richard: Business ist wie Rock 'n' roll
Branson, Richard: Geht nicht gibt's nicht
Bridges, William: Der Charakter von Organisationen
Brinkmann, Manuela: Strategieentwicklung für kleine und mittlere Unternehmen
Bruch, Heike; Vogel, Bernd: Organisationale Energie. Wie Sie das Potenzial Ihres Unternehmens ausschöpfen
Brunken, Ingmar: Die 6 Meister der Strategie. Und wie Sie beruflich und privat von ihnen profitieren können
Buckingham, Marcus; Clifton, Donald O.: Entdecken Sie Ihre Stärken jetzt!
Byrne, Rhonda: The Secret. Das Geheimnis

Campbell, Joseph: Der Heros in tausend Gestalten
Chernow, Ron: John D. Rockefeller. Die Karriere des Wirtschaftstitanen
Chopra, Deepak: Die sieben geistigen Gesetze des Erfolgs
Cialdini, Robert B.: Die Psychologie des Überzeugens. Ein Lehrbuch für alle, die ihren Mitmenschen und sich auf Schliche kommen wollen.
Covey, Stephen R.: Die 7 Wege zur Effektivität
Covey, Stephen R.: Der 8. Weg
Coyle, Daniel: Die Talentlüge. Warum wir (fast) alles erreichen können

Donders, Paul: Authentische Führung
Drucker, Peter F.: Management im 21. Jahrhundert
Dweck, Carol: Selbstbild. Wie unser Denken Erfolge oder Niederlagen bewirkt
Dyer, Wayne: Die 10 Geheimnisse für Erfolg und inneren Frieden

Engels, Meinolph: Das Geheimnis der erfolgreichen Unternehmerpersönlichkeit. 18 Eigenschaften für mehr Erfolg. Praxishandbuch mit Arbeitshilfen und Checklisten

Faltin, Günter: Kopf schlägt Kapital. Die ganz andere Art, ein Unternehmen zu gründen

Ferriss, Timothy: Die 4-Stunden-Woche. Mehr Zeit, mehr Geld, mehr Leben

Förster, Anja; Kreuz, Peter: Alles, außer gewöhnlich

Förster, Anja; Kreuz, Peter: Different Thinking

Förster, Anja; Kreuz, Peter: Spuren statt Staub. Wie Wirtschaft Sinn macht

Förstl, Christel: Einfach machen. Praxishandbuch für die Frau als Unternehmerin

von Fournier, Cay: Das Geheimnis der LebensBalance

Frenzel, Karolina; Müller, Michael; Sottong, Hermann: Storytelling. Die Kraft des Erzählens fürs Unternehmen nutzen

Frey, David: Eine Zigarre muss man wie eine schöne Frau behandeln. Zino Davidoff – vom Flüchtlingskind zum König der Havanna

Fried, Jason; Heinemeier Hansson, David: Rework. Business intelligent & einfach

Friedrich, Kerstin: Empfehlungsmarketing – Neukunden gewinnen zum Nulltarif

Friedrich, Kerstin: Erfolgreich durch Spezialisierung. Kompetenzen entwickeln; Kerngeschäfte ausbauen; Konkurrenz überholen.

Friedrich, Kerstin; Malik, Fredmund; Seiwert, Lothar: Das große 1 x 1 der Erfolgsstrategie

Fromm, Erich: Die Kunst des Liebens

Fuchs, Werner: Management by Heroes. Warum wir Vorbilder brauchen und ihnen folgen

Gálvez, Cristián: Du bist, was Du zeigst. Erfolg durch Selbstinszenierung

Gamper, Karl; Gamper, Jwala: Es ist alles gesagt. Jetzt braucht es Beispiele

Gandhi, Mahatma: Mein Leben

Gantert, Jörg: Sieg über sich selbst. Erfolgstechniken eines Karateweltmeisters

Geffroy, Edgar K.: Schneller als der Kunde. Exnovation statt Innovation

Gerber, Michael E.: Das Geheimnis erfolgreicher Firmen – Warum die meisten kleinen und mittleren Unternehmen nicht funktionieren und was Sie dagegen tun können

Gerber, Michael E.: E-Myth-Mastery. The Seven Essential Disciplines for Building a World Class Company

Gigerenzer, Gerd: Bauchentscheidungen. Die Intelligenz des Unbewussten und die Macht der Intuition

Gladwell, Malcolm: Blink! Die Macht des Moments

Gladwell, Malcolm: Tipping-Point

Gladwell, Malcolm: Überflieger. Warum manche Menschen erfolgreich sind – und andere nicht

Glöggler, Alex: Unternehmer – verkannte Elite?

Goldratt, Eliyahu: Das Ziel – Teil II

Goleman, Daniel: EQ – Emotionale Intelligenz

Gracián, Baltasar: Hand-Orakel und Kunst der Weltklugheit

Grau, Ute; Guttmann, Barbara: Reinhold Würth. Ein Unternehmer und sein Unternehmen

Greene, Robert: Power. Die 48 Gesetze der Macht

Grün, Anselm: Menschen führen – Leben wecken

Gürtler, Detlef: Die Dagoberts. Eine Weltgeschichte des Reichtums von Krösus bis Bill Gates

Häusel, Hans-Georg: Brain Script – Warum Kunden kaufen!

Häusel, Hans-Georg: Limbic Success. So beherrschen Sie die unbewussten Regeln des Erfolgs – die besten Strategien für Sieger

Häusel, Hans-Georg: Neuromarketing. Erkenntnisse der Hirnforschung für Markenführung, Werbung und Verkauf

Häusel, Hans-Georg: Emotional Boosting. Die hohe Kunst der Kaufverführung

Hagen, Stefan: Stefan Hagen … hilft Ihrem Unternehmen auf die Sprünge

Hall, Stacey; Stringer, Jan: Das Leuchtturm-Prinzip. Wie Sie die richtigen Kunden gewinnen

Hass, Hans: Der Hai im Management – Instinktverhalten erkennen und kontrollieren

Hayek, Nicolas G.: Ansichten eines Vollblutunternehmers

Heath, Chip; Heath, Dan: Was bleibt. Wie die richtige Story Ihre Werbung unwiderstehlich macht

Heilmann, Christel: Tugenden erfolgreicher Unternehmer

Heuser, Uwe Jean; Jungclaussen, John: Schöpfer und Zerstörer. Große Unternehmer und ihre Momente der Entscheidung

Hill, Napoleon: Denke nach und werde reich

Hope, Jeremy; Fraser, Robin: Beyond Budgeting

Jost, Hans Rudolf: Unternehmenskultur. Wie weiche Faktoren zu harten Fakten werden

Kaegi, Heinz: Gesucht: Leader. Der Weg vom Manager zur Führungspersönlichkeit

Kahn, Oliver: Ich. Erfolg kommt von innen

Kaplan, Robert S.; Norton, David P.: Die Strategiefokussierte Organisation – Führen mit der Balanced Scorecard

Kast, Bas: Die Revolution im Kopf. Die Zukunft des Gehirns

Kast, Bas: Wie der Bauch dem Kopf beim Denken hilft. Die Kraft der Intuition

Kawasaki, Guy: Selling the Dream. Die Kunst, aus Kunden Missionare zu machen

Kim, W. Chan; Mauborgne, Renée: Der blaue Ozean als Strategie

Klein, Gary: Natürliche Entscheidungsprozesse. Über die Quellen der Macht, die unsere Entscheidungen lenken

Klusmann, Steffen: 101 Haudegen der deutschen Wirtschaft

Knürr, Hans: 80 Ansichten eines gestandenen Unternehmers. Auffassungen und Anregungen aus 40 Jahren leidenschaftlichen Unternehmertums

Kobjoll, Klaus: Abenteuer European Quality Award – Motivaction III

Kobjoll, Klaus: TUNE. Neue Wege zur Kundengewinnung und -bindung

Kobjoll, Klaus: Wa(h)re Herzlichkeit

Köhler, Hans-Uwe: Verkaufen ist wie Liebe. Nutzen Sie Ihre emotionale Intelligenz

Kohtes, Paul J.: Dein Job ist es, frei zu sein – Zen und die Kunst des Managements

Kröger, Fritz; Vizjak, Andrey; Ringlstetter, Max: Wachsen in Nischen. 9 Strategien in der globalen Konsolidierung

Krogerus, Mikael; Tschäppler, Roman: 50 Erfolgsmodelle. Kleines Handbuch für strategische Entscheidungen

Kullmann, Vanessa: keine große sache. Coffee to go oder wie man den Traum vom eigenen Unternehmen verwirklicht

Kunde, Jesper: Corporate Religion. Bindung schaffen durch starke Marken

Lang-von Wins, Thomas: Der Unternehmer. Arbeits- und organisationspsychologische Grundlagen

Levinson, Jay Conrad: Guerilla Marketing – Offensives Werben und Verkaufen für kleinere Unternehmen

Liebmann, Heide: Der Nasenfaktor. Wie Berater sich unverwechselbar positionieren

Lieven, Theo: Unternehmer sein heißt frei sein

Lindstrom, Martin: Buy-ology. Warum wir kaufen, was wir kaufen

Löbel, Uwe: Wege zum Ziel. Goldratt's Theory of Constraints – Methoden und Werkzeuge

Löhr, Jörg: Lebe Deine Stärken! Wie Du schaffst, was Du willst.

Loehr, James E.: Die neue mentale Stärke. Sportliche Bestleistung durch mentale, emotionale und physische Konditionierung.

Love, John F.: Die McDonald's Story

Lundin, Stephen C.: Fish! Ein ungewöhnliches Motivationsbuch

Malik, Fredmund: Führen, Leisten, Leben

Malik, Fredmund: Management – Das A und O des Handwerks

Malik, Fredmund: Wirksam führen

Mandela, Nelson: Der lange Weg zur Freiheit

May, Peter: Der Unternehmer

McGinnis, Alan Loy: Aus Freude am Erfolg. Wie Sie aus sich und anderen das Beste herausholen

Merath, Stefan: Der Weg zum erfolgreichen Franchisegeber – Wie Sie die magische Hürde von 25 Franchisepartnern überwinden

Merath, Stefan: Der Weg zum erfolgreichen Unternehmer. Wie Sie und Ihr Unternehmen neue Dynamik gewinnen

Messner, Reinhold: Grenzenlos zum Erfolg. So wachsen Sie über sich hinaus
Michelli, Joseph A.: Das Starbucks-Geheimnis. Wie aus Kaffee Gold wird
Miedaner, Talane: Coach dich selbst, sonst coacht Dich keiner!
Mintzberg, Henry; Ahlstrand, Bruce; Lampel, Joseph: Strategy Safari. Eine Reise durch die Wildnis des strategischen Managements
Musashi, Miyamoto: Das Buch der fünf Ringe

Nahrendorf, Rainer: Der Unternehmer-Code. Was Gründer und Familienunternehmer erfolgreich macht
Northcote Parkinson, Cyril: Parkinsons Gesetz

Ortner, Eugen: Glück und Macht der Fugger

Paulus, Georg: Traumfirma
Peters, Rolf-Herbert: Die Puma-Story
Pfläging, Niels: Führen mit flexiblen Zielen. Beyond Budgeting in der Praxis
Pilsl, Karl: Die naturkonforme Strategie
Pircher-Friedrich, Anna Maria: Mit Sinn zum nachhaltigen Erfolg

Reisinger, Annette; Thalheim, Conny: Heartfacts. Fakten, die Unternehmen bewegen
Ries, Al; Trout, Jack: Marketing fängt beim Kunden an. Bottom-Up Marketing – Taktik geht vor Strategie
Ries, Al; Ries, Laura: Die Entstehung der Marken: Über die Naturgesetze der Innovation und das Überleben der Stärksten im Business
Roach, Geshe Michael: Die Weisheit des Diamanten. Buddhistische Prinzipien für beruflichen Erfolg und privates Glück
Robbins, Anthony: Grenzenlose Energie – Das PowerPrinzip
Robbins, Anthony: Der Vorsprung: Die Kraft Dein Leben jetzt zu ändern
Roberts, Kevin: Der Lovemarks-Effekt. Markenloyalität jenseits der Vernunft

Röpke, Jochen: Der lernende Unternehmer. Zur Evolution und Konstruktion unternehmerischer Kompetenz
Rückert, Hans-Werner: Schluss mit dem ewigen Aufschieben. Wie Sie umsetzen, was Sie sich vornehmen
Rückert, Hans-Werner: Entdecke das Glück des Handelns. Überwinden, was das Leben blockiert

Sawtschenko, Peter: Positionierung – das erfolgreichste Marketing auf unserem Planeten
Schäfer, Bodo: Endlich mehr verdienen
Schäfer, Bodo: Die Gesetze der Gewinner
Schäfer, Bodo: Ein Hund namens Money
Schäfer, Bodo: Kira und der Kern des Donut
Schäfer, Bodo: Der Weg zur finanziellen Freiheit. In sieben Jahren die erste Million.
Scheier, Christian; Held, Dirk: Wie Werbung wirkt. Erkenntnisse des Neuromarketing
Scherer, Hermann: Wie man Bill Clinton nach Deutschland holt. Networking für Fortgeschrittene
Scherer, Hermann: Das überzeugende Angebot. So gewinnen Sie gegen Ihre Konkurrenz
Schließmann, Christoph P.: Unternehmer aus Leidenschaft: Kann man Entrepreneurship lernen? Antworten aus Theorie und Praxis
Schmeh, Klaus: David gegen Goliath. 33 überraschende Unternehmenserfolge
Schmidt, Josef: Marktdynamik
Schmidt, Josef: Unternehmer sein – mit Körper, Geist und Seele
Schwanfelder, Werner: Konfuzius im Management. Werte und Weisheit im 21. Jahrhundert
Schwartz, Tony; Loehr, Jim: Die Disziplin des Erfolgs. Von Spitzensportlern lernen – Energie richtig managen
Seidel, W.: Der Weg zum erfolgreichen Unternehmer
Seidl, Conrad; Beutelmeyer, Werner: Die Marke ICH
Seligman, Martin: Pessimisten küsst man nicht
von Senger, Harro: 36 Strategeme für Manager
Siefer, Werner; Weber, Christian: Ich – Wie wir uns selbst erfinden

Siefer, Werner; Simon, Hermann: Das Genie in mir. Warum Talent erlernbar ist

Simon, Hermann: Die heimlichen Gewinner (Hidden Champions) – Die Erfolgsstrategien unbekannter Weltmarktführer

Simon, Hermann: Hidden Champions des 21. Jahrhunderts. Die Erfolgsstrategien unbekannter Weltmarktführer

Slywotzky, Adrian; Wise, Richard: Wachsen ohne Wachstumsmärkte. Unternehmensstrategien für neuen Aufschwung

Spitzer, Manfred: Vom Sinn des Lebens. Wege statt Werke

Spitzer, Manfred: Lernen. Gehirnforschung und die Schule des Lebens.

Stadler, Christina: Freude am Unternehmertum in kleinen und mittleren Unternehmen

Stahl, Hartmut: Die Motivation des Unternehmers

Stevenson, Doug: Die Storytheater-Methode. Strategisches Geschichtenerzählen im Business

Stovall, Jim: Das ultimative Geschenk

Surowiecki, James: Die Weisheit der Vielen. Warum Gruppen klüger sind als Einzelne

Tapscott, Don; Williams, Anthony: Wikinomics. Die Revolution im Netz

Tracy, Brian: Ziele Setzen Verfolgen Erreichen

Trout, Jack: Der Geist und das Greenhorn. Die wundersame Verwandlung eines Erbsenzählers zum Marketing-Genie

Trout, Jack: Trout über Strategie. Wie Sie die Köpfe der Verbraucher und damit Märkte erobern

Trump, Donald J.: Wie man reich wird

Ulsamer, Bertold: Alles ist machbar und 25 andere fatale Irrtümer im Business. Denkfallen unter die Lupe genommen

Venohr, Bernd: Wachsen wie Würth

Vogler, Christopher: Die Odyssee des Drehbuchschreibers. Über die mythologischen Grundmuster des amerikanischen Erfolgskinos

Waitley, Denis: Nur wer handelt kann gewinnen
Weiß, Christoph: Verdammt zur Spitzenleistung. Ein Arbeitsbuch für Unternehmer
Weissmann, Arnold: Die großen Strategien für den Mittelstand
Wiedeking, Wendelin: Anders ist besser. Ein Versuch über neue Wege in Wirtschaft und Politik
Wiersema, Fred: Gewinnformel Kundennähe – Customer Intimacy
Winget, Larry: Halt den Mund, hör auf zu heulen und lebe endlich!
Witzel, Herbert; Kamm, Roland: Unternehmenswachstum. Die natürlichste Sache der Welt
Würth, Reinhold: Erfolgsgeheimnis Führungskultur. Bilanz eines Unternehmers
Wunderlich, Jürgen: Intuition – Die unbewusste Intelligenz. I3-Power oder wenn der Bauch beim Denken hilft

Yokoyma, John; Michelli, Joseph: Wenn Fische fliegen lernen. Ein ungewöhnliches Führungsbuch
Young, Jeffrey; Simon, William L.: Steve Jobs und die Erfolgsgeschichte von Apple

Zimmermann, Hans-Peter: Großerfolg im Kleinbetrieb. Wie man einen Betrieb mit 1 bis 40 Mitarbeitern zum Erfolg führt

Sach- und Personenregister